U0320564

打造

THE ART

魅力城市的

OF CITY

艺术

MAKING

[英] 查尔斯·兰德利（Charles Landry）著

金琦 译

清华大学出版社

北 京

The Art of City Making 1st Edition / by Charles Landry / ISBN: 978-1-84407-245-3
First published by Earthscan in the UK and USA in 2006
Reprinted 2007, 2008
Copyright © Charles Landry, 2006
All rights reserved.

Authorized translation from English language edition published by Routledge, a member of the Taylor & Francis Group.

Tsinghua University Press is authorized to publish and distribute exclusively the Chinese (Simplified Characters) language edition. This edition is authorized for sale and distribution in the People's Repubic of China exclusively (except Taiwan, Hong Kong SAR and Macao SAR). No part of the publication may be reproduced or distributed by any means, or stored in a database or retrieval system, without the prior written permission of the publisher.本书中文简体翻译版授权由清华大学出版社独家出版并仅限在中国大陆地区销售。未经出版者书面许可，不得以任何方式复制或发行本书的任何部分。

Copies of this book sold without a Taylor & Francis sticker on the cover are unauthorized and illegal.

北京市版权局著作权合同登记号　　图字：01-2014-2755
本书封底贴有Taylor & Francis防伪标签，无标签者不得销售。
版权所有，侵权必究。侵权举报电话：010-62782989 13701121933

图书在版编目（CIP）数据

打造魅力城市的艺术 /（英）查尔斯·兰德利（Charles Landry）著；金琦译. —北京：清华大学出版社，2019
　书名原文：The Art of City Making
　ISBN 978-7-302-51429-9

Ⅰ. ①打… Ⅱ. ①查… ②金… Ⅲ. ①城市建设 – 研究 Ⅳ. ①TU984

中国版本图书馆CIP数据核字（2018）第242162号

责任编辑：徐　颖
装帧设计：谢晓翠
责任校对：王荣静
责任印制：杨　艳

出版发行：清华大学出版社
　　　　　网　　址：http://www.tup.com.cn,　　http://www.wqbook.com
　　　　　地　　址：北京清华大学学研大厦A座　　邮　编：100084
　　　　　社总机：010-62770175　　　　　　　邮　购：010-62786544
　　　　　投稿与读者服务：010-62776969, c-service@tup.tsinghua.edu.cn
　　　　　质量反馈：010-62772015, zhiliang@tup.tsinghua.edu.cn
印装者：三河市春园印刷有限公司
经　销：全国新华书店
开　本：154mm×230mm　　　印　张：29.75　　　字　数：439千字
版　次：2019年1月第1版　　　印　次：2019年1月第1次印刷
定　价：129.00元

产品编号：057740-01

　　《打造魅力城市的艺术》（中文版）为重新评估当代中国打造城市的要务提供了机会。

　　中国目前面临的最关键问题是如何应对我们正在见证的史上最大规模人口流入城市，而且它将保持快速发展的势头。过去30年间，中国有2.5亿人涌入城市。在35年经济转型带来的最大变化中，未来十年将实施全面的计划，再推动2.5亿人口流动，建设500座新的中型城市，每座城市拥有大约600 000人，从而使中国的城市人口突破10亿。那么，现在的核心问题是："我们想要什么样的城市？"

　　这种城市增长催生了紧张，无数的人追逐相同的资源：空间、住房、设施、机会。这些压力共同产生了政治、文化和管理难题，其规模是人类历史上任何国家都从未经历过的。这些难题极其难以解决，但是如果不解决，问题就会爆发。正是这种城市增长速度加剧了压力并削弱人类吸收、消化和制定共同生活的方法的能力，而城市要生存和繁荣，需要精心设计的软性基础设施、运行良好的体系和社会网络。这种息息相关的风险即将压倒中国城市更加成功地实现自我管理的能力。

　　这种城市化进程突出表明，我们最关键的任务是建设提供高生活品质的城市、没有污染的城市、拥有审美感的城市和提升精神生活的城市。至关重要的是，城市需要建设倡导共同归属感、相互尊重和互惠互利的"公民文化"，目标是抵消许多人在离开农村地区而融入中国剧烈演变和转型的过程中所经历的目标和身份的丧失。随着生活支离破碎，旧有的社会生活关系和网络淡化，我们需要建设帮助抵消这些趋势的城市，这意味着我们需要营造一个个人愿望和自我利益与集体意识重新得到协调的环境。

这种民生重建或许是中国目前面临的最大挑战，其本质上也是一种文化项目。城市转型非常复杂。简单描述战后时期不同城市发展阶段的特点的方法是考虑"城市1.0""城市2.0"和"城市3.0"的顺序。我们可以将从过去继承而来的历史城市称为"城市0.0"，而它在中国有许多种变化。大部分城市需要果断地从"城市1.0"构想发展到"城市3.0"创意。以经济财富创造为主要手段的每次变化都会产生新社会秩序、新学习方法和学习事物以及进行学习的新环境，这需要不同的文化能力、不同类型的城市设计和吸引力。以下简要介绍它们的部分特点：

"城市1.0"

我们可以用以下典型的方法来描绘"城市1.0"：这种城市类型的主要标志是大型工厂和批量生产；心理模式即城市是一部机器；管理和组织类型是等级制和自上而下形式；采用筒仓式垂直结构，部门强大且之间合作关系极少；获取知识的方法是死记硬背和重复；对失败的容忍度低；工作、生活和休闲等功能分开；对美学的理解微乎其微。"城市1.0"有平行规划版本，主要集中在土地利用上；综合开发是首选的办事方式；参与度低且不受鼓励。"交通1.0"主要集中在让城市适合汽车通行，行人似乎比较不重要，这导致道路基础设施丑陋无比。"文化1.0"主要集中在传统形式；文化机构占据主导地位；公营部门扮演支配性角色；观众范围非常狭窄，精英成为主要参与者，虽然民间活动非常流行；文化被视为与商业分离。

从总体上来说，这是一种理性、有序、隔离和专注于技术的城市，就城市打造而言，它是一种以硬件为主的"城市工程范例"，并且反映了思想态度和生活方式。这种城市类型的巅峰时期是20世纪60年代至80年代，但遗憾的是，在中国，人们的思维和工作方式以及仍在建设的实体结构中仍有这种方式的遗留影响。这种方式或许与其时代相关，但现在并非如此。

"城市2.0"

相比之下，"城市2.0"有其他的发展重点，自20世纪90年代起不断演变。它的工业象征是科学园和高科技产业；它的管理理念是比较扁平的结构；合作性工作和协作性工作的重要性提高；学习体系开放。对学科整合的需求的意识得到提高。这种思想模式认为问题之间有更多的联系，而且这种城市形式更加了解软件与硬件如何相互作用。城市设计的优先重要性提高，它开始关注城市的情感感受及其身体和感官氛围。

人们尝试使用由一群四处流动的明星建筑师创造的新奇建筑形式让城市变得更加引人入胜。闪闪发光的玻璃大楼激增，醒目的形状打破传统的方块图案；摩天大楼拔地而起，有些配备良好的公共空间。宽敞的零售、娱乐或文化中心试图蛊惑、迷惑和引诱您；市民变得更像客户和消费者。

此外还有反映人类需求和人性的举动。人们之间如何互动上升为重点。城市成为开展各种活动的背景和舞台。"规划2.0"更具有参考意义。它以连接物质、社会和经济方面的比较全面的方式看待城市，而"交通2.0"的理念更加注重移动性和连接性。城市的汽车主导性降低，可步行性和行人友好型街道设计成为重点；两边种有树木的街道或林荫大道亦是如此。这种2.0类型的城市力求重新插入混合功能和多元化的商店、办公室、公寓和住宅，而且它通常鼓励人类多样性——年龄、收入水平、文化和种族多样性。

对生态系统和自然系统的价值的尊重有所增强，生态友好型技术的利用和能源效率也提高。显而易见的是，本地生产增加，更加重视特殊性、美学、人类舒适度和营造场所感。

"文化2.0"转移重点。对创意经济部门的软实力以及艺术与其在整体经济中的作用之间的关系的意识提高；文化成为综合性工具，被用于促进城市再生和复兴；这提高了博物馆和画廊在寻求改变城市形象的过程中的受欢迎程度；激活街头生活和推广节日成为文化项目的一部分。与此同时，社区驱动的艺术项目激增，成为日益壮大的参与和包容运动的一部分。

"城市3.0"

"城市3.0"更进一步，它汲取"城市2.0"的优点，试图利用市民的集体想象力和智力将他们的城市创造、塑造和共同打造成新公民文化的一部分。它可以称为"软性城市主义"，因为它考虑到城市的完整感官体验和建成结构的情感影响。因此，它与公共领域、人性和美学息息相关。它理解，乏味与丑陋削弱城市。它的思想模式是将城市看作是有机体，从组织上来说，它更加灵活；横向和跨部门工作成为惯例。它认识到，为了成功，我们有时必须失败，才能获得更高的风险承受能力。

学习和自我发展对"城市3.0"至关重要。在"城市1.0"中，知识型机构仍是挖掘知识的工厂而非探索知识的社区。只有到那时才能才会被充分地释放、探索和利用。

"城市3.0"承认创业精神是未来工程创造城市的关键所在。"经济3.0"培养创造力、创新和创业文化。开放的创新制度通常推动发展进程，并且有协作性竞争。微型企业和中小企业更具重要性，而且主要参与者非常精通科技。这种城市形式涉及营造文化和实体环境，而这种环境能够为人们提供发挥创造力的条件。它的工业象征是创意园或创意区。

"第三场所"（既非家里也非办公室）变得很重要，所以您可以移动办公。"处处"和"随时随地"现象是这个时代的一大特点。这种世界具有"快闪"文化。创意场所可以是房间、大楼、街道、社区，但是创意区不止于此，它一般以翻新的旧建筑为中心。它们产生共鸣，因为它们充满回忆，而且从实体上来说，它们空间宽敞，灵活多变，适用性强。

"规划3.0"偏离严格的土地利用重点，它更具有综合性，结合经济、文化、实际和社会问题。混合用途对其规划理念至关重要。它以合作方式工作并发现有趣的参与方法。它认识到，规划日益涉及协调复杂问题之间的差异，例如，在培养城市增长的同时，克制中产阶级化的消极面。鼓励市民参与决策，而且需要采用整体处理方法发现机会和解决问题。具有生态意识和具有跨文化意识一样成为新常识的一部分。这种"城市3.0"类型认为人才吸引和保留至关重要，因此，调整移民法律以吸引来自世界各地的最优秀人才。

"城市3.0"利用智能科技。沉浸式、自动调节和互动式设备让我们知道我们城市的实时状况。达到这种效果需要智能电网和传感器、开放式参与性和开放式数据平台和城市服务应用程序。它力求通过分析和收集市民反馈意见以及利用所有城市机构和部门的信息，掌握能源、交通、医疗卫生和就业等城市系统的完整和综合情况，从而作出更好的决策，其目标在于预测问题并作出反应。"交通3.0"从移动性转移到考虑无缝连接性。

"文化3.0"越来越表现出人们创造自己的文化的现象。比较不被动的消费者挑战他们自己的表达能力。文化在不同寻常的环境中上演——街头、本地咖啡店或快闪场所。

"城市1.0""城市2.0"和"城市3.0"的整体趋势明显重叠。许多人在运营水平日益达到"城市3.0"的世界中仍然具有"城市1.0"的思维方式。规划仍有比较陈旧的特点，交通或相关领域的部分特点也是如此。"城市1.0"的文化体系与拥有"城市3.0"文化生活方式的人同时存在，所以他们需要适应。

城市中通常存在的主要断层线是不断演进的3.0世界及其经济、文化和社会动态与仍有多个1.0特点的现有运营体系之间的偏差。成为"城市3.0"是中国城市面临的挑战，也是作出与其相关的决策的人面临的挑战。

查尔斯·兰德利

2015年8月

目录
CONTENTS

第四章　文化配套和阻力

第六章　作为鲜活艺术品的城市

尾声

第一章

序　曲

城市建设不是一套程式，而是一门复杂的艺术。没有哪些简单的方案能保证被所有城市建设成功套用。

但是一些强大的原则却能够为城市建设保驾护航：

- 《打造魅力城市的艺术》中最重要的论点认为，一座城市不应当力争成为世界（或某一地区或某一国家）创意城市之最——而应当为了世界而变成最美好、最富创新性的城市。[1]从"成为（in）"到"为了（for）"——毫厘之别揭示出城市运行机制之异。后者赋予了城市建设道德底蕴。它帮助城市树立起同心同德的目标，在这样的城市中，个人、集体、外来人口以及整个地球的关系都更融洽。这样的城市既热情洋溢而又关怀悯人。
- 入乡随俗，顺应当地文化和特点，但对外来影响抱持开放的胸怀。平衡本土性和全球性。
- 吸纳那些被你决策时的行为所感染的人。平凡之人一旦得到机会就能创造出惊人的非凡成就。
- 从他人经验中学习，但切勿不假思索地生搬硬套。着眼于最佳实践的城市不是领导者而是追随者，切勿为推动城市向前发展而冒非必需之险。
- 鼓励既能增加经济价值又能巩固道德价值的项目。这就意味着我们需要重新审视个人欲望与21世纪人类需求乃至地球需要之间的平衡。价值常常被狭隘经济上的数值所限定。这种认识未免过于简单。新型经济需要以道德价值作为行动准则的基础。道德价值必将蕴含行为的改变以符合基于价值的目标，如中止对环境的开发。综合社会、环境与经济核算有助于确定通过价值考验的项目。"互惠贸易"便是这样一例。
- 只要结合想象力展开思考、规划和行动的这一先决条件出现，每个城市都能发挥自身更大的潜力。想象力与坚韧、勇气等品质结合在一起，构成了我们人类最伟大的资源。

- 培养市民的创造力，将其作为城市的精神。市民创造力是符合公共利益目标的想象力问题的解决对策。它涉及更具进取性的公共领域以及集体意识更高的私营领域，但前者属义务范畴。

在《打造魅力城市的艺术》中，你将会遇到反复出现的主题，它们包括以下方面：

- 我们的感觉景观恰巧会在其需要拓展时出现萎缩。感官控制正在让我们远离自己所在的城市，而我们正在丧失对它们的本能认识。我们忘记了如何感受城市的气息，忘记了如何聆听那里的声响，忘记了如何捕捉它所释放的讯息，也忘记如何辨识城市中各种各样的材质。相反，打造城市超凡体验的美名之下实则充斥着大量过剩的信息和感觉。

- 城市陷入了城市专家们各种枯燥空洞的技术讨论，宛如了无生气的另一种存在。但事实上，城市是一种知觉的、情绪的、活生生的体验。

- 城市有如亲人：你从未真正从它们身边逃离过。城市远只是硬件设施。比起"绕行公路""空间成果"或"规划框架"，"美丽""爱意""幸福"或"精彩"这类字眼在城市战略规划方案中提到的频率有多高？

- 要想了解城市，要想捕捉到城市的潜能，我们需要应对五大盲点：变相思考——以更全面的方式去发现事物之间的联系；将城市理解为一种更综合的感觉体验，以此来了解它对个人的影响；将城市感受成一种情绪体验；从文化角度认识城市——文化素养是帮助我们更好地认识城市动力的技能；同时我们每个人都需要发掘自身的艺术性，这种素质能够将我们引领至不同的感受级别。

- 较之对经济或社会的认识，文化认识是一种描述社会的极佳方式，因为它可以解释变化及其因果关系，并且不会想当然地对待任何意识形态、习俗或实践，或是认为它们一成不变。文化关注人类行为，因此文化分析可以用我们耳熟能详的词汇加以表达。正因为如此，文化是为我们提供大千世界各种故事的良好载体。

- 城市需要自己的故事或文化描述，以回应和驱动自己的身份并激励它的市民。这些故事可以让每一位市民投身于更宏大、更崇高的奋斗之中。分别将自己描述设定为"教堂之城"和"第二次机会之城"的城市会培育出各自不同的行为模式（但有批评人士指出，这类文化表述难以衡量。稍后我们会回到这项争论上）。
- 自由市场的内在逻辑揭示了一段没有道德或伦理的有限的野心故事。它不考虑"有道德的生活"、社会融合、互助互爱或环境促进。市场体系通过激励机制、规章制度等手段来服务更大的城市蓝图——这正在成为一种必然的趋势。这种趋势对我们施加了责任。
- 市场体系像一层面纱，蒙蔽了我们的意识，使我们的欲望和消费膨胀。市场逻辑倾向于将群体支离成消费单位或小团体，这样一来就破坏了整个社会的关联性。而要想解决一些棘手的问题正需要社会关联性，如公共领域或自然监管方面的集会。

概念框架可以帮助我们在纷繁复杂中抽丝剥茧。这个框架着眼于评价那些需要几代人努力才能解决的更深层的错误和问题：信息技术和老龄化人口等传统驱动力；围绕优先权的战争和日常竞赛活动；规避风险的文化与寻求创意、打破常规的文化同时出现的悖论。

打造创意城市是一件脆弱的事情，它需要得到道德价值框架下的不断警醒

图片来源：柯林·伯加尔斯（Collin Bogaars）

本书的一些主要观点认为，主导城市建设体系的整体动力远没有像看上去那样理性——它不考察综合的流程、联系或内在关联，也不留意或估计城市建设的下游影响；这些城市建设没有负责人——城市专家和政客们或许会把责任包揽到自己身上，但他们承担的只是其中的一部分；群体的离散性以及不同专业领域和利益团体的竞争法则决定了我们再也无法随心所欲地建设城市——现行的规章制度不允许，交通工程的管制尤为严重。而且，相当重要的是，60多亿地球居民实在太过庞大，除非人们的生活方式发生翻天覆地的变化。

鉴于此，本书为我们建议了对策：

◆ 重新定义创造力的范畴，更多着眼于发挥绝大多数人日常生活中的潜在创造力。同时也应对社会以及其他形式的创造力予以同等的关注。这种观点体现了人们创造力认识的转变，它不再只包含创意产业和传媒行业。创造力正在因时尚行业的吞噬而陷入危险。

◆ 认识到艺术性思维对于寻找创造性解决方案的帮助及其对人们的激励鼓舞作用。所有城市专家都应当具备艺术家的思考力、将帅的谋略力和表演者的执行力。

◆ 重新思考哪些人是我们的城市明星，以及怎样才算是名副其实的城市英雄。他们可以是城市无形的规划师，或是商人、社会工作者，乃至艺术家。

◆ 发现城邦式国家回归的大好机会与城市出现以价值为导向、远远超出民族国家范畴的可能。由此衍生出与各国政府之间重新协商权利关系的行为。

最好的城市建设能够引领出人类文化的最高成就。我们不妨纵观全球新老城市，它们的名字会让我们立刻联想到它们的样貌、活动、文化、人民以及思想：开罗、伊斯法罕、德里、罗马、君士坦丁堡、广州、京都、纽约、旧金山、上海、温哥华，或伯尔尼、佛罗伦萨、瓦拉纳西、希巴姆等较小的城市，无不如此。最好的城市是人类构思、塑造并建设出来的最宏伟、最精湛的作品。糟糕的城市容易被人遗忘，它们对人有害甚至令人毛骨悚然。一直以来，我们都认为城市建设只关乎建筑艺术和土地使用规划。但是随着时间的推移，工程学、勘测学、估值、房地产开发以及项目管理开始成为这个浩大工程的一部分。因此现在我们知道，打造魅力城市的艺术集合了所有学科，仅凭物质是无法打造出一座城市或一个场所的。城市或场所建设必须审度以下所有内容：如何了解人类需求、愿望以及欲望；如何创造财富并且让市场和经济的动力符合城市需求；流通以及城市运动的艺术；城市设计的艺术；如何用实力换得创造性影响力，以此释放人们的力量。我们可以奋进，但是请不要忘记社会支持、健康、鼓励和欢庆。最重要的是，优秀的城市建设讲求增值的艺术，讲求所有行动中同时蕴含的各种价值。这些艺术中所体现的思维模式、技能和价值结合在一起，帮助我们在简单的空间中打造一处处场所。

城市是一个内部相互关联的整体。它不能被简单地视为一系列要素的集合，尽管每个要素都有其重要意义。我们在考虑一个城市的某个组成部分时，不能忽略它与其他部分的关系。一栋建筑与它周边的建筑、街道呼应，反之，街道也改变了这栋建筑的周边环境。城市的居民融入其中。他们塑造了城市的物质实体并勾勒出城市的用途和感觉。

城市由软硬两种基础设施构成。硬件设施好比城市的骨架，而软件设施则如同城市的神经系统和神经键。二者相互依存，彼此不可或缺。

城市是一个多面体。它是一个经济体——有其经济结构；它是一个社会体——由人们组成社会；它是一个人工体——其环境经设计而成；它是一个生态体——本身即自然环境。同时，城市还是一个政治体——经济、社会、人工以及生态的四位一体，接受一套约定俗成的规章制度的治理。然而，城市的内在动力，或者说生命力，却在于其文化。文化（我们眼中的重要之物）、信仰和习惯赋予了城市特异性——其风味、格调以及神韵。打造魅力城市的艺术触及以上方方面面。城市建设关乎选择，因此关乎政治、关乎权力的行使，而我们的城市则反映了塑造出它们的力量。

《打造魅力城市的艺术》是一部长篇著作，但书中分布了不同主题，所以我希望各自独立的小章可以便于大家阅读。例如，第二章（"城市的感觉景观"）采用了一种抒情语气并希望用美感打动读者，第三章中（"野兽般贪婪的城市"）基于客观事实，而谈及"悲惨的地理"和"欲望的地理"的内容则采用了更愤怒的语调。本书在后半部分希望整合这些表达方式，清晰简洁地帮助读者了解影响城市的复杂的大问题。因此，尾声之前的第六章（"作为鲜活艺术品的城市"）就如同一个观点归纳箱，有了它，我们继续展开后文。"世界创意城市"和"创造力和城市：思考全过程"则邀请读者就当之无愧的创意之城及其当选理由作出自己的判断。

城市的打造与责任

城市打造乃谁人之责？虽然城市的形式通常不是刻意为之，但也并非纯属偶然。它们是一次次目的独立乃至迥然的决策的产物，它们的内在关系与附带后果并没有得到充分的考虑。

其实，城市建设并非一人之责。政客视之为己任，但是他们却太过关心政党管理而非城市治理。当选官员的目光总是较为短浅。重新选举会不可避免地扼杀城市建设的领导权，不铤而走险就能轻易当选或是让政绩立竿见影——如建造绕行公路或大批住宅。或许城市建设由某个地方合作伙伴或某位CEO负责？不——可能不尽然。

城市专家们会声称自己负责城市建设，但是他们只掌管物质部分的某些方面。我们如果没有对城市或场所建造的全面感知，就会墨守成规和每个专家的核心设想——他们的技术规范、标准和准则，例如那些对车辆转弯半径或人行道宽度进行设定的模式。但是这些规范、标准和准则本身对于城市建设而言并不是统一的。筑路工程师、勘探师、规划师或建筑师各自的技术知识可能很出色，虽然有时也需要再次斟酌，但是一份技术手册并不能为我们创造出一个更宏大的城市蓝图，它无法解释城市建设的趋势及其与全球模式的适配程度。

目前，只凭一人之力的话，城市建设的议程、思路、知识和技能基础无法整合。但眼下如果没人对这项事业负责的话，到头来所有人都会对很多丑陋不堪、枯燥乏味、难以为继的城市以及娱乐场所嗤之以鼻，推诿责任的现象就会出现。一会儿是筑路工程师成为替罪羔羊，一会儿轮到规划单位或开发商受责。城市建设需要的远不止一个单纯的沟通方或是介乎各专业领域之间的一个中间人，它需要更深刻地认识到每个专业领域为打造城市的艺术所带来的或所能带来的精髓。

城市建设的灵感加上必要的创造力和想象力，更像是即兴的爵士乐而不是循规蹈矩的室内乐。城市建设是实验的过程，有尝试也有失误，人人都能成为特定专业领域的领导者。仿佛受到某种神秘过程的驱使，看似不成文的规定中却有和谐的结合贯穿始终。和创作优秀的音乐作品一样，好的城市建设也需要无比的坚持和勇气。城市建设中的指挥者不止一位，因此完全意义上的领导权显得如此重要——看似各自为政的各个部分需要融合成一个整体。

艺术与科学

较之"科学"，本书更注重"艺术"，尽管如此，我们在解决城市问题的过程中仍可以采取科学的手段。在自然科学中，我们可以定义问题、收集信息和资源、形成假设、分析事实和数据并偶尔开展实验，当然还可以解读事物并得出可以作为新猜想起点的结论。但是考虑到自身的各项事宜，城市需要各式观点，而这些观点也在时刻发生变化。例如，从工程学这样的硬科学到环境心理学这样的软科学。抱守既有方法并不妥当。科学认为，人类生态系统所具有的可预测性是城市无法提供的。

"……的艺术"这个表达本身就暗示了价值判断。我们身处在一个主观的世界。这就暗示了城市建设的每一个领域不仅都有其深刻的认识，而且还具有掌握其他学科要义、进行学科交叉的能力。获得见识和知识的方法非常广泛，从简单的聆听到较为正式的对比方法，再到理解想象力等无形的问题是如何助力城市竞争力的。这些所谓的艺术实际上是通过经验和敏锐观察获得的技能，它们需要深厚的知识以及想象力和方法的使用。

良好的判断是城市建设的关键。适用于一种情况的方法未必适合另一种情况，就算两种情况的要素几乎完全一致。例如，为了推广本市长期形象和自我感受运动，莱斯特郡（Leicester，位于英国英格兰中部）在海报上写下的"莱斯特郡无聊"字眼起到了积极的效果，因为充分的适应力让它既能理解活动的真谛，也能积极地回应和体会其中的批判与讽刺。参与活动的主导团体认为，比起活动本身，这种方式是适合莱斯特郡的。但是对于莱斯特的邻郡德比（Derby）而言，"消极"的方式也许会被视为漠视文化、徒劳无益或者单纯的不合时宜。因此，有关地方文化特异性的知识和背景总是至关重要。然而，虽然具体案例中的具体判断很重要，但仍有一些原则可以跨越特殊性，如在完成项目时应顺应各民族文化背景而非违反。

本书之所以更倾向于使用"打造城市"（city-making）这一词语，而不用"建造城市"（city-building），是因为后者仅指经过建设、具有有形结构的城市。但是，赋予城市生命、意义和目标的却是这座有形舞台上人们的活动。城市舞台不是戏剧场景。虽然其有形的物品只有服装、有用的设备和装置，但是城市舞台的目标在于转换编剧、导演和演员之间的平衡并提升他们的公信力和地位。城市的打造需要考虑各种技能。除环境建造人员外，其他核心专家——包括担当环境与社会方面工作的环保顾问或保健专家、经济发展专家、IT团体、社区专家和志愿者等，还有像城市再生专家这类的"跨专业"人士。历史学家、人类学家、深谙流行文化之人、地理学家、心理学家以及很多其他专业人士也包括在内。此外还有更为广泛的群体——他们包括令城市焕发生机的教育家、警察、医疗保健人员、地方企业以及传媒。然后是作为所有一切的"粘合剂"的广大群众。所有这些群体中都需要能够准确定位城市前景和走势的具有远见卓识之人。除非这些人化作城市故事的一部分，否则有形的城市仍是一座空壳。

但是我们往往太过依赖那些关心世俗世界的"神职人员"，或许比起其他人，他们为我们的城市担当了更多。不过我们可能会尖刻地问：他们了解世人和人情吗？他们中的一些人甚至是否有爱人之心？

舍与取

历史上的过渡时期会造成迷茫，如工业革命或过去五十年间的技术革命——各种事件席卷而来的冲击感与解放感相生相伴。因此，新的道德立场想要站稳脚跟，或建立统一的新世界观，便需要稍加时日。例如，随着公共机构机动性的提高和规约性的减少，传统地缘社区中的纽带关系也随之瓦解和削弱。在这种背景下，创建稳定的地方归属身份或归属感变得困难。

时代的倾向具有不确定性、预测性和脆弱性，因此无法左右来势汹汹的全球性力量。迈向黄金时代的道路难见分晓。现如今的年轻人已经没有了20世纪60年代的人们那种"我们可以改变世界"的时代精神。他们中有很大一部分人认为改变不是解放而是潜在威胁。然而，这种时代精神的不同之处在于，它承认工业制度的长期效应隐藏了其本身真正的代价。

市长或政要们深谙在这种背景下成功打造出城市的矛盾需求。他们经历并引导着城市中的清排与吸纳，即在清理垃圾、降低噪声、减少犯罪、让行动和交通畅快、保证城市服务、居住和医疗设施及时更新的同时为文化进行一些储备。虽然日常生活需要运转，但只要市长和他们的城市想通过创造财富与繁荣来支持必要的基础设施投入，从而打造出他们城市的生活品质的话，就得在更宏大的画布上勾勒蓝图。

城市沟通的对象必须超出国家政府的范畴。他们需要吸引投资银行家、外来投资公司、地产开发展商以及世界各地的优秀人才。他们需要和媒体打交道，通过媒介巩固或创造城市共识。

为了更好地存续，较大的城市必须登上不同的舞台——从地方媒体到区域媒体和全国媒体，乃至最广泛的国际平台。这些交错混合的目标、任务和受众都各有一些不同要求。它们往往向不同方向拉伸延展。你该如何创建统一而不同一的诉求呢？

一方需要的是一个地方巴士站的候车亭，而另一方需要的是连通世界的飞机场；一个受众希望城市中只有少量游客以保持城市自身的个性，另一个则认为游客多多益善，这样城市就可以财源滚滚；一派希望鼓励扶植本地企业，而另一派则偏帮国际品牌；一些人认为城市发展的方向是传播一个可立即辨识的城市品牌，但有些人则认为这只不过是人云亦云。这样的例子不胜枚举。

规模和复杂程度不同，应对起来是有难度的：其难度在于如何整合、校准并统一这种多样性，让应运而生的城市有协调感且可以始终如一地运转。

但是潜藏在背后的还有更大的问题，它们困扰着更有远见的城市领导者，这些问题让世界无法逃避，这些问题让城市必须做出响应。全球可持续发展便是这样的问题。这是思考城市有何功能、我们如何建设、如何迁移、如何行动以及如何避免污染时应有的考虑因素。严肃对待全球可持续发展问题要求我们大幅改变自身行为，因为技术性解决方案对人类的引领是有限的。

一股带有罪恶感的听天由命的氛围已经弥漫在普通人和决策者周围；我们无法直面摆脱汽车的启示或重新适应后石油时代的经济。但那个时代却正在急速向我们逼近。脱缰的野马不容易对付。很多人有这样的体会，关于公共交通改变——通过税收来创造一个让富人和穷人都能欣然使用的交通体系——很难辩出个结论。这就意味着对城市密集性和无计划扩张的重新思考。但是所有人都知道，令交通改变得以实现的经济方程式与城市形态，以及怂恿使用者接受的名堂——在布满枢纽的市区中利弊并存，利是有公园和骑行道路这类福利，弊是有驾车出行的不便。

世界上的很多地区已经解决了这一问题——不妨看看香港和库里蒂巴——但是可持续发展问题需要以不同的视角来看待公共投入和公共福利的投入，而且重要的是，可持续发展取决于个人愿意为更宽泛的公共目的牺牲小我的程度。

正如前文已经提到的，社会上盛行推诿责任之风。有人会说，可持续发展应该由政府牵头，但与此同时，这些人又不希望政府过于强大。然而在美国，有很多市政府走在了联邦政府之前，率先签署了《京都议定书》，提醒人们城市推动国家议程的力量。然而可持续发展关心的远不止环境问题。它至少有四大支柱——经济、社会、文化和生态，而且还有很多有待加入。城市需要情感上和心理上的持续性，已有环境质量和设计、人与人之间的联系以及城市利益相关者的组织能力等问题变得和城市空间划分与贫困一样重要。具有可持续性的场所需要长期坚持各个层面整合联动的可持续性。

尚未解决和尚不明朗的问题

关于城市如何向前发展，本书采纳了很多观点，也得出了各种结论。这些判断从何来？它们又有何基础和理据？[2]我的论述来自于以下几个方面：我自己观察城市的经验，参加大大小小项目的实践，与城市领导和强势群体就他们希望如何改善城市的探讨，与活动家和弱势群体就他们希望改变什么以及如何改变的讨论。

因此，我对城市更加充满好奇——我想知道城市如何运转以及它们的兴衰过程和原因。它们让我思索良多，还留下了很多尚未解答的疑惑。例如，我不断思考城市需要实现的各种平衡之后，便开始担心这种追求会导致妥协与平淡——例如，是打造城市的趣味性还是减少其贫困，是着眼于城市密集性还是放任其无度扩张，是顾虑外界对城市的看法还是不顾外界目光继续关注城市自身的发展。另外，我也一直在思考这些问题：有没有可能打造出不同背景的人们可以杂糅并且可以减少种族隔离的场所？普遍与消极并存的人的潜能，人们会如何挖掘？城市的运转需要哪些技能、天赋、洞察力和知识？优秀的城市打造者需要具备哪些素质？想象力自是不在话下，但是勇气、决心和智慧呢？为城市树立崇高的目标有价值吗？它们能够提供城市改变的动力、力量和意愿吗？

我的宗旨是把本书的读者当作朋友，推心置腹地展开对话，因此秉持了对话式文风。虽然知道很多专家学者会对此感到不悦，但我是以读者为先的，读到此书之人可能在打造城市的某些领域肩负责任，他们可能被工作中的困难所折磨，他们可能有远大的理想，他们可能希望采取积极的行动但又觉得自己应该置身事外、静观思变，但他们可能不希望经历重大的转变。我努力在鼓舞性、概念性、趣味性和示范性内容之间进行转换，希望这个写作节奏能够产生成效。本书不是一本循序渐进的指南，而是一次解读，它以缤纷的方式提出了我们对城市的思考，我在书中努力强调那些本人认为重要但却被掩盖了的问题。

世俗人文主义

最后一点，《打造魅力城市的艺术》中充满了塑造了我个人观点的假说，以及我的个人建议和倾向。它们可能会随着内容的展开变得明朗起来。但是由于城市在内在实用与外在舆论方面的竞争都如此激烈，因此我觉得有必要从一开始就表明自己的立场。

我倾向于市民价值优先的世俗人文主义，其本质在于培养合格、自信、具有参与性的公民义务和责任。我的立场更多的是一种关心人类能力、利益和成果的态度或思想，而非科学或神学的概念和问题。它并不反对科学的优点，也不排除维持宗教或其他信仰系统。它只是纯粹关注人与人如何在一起生活。我认为，不涉及更高级的权威，通过理性和对话，世界可以得到最好的理解。世俗人文主义主张普世道德就能实现最好的生活，即努力达到实际标准——为指导我们的共识和行为、为帮助我们化解冲突提供准则的标准。世俗人文主义提供了一个框架，在这个框架下，差异可以共存，并在相互尊重中分享。

原本作为一项核心"启蒙"计划的世俗人文主义已经失去了信心。它给人泄气萎靡之感，因此常被误会为"空泛"和观点不明。世俗人文主义需要重拾信心。自信的世俗人文主义观点提出了一套市民价值观和参与规则，包括：提供让差异、文化和冲突对话弥久更新的环境；在核心共识范围内允许强烈的信念和信仰；与此同时，承认冲突的"自然性"并建立起应对差异的方法和手段。世俗人文主义力图整合不同的生活方式，它认识到人们必须聚居和可以分而居之的场所。它为了解认识"其他观点"、探索和发现异同创造了系统的机会。世俗人文主义希望基于辅助性原则驱动决策，这就意味着更大力度的权力分散和下放。中央政府更多地扮演辅助性角色，由此增强了地方层面的参与度和连通性，有助于引起人们的兴趣、关注和责任。

"世俗"并不意味着冷漠无情。事实上，我反而珍惜那被世俗强化了的精神。"世俗"的模仿力可能恰恰让某些城市更宜居。

转变时代精神

更佳的选择，更好的政治，更强的权力

城市的打造关乎做出选择、应用价值、利用政治将价值转化为政策以及施展权力实现自己的期望。我们的选择反映了我们基于价值和价值判断的信念和态度。相应地，我们的信念和态度由文化塑造而成。因此，一座城市物理形态的范围、可能性、风格和进程及其社会、生态和经济的发展受文化影响——文化走上了舞台的中心。例如，如果一种文化只信仰市场原则并且深信资本的驱动可以产生理性的选择，那么那些操纵市场之人的逻辑、兴趣和观点，就比那些认为基于市场的决策环节的本质其实是一个没有创造性的体系的人要更加重要。[3]如果一种文化坚信个人选择代表一切——个人总是深谙最佳选择，城市就会受此影响。相反，如果有人认为一种大众、公共或集体利益观具有价值且其变化性超出了市场范畴的话，那些可以提升公共精神的灵感性和代表性的项目就会被委以信任——不根据市场原则建造的建筑，它们效仿环保措施，关怀病患或培育年青一代。

城市的打造是一个关于权力交涉的文化项目。权力决定了我们会拥有怎样的城市，而政治便是权力的载体。这些不同的价值会有怎样的影响？不妨看看2006年美世（Mercer）的"生活质量"排名。[4]这项美国公司针对全球350座城市出具的年度调查现在已成为权威指数，该调查会特别针对移居海外的外籍人士进行，它所考察的39项标准涵盖经济、政治、安全、居住和生活方式等方方面面。欧洲、加拿大和澳大利亚的主要城市位于前列，苏黎世、日内瓦和温哥华耀居三甲，维也纳紧随其后。排名前八的城市中有六个欧洲城市。对于城市之于个体的真实感受，这种以市场为驱动的美国式解读是具有启发意义的。排名前列的美国城市有檀香山（第27位）和旧金山（第28位）；就连人们不能随意在路上走动的休斯敦也排在了第68位。

挑战范式

《打造魅力城市的艺术》想要化身为一只蝴蝶，凭借自己小小的振翅，协同其他很多动因，在全球范围掀起更大的效应。我感觉到时代的精神正蓄势待变，因此我希望本书能够跻身当代新精神鼓舞者之列。时代精神的改变不仅仅是改变舆论气候或知识氛围，而是更深刻的蜕变。时代精神不易受外界影响且可以本能地被感知，因此能够带来能量和注意力。时代精神让每个深受感染的个体都希望成为其活跃的代言人，用鼓励与亲和的本能将他们牵引至共同的信仰。

我们在每一段历史时期中都能看到一些主导性的特质，它们绝不是刻板的模式，并且往往相互矛盾。知识、政治、经济和社会的走势都带有时代精神所特有的印记。我们可以这么说，"现代"的特点中具有不可撼动的信念，这信念关乎科学在通往真理的必然之路上的独到、进步的观点，关乎一种对于技术的信仰。但是技术的"合理性"正在遭到质疑，而且对于技术合理化的批判也在与日俱增。（例如，全球变暖及其结果有何合理之处？）后现代主义反对和现代时期相关的、试图解释一切的大统一表述，而它所主张的真理的相对性、多元性和文化决定性动摇了很多想要单一答案的人的立场，因而神的真理退居其次便不足为奇。虽然后现代主义的主张带来了确定性和可靠的精神支柱，但是现代和后现代主义都加剧了知识的细分，前者是通过研究和科学数据的细分，后者则是通过观点的多元化。过程和理性的启蒙理想受到重创，它们的信心遭到撼动。

道德依托

时代精神召唤怎样的特质呢？这种特质的本质信仰的是全面综合地思考，以不同视角观察，以及不孤立地对待万事万物。不同的思考方式也意味着不同的做事方式，有时候还意味着做不同的事情。在取舍轻重时，推动这种时代精神的人会在"也/或"的观点之间寻求某种形式的统一。[5]他们相信，通过"一体化的战略和战术"就可以同时看到树木和树林。他们可以"既按市场运作又违背市场""既根据预警原则进行评估又同时承担风险",或"既顺应模棱两可之流但又明确自己的方向"。这种方式让他们更深刻地看待事物。他们反对割裂、孤立的思维方式和浮夸的小团体官僚主义。他们反对简化论,这种思想孤立地看待局部并且考察城市的局部,相反,他们会考虑城市互联、整体的动态,例如,社会经济需要与犯罪如何紧密联系在一起。要想通过着眼局部来获得全面的理解,即使有可能实现,也是有难度的,但是通过观察整体的各项关联则有可能了解局部。

我们如何管理一座城市,在某些环节上已经被我们预设的暗示所决定。如果我们将这座城市看作一个由零件和片段组成的机器,而不是一个由密切相关部分组成的有机整体的话,我们所采取的可能是机械的解决方法,无法解决整个问题。同样,机械的方式也会对公共精神产生影响。相反,如果我们着眼于一个问题最广泛的影响以及关系的话,就能够制定出住房、交通和工作之间,文化、建筑环境和社会事务之间,教育、艺术和幸福之间,或是城市形象、本地特质和趣味性之间的关联性政策。

谁之真理?

怀有新时代精神的人既尊重主观也重视客观。如果有人说"我感觉很好"或"我感觉很糟",这就是真理。怀有新时代精神的人会倾听这些情绪并且予以严肃的对待。他们会考察其更深层次的心理效应并且相信这些情绪对于打造城市的意义。他们宁愿选择"模糊的正确"而不是"精确的错误"。[6]在他们看来,稳定不变的真理静待发现——这种观点已经不足采信。弗里茨·卡普拉(Fritz Capra)简明扼要地总结了早前的观点:

> 以一个电子为例,我有意识地判断如何对它进行观察将会在某种程度上决定这个电子的属性。如果我问它一个关于粒子的问题,它就会给我一个关于粒子的回答;如果我问它一个关于波的问题,它就会给我一个关于波的回答。这个电子没有独立于我意识以外的客观属性。原子物理学上,笛卡尔式意识和物质、观察者和观察对象之间的明确区分已经难以维系。我们已经无法在论及自然时让自己置身事外。[7]

怀有新时代精神的人希望鼓励人们对自己所重视的东西和看待事物的方式有概念的转变。最重要的是，他们有一个价值基础。这个价值是基于对"他者"的好奇，以及对跨文化联系而非内向思维的种族行为的兴趣。这个价值相信转变市场以实现更宏大的目标，如更广泛的社会公平、对环境的关怀或人类各种梦寐以求的目标。市场本身没有价值，它只是一种机制。新兴的时代精神力求有整体的思考。

心存高远

因为崇高，远大的理想不会不切实际。崇高并不意味着空泛。它可以意味着试图洞悉旅途的方向并赋予其意义，而不是知道途中每一站的名称。当然，这种崇高会令已有预设且思想闭塞的人感到害怕。时代精神的改变多由一系列同时发生的状况引起，例如"卡特里娜"飓风或"9·11"这样的事件，或更小范围的契机——如2006年1月英国政府《避免危险气候变化》（*Avoiding Dangerous Climate Change*）的报告让否定全球变暖的人看上去极度盲目；北爱尔兰统计和研究署（Northern Ireland Statistics and Research Agency）2005年的报告冷漠地记录了种族隔离、剥削、宗教暴力和经济前景缺乏之间的关系——它们作为转折点，骤然让人警醒。这些"事件"在媒体的造势中扩大。突然之间，一系列新思想出现的时机似乎到来了，而这群怀有新时代精神的人们也在准备着顺势而为。

明快的形式

最重要的是，时代精神之所以改变，是因为它更好地体现了现实。它与"常识"相呼应。多少个世纪以来，"常识"的概念一直饱受争议。在德语中，"常识"的字面意思指的是"正常的人类认识"，[8]但是也可以理解为"被大多数人普遍接受的认识"。例如，"法律适用于所有人""和平比战争好"或"人人都应享受医疗服务"，这些都是常识。"有些人用'常识'来表示那些在他们看来应该属于多数人谨慎合理判断经验的信条或主张。"[9]常识是动态的，不会一成不变，它会随着时间和环境的变化令感觉发生变化。

转变常识要求传播直观的例证。新的文化表述因其自身属性，较难被灌输成常识——因为几乎没有直观的事实或数据可以清晰地体现一种领悟。但另一方面，环境表述对常识构成了更为尖锐的挑战，从它们中建立起可以渗透至常识的"准典型"观点并不难。例如，你不必成为科学家，也能了解到英国汽车的年增长量将不再有80万台；如果每年在相距655公里的伦敦和爱丁堡之间增开一个六车道高速公路的话，这些净增的车辆可以前后相挨排满这个额外的公路；[10]欧洲汽车每年排放的二氧化碳超过4吨。你不必具备很多技能就能计算出80万×4吨=320万吨，也能知道将这种肉眼不可见的化合物排放至大气中一定会产生某种效应。我们既承认又否认废气排放与酸雨、铅中毒与各种支气管和呼吸道疾病之间的关联。但是我们不需要多么深刻的洞察力也能认识到，无论是运动着还是静止着，汽车都阻塞了城市，它们让城市有一种湮没其中之感。因此，减少汽车的使用并鼓励选用污染较低的出行方式是否不是"常识"呢？

诸如此类的"准典型"观点让人们可以了解那些看似言之凿凿的事物。可事实却真是如此吗？很多人想要逃避"现实"。他们装作无知，他们的恐惧往往隐藏在骄傲自负和权力游戏的背后。无论是通过同侪团体获得经济上的利益，抑或是在情感上受惠，导致无知和冷漠的意志尤其出自现状中的受益者。改变需要承诺。我们身边的结构体系和奖励机制没有帮助，"自由选择"的口号也没有作用，"自由"和"选择"这两个颇有争议的词用在一起，仿佛它们绝不会受到质疑一般。改变需要行动上的变化，但是否定会转化成逃避行动。我们有眼无珠，浑浑噩噩地走进了危机。消化面对现实的影响并采取一些行动会产生痛苦。当正在出现的新思想拥有明快的形式后，时代精神就会改变；明快的形式会赋予时代精神坚定持续的动力，让它作为新常识出现。

捕捉时代精神

每一个时代都围绕时代精神展开争夺，因为有时代精神加持的人才会如虎添翼。在某种意义上，时代精神争夺的目标在某种程度上是要把对手刻画得好像违逆了历史一般。因此，举例来说，顽固的反动派会谴责新兴趋势野蛮或脱离实际，以期打倒对方。今天，这些争夺和对立的中心落在了人们对于各种群体断层的认识上，这种认识决定了你是否是"我们中的一员"。

新兴的时代精神具有多重道德约束并且包含了以下关注点：

◆ **特异性**——培养城市的真实性，增强它们的身份以及最终的竞争力。

◆ **学习型社会**——鼓励参与和聆听。城市成为很多学习者和领导者的聚集地。

◆ **更宽泛的核算**——平衡经济目标和宜居性、生活质量等其他目标。

◆ **理想主义**——鼓励行动主义和基于价值管理城市的方式。不回避利他主义。

◆ **整体主义**——具有全局系统观，同样关照生态或文化。

◆ **多样性**——对差异和跨文化整合感兴趣，并反对褊狭。

◆ **性别化视角**——对以异性视角管理城市感兴趣。

◆ **超越技术**——技术无法解答所有问题。技术不是我们的救星，它不能解决从种族隔离到帮会文化等所有城市问题。我们还要在叫停缺乏设计的社会的同时鼓励行为的改变。[11]

无处不在的城市性

全世界的城市人口比例刚刚超过50%。这是一个标志性的数字。人类离开农村土地正在成为必然的趋势；日后，城市将决定我们的一切。

当然，在世界较发达地区，城市人口的比重已经超过了50%——在欧洲，这一数值超过了74%，中东和澳大利亚的城市人口比重更高达80%——然而，从农村向城市过渡仍是至关重要的转折时期。

正如澳大利亚人所言，城市远不止"道路、速度和垃圾"（或是像美国人说的，城市远不止"管道、坑洼和警察"）

图片来源：查尔斯·兰德利（Charles Landry）

　　"城市性"是我们多数人对自己所处环境状态的认识。城市性之所以无处不在，是因为我们即使佯称远离城市，仍会被城市的旋涡所吸引。城市性的触角、样板和与足迹延伸至其周围，塑造着物质外在、情绪感觉、氛围和经济。伦敦这座城市的感觉触角与客观影响覆盖方圆70公里，而纽约和东京的辐射范围更是有过之而无不及。即便是较小的村落，它们也同样有各自的聚居区或环绕在自己周围的吸引力。当这些引力旋涡和聚居区叠加在一起时，原本具有自然属性的事物几乎就会不复存在。城市便成为主导一切的光环。

　　城市主义派以更丰富的方式帮助我们理解这个光环，并让我们看到城市动力、资源和潜力及其城市性；城市素养指的是"阅读"城市与读懂城市运作方式的能力和技能，通过学习城市主义培养而得。城市主义和城市素养都是泛指、包含各种技能的，充分认识城市主义只能以不同角度和视野观察城市而得。它们是涵盖在文化素养（理解文化如何运作的能力）之内最终的关键。[12]

夜间地图可以形象地展示城市的范围。日本这个民族就是一个非常鲜明的参考。大阪到东京几乎就是一个人造的城市连续体，方圆515公里的土地上居住了8000万人口。中国南方的珠江三角洲在50年时间内完成了从稻田到城市的转化。中国的东部沿海更为极端，这里很快将成为一个城市化带。美国东海岸从波士顿到华盛顿的710公里已经完全城市化，其夜间的灯火也在向内陆延伸。东海岸向内1000公里，灯光朦朦胧胧。40年前从高空俯视西班牙的海岸线，只能看到少数大城市，如巴塞罗那、巴伦西亚、阿里坎特、阿尔梅里亚和马拉加等，它们之间零星分布着一些渔村。但是今天，西班牙已经完全建成了一个长达970公里的海岸城市带。法国马赛和意大利热那亚之间（440公里）到了夜晚也是灯光熠熠。只有非洲是一片暗寂的大陆，偶有亮光出现。

势不可挡的人类活动维持了城市的存在，因为人们希望城市可以满足自己的梦想、期待或是生存的需求。但是人类的活动并不是一致的。在欧洲，人口已经趋于稳定并且开始出现老龄化趋势。[13]集中是工业化时代的主导力量，人口从较小的市镇迁往大城市，欧洲和美国就是很好的例子。现在兴起的第二种模式是平行逆城市化——较大的城市正在出现波动，而绝大多数益处却体现在较小的城市和乡村中——但是西方国家试图让城市更安全、更有魅力、活力和进一步升级，借此吸引空巢老人或年轻的专业人士等各种各样的亚群体，城市再生在某种程度上减弱了平行逆城市化的趋势。

相反，在东亚和世界其他发展中国家，由于希望和需求的作用，城市吸引力继续保持着有增无减的势头。我们正在见证人类历史上最浩大的活动。一批又一批的外来人口正在涌入城市。虽然他们绝大多数都是穷人，但是一旦半定居下来，这种贫困内部就会分层，并且各有各的经济前景。虽然赤贫群体在非洲、亚洲和拉丁美洲蓬勃发展的各大城市中位于社会的最底层，但是每个阶层都能向略高于自身的阶层提供服务。因此，这在一定程度上满足了外来人口定居城市的愿望。这些服务各式各样，从餐饮到个人服务，一直沿着服务产业链向上延伸。既有剥削性的生产工作和运输服务，也有建造业，最后还有类似西方国家满足人们需求的金融活动或休闲服务。贫民阶层由此变得复杂。他们形成了自己的阶级结构和阶层。

试想一下，圣保罗的人口数量从1984年的1000万增长至1999年的2000万——年新增外来人口数量超过了60万。或许最典型的例子要属距离香港只有90分钟火车车程的深圳，它从20世纪70年代末一个种植水稻的小村庄发展成为今天人口超过1000万的一座城市。从某种意义上来看，这一成就让人惊愕。

试想一下这样一座城市所需要的物质基础设施。试想一下这座城市的心理压力。这些数字不言自明，但是人口数字末尾上增加的许多个"0"却几乎无法体现生活的密度、污染的加剧、极度的贫困、城市的繁忙、粗制滥造的建筑或物价上升的失控。这些"0"无法表达城市中实现或摧毁命运压力、生活中的辛酸、不公的经历、无奈的无助和偶然出现的喜悦。

1900年全世界仅有1.6亿城市人口，占总人口的10%。1950年全世界有7.3亿城市人口，占总人口的34%。今天全世界人口中有32.5亿或50%的城市居民——相当于每两个人中就有一个生活在欧洲、美洲、非洲和西亚的城市中。[14]然而，这些平均数字却掩盖了城市间的巨大差异。比利时、英国和德国分别有97%、89%和88%的人口居住在城市，而整个欧洲的城市人口比例为74%。欧洲每年还会新增6800万人口，相当于法国和比利时人口的总和。所幸，如果预期正确的话，2050年世界人口数量将会稳定在90亿。欧洲人口数量已经稳定，预计主要增长来自亚洲和非洲。

1900年世界十大城市全部位于北半球。现如今，北半球仅有美国的纽约和洛杉矶跻身前十，而到了2015年，北半球的城市都将无缘十甲。1800年拥有100万人口的伦敦是世界上最大的城市。今天，全球326个大城市区的人口都超过了100万。预计2025年，人口超过百万的城市数量将会达到650个。这些城市中有很多名字你将会第一次听说：兰契（Ranchi）、肖拉普尔（Sholapur）、圣路易斯（San Luis）、波托西（Potosi）或加齐安泰普Gaziantep）、南浦（Nampo）、大同（Datong）、丹戎加兰（Tanjungkarang）、达沃（Davao）和乌鲁木齐（Urumq）。谁能想到重庆人口接近800万？谁能想到阿默达巴德有500多万人？谁能想到武汉和哈尔滨的人口接近千万？人口在1000万以上的超级城市的数量从1975年时的5个增加至1995年时的14个，预计会在2015年时达到26个。拉戈斯1980年时的人口为280万，如今已达1300万，同时期的坎帕拉人口则增至3倍。我们还可以继续枚举……

感觉和认知地理

人们感受到的城市性是如何产生的呢？数字很少会告诉你一处景观或一个空间是何感觉。在我生活的格洛斯特郡附近，自然环境与人类住区之间在25年前有着明显的分界，无论是维斯利村还是切尔滕纳姆镇，抑或是格洛斯特郡以外的布里斯托尔市都是如此。格洛斯特郡现有56.8万人口和60%的农村土地；其现有人口数量较之1980年时的51.5万增加了10%。但是同一时期的汽车数量却增长了30.2%。除了移动性的激增，如今人们的移动距离为1950年时的6倍，人们在1950年、1980年和2000年时每天的出行距离分别为8公里、19.5公里和48.2公里，预计将会在2025年时达到96.4公里。相反，乘坐公共汽车出行的人数比例却从1960年时的32.8%下降至2000年时的6.7%。[15]

与此同时，个人居住面积比1950年增加了一倍，从1991年时的人均38平方米增加至1996年和2001年时的43平方米和44平方米。这些数据反映了单身家庭数量的增长和较大家庭的减少。[16]随着越来越多人对居住面积的需求，现有住区开始扩展，新兴住区开始出现。空旷的空间变得更为稀缺。

为了适应日益增加的人口数量，开放的空间被填满并盖起了新的房屋。数量更为庞大的汽车导致了重要道路的扩建、支路的新增以及更多的环形道。较大的超市从市镇中心搬到各住区交汇的边缘区，道路沿途增设加油站，带状发展得以开始，越来越多的标示竖了起来。格洛斯特郡的氛围在不知不觉中逐渐发生了变化。现在，这里给人的整体感觉带有一种城市性。

让我们从格洛斯特郡这一地方的例子转换至全球范围，并且直观地呈现出人类所需车辆和不断扩张的物质基础设施以及所用空间。人们已经注意到，英国每年会净增80万辆汽车。美国汽车的年净增量为270万辆。

1995—2002年，欧洲有320万辆汽车上路。中国和印度的汽车消费蓄势待发——中国人口占世界人口的20%，只有8.1%的人口拥有汽车，而且其中绝大多数为货车和卡车。相比西欧每千人拥有400辆汽车，中国每千人只拥有5.2辆汽车的这一情况看似微不足道。[17]而如果中国迎头赶上，这个数字就是无稽之谈——因为将会有好几亿新车上路。

现在让我们来看看居住面积。格洛斯特郡与整个欧洲都正在发生相似的变化，虽然具体的居住面积因地而异，但基本上在40平方米左右。相比之下，北美洲的个人平均居住面积为65平方米，而中国的变化则更为明显。中国1978年以前的人均居住面积只有3.6平方米。截至2001年，公寓的大规模扩张使得中国人均居住面积增加至15.5平方米，接近俄罗斯19平方米的水平。[18]中国达到欧洲水平有何空间意义？

单身家庭的数量正在增加。2001年英国有29%的单身家庭，而在1971年时，单身家庭的比重为18%。其家庭成员数量从1971年的2.91人/户下降至2001年的2.3人/户。瑞典每户家庭成员数量为1.9，系欧洲最低。英国若要达到瑞典的数值，其家庭数量需要在2050年之前增加47%。不妨思考一下这些新增家庭的实质影响。其余发达国家的这项数据均在相同的范围内——如美国为2.61人/户——但是欠发达地区的每户家庭人数却在5人以上。印度为5.4人/户，伊拉克最高，为7.7人/户。这些国家一旦发展，对空间和移动性的需求将会增加，尽管人口的增长会随着教育水平的提高而下降。虽然这是公认的模式，但是当这种情况发生后，世界将会是何模样？[19]

转变观念

土地使用和流转的加剧影响巨大。自然环境和人造环境之间的分界已经消失。二者之间的平衡已经不可阻挡地发生了倾斜。人类住区原本置身于自然之中，现在它们彼此相连且在不断扩张，公共绿地则位于它们之间。我们所拥有的自然是经过修整、遏制和驯化的自然，是公园的一种变体。狼、熊、蛇已经不见了踪迹。虽然可能不免遗憾，但是以可靠的前提为起点更有意义。

就算是将乡间公路的车道从单车道扩建成双车道，让车辆相向行驶不受干扰，其效果也是惊人的。在单车道的环境下，车辆行驶起来会小心翼翼。主要空间被树木和植被占据。但是随着道路空间的扩展，柏油马路产生了压倒性的视觉冲击，让自然景观的意义变淡。讨论城市与农村的对立越发没有意义。例如，英国中部和南方大部分地区确实兴建了一批村庄、乡镇和城市，它们之间由道路连接，间或有绿地穿插其间。

交通是城乡村综合体的中心，亟待进行彻底的创造性思考。例如，一个双轨火车道的宽度只有12米，而一条3车道公路的宽度却达47米。一列典型的货运火车可以运输1000多吨物品，相当于50辆重型货车的重量。就货车而言，它们中约有30%总会有一次空车运输的情况。铁路运输1吨货物的二氧化碳排放量比公路运输少80%。预计到2025年，轻型货车运输将会增长74%。预计到2010年和2015年之前，货运网将会分别有23%和45%的增长幅度。[20]铁路货运占英国陆路货运市场的12%，每年会拿走公路货运3亿英里的里程数。就每公里二氧化碳排放量而言，铁路货运所消耗的环境和社会外部成本（交通拥堵除外）是公路货运的八分之一。[21]

因此，前者有可能成为后者的替代。巴西城市库里蒂巴有一个和公共汽车网络联系在一起的自行车网络，它长达150公里。这里每3人拥有1辆汽

城市性蔓延至原先自然的点点滴滴之中

图片来源：查尔斯·兰德利
（Charles Landry）

车（在某些人看来可能属于欠发达水平），三分之二的出行通过公共汽车实现。虽然自1974年以来这里的人口翻了一番，但是汽车出行的交通量却减少了30%。德国的弗赖堡也出现了相似的数据。[22]自1982年起，弗赖堡当地的公共交通从11%增长至18%，自行车出行的比例从15%增加至26%，而汽车出行的比重却从38%下降至32%，尽管行车许可证的发放量有所增长。[23]

鸟瞰城市

当你置身其外，让城市的本质向你渗透时，城市性就会油然而生。试想你从空中俯瞰自己第一次来到的一座大城市，你的脑海中会出现怎样的想法和印象？

总的来说，从高空向下看，现代城市就如同乐高积木。盒状的楼宇曲曲直直地挤在一起，坚硬的砖块、水泥、柏油碎石之间偶尔穿插了墨绿色的树木或颜色稍浅的绿草地。有时候，太阳会映照在某个池塘或湖泊中，河水往往会沿着河道奔流。一些结构更为庞大的建筑——体育场馆、电力站、通信塔则鹤立鸡群般跃然而出。

随着高度的降低，动态的活动则变得更为明显。车辆在机场的停车场上上下下，主要交通干道总是比住宅区的街道要拥堵得多。很多车辆都在你要着陆的机场进进出出。再低一些时，你便可以看见人影，但是他们看上去就像忙于筑巢的蚂蚁一般——那种感觉很奇妙，但你或许并不了解他们究竟在做什么。然而，当他们在车辆和建筑之间进进出出时，你便会对他们的行动有所了解。若在晚间抵达，您将会注意到人类那战胜黑暗着实不小的努力——几十亿瓦的电能让城市灯火通明。城市极其依赖能源。

想象的城市之旅

人们对城市的认识取决于个人，取决于人们从哪儿来、有怎样的文化背景、处于哪种状态和生活阶段，以及有着怎样的兴趣。但是人们对城市的一些体验是完全相同的。城市宣称自己是视觉、听觉和嗅觉感官的长期产物。

想象一次普通的旅行，某个夏日的清晨，你从小镇前往某个大城市。我们可以假定欧洲、美国、澳洲、中国……任何地方的市区。

虽然你所在的市镇距离市中心有30公里，但城市的迹象却早已有之。道路两旁，曾经的农田中开始出现零星整齐划一的无窗铝制工业仓库，间或有些明亮的颜色。越靠近城市，它们的规模越大，柏油铺设的服务区也越宽敞，空旷地上还停有铰链式货车。越靠近城市，这些仓库越紧凑、越给人一种工业集聚之感。三车道的公路本身就给人一种城市的感觉——柏油公路不断延伸，直至天的尽头。路上的车辆不断增多、变得密集，快速地冲击着地面，向城市的方向进发。有些车辆是经过贴膜处理的，因此驾驶员可以在移动的钢铁海洋当中保留一点私人空间。这个时候，在任何地方停车都是相当困难的。在一天当中的晚些时候，在温度的作用下，柏油路会稍微变软，但在感官上，它依然给人一种毫无生机、死气沉沉的感觉。

路上的指示标志不断升级，提示你在这里减速或在那里加速，或者在你到达外环路之前会提示你该在什么地方转向郊区方向。在远处，在距离城市还有15公里的地方，刚刚从云层中探出头来的太阳将阳光洒在一座高耸的建筑上，反射出一道耀眼的光芒。距离城市越近，建筑物建得越密集。

柏油、水泥、玻璃、砖、噪声和气味等感官刺激物变得越来越密集，数量不断地增加，并呈螺旋式上升。广告的数量开始增多，透过车窗玻璃你可以看到越来越多的广告——"来干这个""来干那个""带我走吧""渴望我吧""来买我吧"……你的车里开着收音机，节目不断地被插播的广告打断。自从你出了家门，就已经听到了52个广告节目诱导你购物。为了避免收到过多无用的信息，你不得不选择性地收听一些节目，但交通信息是要听的。车窗紧闭着，空调开着，但车内的空气有点污浊，因此你需要在行驶中开窗放些新鲜的空气进来。无论如何，你正行驶在一条已经被污染的隧道中，你已经可以闻到越来越近的城市的味道。空气中弥漫着汽油燃烧时所散发出的味道，暖暖的，又有些臭味，可能还让人感到些许的慰藉。汽油味让人感到一点点的眩晕，这是典型的城市味道。

城市中的路不断变多。你身处高楼林立的城市区域当中。但是多车道的公路使你依然可以在城市中飞驰。这个时候，道路加宽至四车道。现在你就可以在这样密封的通道里直达市区。你还记得与环保人士的辩论。你心想："我开得很快。城市规划师们所担心的交通运输问题是多么荒谬。"然而回想一下，即便在公路变得拥堵之后增加公路的通行能力，随着时间的推移，更多的车辆会从更远的距离驶来通过这些路面，新公路会逐渐变得跟旧公路一样堵塞不堪。

"不用担心。在不远的将来，所有道路问题在飞速更新换代的应用科技面前都会迎刃而解，比如卫星导航技术。"

城市街道的模式并不明确；视线会因为地下通道和立交桥的阻挡而变得模糊不清。道路大多由混凝土浇灌而成，一动不动、了无生机，它们留给你的只是死气沉沉的背影。混凝土的形状有时候会出现抬升——这是由于混凝土曲线的可延展性，然而随着时间的推移，混凝土地面会变得面目狰狞，会出现渗漏、污渍以及裂缝，更别说一些破败不堪的道路会露出里面锈迹斑斑的钢筋，或者满是涂鸦。

钢筋混凝土[24]是工业时代的建筑用料，在当代社会随处可见。用混凝土草草搭建的花园围墙一眼望不到尽头。廉价的房产——穷人用更为廉价的轻型建筑用砖搭建房子。远处，有一处用混凝土铺就的停车场，旁边立着一块艳丽的红色广告牌，上面写着："停车一天——只要5美元。"

城市里还是有一些绿色存在的。以前中产阶级多居住在城市的外围郊区，拥有独门独院的房产，道路交通压力在这里得以舒缓，道路两旁种着林木。现在这里的房产大多被分割成单元，租住给赚钱不是很多的中产阶级。道路两旁停放着几辆可能被人遗弃的汽车，但是从远处看，这片小区和谐安宁、美妙至极。对于那些搬到更远的郊区、过度依赖汽车出行的人们来说，这里可能会重获新生，成为城市外围生活的新时尚。

在过去的80年间，人们的出行方式发生了天翻地覆的变化，从步行转向乘车出行。这不是刚刚发生的事情。在所有的交通方式的选择上，不同级别的政府机构制定的各项政策都是倾向于汽车。

你身处天桥之上，这就解释了为什么这片区域以前呈现下螺旋式的发展。谁想住在公路下面呢？而对你来说，天桥给你打开了一片远景——你可以看到整个城市。远处是不是宜家？近一点的地方，有一家有柱廊的大型购物商场，品牌云集，大型停车场内停满了汽车。你可以从很远的地方看到各种广告牌。印有巨大的"M"的广告牌是其中之一，著名的金色拱门，在刚刚驶过的3公里就看到了4家或是5家。然后还有温迪、汉堡王、南多、肯德基、赛百味、英国石油公司、德士古、沃尔玛或者乐购、家乐福、梅尔卡多那。作为广告牌，这些品牌的辨识度非常高，有的是一个笑脸，有的是波纹图案。广告比比皆是：手机（"无论天涯海角，保持联系"）、金融服务（"利息如此低廉，谁会拒绝呢？"）、银行（"您可以信赖的银行"）、电信（"轻松一按，沟通全球"），还有房地产（"买房置业，尽享城市精致生活"）。

你该提早10分钟出门。出口的车道开始变得拥挤，前方的交通指示灯总是会带来麻烦。你现在处于城镇内外的分界地带。红砖混凝土被玻璃所取代。街道被分割成大的街区，建筑物鳞次栉比，前面的广场上无一例外地用抽象的公共雕塑装点着。这些建筑宣告着自己的存在，他们的玻璃和大理石外立面闪闪发光，给人感觉它们在躲避着你，同时又把你圈在中间，它们对你说"不"，又假装对你说"行"。这时候，车子开进了停车场，早晨8点15分的时候，仍然有很多空的停车位。

美国人均拥有8个车位，也就意味着美国的车位总数超过了15亿。

同和异

郊区以及对其的不满

有人可能会说这种想象的驾驶出行是一种不公平的描述，只会显示出城市生活中最糟糕的一面。我们本来可以以一种更为正面的都市冒险的方式开始，这种方式绕开了事情更为艺术性、人种更为多样性的一面——然而日常通勤是个苦差事，这一点更为人们所熟知。

我们本来可以选择另一种方式接近郊区，却被环境专家所诟病。有人可能对郊区的流行不以为然。但是，在一次全国范围的调查中，只有17%的美国人表示偏爱城市中的独立洋房，尤其是步行距离内有商店和公共交通工具的。[25]澳大利亚这方面的数据也大致相同，新的世界经济结构开始流行。[26]有位作家写了一本书，名字叫《适应吧，郊区不会消失》。[27]科特金指出，尽管媒体对郊区的报道很糟糕，民意调查却始终显示大部分郊区居民对居住环境很满意。城市扩张已经给个体和家庭提供了一种成功的策略，让他们能适应城市的功能紊乱：失学、犯罪、缺少空间、市区个人绿地不足——这是大棒，而郊区宽敞的停车空间和方便的购物条件则是胡萝卜。为什么要担心缺少城市生活中那种交流呢？让人们拥有他们想要的吧。忘掉社交成本和环境成本，不管怎样，郊区正在变得越来越像城市。正如乔尔·科特金所描述的：

> 有一些新兴的城市，像伊利诺伊州的内珀维尔市，还有崭新的"郊区村庄"如雨后春笋般出现，例如休斯敦的本德堡县，或南加州的圣塔克拉利塔谷等等。在佐治亚州的格威纳特县有新崭崭的艺术中心和音乐厅。几乎到处都有新教堂、新清真寺、新犹太教堂和寺庙，它们沿着我们城市以前的巨大外缘大量涌现。使郊区更适合人居住是非常关键的工作，这正在很大程度上影响发达国家现代城市的面貌。这些都是大项目，值得我们最好的建筑师、环境学家、规划师和有远见者投入精力和创造力（而非轻视和谴责）。[28]

忘掉城市扩张是对土地的低效利用（大量空间被道路、停车场占用，区划法批准楼宇大幅后挪，扩大缓冲带或最小地块）吧；忘掉不断扩张的道路系统使得土地价格低廉，从而刺激了"跳跃式"发展，在城市内部留下了未开发的土地或棕色地带（城市中旧房被清除后可以盖新房的区域）吧；忘掉道路的增多加剧了交通拥堵吧，因为这使得开车的人变多了；忘掉城市扩张还分割了土地的利用、使得商业开发通常栖身于一层楼中的空地吧；忘掉城市扩张占用了几乎所有的专用绿地吧——这些绿地之前或是农业用途或是处于自然状态；忘掉城市扩张给健康带来的影响吧——这是导致过早死亡的主要原因。[29]

其他人指出，政府的激励及规定是如何一直对郊区倾斜的，在损害城市的情况下为郊区发展开放土地，所到之处城市环境尽毁。15年前开始的城市复兴大爆发的重心已有所转移，引发了彻底转变，然而城市缩水的税收基础已经带来了恶性循环，公共服务——例如教育以及治安条件——远不如郊区。财政支出的平衡仍然取决于多车道公路、支路以及道路拓宽方案，这使得乘客远离公共交通，同时汽车公司和石油公司也伸出援手，不遗余力地进行游说。要住在人口稀少的郊区，汽车是必不可少的。当今的郊区有办公大楼、娱乐设施及学校，可以完全独立于中心城市而存在。而且，出于对自身外表的不满，导致规章制度变得像迷宫一般复杂，并且提出了新城市主义议程，这才塑造出其当前的外观和感觉。[30]为了追求法式小巷那种蜿蜒曲折，抛弃了网格状的街道布局。为了处理空地尺寸、许可用途、停车需求，缓冲地带、建筑物正面以及户外广告牌，扩展了区划法。然而，尽管郊区可能从未如此吸引人，但其最初的作用使得人们对私家车非常依赖，这就增加了开发成本，使得"在远程步行范围外建造任何东西都属于违法行为"。[31]即便是法国优秀的城市规划师也被迷住了。向远离首都的外围出发吧，略过靠近城市中心那些贫穷的、外来人口密集的郊区。

到目前为止，我们已经把欧洲、澳大利亚以及美国放到一起进行了概括性陈述，以获得整体感觉。如果我们把这些经验分开的话，会不会有一个对比呢？答案既肯定也否定。在美国和澳大利亚，那种纯粹的"1平方英亩街区"的腐蚀性影响占据了主流。这对人们精神的控制怎么夸张都不为过，因为有些人确实非常喜欢。郊区是城市发展的一种形式，总之适合于一种完全不同于城市的特殊的描述方式。"城市"这个词意味着密度、高度、街道、复杂、亲密及频繁互动。另一方面，郊区是一种新的定居形式，有自己的逻辑和活力，就像一张扁平的煎饼那样摊开。欧洲正在走北美和澳大利亚的老路，但是我们没有那么多的空间可以支配。支持者拿数字作论据，以乡村为基础，声称仅利用了土地总量的2%～4%。其他人说美国土地的4%已经被用在了道路建设上。确实还有大量剩余，然而有些人忘了把地面上的微地形估算进去。城市把桥塔、道路和公用设施工厂等基础设施连接在一起，好像一张网在大地上撒得更大，大到难以测量，因此就对空间形成了这样一种印象——仿佛这个空间只支持城市和乡村。在感知方面，道路给人的感觉是它们占据了全部空间的三分之二，其实在洛杉矶这样的城市，柏油路占的比重更大。

　　美国、加拿大和澳大利亚对空间还不够重视，就好像它们有用不完的土地一样。交通运输规范要求转弯处、岔路、紧急车道、路侧停车道、港湾式停车处和楼宇后退时要留出更大的空地。这些道路破坏物永远都在。停车区转移到后面，建筑物放在前面，街道像一条直线，这种解决方式无疑太过想当然。如果你看到这些改造过后的街道如何缺乏活力，那种苍白无力的辩解，说什么"这是顾客需要的"或"这会增加商店的营业额"几乎都站不住脚。视觉上其实太过空白。这些宽阔的街道以柏油铺就，无边无际地延伸开来，给人的感觉冷漠无情。行动迟缓的小汽车懒洋洋地行驶在连锁店遮阳篷外的柏油路面上，到处弥漫着萧条和缺乏活力的感觉。主色调是灰色，其中点缀着广告牌和商店的招牌，它们突然出现在你面前，扼住你的喉咙。它们花里胡哨，色彩艳丽的标志展现出一种俗气的现代美和些许创意。虽然其中主要是司空见惯枯燥乏味的连锁快餐店，在那里人们像在饲料槽中一样进食，变得过度肥胖。阿德莱德的北大街是郊区的一条购物街，驱车才能到达，这个地方是一种例外，足以让人激动不已。字体粗大的广告牌引人注目，塑料材质丑陋而又诱人，这些仿佛都在向你尖叫，临街房屋的正面也是如此。这是一条汽车销售公路，一家汽车销售店紧挨着另一家，然后是销售DIY商品和大型家具的店铺。

　　欧洲城市在招徕顾客方面更是追悔莫及。那里同样有类似的街道，但是给人的感觉更加压抑，让人感觉空间非常宝贵。当然，很多地方正在变得空荡荡的，因为购物中心都搬出了城，就好像之前在北美发生的那样。在这方面英国更领先，而欧洲大陆其他国家正在大步赶上。

过去的城市更美？

然而，欧洲城市能够利用的老旧建筑却是真正的馈赠，它赋予塑造文化资源更大的余地。你可以利用多重历史和时代痕迹，形成新旧交融的局面。你可以控制车辆，腾出适合步行的地方，而且这种密度令公共交通变得深具效率。然而，为古老的欧洲小镇找到焕发生机的角色和目的，而非仅仅为吸引游客而保持美丽的容貌，并非易事。游客无可厚非，但如果人数过量，会耗尽城市的生命之源，美好之地将成化石。随意地想想代尔夫特、罗滕贝尔格、瓦萨、科尔托纳、科茨沃尔德的百老汇，以及意大利、法国、德国、英国和荷兰成千上万的其他城市。就其本身而言，古董店和纪念品店堪称良好，但这是在创造财富吗？再上升一两个等级，欧洲有过多具备一般意义上的"都市风格"的大中型城市：尼斯、帕尔马、慕尼黑、卢卡、里昂、兰斯、海德堡、格拉茨、奥维多和乌特勒支。北美几乎没有这种类型的城市，因为那里的大部分城市是为满足汽车的需求而建。著名的意大利或法国城市有其美妙之处，尤其是以 19 世纪城市资产阶级建筑为特色的城市。这些城市有豪华但不奢靡的感觉，不令人畏惧但可以应付的高度，以及混合用途——一楼商店，二楼办公，三楼及以上居住。街道两旁绿树成荫，宽阔的路面留有停车空间，街道通常建成林荫大街，能够减轻绵延不绝的柏油路造成的视觉冲击。由此产生的活力贯穿各种情绪：资产阶级自我意识过于强烈时的自我满足；城市污垢因贫富共存滋生时的勇气，以及知道业务正在经历过数个时代城市沧桑的建筑物内开展时的故作镇定。

然而，和其他地方一样，欧洲有自己丑陋的一面：现代主义血液中流淌着的廉价建筑物、不合理的设计、糟糕的外层地产，都昭示着城市边缘的文化。工业时代的功能性建筑通常具有骄傲的存在感和坚固性，与留出大面积覆盖的空间，以及有15～20年固有周期的废弃型龙门架棚屋形成鲜明的对比。你能想象21世纪30年代的艺术家和时尚设计师回收这些棚屋作为灵感之源，或新潮的中产阶级将它们改造成名家设计的公寓吗？这是另一种猜想。我们认为意大利是城市体验的巅峰：适合步行的具有综合用途的城市围绕着历史核心聚集，每晚夜间散步的热闹令它充满活力。然而，如果我们只考虑到意大利的战后定居点，忘记战前的辉煌，你会觉得他们已经失去创造城市的艺术。确实，网格状的街道和林荫大道受到公寓街区一楼使用的潜移默化的影响。杂乱停放的汽车、无所不在的咖啡厅和常见的闲逛人流——户外生活令整个城市的街道挤挤挨挨，但在环抱市中心的环路以外，探查一下房地产，就会看到与其他国家能够提供的任何其他事情相媲美的沉闷阴郁。

虽然目前融合日益增强，但我们仍然可以对比苏联解体和柏林墙倒塌后15年的东欧和西欧。具有讽刺意味的是，随着西欧人怀念消逝的建筑辉煌，他们重新发现了克拉科夫、布拉格、布达佩斯、圣彼得堡、卢布尔雅那、利沃夫、敖德萨和蒂米什瓦拉。在这些地方，几乎没有资源能够进行使他们区别于彼此的现代开发，而廉价航空现在经营着它们的业务。它们如同哈瓦那的褪色和破败的优雅，提醒着人们他们所在的城市仍有的面貌。有趣的是，在西方，往往是过去越成功的地方，在失去往昔宏伟方面受苦最深。伯明翰、曼彻斯特和布里斯托尔，核心地带或经过改造焕然一新，或遭到破坏，取决于如何看待。相比之下，在20世纪六七十年代急速发展中苦苦挣扎的城市（比如格拉斯哥）能够保留其大部分的建筑。因此，东欧的实例代表了喜忧参半的情况。辉煌往往因缺乏经济顺景而得以保存。繁华褪尽的魅力——剥落的喜悦混合着苏联风格的灰色建筑——难以被超越。

斯大林时期早期最好的几栋建筑宏伟壮观，自信非凡，尤其是在莫斯科、华沙和基辅。前南斯拉夫有自己独特的社会主义现代化，至今在贝尔格莱德或萨格勒布等地仍有许多特色存在。丹下健三在 1963 年地震后实施的、仓促而大胆的斯科普里重建计划（1966年），尤其经受住了时间的考验。然而，随着资金用完、标准下滑，不可避免的同质性愈加强大，留下饱经风霜的感觉：布加勒斯特的"欢乐之地"、卡托维兹、雅西、索菲亚的外层房地产、基什尼奥夫或圣彼得堡、新胡塔钢铁厂及其位于克拉科夫的房地产浮现在脑海中。虽然锈蚀渗透钢筋混凝土，但这些建筑仍然难以被破坏。这里有弃用的金属公交车候车亭、扭曲的混凝土长椅、渗水的水泥、弯曲的金属百叶窗。现在又有去年选举的政治海报为这种不和谐的视觉效果添上一笔。这里的可口可乐、威斯和万宝路香烟、啤酒、伏特加、耐克的徽标和移动通信的广告超过西方人所见过的。它们放置不当，有时甚至占据六层楼建筑的整个侧面。在敖德萨，一个高达43米、不断闪烁和充满噪声的广告令我深感困惑。它遮盖了整片窗户，挡住了人们观看19世纪建筑的视线。就视觉混乱而言，布加勒斯特机场周围的环境绝对打破纪录。有人能够感觉到，并知道这并非规划的结果，但是这与严重腐败和回扣脱不了干系。有人偶尔看见令人感觉舒服的遗迹，比如集团化公司的巨幅老旧手绘广告。大城市的视觉污染至少能激起一些社会舆论，但克拉列沃、乌茨兹、爱尔巴桑、都拉斯、尼克尔、泰托沃、巴尼亚卢卡、比托拉和科希策等不知名的小城市就很少有这些声音。

　　还有惊喜时刻、独创性和灵感。地拉那的市长艾迪·拉玛（Edi Rama）下令在数百栋老旧大楼上绘画，将单调沉闷的灰色大楼作为新画布，创作具有蒙德里安风格的五彩缤纷的图案，美化城市，改变其精神面貌。与其说它是波普艺术绘画的怀旧之举，不如说是城市重建项目。在数年内，该市预算约有4%都花在绘画上，试图改变市民的心理状态。拉玛表示，主要挑战在于说服人们改变是可能的。前艺术家说：“担任地拉那的市长本身就是最高形式的概念艺术。它是纯粹状态的艺术。”

　　相比之下，在东方的大部分地方，在现代化进程中，一种普遍存在的新超资本主义风格已经蔓延。廉价的反光玻璃——如果你运气好，在金黄色或亮绿色中——反射你的形象。有时你能在旧大楼背景下的镜子里看到自己。冲压阳极氧化铝、塑料护板和镶板、玻璃纤维、压碎的骨料和绝缘材料共同打造脆弱、低劣和可悲的效果。图案更加粗略，色彩定义仍然过于粗糙。此类材料弹性不好，经受不住风雨侵蚀。零碎的东西并非精心设计，而是固定到主结构上，令建筑具有一种粗俗的机械感。模块设计和新技术能够制造大幅面板，大小远大于砖块，导致建筑物丧失质感。然而，以赏心悦目的方式挤压型材和造型以及弯曲局部的能力是有限的。由于能够更多地使用西方25年前的新材料，东欧的城市规划师们打算以最低的成本尽可能地实现最大的想象，但是结果可能是既俗艳又廉价。这点与西方发达国家并无不同。它的伤疤布满视野。严格来说，这些建筑很好——它们在功能上运行良好，只是不够美观。在东方，成本远比美观重要，但是在西方，设计和品质的增值效果日益得到认同。

当地特质

到亚洲或拉美城市旅游时，我们之前想象的动力是否有所不同呢？还是那句话，既是又不是。举例来说，日本或印度的体验与美国或欧洲差异非常大。在新德里、布宜诺斯艾利斯、加拉加斯或马尼拉，整体感觉是充满噪声、混乱、凌乱、破旧、交易、交通、臭味，还有许多许多人挤在一辆计程车里。这与在欧洲或北美的旅行感觉完全不同。但是亚洲的一流城市，例如东京、上海、新加坡或香港，就算不优于西方城市，也能像西方城市一样蓬勃向上。玻璃和钢材取代传统的混凝土。公共交通系统快速、高效、频繁，远胜过西方城市的交通系统。

密切关注全球各城市时，会有哪些不同与相似之处呢？无疑，在智利南部的彭塔阿雷纳斯修车，与在巴伦支海的希尔科内斯、莫桑比克的马普托、日本的金泽、威斯康星州的奥什科什或菲律宾的宿务修车的核心职能是相同的。必然都要建造房子、修路、通电、购物、吃早餐、喝啤酒、清理垃圾或为雨天储存物品。表面上看，要做的许多事情都是一样的，而且产出也相同：住所、食物、生存、出行。但是，构成城市动力学广泛流程的物流、组织、过程、技术、科技、管理和文化特性是不同的。它们交互地塑造了城市的外观和风貌，反过来又被城市所塑造。

我们需要将全球城市考虑为相互连接的居住地系统。每天都产生真实的结果，而一系列原因和效应就在反馈回路中不断循环。无论一个城市过去拥有多么优越的地理优势，现在，它的物质和文化资源、固有天赋及其民众技能都成为全球性网络的一部分。

孤立地考虑世界城市地图的某一块（例如欧洲或非洲）会忽略彼此之间的依赖。一个地方的每种行为都可能影响整个世界。经济发展的形式、结构和阶段是由过去殖民主义到现在全球贸易方式的历史威胁决定的。在发展浪潮中，我们很少置身世外去评估孟菲斯、西班牙港、巴马科、奥卢、诺里尔斯克、法兰克福、卡塔尔和金奈等不同城市的得失平衡。对此似乎只有一种合理解释：资本和财产值的自由逻辑不可阻挡地驱动城市发展和形成，拉开贫富差距，视前景或环境投射光与影。市场经济本身并没有确保道德或信任的机制，只是利己主义的体现。使用货币价值来驱动创建更多货币资产的过程意味着使生活的方方面面都货币化，甚至包括人际关系。就其本身来说，它是无创造性的决策理论，未考虑社交性、交流和联系的形式，比如以物易物或其他自发的礼物交换。此外，它还缩减了重新创造新形式的自由交换、合作和尝试的想象空间，限制了关于选择的思考。它在每件事物上都打上货币标记，人们必须挣钱。资金的闪光在于其表面的单纯。如果你忘掉所有后续结果，透过"经济人"这个狭窄的棱镜看世界，在某种程度上它也能奏效。

第二章

城市的感觉景观

事物呈现出什么模样？你能看到什么颜色？能看到多远？能闻到什么气味？能听到什么声音？能感知到什么？能摸到什么？城市冲击着人的感官。城市是感官和情绪的体验，有好也有坏。但是，我们并不习惯用嗅觉、听觉、视觉、触觉甚至味觉这样的方式来描述事物，城市给人的这些感觉只在旅行文学和小册子中有所描述。从感官角度描述城市，措辞便是一大考验，因为我们常用的是那些无法表达感觉的"客观"词汇。我们体会着城市，但察觉甚微。我们对城市的嗅觉景观、听觉景观、视觉景观、质感或味道没有清晰认识，就更谈不上描述了。本已模糊的城市映像还会淡化，因为城市的刺激可以让感官无力招架——鸣响、闪烁、"嗡嗡"声、"嗖嗖"声，短促，汹涌，令人不知所措。很多时候，感官在城市的刺激下并不会打开，反而会关闭。感官衰竭、筋疲力尽，开启防御机制，缩小了人的体验范围。

我们生活在一个缺乏感知力的思维空间里，它靠着肤浅的经验累积运转，并为愈加狭窄的现实人生隧道提供指导。我们的感知能力恰恰在需要提高的时候出现了萎缩，这是关心城市之人所面临的一个主要矛盾。由此引发的危机是越来越多的个人和机构应对与处理困境和机遇的能力下降。感知能力之所以萎缩，是因为人对感知功能没有充分地认识和运用。感知领域的缩小使得我们用狭窄的视角来审视世界和机遇。在视角变窄的情况下，我们无法掌握全部的城市资源或问题，看不到城市的潜能或威胁，更不用说其微妙之处。感官没有与外部环境建立连接，二者如何相互支撑也不得而知。

各地之间的连接更加紧密，人口的迁移和流动有增无减，经济正在全球范围内紧密配合，电子产品让沟通无距离——世界正在缩小。这些变化正在同时迅速进行着，将众多文化、人员与思想迅速地聚集在一起。要应对这种复杂错综的趋势，我们需要聪明的大脑以捕捉微妙差异并具备鉴赏力，也需要相应的理解力，才能在这个充满差异与独特性的世界中游刃有余。

在受限制的情况下，我们没有依靠感官，而是通过技术来理解和解读城市。然而，正是感官催生出人的感受和情感，也正是通过感官，我们的心理景观才得以建立。这些因素反过来决定着一个区域运转的好坏——甚至关系到经济表现，更不用说对社会或文化的影响——及其在居民和游客心目中留下的印象。工程、实体规划、建筑、测量及地产开发等技术学科固然重要，但与这些领域的从业者想象的不同，它们在一座城市的故事中的所占的比例小得多。

感觉有助于知识的基本形成，而世界正是构筑于知识之上。我们探讨的"感官"是由亚里士多德首先提出的五种感觉：听觉、嗅觉、视觉、触觉和味觉。然而，现在人们普遍认为，感觉远远不止这5种。例如，已经确认的与上述5种感觉截然不同的痛觉[1]和平衡感[2]。根据分类，迄今已鉴定出9～21种人类感觉，如果加上精神治疗师[3]认同的感觉，种类将更多（高达53种）。

就拿电感知来说吧。城市犹如一片宽广的大海，密集地布满着比100年前强烈亿倍的电场与电波。城市生活系统的运转离不开电，一次停电将使整个城市完全停顿。输电线、电缆塔和电杆、手机、电脑、电视、广播、照明、电线和家用电器产生的电磁场相互混合累积，严重干扰人体内每个细胞微妙的自然平衡。在城市中纵横交错的巨大电流看不见、摸不着、听不到，既没有味道也没有气味，但它们作用于我们的身体，即使是在潜意识层面。[4]

不论从何种语义学角度出发，除了已获认可的之外，显然还有更多知觉有待探索。我们注意力界限分明、局促，带来了广泛的影响。它限制着知觉、思维、分析方式，影响着我们对事物重要性的思考，影响我们开拓新思路去解决问题、创造机遇，缩小了我们的思维空间。

思维空间是思考的总和，包括：思想的模式、倾向和内心反应；用来解释和建构现实的理论；如何反向影响所有感官元素及其感知、拆分和解读的方式；大脑是如何应对媒体和文化表征的，又是如何被塑造的；如何处理、理解和利用已有的历史记忆和痕迹。思维为知觉的地理环境预设了条件。

"地理学"一词源自希腊单词"地球"和"写在……之上"或"描述"，用来描绘地球与人类活动对其造成的影响，而"知觉地理学"则是对居住地的感觉信息进行获取、解读、选择并组织的过程。知觉地理学旨在鼓励大脑用更开阔的思路去分析机会和问题，用更多元的渠道来寻找和实施解决方案。

要实现这一点，首先要广泛地感知，以调动全部已有的经验。接着发散式地解读，从中领悟出所有的可能。要做到以上两个步骤，依靠的是智力，包括重要的智力能力：理解和领悟、汲取经验教训、推理、计划、解决问题、抽象思维、语言灵活性和学习。其中必然暗含着一个要求，那就是重新思考智力（即一种数字、语言和逻辑能力）的狭隘定义。

在这里有必要提一下霍华德·加德纳的多元智能理论。[5]他认为每个人同时拥有几种不同的"智能"。他还指出，长期以来我们在教学中更重视与文字、写作以及数字、逻辑和抽象有关的智能，将感官智能放在了次要位置。感官智能包括与视觉和空间判断有关的视觉空间智能、与肌肉协调和动作有关的身体动觉智能，以及与听觉有关的音乐节奏智能。虽然我们欣赏画家、歌手和舞蹈演员，但他们的见解却很少被运用到经济和社会可能的运行方式之中。此外，还有两种与沟通相关的智能：人际交往智能，即与人互动和交换意见的能力；内省智能，即一个人与自己沟通、自省的能力。最后，还有自然探索智能，即一种理解生活背后的各种功能和机制的能力。生活在城市中、与大自然隔绝的人往往缺乏该能力。但介于生态系统的脆弱和资源的有限，人对事物之间的关系的理解，如一个汉堡包与一头牛，变得比以往更为重要。

感觉的形成需要多种智能共同参与进行感知，之后开始"后感觉认知意识"过程。这是大脑在有意识的情况下对知觉、想法和事物进行运转处理的过程，包含感知、思考、感受和记忆等各个方面。这个过程与理解有关，是文化形成的过程，因为它涉及信仰、欲望、意图、已有知识、经验和对事物重要性的判断。

城市的感知领域会产生强烈的情感，但由城市生活引发的众多情绪十分独特，情绪不是中性的，也不是价值中立的，它们都带有主观性，而且类似的情绪往往很多人都有，尤其是在一个紧密团结的集体中。虽然"人人都有情绪"是众所周知的事实，但文化决定了人展现情感以及理解其意义的方式。群体性的期望、规矩和习惯行为也是如此。它们影响着身体机能的机制和行为。情绪是身体机制和思想紧密配合的地方，是实际自我、本能驱动和认知、价值观和观点碰撞的地方。它能导致精神上的紧张，能影响我们在人前的行为。

由此可见，城市体验应该被理解为一种心理体验。而且前文讨论过，实际环境和社会环境深刻地影响着个人和社区的健康与福祉。美和丑影响着我们的行为和精神状态；建筑结构可以给人安全或恐惧的感觉。每个人对外界刺激都有不同的忍受限度，也就是心理可以承受的范围。

但是我们看待城市感知领域的"眼睛"长期处于近视状态，这意味着感官功能不良。我们试图通过感官来解决的问题、机能障碍和痼疾反而通通加剧了。这种无法感知的感觉会变得迟钝，催生出失控的感觉，将人几乎推到崩溃的边缘。对从来没有体验过不同事物、对感知的多样性毫无意识的新一代人而言，又会受到什么影响？

关注感官并不是为了让人感到偏执、害怕、超级敏感或过度自觉。相反，它是为了让我们专注于两件重要的事情。首先，是作为个人和城市居民的我们确定在城市生活时的感受，这是为了幸福地生活、创造财富、在不伤害其他市民的基础上共存与合作。其次，是要爱护环境。没有环境，生活便无从谈起。意识的扩展所产生的影响是深远的。随着意识的扩展，身处集体之中的我们最后都会不可避免地改变自己的行为和生活方式。不过，这种改变最好是自己有意识的选择，而非在情况失控时被迫采取的改变。

将城市视为一种感觉场所，可以产生鼓舞人心的结果。调动感官可以激发行动；它能催生出一系列紧迫感，如让生态交通更快速，让更多空地变绿，让城市中刺激和反射的地方之间达到平衡。这迫使我们进行思考，比如，如何利用气味、声音、画面、触摸和味道景观来造福城市？一些城市已在感官领域取得了重大进展：他们解决了光线[6]和色彩[7]问题。这些城市考虑了多方面的问题，包括色彩规划战略、未来的色彩与空间、颜色及其对大脑和大众福祉的影响。不妨试想一下，各个不同颜色的城市在影响上的差异，比如基本为白色的（卡萨布兰卡或特拉维夫）、粉红色的（马拉喀什）、蓝色的（焦特布尔或阿曼新蓝城项目）、红色的（博洛尼亚）还有黄色的（尤卡坦半岛的伊萨马尔），或者一座黑色的城市——身处在黑暗中会引发季节性情感障碍，在冬季阳光稀少的斯堪的纳维亚半岛地区尤甚。20世纪60年代之前的伦敦曾是一座黑色的城市。从煤和工厂排放的烟雾染黑了石头和砖墙，让城市的建筑整齐划一地披上了吸收光的黑衣。经过几十年的努力，墙面终于在刮去表面污垢后显示出本来的色彩和隐藏的细节。一些城市因其色彩被赋予了别名：柏林和米兰也被叫作"灰色之城"。

规划师和开发商当然会与感觉元素打交道，但他们往往没有充分、细致、用心地去考虑。更糟的是，商场和目的地营销没有原则地大肆操纵着人的感官意识，目的是用"芳香"的气味和"动听"的声音做直接引导，让人们花更多的钱。而最起码，我们应该了解到底怎么回事——比如弥漫于各个超市的面包香气和圣诞节火鸡的气味。

感官资源和感官意识被视为另类的概念，没有多少可信度。目前还没有公认的专业学科专注于这个领域，或将这些资源与实际环境联系起来。规划师和建筑师可能会反驳，他们会说他们已经把这些问题考虑在内了，但他们更容易注重外观、颜色和光线。在教育领域，感官也被忽视了。教师讨论某人的感觉、视觉、听觉、味觉或嗅觉的情况少之又少。由此带来的结果是，没有相关的职业咨询、培训或者就业途径。在学校，仅有艺术课程会特别强调感觉的鉴赏——但不含嗅觉和味觉——不过艺术仍然在第一线抗争，势必要宣称投资感官是值得的。艺术在关注感觉和感觉形成方面的想象力和思维很少被纳入城市的建造过程中（如果有的话）。而今，越来越多的艺术家加入了城市的规划团队，但他们的加入更大程度上是例外而非常态。而且通常在加入规划后，他们被局限在视觉层面，就像在公共艺术项目中一样，他们的参与往往只是为装饰点缀或者事后补救，并没有纳入项目最初的构想。艺术家在城市活动中扮演着重要角色，但几乎没有艺术家承担城市的听觉景观或者制定色彩策略。

来自相同或不同文化背景的人感知和评价感觉的方式各不相同。一个地方被喜爱或厌恶全依靠感官提供的反馈。老年人的感知环境可能过于嘈杂或不安全，而年轻人又觉得太安静或太安全。不同阶层和收入背景的人也有这样的差异。同样一种气味，在一种文化中代表甜蜜和安慰，而在另一种文化中让人联想到恐惧。如果一种气味让你想到喜欢的人，你会觉得好闻；如果是讨厌的人的气味，那就是难闻的。静寂无声可能会让芬兰人感到放松，但台北人听起来就同低沉的隆隆声。而且，每一个感官景观都有对应的文化行为准则。中国人和意大利人谈论起气味来比英国人更加自由。在意大利，人们可以触摸商品，尤其是水果或蔬菜，但其他地方并不鼓励这种行为。在北欧，人与人之间的肢体接触往往较少，而南欧人握手及抱双肩的频率更高。

人面对刺激时的体验也受到文化的影响。例如，动物发出的声音属于中性，各个文化都相似，但这一点并没有反映在象声词上。狗叫在英语中为"woof woof"或"bow wow"，在德语中则为"wau wau"。再看看世界其他地方，意大利语形容狗叫用"bau bau"，阿尔巴尼亚语用"ham ham"，阿拉伯语用"haw haw"，汉语用"wang wang"。[8]而在日本，一只狗绝对不会"woof woof"地叫。公鸡打鸣的声音可以是"cock-a-doodle-do""kikeriki"或"chichirichi"，完全取决于各个地方[9]。重要的是，尽管解读存在差异，但感觉的重要得到了广泛认同，而且跨越了时间和文化的界限。让我们回到感知领域这一要点上来，它的目的是让人们在接触城市环境时激发出直接的、无任何干扰的反应（不过这里我们要指出，没有什么是完全不受干扰的）。

感　觉　景　观

我将"景观"（scape）一词缀于声音、气味和意识之后构成声音景观（soundscape）、气味景观（smellscape）和意识景观（mindscape），就如同它在地貌景观（landscape）中的用法那样。我想传达一种流畅全景式的感知。基于阿尔君·阿帕杜莱（Arjun Appadurai）[10]的观点，每一种景观都是一种视角，取决于以其为指导的人的处境以及他们的理解和行动。从这些不断变化的、模糊的方法和形状之中，我们构建出自己的世界以及自己对这个世界的看法。阿帕杜莱将那些更深层次的"景观"定义为理解困难领域的有用后台工具，它们不需要我们长时间流连表层景观。这些深层景观包括：意识形态景观，是指对观念、规范和意象的连接与评价，特别是启蒙运动的世界观和它的主要理念——民主、自由、福利、权利、主权和代表性，西方的政治和经济论述一直围绕这些理念而发展；族群景观，是指游客、移民、流亡者和其他流动群体和个人的流动变化图景；科技景观，是指连接世界的连锁科技网络；金融景观，是指将各个城市连接在一个"货币投机和资本转移的全球网络"中的"非常复杂的财政和投资流"；媒体景观，是指通过图像和媒体进行传播的文化意象。此外，更广义的城市景观可以塑造我们的思维，成为我们建立世界观、物理环境和心理环境的前提。它迫使我们重新思考我们需要了解自身位置的地图。

地图是一种生动地描绘现实世界各元素位置的图片。但是世界上有很多"真实"的元素是无形的。我们有大量划分地域的版图：有些放大或缩小空间，有些展示了这些空间的实际尺寸和轮廓，或是建筑的三维视图，还有一些以彩色标记标注活动或设施。绘出城乡间流动信息的地图一直是绘图学的重要部分，如物品、人口、疾病、天气等，任何优秀的地图集都会展示这些流动信息。绘制信息景观、互联网、网络结构是近来一种发展趋势，[11]只有一小部分地图会描绘金融流动，比如世界银行地图，但想要粗略了解世界劳动的权力配置并不是一项简单的任务。

目前几乎没有任何绘制感觉景观的地图。不过，其中一个特例就是《英格兰噪声地图》绘制项目，它由英国环境、食品和农村事务部（Defra）发起，旨在计算出英格兰的噪声等级并绘出相应的噪声地图。[12]政府习以为常地将噪声看作"公害"，而不是环境问题，因此常把大部分法规交由地方政府去制定。与噪声有关的规章制度和条例因地而异，有些城镇和城市甚至根本不存在这样的规章制度和条例。

汽车与感官

要更好地阐述城市对人感官的影响，莫过于从汽车的角度切入。打造城市时若只考虑汽车而非行人——人的要素，那么构成一个人城市感官经历的基础便是汽车。在城市里，我们眼之所见、鼻之所闻、耳之所听全都与汽车有关，这早已屡见不鲜：发动机的轰隆声、汽车的喇叭声是形成声音墙的元凶；石化产品的气味弥漫整座城市，经久难消，可谓无处不在；汽车发动机的燃油消耗与沥青的热动力特性都对气温产生了影响；我们视线所及之处也大多是金属与沥青。这些感官刺激物无处不在，但恰是因此，我们才几乎忘记了它们原来就在自己身边。

汽车的存在也切实影响着人们的城市生活，且影响还不止一点。汽车的危险不容小觑，因此路人和驾驶摩托车的人都得注意来往的车辆，这样才能避开性命之危。所谓"小心"，就是要在岔道口和十字路口密切查看左右往来的车流，而在这样的情况下，我们迫于无奈忽略了城市风光的细微之美与不同之处。同样地，我们还得要注意指挥机动车辆的交通信号灯，但是当我们在留心绿、红和黄信号灯变化与十字路口的车流时，却在与节奏稳定、发人深省的城市生活渐行渐远。

有多少遗留的老工业建筑等待修缮一新？

图片来源：查尔斯·兰德利（Charles Landry）

下文还会继续提到城市对人感官的影响，所以，要对汽车闭口不提根本不可能，但本文的用意并不是要声讨汽车，而是要提醒人们机动化社会如何影响人的感官、感情和身体。我们眼睛里经常看到的汽车模样，鼻子中经常闻到的汽车味道，耳朵中经常听到的汽车声音不会像朋友一样跟我们寒暄问候，也不会让我们变得开朗健谈。相反，在试图避开汽车持续不断的轰隆声和燃料味时，我们绷紧了神经、捂住了耳鼻、眯起了双眼，如此就限制了我们的生活体验、减少了生活给予我们的机会，而绷紧自身的同时还会让我们局限于狭隘的内心世界，让我们与他人交流的欲望变淡。人类的交流、活力与生命力构成了美好的城市生活，但城市生活也有其不美好的一面，而这就是其一。

进入过去的感觉景观[13]

如果想要从感官上了解如今的城市，不妨先将自己带回到250年前的欧洲。过滤掉所有的噪声、所有的味道和你如今逐个看到、触碰到、感受到的各种东西，比如：来来往往的车辆、浓烈的汽油味道、电器嗡嗡的响声、机器工作时发出的刺耳声音、宽敞的柏油路、高大的建筑物、遍地的玻璃、塑料制品和混凝土。

18世纪中叶，城市的中央大街上总是震耳欲聋，无论是伦敦的牛津大街、圣彼得堡的涅瓦大街还是罗马的康多提大道都是如此。马蹄和马车发出的咔哒声是那么响亮，以至于你已经完全听不到自己的声音，也几乎不可能与他人正常对话。有一段时间，伦敦路面上的石料圆石都被换成了木制的圆石，以此来平息路面上的各种嘈杂。然而，巷子里却显得无比平静，因为远离了城市中心，这里几乎听不到街道上的任何声音，甚至连远处的钟声也听不见。当你穿梭在威尼斯的街道上，你能够深刻地感受背后的老街。你会听到脚步声，甚至狗走路时发出的声音，这点十分诡异。在欧洲，每时每刻都能听到钟声，每隔15分钟就会响起钟声，为那些没有手表的人们提醒时间。钟声会也唤起人们的祷告。教堂之间为了有所区别，钟声都会有细微的差别，并且这些钟响之间只有短暂的间隙。反观市场那边，因为不断有商品卖出、交易成交，所以会听到说话声以及喊叫声。然而，商店却变得越来越少了。马、狗和猪的声音显得愈加刺耳。只听到在制作或维修过程中，利用锤子敲打金属或者木块时发出的"叮叮咣咣"的声响。靠近河边，在忙碌的一天里，你会发现人的声音会超越其他的声音。通往河边的路上挤满了马车，因为要装货和卸货，所以会听到船夫不断的呐喊声。相较如今的城市，在那个时候，来自人类的声响更为明显。

街道上的气味异常浓烈，伴随着刺鼻的腐烂的味道，有时这种夹杂了其他动物和人类的粪便、停滞的生活污水、腐烂的生活垃圾散发出的各种气味，与从路人和小摊上飘来的一阵阵薰衣草的香味夹杂在一起。有时候，面包店也会飘来一阵香味，但还是很容易就被盖住，特别是当附近有制革厂时。但并不是每个街道都会散发出这种恶臭。与此同时，你还会闻到人身上的各种味道。那时候人们身上经常发臭。进入19世纪中叶，人们才真正开始学会讲究卫生。

周围更多的是木材和砖石。各种东西都更有手工制作的感觉，且手感比较粗糙。城市形态更近似于锯齿状，少了一丝分明的棱角。色调显得更加暗淡——棕色、灰色和黑色，甚至因为沾上大量的污垢、灰尘以及太少清洗，衣服的颜色也比较昏暗。由于染色的价格异常昂贵，所以明亮的红色、绿色、蓝色和黄色都十分罕见。建筑物的平均高度大概是人类高度的5倍，教堂是唯一的高层建筑，笔直地耸立在城市中。

随处都可以看到并且嗅到贫穷的味道——有些人穿着没洗过的、臭烘烘的破布，过着街头流浪的生活。疾病的声音也更为普遍，在人们的喊叫声和各种乱七八糟的声音中，混杂着咳嗽声和喷嚏声。

然而，一旦远离城市，很快取而代之的就是来自大自然的声音与味道，以及强烈的乡村气息。城市就是一种特例，而并非一种常规。

快进到20世纪，城市中少了很多从前的味道：污水处理系统已经到位，人们有了更清晰的清洁意识，且汽车尚未占领统治地位。然而，又逐渐出现了新的气味，这些气味也更接近如今城市中的味道：尤其在寒冷的日子里，煤炭中的重粒子悬在空中和地面上，这些煤火会产生大量的烟雾；各家各户烧煤，久而久之会让城市变得烟雾弥漫，空气闷热，这样会导致咳嗽，甚至窒息。也许，同时还会嗅到油腻的、甜甜的或者浓烈的味道。机器的声音正在增加：经常会产生摩擦、抽动、切割，以及敲打的各种噪声。城市开始变得更加棱角分明，有了一丝挺拔的感觉，且建筑物的高度都在上涨——逐渐增加到人类高度的10倍，甚至20倍。高度，尤其是在"新大陆"的新兴城市占据了主导地位。芝加哥、纽约和费城采用宽网格图案的模板和建筑物，能与天空试比高，这都得益于乐观的现代主义。建筑原型一般是工厂，这也是对生产的弘扬。反过来，工厂能够让人们产生敬畏，并启发艺术家把模板转化为一排排的公寓。然而，那个时候还存在另一种情况。工厂——尤其是洛厄尔或哈利法克斯的大钢厂——凭借正规的模式、宏伟的大厅和装配场，生产出具有超高质量的产品。渐渐有了一种机械化的感觉，人们瞬间觉得自己变得次要了，而爱上这种自动装置的方式。[14]建筑方面，因为新型起重机、钢筋、挂架的出现，建造城市的各类机器变得前所未有的庞大。电力正在接受这样的热情，纽约在1888年建造了属于自己的第一把电椅。一切的一切正在变得越来越像今天的城市。

这些都单纯是过去的味道，并不是详细的说明。它们试图唤起人们的记忆，唤起那份感受。每个人都可以勾画自己的图画。它们在提醒着我们过去的一些丑恶，免得我们总禁不住要浪漫。而这些丑恶，至少在较发达的世界，其中大部分已被消除——不论是疾病、饥饿还是贫穷。另一方面，这些因素十分严峻并且可怕，但在今天，尽管存在各种有毒化合物和对有限资源的无情开采，但它们并没有威胁到地球和人类的文明。

语言的不足

我们尚未形成可以探索、描述感觉的完善的语言，这也就使得描述感觉与城市之间的关系难上加难。语言的不足限制了我们去充分体验的能力，因为我们似乎只能依靠语言来构建自己的主要感官感受。缺乏适当的描述语就很难创造出理想的感觉调色板。我们经常诉诸文学，寻求语言灵感。视觉较易描述，这是因为我们有丰富的语言来描述物体外观。同样，声音也易于描述，因为语言（语言本身就是由听觉和视觉符号系统所组成）可模仿这些声音：汽车轰轰、蜜蜂嗡嗡。尽管不同文化有不同的拟声词。但是，嗅觉与味觉似乎很难用语言形容（有趣的是，与我们其他四种主要感觉不同的是，嗅觉直接与脑部边缘系统相连。因此，语言、思维、胡言乱语或翻译并没有筛除嗅觉产生的直观感觉[15]）。我们更多地依赖于隐喻，通过与危险、欢愉等感觉联想的方式来描述嗅觉与味觉，因此会得出"爽心美食"或"死尸腐臭"等词汇，并且使用诸如"刺鼻的""微热的""迸出的"之类的形容词。或者，我们在描述嗅觉与味觉时会提及刺激源，如"鱼腥味""麝香味""咸盐味"，等等。

描述感觉的语言并不丰富，不足以描述我们今天的城市，尤其是当我们将很多感觉混合在一起时，就更难描述。除非我们求助于艺术家，否则我们的语言就是单薄、干涩、空洞的。语言受到各行各业专业术语的影响，尤其是受到规划与环境建筑专业词汇的影响：规划框架、定性规划目标、空间规划规则、发展战略、结果目标、选址评估过程、利益攸关方磋商、开发委员会在提供整合服务中的作用、收入不足、法定审查政策方案、相邻框架规划、可持续性证明、标准检查程序、投资不足、授权、三重底线、远景规划、主流化、无业状态、先期盈利、阶跃变化、宜居性、额外性。

因此，描述城市时，物质实体词汇占很大比例。但这些物质实体词汇并没有描述变迁、韵律或人。视觉语言很大程度上源于建筑和城市设计。上述领域的原则主要来自于维特鲁威（Vitruvius）所著的几篇文章，其核心为对称与和谐。[16]人们习惯用古典建筑来描述视觉城市，古典建筑各部分构件分别为：基座、柱子、柱头、山墙和柱顶过梁。虽然语言未能成为与建筑空间、结构、技术、材料、光线、功用、效能、表达与现存一样的动态整体，它仍处于静态之中，但它的内容也丰富了不少。与此同时，城市设计更能将城市看作动态整体并加以描述：方位、联结、移动、混合使用、街区、邻区、地区、密度、中心、外围、地形、街景、焦点和领域。但语言和城市设计这两者都未将城市氛围和城市给人的感觉纳入其中。它给你的感觉是什么呢，畏缩不前，冷静深思抑或是热情满满？它给你亲近还是排斥的感觉？它的整体结构使你产生了认同感还是反对感？它让你有置身其中并且想要融入其中的感觉了吗？

让我们依次探索感觉，由声音开始。

听觉景观

城市化以声音的形式扩散得越来越广。声音在音乐中可以有积极的内涵，但在越来越吵的城市轰鸣中却起着反作用。它变得没那么富于变化。简单地说，声源越多分贝越高。

但许多声音吸引着人们：商业区的繁忙交流、街头艺人的吉他弦音、远离城市喧哗的安静公园中人们的喃喃低语、商人的吆喝、早高峰时的熙攘。如果你喜欢声音，它可以触发愉悦的情绪。如果你不喜欢：

> 肾上腺素将释放到血液中。你的心跳得越来越快，你的肌肉紧绷、血压升高。胃肠突然痉挛，思维中断，消化不良。[17]

人们所产生的噪声可能会对健康和幸福不利，出现头痛、疲乏、易怒、失眠、注意力不集中等症状，身体叫嚣着求它放过。还有一个不容忽视的最明显的问题：听力减退。较大规模的城市中，几乎随处可见噪声过大导致听力减退的情况。或者，如一位作家所写，"纽约人（或伦敦人、东京人、上海人、罗马人）将会在噪声的包围下工作和生活。"[18]

大多数城市居民都感受过噪声墙，它就如同声音筑成的一堵弹幕，让我们无法聆听远处、空间以及人类和动物之间更微妙的交流。交通工具是罪魁祸首：大卡车、公交车、小汽车、飞机、火车和摩托车，全部都制造了大量的噪声。手提钻、推土机、钻头、磨床、倾卸车、打桩机和起重机等施工设备同样如此。空调不断发出低微的呼呼声，计算机不断发出电流的嗡嗡声。

可以说所有事物的噪声都是一种宽频带的嘈杂声。商店有前景和背景音乐。即使在郊外我们也不得安宁，园艺设备碾压、摩擦，嗡嗡作响。汽车燃油时的巨大轰鸣湮没了一切，但我们不再注意得到。因为我们已无力注意，因为我们必须根据自我保护机能进行适应。我们有选择地去注意，我们设法去听我们想听的并过滤掉噪声。这就是白色噪声，我们不以为然的所有噪声的总和。如果我们不这样，就会疯掉。看看生活在嘈杂城市中的人们吧。他们皱眉、眯起眼睛、噘起嘴巴来阻挡和避开城市噪声。

更为糟糕的是，城市的噪声被紧靠街道的实体结构放大了。混凝土、玻璃和钢铁的"峡谷效应"放大了交通工具的轰鸣和喇叭声、汽笛声以及高楼大厦的排气声。声音艺术家、城市观察者希尔德加·威斯坎特（Hildegard Westerkamp）总结了现代建筑和声音的平行发展，典型例证就是包豪斯运动。她指出，使城市视觉环境趋于雷同的新国际建筑也正在使我们的声音景观单一化：

> 虽然包豪斯设计者很可能并未预料到，但建筑设计中的功能主义和效率已在20世纪发展到了极致，因为银行和企业都竖立起了他们的高塔。人为控制空气和光线已成为这类建筑设计必不可少的部分，无法打开窗户，无法采集到自然光。从声音上来说，它转化为了室内人工照明的电流嗡嗡声、空调的宽频声，以及室外建筑排气系统的巨大宽频声。颤动现代城市的不仅有被放大和反射的交通声，还有谢弗（Schafer）所称的高楼大厦的"臭气"……因此，城市设计的国际化造成了视觉和听觉的同一性：相同的材料、相同的结构、相同的声音。[19]

认识声音的原动力来源于作曲家和音乐家。作为声音的职业听众和制造者，他们对声音环境及声音生态学有着强烈的认知，声音生态是探索我们的听觉环境以及其中所有生物生态健康和平衡的准则。[20]它存在于站在感观探求最前线的大多数艺术家中。

雷蒙德·默里·谢弗（R. Murray Schafer）于20世纪70年代中期引入了"声音景观"的概念，之后引入了"声音生态学"的概念。[21]威斯坎将

"声音景观"定义为"任何限定区域中所有声音的总和，以及对该区域社会、政治、科技和自然环境的密切的反映。这些环境中的变化意味着声音环境的变化"。[22]谢弗还指出"要领会我对声音美学的理解，我们应将世界视为一首巨大的乐曲，它不断在我们面前演化"。

> 声音生态学的目标是唤起倾听意识，维持声学平衡的声音景观。威斯坎特还指出：声音景观研究和声学设计希望除去声音景观的声波过载、噪声以及诸如Muzak 公司引入城市环境概念中的所有声音的"气息"……从最深层意义上讲，关注声音环境的渴望能创造倾听声音环境的欲望，反之亦然，倾听声音环境能激发欲望，甚至凸显关注声音环境的迫切需求。就像关注你的孩子能激发倾听他们的欲望，反之亦然。[23]

事实上，助兴音乐（muzak）在欧洲的影响力有所下降，但是漫步于各种购物中心，你仍可以听到用于刺激消费的MTV和舞曲混杂不清的刺耳声音。因此，在各地，想要去除背景喧闹声、感受不同的独特声响的愿望仍然存在（至少在某些领域）。

声音的分类很明显来自音乐。其主要特性包括音高（音调的高低）、音质（音高或音量相同的声音区别于其他声音的音色或音调品质）、强度（响度或量级）以及音长（音调的长度）。某些分类进一步充实了表现声音中更微妙的细节的描述性词汇。[24]但是单独使用这些分类很难清晰表现城市的声音景观，因为它的噪声从低喃到喧嚷，从持续吵闹到汽车的喇叭声、嘟嘟声、嘶嘶声和嗖嗖声，无所不包。

因此我们能听到呼呼声、嘣嘣声、砰砰声，音量从隆隆声到轰鸣声，但始终有轮胎橡胶在路面上的轻声回音。更为连贯的发动机背景音不时被中断：不连贯的刺耳声、嘎嘎作响、蜂鸣或喇叭声、汽车上坡或变挡的拉拽声以及震耳欲聋的车内音响。偶尔响起能覆盖汽车噪声的摩托车排气声，让你的耳朵沸腾。间或出现警笛或汽车警报声，刺耳的音调、无情的咆哮让人厌烦恼怒。当这些声音累积在一起时，就逐渐增强为轰鸣。城市的上方通常有飞机飞过，发出伴随粗重轰鸣声的隆隆声，有时当它们直接飞过头顶，还能发出粗野刺耳的声音。

城市总是在建造和拆除：建筑倒塌时会发出呼呼声、呜咽声、叮当声、钻孔声、咚咚声、摩擦声、嗖嗖声和嘈杂的破碎声。如果你在附近，那震动甚至会在你的胸腔内回响。

如果你能将汽车、飞机和建筑抽取出来，只听建筑物的声音，你会发现它们一直发出平稳冗长的呜呜声。空调和电子小装置发出低沉压抑的呼呼声。当你靠近时，它们会使你的耳朵变得机警而不是放松。

街头的声音包括互相推挤的模糊声音、飒飒声、脚步的嗒嗒声、零星咳嗽声或是响亮的呼吸声。虽然通勤者很少说话，但某些声音很有穿透性。打开酒吧、酒馆或餐馆的门时，你会被声浪击倒。那声音突然爆发，如同在泡沫腾涌的瓶子里按捺了很久一般。高高低低的声音，前景中声音清晰、几乎字字铿锵，背景中声音混杂，更像噪声的韵律。咯咯的笑或大笑可能很有穿透力，而有些人总是发出令人不愉快、刺耳、恼人的鼻音。夜晚走在街头，会听到地下室酒吧或唱片店里重复的拍打声和大量低音，你会再一次感觉到震动。如果你想听一千种声音的震颤，可以从欧洲或北美移步到东方国家的集市或中东的露天市场。

真的，那是你在城市中不会听到的噪声。声音都掺混在一起，很难分辨出单独一种声音。几乎没有节奏——如果有，会是一种让人欣慰的缓解。移动的火车比较有节奏，车轮掠过铁轨接合处时会发出"咣当咣当"的声音。但是，通常噪声是无规则的，四处吵嚷。交通工具覆盖了整个声音景观，你无法听到细微的声音。很少有清晰的音符。不连续和连续的声音都合并在一起。你需要切断电流才能得到没有呜呜声的宁静，但很难体验到纯净的声音。

回想一下在时光流逝的过程中，你曾经听到过哪些声音是具有如此原始的纯净度、但以后再也没有听到过的？声音和物种一样消失不见：马蹄的嗒嗒声、门阶上牛奶玻璃瓶的叮当声、打字机键在复写纸上的噼啪声、闪光灯的砰砰声、电话听筒的猛扣声，现在你只能在军事博览或电视剧中听得到。

你并不经常听到教堂的钟声，而当你听到时它们又不是那么清晰，就像被噪声墙掩盖了一样。在城市中，你很少听到不同的风声。麻雀或椋鸟的啾叫声也已无法听到（除非你在罗马），那时候你能看见夜空中布满繁星。[25]通常，你需要非常努力地集中精力，排除脑海中的杂音才能辨认出小得可怜的鸟鸣声。当某些声音消失时，其他的声音就发生了变化，想想警车和救护车的警报、汽车引擎，当然还有你在街上听到的音乐风格。

商业的声音就是动作的声音：封箱、开箱，将板条箱随意放在另一个板条箱上，高声谈笑，自我宣传、纸张的窸窣作响、手推车、铲车及其高音调的嘎嘎响。市场一直充满了声音和气味，但能引人注目且无所不在。它们有很丰富的音色和变化，更多地来自人而不是机器，机器的声音通常很单调。虽然市场声音的精确构成不同，但它的一般音调是相似的。

如果你在港口附近，声音宛如来自船体。其中还伴随加重集装箱的铿锵作响和撼动大地的震动。港口的声音有节奏和韵律，重型机器无法加速，但敏捷的铲车却能像蚂蚁一样飞快地穿梭。我们对港口活动的认知会转变对低速动作的感觉。大量的工业噪声已远离了城市，因为现在城市的经济更多的是基于服务行业，噪声集中到了城市边缘的大型工业厂房中。这种情况在远东地区的城市中尤为显著。但在苏联，你可以在其著名的工业革命阶段中遭遇工业。苏联的工业通常很安静，因为大量的集中式工厂已破产，生锈的残骸被人遗忘，静静地躺在地上，风偶尔从声音景观中呼啸而过，发出不规则的变化。我记得格但斯克（Gdansk）有一间船坞，锈迹斑斑的船体停靠在港口中，而上面的钢铁在阿尔巴尼亚的爱尔巴桑（Elbasan）继续发挥着作用。但其中仍不乏活跃的工厂，比如克拉科夫附近的新胡塔（Nova Huta），或罗马尼亚雅西的米塔尔炼钢厂（Mittal）。当噪声撞击到工厂的金属结构时，便不断鸣响、轰鸣、回荡。

在城市核心附近，嗡嗡作响的建筑物外立面背后进行着安静的贸易。幸运的话，你可以看到更廉价的建筑物中的白领们，反光玻璃上还映出了你的影像。现在非常流行透明，在能够看透的玻璃后面，他们安静地运作着商业。而他们也能听到大街上的声音，虽然这些声音由于双层玻璃的作用而变得模糊不清。办公室里面混杂着静电的声音和电脑的嗡嗡声。如果电话使用频率高，员工们还能听到其他隐蔽的声音。大多数情况下，他们在等待接通时会停下手上的工作。维瓦尔第（Vivaldi）的《四季》（Four Seasons）取代阿尔比诺尼（Albinoni）的《柔板》成为新的待机铃声，他们已经听了多少遍？

商店的声音主要是时装店和唱片店播放的音乐。通常西方较为收敛，因为存在一种社会噪声契约，有关它的法规相当灵活。每个国家可接受的噪声阈值都不一样。我听过街头声音最大的地方是台北深受年轻人喜爱的西门町。到处都是新潮的男女精品店，六层楼高的建筑里密布着50家商店。他们出售各种最新潮的玩意儿，包括奇形怪状的、自制的和进口的。一楼，音乐从互相竞争的各家店铺中喷涌而出，交相碰撞。声音在你的脚下震动，让你有在气垫上寻找平衡之感，而你的耳朵如同被袭一般。难怪我在芬兰北部依纳里（Inari）遇到的那位中国台湾女士会觉得寂静之声太大。她能听到血管流动的声音，这让她觉得恐惧。与台北的喧闹旋律相比，东京的原宿、秋叶原电器城或香港的弥敦道则较为平静。但新兴的东欧地区拼命地在噪声的一线竞争着。想想敖德萨的德里巴索夫斯卡亚大街、地拉那的都拉斯街和索古一世大街，甚至莫斯科的阿尔巴特街，那里的声音几乎都从咖啡馆里传出。很显然，越"现代"，噪声越大。

主流百货公司和超市的噪声消减得比较多，前者是言行谨慎所带来的安静，后者只有在结账扫描商品的碰撞声或手推车的吱吱声。

逃离噪声变得日益重要：博物馆、画廊、图书馆和宗教礼拜的场所都是安静的圣殿。这些地方的安静拂过眉头，一路舒缓紧张情绪。不请自来的噪声让人疲乏，而安静能让人精神振奋，再次活力满满。慢慢地，休闲开始流行。通常，人们将这些地方视作精神的净化所。

即便大同小异，每个城市也都有自己的声音环境。但即使声音非常相似，某些地方的声音还是会很迷人。与其他观感的混合让我们听到的声音与从前不同。同样，如果你专心地听，轰鸣的声调也有微妙的不同。一个地方的喇叭说"看，我在这"，而另一个地方的却说"走开"。一个地方的喇叭是急促的嘟嘟声，而另一个地方的喇叭却是拉长的声音。

城市的声音很少让所有封装起来的碎片全部同时出现，但它的好处是，你能欣赏到世界各地不同的声音全景：在墨西哥城的佐卡罗广场看到的喧嚣，从焦特布尔蓝色之城梅兰加尔堡听到的孩子、鸟和喊叫的全景，或从萨尔斯堡的城堡听到的更为谨慎的噪声。东柏林曾经有一款"卫星"牌汽车，能发出特别高的两冲程发动机噪声。在洛杉矶，喇叭和汽笛更具穿透力，因为那里的摩托车现在装了消音装置。在意大利的城市，鸣响声和哔哔声曾经更多地来自motorinos和Apes牌微型三轮货车，直到政府将噪声问题提上日程才有所缓解。我最难忘的一次声音经历是在全球三大宗教的汇聚点萨拉热窝。主要的清真寺和东正教、天主教教堂相隔仅数百米远。短短几分钟内，先是听到伊斯兰教报告祷告时刻的人通过扩音器发出的细声细气的宣礼，然后是天主教仪式的鸣钟，之后又是东正教仪式的鸣钟，每种声音都争相引起你的注意。几年前，这些宗教的信徒还在互相屠杀。

当我们想到空间时，不仅仅是从限制空间的物理建筑来讲，还包括有意无意间传播开的声音和噪声，我们开始意识到我们的封闭程度远超自己愿意承认的。希尔德加·威斯坎特这样描述巴西利亚的声音景观：

> 与纪念轴和住宅公路轴将不同部门、在家或上班的人们联系起来一样，从声音学来讲，它们形成了两道分隔城市的巨大声墙……这些动脉上的声音空间往来远比它们的地理范围更加广泛。交通噪声越过广阔的绿色空间进入酒店房间、办公室、教堂，甚至学校和许多生活区。眼睛可以看到远处，但耳朵不能听到近处汽车发动机以外的声音……因为每件事物都是完全开放的，人们会产生空间的错觉。不过，人被声音所包围。[26]

来做一个练习，试想你所在城市的声音。你希望没有哪种噪声？哪些噪声是不必要的、令人不愉快的负担？你希望更多地听到哪种声音？如何更好地遏制声音，尤其是那些摩擦声？当声音越过它们起源的地理范围时，我们需要考虑声音的区域性。

试想你喜欢的音乐：有序的室内音乐、活跃的浪漫主义音乐、朗朗上口的流行音乐、试探性的爵士音乐，等等。将这些音乐与城市的声音做对比。一种声音与另一种声音相隔多远？将自己想象为一个声音工程师，重建1660年伦敦、1350年开罗和1100年巴格达的声音。你需要向今天的噪声中添加些什么声音，又需要从中减去些什么？试想以你喜欢的方式重建城市的声音。你将会突出什么声音？这些声音（即使是侵扰的飞机）会不会具有更易辨认的本质呢？

但我们还是要认识到声音的文化偶然性。声音意味着不同的事物，在各种文化和领土中有着不同的权重。我们的条件作用并决定了我们对于声音的反应，虽然泛泛而论过于强硬。据说斯堪的纳维亚人更喜欢不那么吵嚷、较安全的声音环境；中国人需要一些噪声来吓跑死者的鬼魂；美国人已非常适应以节目被广告中断为代表的破碎的声音景观。人们听到、制造和需要的声音各不相同。即使你不是教徒，教堂钟声也可能唤起温暖的感觉，但它可能会烦扰到穆斯林。警笛可能会引起安慰、害怕、焦虑甚至兴奋的情绪，这要视背景而定。随着旅行和移民热潮的兴起，人们对声音景观的认识度越来越高，但我们太过被动地接受着自己在故乡所拥有的声音。

文化对声音的诠释各不相同，因此它们也发出了不同的声音。北美城市鲜有人声，除非在购物商店中；印度城市声音反映了人的错综复杂，它们更有表现力；日本城市给人更为专注和忙碌的感觉。这是不是太简单了？随处一个低沉的机动隆隆声都很吓人。多少分贝才算合适呢？这要看情况，婴儿的啼哭声分贝比风钻更高。但婴儿的声音能引起你提供帮助的情绪，而电钻只会让你有摧毁它的想法。威斯坎特描述了德里汽车喇叭的困惑。但她意识到表面上很混乱的噪声背后有一个错综复杂的系统："我很快意识到这里的汽车喇叭'表达'了不同的意思。它们说'你好''小心，我在你旁边''离我远点''我想移到你旁边''不要碰到我''我要超车'。表面看起来的混沌开始像水一样有组织地流动，包含规则的暗流。"[27]

声音引发情绪，声音具有含义，能反映衍生它们的文化。

我们可以大幅改变声音景观，我们有能力这样做。电动车已非常安静。我们可以要求发明家创造出安静的电脑或空调。我们可以主张公共空间应有的声音景观。

你寻求过自己的声音景观吗？声音入侵是不是声音景观规划的一部分呢？显然不是。声音敏感性不是设计出来的。它很难成为城市规划和开发的一部分。它是计划外的小插曲。毫不奇怪，声音现在被提上了多个日程，例如"沉默权"和"声音权"发起人的日程：为了感知和保护声音景观，让社会安静的权利。[28]受默里·谢弗影响而成立的世界声音景观联合会总部设于温哥华，它也许能使不列颠哥伦比亚省和温哥华成为世界声音认知之都。

全球对噪声污染的认识在快速发展。纽约、伦敦、德里和金奈，不胜枚举。纽约市长迈克尔·布隆伯格（Michael Bloomberg）于2005年提出立法，30年来首次彻底地全面修订了《纽约城市噪声法》（*New York City Noise Code*）。[29]

目前，纽约市民热线平均每天会接到1000通噪声投诉电话，在所有投诉中排行第一。这座城市正在制定新的噪声法，重点关注建设、音乐和其他危害，而不是普通的交通喧闹。这将扩大成功抗噪举措"静夜行动"（Operation Silent Night）的影响。"静夜行动"针对全城24个强噪社区采取强硬措施。它从2002年年末启动到2005年年初，通过分贝计、拖车、没收音频设备、发传票、罚款和拘留等举措签发了3706张噪声传票、33 996张刑事传票，处理了80 056次违规停车、40 779次违规行车。纽约市警察局现在正在寻找新的社区进行有针对性的噪声控制。[30]

嗅觉景观

气味能够很轻易地唤起人的回忆，这一点已得到神经科学的证明。嗅觉系统与大脑边缘系统及海马体在结构上关系密切，"人们很早就知道，大脑的区域分别与情感和位置记忆相关"。[31]因此嗅觉信息很容易储存为长期记忆，并与感情记忆密切相关。气味可以让我们清晰回忆起很久以前的某一个具体时刻。这可能是一位逝去的亲人的气息，或能让你沉浸在初吻回忆中的一缕香水气味。气味和回忆相关联的一个经典例子出现在马塞尔·普鲁斯特的著作《追忆似水年华》中。早在第一卷《在斯万家那边》，主人公查尔斯·斯万就发现一小块浸到茶水中的玛德琳蛋糕的气味引发了他对童年的大量回忆。

但是，尽管气味的力量很强大，这种感觉仍在文化方面被我们忽略。它也是人们在被问到"你愿意失去哪种感觉"[32]时最乐意放弃的一种。然而要是没有了嗅觉，味觉也会受到严重影响。如果你吃东西时捏起鼻子，是无法分辨出细微的味道的。嗅觉可以引发兴奋的情绪，激发感情：一个极端是我们能够嗅到性冲动的气息，另一个极端是我们能够嗅到恐惧，因为身体在恐惧时会释放出一种叫"佛罗蒙"的芳香物质。气味会轻易影响我们的情绪，让我们放松或麻痹我们的感觉。因为我们能够察觉气氛，嗅觉使得我们能够牢牢记住地点和位置。但是，正如前面提到过的，与某个地方的声音或外表相比，气味很难描述。不管是拟声词的包装还是视觉上的隐喻对它们而言都不起作用。因此我们依赖它们和气味之间的联想关系。

因此，"嗅觉景观"是稍纵即逝的，很难用语言来描述。正如皮埃特·福龙所说：

> 出于神经结构的原因，我们用来描述气味的术语很贫乏或不恰当。大脑主管语言使用的部分与嗅觉系统几乎没有什么直接联系。因为知觉与语言使用密切关联，所以就不难理解为什么嗅觉信息主要是在潜意识层次上发挥作用了。[33]

更糟糕的是，尽管我们可以用分贝测量声音，用频率测量颜色，用触摸来测量力量和压力，可是我们却没有可以用来测量气味或嗅觉强度的标准，因此我们只能依赖于人工检查，而人工检查顾名思义是主观的。可能这也是为什么没有竞选组织来提升我们嗅觉环境的原因之一。

然而，对气味的分类最早可以追溯到柏拉图，他只是简单地把气味分为两种：令人愉快的和令人不愉快的。此后，亚里士多德和生活在16世纪的林奈将这一分类增至7种：芳香、芬芳、大蒜味、麝香味、山羊味、令人厌恶的气味、令人作呕的气味。后来又增加了两种：乙醚（水果的气味）和焦臭（烘焙咖啡的气味）。

气味强化了城乡体验的差距。大自然的气味都有一个目的——吸引人或者让人厌恶。忍冬的气味，强烈、短暂而又脆弱，往往会让人一时反应不过来。腐肉通过气味让人产生恶心感，原因很好理解。进化的过程中，那些发现有毒害危险但气味或口感宜人事物的人并不会得到偏爱。气味是大自然信号世界的组成部分。在西方文化中，草地割过的气味十分常见。行为学研究显示，这种"绿色的气味"中有（Z）-3-己烯醛和其他一些化合物，这些成分对于压力导致的心理创伤有治愈效果。另外一种为人熟知的气味是雨后的气味。雨的湿度和力度使微小的孢子——放线菌——扩散到空气中，因此雨后的湿润就好比喷雾剂或空气清新剂。这些孢子有明显的泥土气息。在雨后还有其他的气味，因为雨会激发湿润空气中携带的芳香物质。大部分人都认为这种气味新鲜而令人愉悦，甚至还有人用瓶子把它装起来。

在雨后的城市中，空气更加干净，就像被擦亮了一样，这是因为雨水冲刷走了尘土。尘土是城市感觉景观的典型组成部分，它毁掉空气，使空气变得平淡乏味。虽然尘土谈不上是气味的来源，但它却模糊了人们对其他气味的感知。如果尘土有气味的话，那么会是它的发源地——城市中所独有事物的气味的混合。

城市中太多微妙的气味相互碰撞。不幸的是，其中大部分是令人不愉快、不健康和有害的，然而背景气味中占主导地位的一直是石油化工产品的气味，因此很难辨别细节。如果你置身其中的时间足够长的话，汽车尾气会给你一种模糊眩晕的感觉，同时还会让你头晕眼花。过一会儿，头部就会感觉像受到重击一样。对于一个热切的都市人而言，这种气味一开始可能会令人陶醉，但是随后你的头就会开始眩晕。如果你不凑巧在西伯利亚的诺里尔斯克或者尼日利亚首都拉各斯，一辆已经使用了30年的柴油动力公交车在变幻的灯光中把尾气排进你的鼻孔，你可能会窒息。即便是现代的公共汽车，刺鼻的气味和味道也会令人作呕。当你靠近小汽车或卡车运转的发动机时，你会先闻到化学活性的气味，然后是颗粒烧焦的味道，嗅觉器官的活动开始变弱。你能够体验到石油化工产品的味道，但是这不会刺激你的味蕾，使你感到饥饿或胃口大开。这种感觉很空虚，而且令人失望。

没有石油化工产品，你寸步难行。它们无处不在——汽油、油脂、涂料、塑料、加热机、石油溶剂、松节油、塑料制品、运动鞋、家用吸尘器、化妆品和胶。它们就像雾霾一样包围着我们。新车的气味是什么样子的？其实闻着很像胶水的味道。新车的气味源自40种挥发性有机化合物——"主要是烷类和取代苯类化合物以及一些醛和酮"。[34]你坐进一辆新车，看到塑料、织物和装饰品——它们用黏合剂黏合到一起，还浸透了密封剂，这些物质在汽车温度升高后就会释放气体到车中。你会闻到溶剂、黏合剂、汽油、润滑油和乙烯基。你可能还会闻到像鞋店那种"处理过的皮革"的气味。鞣制过的皮革闻起来有轻微的臭味，因此制革厂会添加用于"处理过的皮革"的人造芳香剂。有些车辆生产商会在车中喷这种东西。

这是一种跨文化的、同质化的、全球化的气味，掩盖了一个地方独有的各种气味。它不会像气体那样上升，而是沉在底部；它给人的整体感觉就像是一个物理层。通常遇到热的时候，气味会像波浪和对流气流一样上升。在有些以汽油为燃料的工业环境中，机器上的油脂会残留下来，金属的火花会产生一种较为紧张但更为轻微的气味。在充满烟的城市中，这种经历很普遍，这会令人衰弱，使人焦躁，让人退化。

要想获得更为多变的嗅觉体验，就去市场吧。如果不是充斥着大量各种没有气味的T恤、牛仔裤、其他廉价衣物或鞋及运动鞋廉价的塑料气息的话，市场可以带来令人激动的对于城市气味的体验。直冲你的鼻孔而来的是事物的气味，好像要顶得你仰过头去。这在非露天市场是最强烈的，因为那里各种气味散发不出去，可以携带着形形色色的信息在旋涡里循环：鱼和禽类、肉和内脏、水果和蔬菜，各种豆类、坚果、莓类、水果干、糕点、面包、鲜花以及草药和香料的美妙气味世界中的绝大部分。这些东西陈列在那里，十分诱人，让你垂涎欲滴，它们对你的视觉和嗅觉都造成冲击。当我们走去看人造家居用品、清洁用品、DIY区域、杂货商店以及藤和柳条制品的时候，这个有机的味道世界在市场中的交界处发生冲突。

如果你从卖蔬菜的区域进入一个市场的话，首先扑鼻而来的是混合在一起的各种新鲜气味。周围有太多种微妙的芳香，以至于很难将它们彼此分辨开来，除非是一束薄荷、芫荽或迷迭香，而且很多种蔬菜在烹饪时才会散发出香味。但是总的来说，这里有泥土和绿色的气息。而很多种蔬菜的气味混在了一起，尤其是作为样品被切开后释放出气味。根菜类蔬菜的气味潮湿而带有泥土的气息——胡萝卜、欧洲萝卜、土豆、甜菜根；葱属蔬菜的辛辣气味浓烈、饱满而又被其他气味盖过了——红葱头和白葱头、青葱、大葱、韭菜和蒜；绿叶蔬菜有着清新的叶绿素的气味——甘蓝、甜菜、菠菜、莴苣。

接着来到水果区。柑橘属水果的气味和色彩一样浓郁。如柠檬、青柠、橙子和柑橘。熟透的夏日莓果、杧果、番石榴、香蕉和菠萝释放出的香气提示你，它们有这样或那样的味道。在东亚市场，你可能会遇到榴梿，散发出神秘的恶臭，令某些人非常厌恶。对很多人而言，香料释放出的气味最能勾起人的回忆，每种香料的气味变得可以区别：小茴香和芫荽的气味温暖、辛辣而又开胃；木姜粉、葫芦巴的气味强烈、又苦又甜、好像糊掉的糖一样；丁香、肉桂、豆蔻和肉豆蔻的气味浓郁香甜；印度辛辣酱、牙买加烧烤酱或摩洛哥混合香料的气味混合在一起则更为复杂。

肉、禽和鱼的气味更要刺鼻得多。在很多市场，这些家禽家畜还活着，加上鸡粪刺鼻的气味。下面的联想让人害怕：活的和死的家禽家畜并列摆放，而这些家禽家畜很快就要离开这个世界，这足以让神经脆弱的人产生紧张焦躁的情绪。在生肉区，不可避免的死尸气味飘浮在空气中，沉闷、厚重、浓郁、稠密、血腥、黏滞。内脏散发出尿素或胆汁的气味。因为在你意识到可能要闻到恶臭令人厌恶的气味时，肉和血的气味会让你有压抑感。

冰可以阻止鱼的初步腐烂。有些富含油脂的鱼类（如沙丁鱼和鲭鱼）气味尤其刺鼻，因为它们胃里的消化液开始消化它们自己的肉。空气中有一点海草的气味、臭氧味儿、一点防腐剂的气味，沉重、凝滞而又古怪。对有些人而言，即便是新鲜的鱼味也不喜欢，但是在展示鱼的砧板上流过的水不过几个小时就变得令所有人生厌，因此需要不断进行冲刷。除了新鲜的贝壳类动物（它们有大海的气息）外，并不是每种鱼类都有自己独特的芳香。这些气味叠加到一起，像御寒的毯子一样压倒一切。

把在市场里感受的鲜活气味和超市平和、充满防腐剂气味的气味世界比较一下。后者形成的是空虚、顽固、虚无和空白的气味。要营造出没有气味的环境也是一门艺术——越空白越好——但是总会有一抹制冷设备的气味作为背景：干燥、令人作呕、充斥着塑料味，你闻到的就是这些。你闻到的是冰水和空调的气味。超市里的食物没有气味，这颇具讽刺效果。你闻到的不是你买的东西的气味——除非是面包店（那里热乎乎的硬皮面包散发出气味）或者圣诞节烤火鸡的气味。

平价超市或杂货店无法创造出一个没有气味的世界。那里经常会有不新鲜的汗味，看上去像是附着在你看不到的油脂上面。以前东欧典型的商店闻起来是陈白糖的气味，掺杂着消毒水和亚麻油地毡的气味，这种气味你有时会在医院闻到。但是随着越来越多的人意识到芳香疗法的作用，即便是医院，也在试图通过草药（例如能起到舒缓作用的薰衣草）来控制气味环境。芳香疗法的定义是"利用从植物中提取的天然芳香精华来平衡、协调、提升身心健康和精神健康"。[35]精油种类繁多，有的可以使人镇静，有的令人兴奋（例如柑橘精油或薄荷精油）。越来越多的商店意识到精油潜在的力量，因此营造出气味环境并常常与声音同时使用，以此来诱使顾客进行消费。有讽刺意味的是，我们把令人厌恶的石油化工气味排放到空气中，然后又通过可控的方式来中和它们的气味，并且试图恢复自然的气味。内部环境现在基本上都是受到控制的。气味控制和创造产业规模巨大。在西方，你可能会想知道气味的源头，而在经济不那么发达的地方，至少你知道气味是从哪里来的。气味的效果难以估算。例如，大约有70%的哮喘患者称自己的哮喘是由香味引起的。众所周知，皮肤过敏症患者也常常将自己的过敏归咎于香味。[36]

百货公司就是这样一个例子，在那里你可能会受到影响。在寒冷的季节，首先扑面而来的是一阵温暖、陈腐的空气，而在温暖的季节，则会是一股冷风。然而从迪拜到东京，从伦敦到布宜诺斯艾利斯，百货公司给人的第一印象就是一阵香水和化妆品浓郁而令人头晕的气味。因为利润巨大，百货公司第一层的气味环境过于饱和。销售香水的大厅到处都是女售货员，她们涂着身体乳、底妆、粉底、香味和除臭剂，这些气味层层叠加，混合在一起。它们各不相同，彼此排斥。每个香水品牌专柜都在打一场香味大战，诱使顾客光顾它们的气味区。香奈儿、娇兰、三宅一生、迪奥、圣罗兰……这张清单每年都在增加，因为时尚设计师、明星和前卫的足球运动员纷纷跨入香水行业。从香水的试用装瓶子里不断喷出的气味充斥着这款石油化工产品味道浓重的鸡尾酒。现代的香水以大量苯为基础，营造出的是化学气味。香水生产商能够用化学物质创造出任何香味，为了避免我们对香水充满幻想，此处提醒大家，香水生产商会在产品中使用尿、汗和阴道分泌物的气味，因为他们知道这些气味可以激起人的性欲。香水的气味非常精确，但是一只灵敏的鼻子能够辨别真实和虚假之间的区别。人工合成的香水气味不会持久。香水中使用天然成分的日子已经过去很久了。所有香水都是人工合成的：还记着茉莉、玫瑰、薰衣草、栀子花、铃兰、紫罗兰、雪松、乳香、没药树或尤加利树的真实气味吗？

走在城市的餐饮区域，你可以看到一排排印度餐馆或中餐馆，这些餐馆中食物的气味来自空调系统，这可能是故意的也可能是无意的。好的中餐馆会散发出姜、蒜、葱以及酱油的气味。如果是一家经济型的餐馆，这股混合气味还会有些油腻，有些诱人，却掺杂了塑料制品和消毒水的气味。意大利餐厅的典型气味往往是香蒜酱、罗勒、帕尔马干酪、大蒜、松子和橄榄油的混合气味，辛辣但又有水果的香味。印度餐馆会有小茴香、胡荽和姜黄的气味，但是预先做好的酱汁的气味会模糊这些香料的气味之间的区别，并且开始压倒其他味道。

麦当劳、肯德基、温蒂汉堡、赛百味、汉堡王等快餐店有自己的专属气味。它们融为一体，几乎都是香甜脆爽，有一点硬纸板的气味，很干燥。油脂和番茄酱释放出纸板箱的气味，而且使得这种气味越来越浓，而你就蘸着这些东西吃你的薯条和鸡块。

让我们从快餐这种类似硬皮面包的气味转移到电子产品几乎没有气味的

防腐剂的味道上去。想想没有气味的计算机、电视和无线电，只有橡胶部件散发出轻微的气味。然而，即将出现变化来全面控制我们的气味环境。日本的通讯部门正在投入大量资源，要在2020年前研制出世界上第一台3D虚拟真实电视机，可以改变我们看电视的方式。他们提出，这种电视机会有几千种气味，可以营造出任何情绪。如果是恐惧情绪的话，想一想拉斯维加斯的赌场在赌博大厅中散发出的金钱的气味：干燥、汗涔涔、甜蜜。

　　城市有自己的嗅觉景观，往往是与一个细微之处相联系，而正是这个细微之处决定了这座城市的嗅觉声誉。我们很少能全面地闻到一个城市的气味，因此我们可以说，一个城市的气味让我们开心激动或低落消沉。这取决于环境。产品的气味（通常令人不快）和消费的气味从享乐主义的角度而言丰富而迷人。贫穷甚至也有气味。我们的家有气味，但是我们自己不会像来访者那样闻得到。"回家"这件事就是有家的气味还是没有家的气味。

　　但是洛杉矶有那种含硫的臭鸡蛋一样的气味，会扼住你的喉咙，因为这一高压地区把所有的一切都拥入了自己的怀中。所有在狭窄的山谷里盖有高耸大楼的地方都这样，例如在加拉加斯，就好像峡谷装在了集装箱里一样，气味不能自由流通。在有着乔治王时代艺术风格的美丽的巴思宽街上也是如此，这是该地区人口最为密集的一条街，因为古老的建筑物没有排成直线，所以气味都被困住了。慕尼黑的酿酒厂散发出酵母浓重而独特的气味，非常刺鼻、辛辣，这种气味冲进你的鼻孔，出其不意地包围住你。英国坎特伯雷的制革厂和摩洛哥非斯的制革厂一样糟糕。不经处理的话，动物的皮会很快腐烂变臭，这就是为什么早期的制革厂都建在城镇边缘的河上。非斯这种刺鼻的气味是由于使用了各种动物制品（排泄物、尿液和脑髓）。这让你以另外一种方式看待皮革制品。

　　最后是我们自己。我们闻起来怎么样？城市的气味是人的气味，跨文化的问题一直存在，不管在气味方面还是其他感觉方面都一样。同样的气味和味道，不同的国家有不同的看法。对于中国人和日本人而言，欧洲人显然有奶酪的气味，或者像是凝固的乳制品，这丝毫不令人吃惊，因为他们的日常食谱中缺少奶制品。我们闻到我们吃的东西的气味，这是事实，但是在这个防腐剂的世界中，谈论人的气味被看作是政治不正确的。我们更愿意用除臭剂来掩盖自己。人身体的气味受到很多因素的影响——吃的食物的种类，香氛类产品的使用，甚至皮肤上产生气味的腺体的分布和密度在不同的文化中也有所不同。[37]在这些因素的共同作用下，一种文化、一个城市或一个地区中人们身体的气味都会有所不同。随着大量人口的流动和迁徙，同一种文化或同一个地区内部的变化非常大。同样，在不同的文化之间，人们对气味的理解也不同。对有些人而言，汽油味不错，但对另外一些人而言却令人作呕。因此人和地方有自己的气味DNA，这与贸易、工业、饮食、地貌以及社会发展程度相关联。发达的西方国家试图清除气味，把难闻的气味掩盖起来，并创造一种令人愉悦的气味。欠发达地区的气味则远远多于发达地区。

城市的样貌

当我们面对一座城市，尤其当我们从未踏足那里时，这座城市很有可能凭借它具有标志性的特征给我们留下印象，比如明信片、绘画、地图（如伦敦精心设计却十分抽象的地铁线路图）、电视剧的片头（如《东区人》中的伦敦和《老友记》中的曼哈顿），以及新闻图片（正如"9·11"事件的新闻图片那样，你还能在哪儿眼睁睁地看着一座城市的地标突然改变？）。也许，我们会想起初次抵达时的独家感受和看到的独特景象——比如走近拉斯维加斯的脱衣舞俱乐部，抑或是驶离孟买机场进入市区；或是站在科尔科瓦多山上远眺里约热内卢，再或是站在议会山上俯瞰伦敦。在我们的脑海中，那些标志性建筑未必令人记忆最为深刻。我们也许记得埃菲尔铁塔或悉尼歌剧院，但不管怎样，我们的印象也仅限于此——一种通过自己的经历和他人的描述而形成的主观印象。我们脑海中的这种画面多是人们站在一个特定的观测点看到的全貌。

你眼中一座城市的面貌是由你所处的位置和它的布局决定的。无论置身其中还是从高处俯瞰，拥挤的街巷与网状结构相比又是另一番体验。有时，它看起来好似迷宫；有时，又像一个指明方向的箭头。不同的观测点能带给你不同的感受。无论是高是低，是远是近，眼睛决定了所看到的东西。无论你是男是女，是老是少，健康与否，彼此所见有着巨大的差别。对某些人来说，高楼难辨真容，让他感到压抑恐惧；而对另一些人来说，这些大楼高耸云端，壮观堂皇。此外，职业也影响着我们对城市的认识。城市的总体规划师通常从空中俯瞰，在大比例尺的地图上做规划，而本地规划师则更关注细节。在总体规划师眼中，城市是扁平的，更像一个平面；即使用计算机技术绘制出的3D地图也会失真。而区域规划师则要深入街巷，甚至需要亲身感受护栏、人行道和房屋的设计是否合理。工程师关心一座建筑物是否耐用；犯罪预防办的警官会留心视线所不及之处的隐秘场所；而窃贼则在意是否有空可钻。

然而，决定我们对一座城市的印象和看法的只有一类人，那就是建筑师或者室内设计师。虽然他们的观点只是一家之言，却举足轻重。大量精美的杂志也在帮助宣传他们的看法。他们的背后是那些想要卖掉产品的各行各业的鼎力支持。如今建筑杂志多如牛毛且难以找到销售市场，它们对城市面貌的描写由于受到许多条件的限制，要比城市自身的声色还多。我们时不时地能从他们的评论中感受到那种扬扬自得。

极少有建筑评论家和都市型作家能够像詹姆斯·霍华德·库斯勒（James Howard Kunstler）[38]那样从容自得，并深刻而生动地表达其对城市生活的看法。取而代之的是精心修饰的语调，深奥难懂、呆板乏味、矫揉造作甚至华而不实的辞藻，以及精美却毫无生气的插图。如今的建筑物与周围的环境格格不入，就好像凭空落在了城市的景观之中。这也是人们总批判建筑师们太主观的原因。他们忽略了太多，因此我们常常不确定他们所谈论的是否是我们日夜居住的城市。那种自信的语气和对自身的了解使人们认为他们才是真正的城市建造者。

下面，让我们粗略地讲一下城市的面貌。那种绝对的紧凑感使城市如此千姿百态。这全靠第一印象。没有其他人类的建造物能够像城市那样复杂多元，且影响深远。即便是最大的钢筋结构有时也有相似的感觉。它的高度越高面积越大，我们的感受就越不相同。在一定程度上，我们凭感觉分辨一座建筑的轮廓。只要有宽敞的人行道和分散式的林荫大道，建筑物无论是比人大120倍、60倍还是20倍也就都无关紧要了。这与从远处看一座高楼的感觉是一样的。当然，我们也可以体会到建筑物的宏大、活力与力量，这算是一种弥补。然而，一旦公共场所缺失，街道太狭窄，甚至道路让人觉得犹如高速公路，那么人和建筑的大小比例就显得尤为重要了。差异太大就会让人感到压抑、不便和不真实。但假设是1∶6这样合理的比例，便会产生完全不同的感受。这样会更令人舒服，因此这样的建筑物显得更有人情味。这也是为什么尽管市场嘈杂不堪但我们仍然喜欢的原因。

有棱有角是城市的另一显著特点：笔直的线条、得当的角度、锋利的边缘、突兀的构建，以及规矩的正方形、简洁的平面。总体而言，这些棱角是以不同的高度和角度错综无序地组合在一起的。在自然界，除了北爱尔兰安特里姆郡著名的"魔鬼之堤"外，几乎没有一处如此。而由众多巨型玄武岩圆柱构成的魔鬼之堤，看上去则像一座巨型城市。

在新科技和建造技术的帮助下，建筑行业的流行趋势是冲破棱棱角角的束缚。因此更多的波浪线、弧线和圆拱被运用到了建筑上。比如在伦敦，有由建筑大师诺曼·福斯特设计建造的瑞士再保险公司大楼（又名"小黄瓜"），在伯明翰，有未来系统旗下的塞尔福里奇百货大楼（又名"曲线虫"）。然而，城市的扁平感依旧僵硬、不灵活，更像是一根长棍而不是可以弯曲的芦秆。相比之下，贴近自然的东西会让人感觉更具流动性、适应性和可变性。

此外，选材也很重要。不同的建筑用料能带来不同的感觉。当建筑物只用单一建材时，这种感觉更加明显。比如保加利亚的科普里夫什蒂察镇大面积使用未上漆的木头，苏联小镇只用到了水泥，也门的泥土大楼（与其相似的是令人叹为观止的希巴姆老城，被称作沙漠中的曼哈顿），科茨沃尔德乡村使用灰色石灰石，美国的工业之城洛厄尔使用红色砖瓦，还有摩洛哥城市非斯的建筑物都是沙土色的。建筑材料也可以骄傲地给你讲它背后的故事。木头越有年头越好，因为不会轻易朽坏，故而越褪色就越发显得古色古香。

木头摸起来充满生气，似乎在告诉我们它曾是一棵树。而水泥带给我们的感觉则完全相反。水泥的颜色毫无生机，还能吸收光，那实际上并不光滑的均匀表面使建筑物有陈旧之感，且让人觉得空气中尘土飞扬。想想阿尔巴尼亚曾经辉煌的斯库台。在恩维尔·霍查执政时期，人们用水泥对其进行了大规模的翻修。老城因红砖斑驳而显得陈旧，即便是新砖也看起来饱经沧桑。一砖一瓦都可以告诉我们颜色的变化过程。用新砖建造的大楼表面太光滑太呆板。最新的烧砖技术可以使砖的表面变得平整，使之产生一种毫无生气且很不自然的光泽。这样制成的砖块还可以有其他颜色，如黄色、赤褐色和红色。

我们生活在玻璃的时代。在新的供暖和空调技术的支持下，玻璃和镜子更多地进入了建筑领域。有着玻璃表面的建筑傲慢地反射出自己的轮廓，好像在说"快看我啊"。如今在西方人眼中，这样的建筑显得既廉价又俗气，但在后苏联时期的人们眼中却超凡脱俗，极具现代感。随着新材料的出现和使用，这已然成为一个时代。最先登台的是那种结实却乏味的棕色和绿色玻璃，然后是那些希望成为焦点的业主所喜欢的、能反光的金色玻璃，如今则是像镜子一样的银色玻璃。这种玻璃既不想拉近与路人的距离，也不想让你了解它们；反之，它们气势凌人地宣告着它们的存在。

西方人偏爱透明玻璃的那种透视感。透明玻璃更好地展现了民主和现代。它给人一种通透、开放、清爽和愉悦的感觉。如果玻璃和钢筋建筑结合得好，便会给人充满力量而又轻巧的感觉。巴黎的蓬皮杜艺术中心是这种建筑方式的第一批代表作品，紧随其后的是贝聿铭设计的巴黎卢浮宫玻璃金字塔。现在这样的建筑随处可见，位于多伦多的伊顿中心就是这一建筑风格在寒冷地区应用的典范。当然，玻璃在夜间折射出的光和砖瓦建筑是不一样的。还需要多久，玻璃才能被选为商场、博物馆和市政大厅的建筑用料呢？

色彩包罗万象，无处不在，受到不同文化背景下人们的喜爱。人们赋予了每个颜色不同的寓意。一种颜色的心理效应和它所代表的寓意常常是不同的。比如，绿色代表嫉妒，而从心理学角度看，它代表着平衡。我们无须成为专家就可以立刻明白，情绪会受颜色的影响。深色让人抑郁，而黑暗已然成为一些消极词汇的代名词，如邪恶、无知或阴郁。浅色能够鼓舞人心。此时，颜色再一次加深我们的感知——浅色代表着轻快和启迪。若一座城市以黑色为主，就会令人压抑。在工业化时期，英国许多黑色的工业城市就极为阴郁；灰色也同样不那么令人振奋。人们过去总说柏林和米兰是灰色之都，但是近年来，与这些城市有关的创意设计和时尚元素也改变着人们对这两座城市颜色的看法。

直至近期，人们所用到的颜色和色彩的搭配仍然很有限——你很少能够看到建筑物使用绿色、紫色、明黄或是蓝色。但是新发明的有色玻璃正在改变着这一现状。比如，伦敦赫尔佐格与德梅隆（Herzog de Meuron）的拉班舞蹈中心由一块块多彩的玻璃覆盖。建筑大师让·努维尔（Jean Nouvel）新完成的展示本土艺术的巴黎博朗黎博物馆则是另一个很好的例子。博朗黎博物馆是一个有如万花筒、蒙太奇一般多彩奇幻的建筑群。对于那些看重巴黎规规整整的人来说则颇为苦恼。博朗黎博物馆的行政大楼披着由异域植物构成的绿色毯子，而窗户就好像镶嵌在绿毯之中，这看起来与其外观极不协调。这个披着水耕植物的建筑让人觉得它仿佛是活的一般，与那些死板呆滞的房屋形成鲜明对比。

显然，在过去，当地材料的颜色决定了一座城市的主色调；而如今，这个因素的影响就没有那么明显了。这是因为人们可以轻松地搬运建筑材料，于是使用最多的就是玻璃和水泥。想想苏格兰的亚伯丁吧。它骄傲地拥有"花岗岩之城"的美称，但是灰色和银色石料的大面积运用简直不可原谅。是花岗岩的颜色、重量以及高密度决定了亚伯丁人的性格吗？土陶色及其变色曾一度成为地中海地区国家的主色调，而今则渐渐为浅褐色取代。因为浅褐色在强光下看上去更加柔和舒服。

而意大利的许多城市则不同，他们在设计之初就把大面积使用色彩作为一种建筑策略。世界上许多城市以色彩闻名，这些实例告诉我们色彩运用所能取得的巨大成效。比如粉色之城马拉喀什、与之相距不远的蓝白之城索维拉，以及印度的蓝色之城焦特布尔。在拉美，颜色鲜艳的房屋既塑造着当地人，又很好地表现了他们的性格特点。在布宜诺斯艾利斯曾经破烂不堪的博卡区，如今波纹铁皮建筑物与各种明快颜色的混搭取得了巨大成功，越来越流行起来，成了其他城市规划的参考样板。从床单、枕头再到家具等各种家居物品，似乎都带有这种风格。但是贫苦的博卡区居民有没有因此而拿到专利呢？我觉得不好说。

首要考虑的是建筑物之间道路的颜色，因为建筑物仿佛矗立在沥青色的海洋中。再者，我们也不可避免地要用到灰色和黑色。灰色是城市的背景色，建筑就是在灰色的帆布上绘的画。建筑物不会孑然独立。沥青色的大帷幕上点缀着红绿灯以及黄白色的交通线，不得不说，沥青色简直同化了整个城市。

随着广告牌越做越大，数量越来越多，它们的影响也越发增大，于是广告牌也日益改变着城市的面貌。如今广告牌的设计较10年前更加大胆，面积也更大——世界上最大的广告牌是2005年马尼拉的一幅50米×50米的广告牌。这类广告牌常常华丽且极具视觉冲击力。这是东欧所倡导的新行业标杆——华美、大胆又博人眼球。而远东风格在西方人看来则更加狂野不羁。想想东京的电子城、香港的弥敦道或者德里的月光集市，你会被这些地方的颜色以及路标震惊得说不出话来。

我们的城市逐渐变成了交通标志和公告牌的海洋。而在我们眼中，也许那些只是通信基站和图像。但是不同的位置会有不同的感觉。不同商业区内所用到的颜色和建材也不尽相同。在高档生活区，所有用料都更加考究，材质也明显更优。一部分现代建筑由于大量使用玻璃作为建材，其外观有着浅蓝色、浅黄色毛玻璃的效果。台北的101商圈便是一个例子，这里矗立着曾经的世界第一高楼——台北101大楼。而低档生活区的建筑则仿佛在用鲜艳的颜色向你呼喊。

然而，商业区则采用了完全不同的方式和人们交流。黑色在这里更多见，通常是运用光亮的黑色大理石，因为黑色是权威和地位的象征。此外，黑色显得苗条而光滑，因此它也代表了永不落伍的时尚潮流（正因如此，它也在服装界广为应用）。蓝色也逐渐加入了这个行列。蓝色更宁静低调，同时也可以冷艳精致。虽然银色清晰度很高，但它会拉远与观赏者的距离。之后是玻璃，玻璃，还是玻璃。玻璃代表着完全开放。棕色如今不那么引人注目了，除非新的潮流到来。棕色显得阴郁，不明快，而且无精打采。

尽管不同文化之间的融合从未停止，然而我们依然很难对不同文化、不同地域的城市风貌进行简单统一的归纳。房屋以及街区会因国家及城市的不同而差异巨大。简单地说，城市的风貌取决于当地的地价和土地的供给量。像香港和新加坡这样地域狭小的城市，建筑不得不向上发展；但在土地资源几乎用之不尽的地方，比如墨尔本，城市则不断延展到更远处。在高密度地区，人们向洪水泄闸一样从楼中涌出。在俄罗斯、土耳其、印度等地，中产阶级不断壮大。新兴的中产阶级在城市边缘不断建造新的微型定居点，里面的公寓极具后现代感，这类公寓通常有10～20层。这里的一切表明如此也是一种生活方式。

建筑能够反映很多东西：旧时独特的区域风格、历史上不同时期能够用到的建材、权势瓜葛、不同的阶层以及它们的职能。通常，基于总体设计规则，城市的布局要符合人们的视觉体验。比如美国的网格式规划模式，这种为追求最短距离而严格按照直线的布局呈现出标准化的美感，但是与单调乏味的建筑物组合在一起，就会让人感到沉重压抑。城市中的绿地则可以提高人们的舒适度。在人们的印象中，一些城市的绿地并不少，比如伦敦，可是不要忘了伦敦的很多私人花园会让你误以为是城市绿地。

不管城市采用什么样的布局，用到了什么样的建材和颜色，气候对城市景观的影响仍然不容忽视。被大雪覆盖的路面会改变一座城市的面貌；大雾（或更糟糕的雾霾）会遮住城市的全景；洪水会将城市摧毁得连本地居民都认不出来。城市的景观随着天气变化而变化，雨天、阴天、晴天各不相同。简言之，光线照射在城市各种建筑以及街道上，这样才有了城市景观。

如果没有自然光，那么赫尔辛基的冬天和夏天相比会有什么不同呢？无论是自然光还是人造光，都可以改变一切。电力在城市发展史上有着至关重要的作用。电灯照亮了黑暗的城市，使那些局限于白天的活动能够在晚上得以继续。灯光使人们全天的活动变得方便。同时，人们也在不经意间造成了光污染，使我们失去了观看星空的乐趣。然而从积极方面看，灯光使夜晚的街道更安全，也可以使那些白天看起来单调的建筑更生动美观，还能让我们在夜间观看足球比赛。一座照明良好的城市会让人感觉愉悦。

人们还可以利用灯光来使城市更有味道。

有些城市，比如那不勒斯，意识到了照明的重要性，制定了详尽的照明措施。城市总是嘈嘈杂杂，面貌不断变化，每个新的照明计划都能看到当务之急与议程项目的复杂冲突。城市的照明如何才能既漂亮又能满足城市改造的需求呢？城市照明如何才能既满足安全需求又使城市美观呢？对城市照明的全新视角应该基于该地区的特点以及今后的发展。新视角将照明理解为三个阶段——电灯市场、照明艺术和人工照明景观。伦敦市的中心点和其周围环境被人们当作一个灯光实验室，用来制定并测试一系列适用于大众的照明策略。这项研究展示了照明在方方面面改变着我们城市空间以及塑造全新夜间环境的能力。这一切都将根植于城市改造的过程中。

视觉环境应该是属于公众的，但是不同的人有不同的理解。灯光在广告中的使用至关重要，可那闪烁和明亮的视觉冲击却是强加给我们的。众所周知，日本的广告牌在城市灯光景观建设中占主要地位。这本身并不一定是坏事，但我们必须确保广告牌的光不会影响整个城市的规划。

本书只是简单论述了城市面貌的影响因素，但仍有很多方面需要深入探究。比如，我们只关注了城市的外部环境，而其更多的室内生活，尤其是在寒冷地区，还有很多需要研究。城市的地下交通情况也很值得探究。总之，本文最突出的观点之一就是，对城市的认识是一种感官体验。在思索城市的未来发展时，这一点不应该被忽略。不管怎么说，我们要通过看、听、嗅、摸、尝来感知一座城市。

第三章

错乱与失衡

野兽般贪婪的城市

在联合国环境署编纂的《一颗人口众多的星球——环境变化图集》（*One Planet Many People: Atlas of Our Changing Environment*）中，那些令人震惊的图片深深地印在了人们的脑海里。[1]无论在哪儿，人们都能感受到城市带来的影响。城市已经入侵了我们的地貌景观，并进而重塑了我们的意识地貌。近几十年来，一组按时间排序的地球卫星图片以震撼人心的视角展示出我们人类已经逐渐主导了整个星球。从生态学角度看，这些图片足以给人类敲响警钟：我们的工业和农业扫荡了原本的动植物群，水资源不断减少，沙漠不断增加。最可怕的是，这些图片表明了城市面积不可遏制地持续增长。

现如今，我们一半的人口生活在城市，到2050年，全球90亿总人口中将有三分之二居住在城市。一方面，城市显示了人类对自然的征服；但另一方面，相较于生活在乡村的人，生活在城市中的人将需要更多资源。事实上，我们没有那么多的资源来让人们过西方人的生活。

下面，我们将会展示维持伦敦式生活所带来的后果：那需要3个地球的资源。而同时，想想洛杉矶人无肉不欢的食谱、无车不欢的文化，用来维持的资源甚至更巨。如果要让60亿的人口过上洛杉矶式的生活，则需5个地球的资源。如果换成迪拜式的生活，则需要10个地球。[2]甚至就连农村的生活方式也需要不止一个地球的资源，而只有极少数的土著生活方式才能够勉强维持。

城市是一个需求的无底洞。它是一个一刻也不停歇地输入又排出的巨型机器，一个不停狂饮暴食、不停排泄废物的饕餮巨兽。城市处于全球货物供应链的顶端。像一个活物一样，城市不断地消耗着食物和水，消耗着能量，还产生废物。城市需要砖、灰浆、水泥、石灰、钢筋、玻璃和塑料来塑造和改变自己的外貌。一些制造业产品，例如电冰箱、服饰、电视机、洗衣机、书籍、CD、汽车等，用过用完之后最终要么成了二氧化碳，要么成了灰，甚至成了眼不见心不烦的填埋垃圾。更糟的是，数量众多的巨型邮轮、卡车、飞机、火车、集装箱、仓库、起重机、铲车、管道和线材以及消耗在其上的人力，由日益庞杂强大的物流公司所提供的人力，所有的这一切将商品运送到离产地相当遥远的消费终端。

在接下来的部分中，我将用量化分析的方法来让你彻底明白城市是如何消耗资源的。也许一股脑儿地抛出这些数据会让人头疼，但是请和我一起忍忍吧。这些数据将展示我们的生活方式是多么荒唐，我们固有的生产方式是多么低效不合理，而且对环境还有不良影响。这些数据鲜明地提出一个问题："这样的文明方式能持续下去吗？"答案很明显："不能。"

我们做的每一件事都在暗示着我们是如何依靠供应链来消耗资源的。想想每天早晨的例行公事：（1）喝杯茶；（2）洗澡；（3）吃早餐；（4）倒垃圾；（5）坐地铁上班。

一杯香茗的物流

一杯茶开始了我们的一天。伦敦人每日所喝的茶和咖啡足以填满8个奥运会标准泳池。英国人每日能喝掉1.65亿杯咖啡和茶，一年能喝掉620亿杯。这足以填满2.3万个奥运会标准泳池。我们把水壶放到灶火上。一个标准千瓦的水壶大概需要80卡路里来达到沸点，这和五匙糖所含的能量是相当的。伦敦市在一年内能够消耗132 769 103 200 000卡路里或154 400千兆瓦时的电，这相当于132.76万吨油。这超过了爱尔兰的消耗总量，与葡萄牙或希腊的消耗总量相当。

伦敦人喝的茶一半来自东非，另一半主要来自印度半岛、中国和印尼。人们将这些茶叶包装在用箔作为衬底的纸袋或是茶叶箱中，再将它们打包装船，花三五周时间运到英国。到达英国后，人们将这些茶叶送往茶叶混合部和包装部，制成捆装的散装茶叶或茶包发往零售店。95%的茶叶都做成了茶包。人们喝茶时往往还会加奶——英国人喝的牛奶中，25%都加到了茶里。在伦敦，人们每年能吃掉67.4万吨的牛奶和奶油，这能够填满将近249个奥运会标准泳池。[3]

在英国，每年有22.51万只奶牛产出140.71亿升牛奶。因此，英国的牛奶完全可以达到自给自足。然而，特殊的国际贸易决定了国家进出口同一商品的数量应该相等。1997年，英国进口了1260万升牛奶，出口了2700万升。如今，进口减少了，出口增加了。但在2002年，仍进口了超过7000万升牛奶。[4]

洗涤与冲厕

水资源短缺日益成为全球性的危机。很多人甚至预测未来对于水资源的控制将引发战争。水资源通过复杂得吓人的管道系统接入家庭。每个伦敦人每天大约使用155公升的水，每个英国人大约使用144公升，大约有三分之一的水被用来冲厕所。一个美国人的用水量是这个数字的3倍还多，而平均下来一个非洲人每天只用50公升的水。[5]用5分钟简单地冲个澡会用掉35公升水，如果泡澡的话则需要70公升。刷牙的时候开着水龙头会耗掉6公升的水，水龙头不停滴水则每天会有4.1公升的水流到下水道。就像个人的水资源浪费一样，公共领域的水资源浪费同样无时无刻不在发生。伦敦的用水量于2000年便达到了8660亿升，其中的50%为家庭用水。而漏掉的水量（239亿升，占28%）比商业和工业总用水量（195亿升）还要多。在伊斯坦布尔，水务公司所售的水比公共供水贵10倍；在孟买，则是20倍。在发展中国家，每人每年平均使用1.5万升安全的、经过处理的水来冲35公斤的粪便以及500升的尿液。[6]

食物与饮食

综合各种消耗方式，伦敦人平均每天能够消耗300多万个鸡蛋，35万块（每块800克）左右的面包。整个英国每年消耗近100亿个鸡蛋——每天2600万个——这些鸡蛋排起来可以从地球到达月球。伦敦人每年消耗690万吨粮食，史密斯菲尔德区占据一大部分，每年销售8.5万吨肉，比林斯盖特市场每年销售3.5万吨鱼。英国人每年约饲养和宰杀7亿～7.5亿只肉鸡（为了食肉而饲养的鸡）。相比外出就餐，伦敦人消耗的民族食品比全部英国人的平均消耗量高出74%，鱼类高出41%，水果高出137%。[7]

大部分的水资源被农业家和园艺家用来保持作物成活和健康生长，更不用提化肥和杀虫剂的消耗了。养殖动物的影响更大。饲养厂的牛每增加1磅体重都需消耗大约7磅粮食。世界上70%的粮食在美国生产，而40%的粮食供应都被用来喂养牲畜，这很大程度上是为了满足快餐连锁店制作汉堡的需求。[8]一头牛每产出1磅牛肉要排出0.5磅甲烷，这是一种很强的温室气体，相当于10.5磅二氧化碳。美国人平均一年吃的牛肉产生的甲烷量相当于1.4吨二氧化碳。[9]

为了摆上超市和商店的货架，食物从越来越远的地方被运来，以满足多元文化和都市的口味。伦敦人每年消费的700万吨粮食中，有80%从国外进

千里迢迢的午餐

如果做一顿传统的英式周末午餐需要从超市购买泰国进口的鸡肉和非洲进口的新鲜蔬菜的话，那么这顿饭可能轻而易举地跨越了2.5万英里。然而，问题是海外采购食品的趋势在英国愈演愈烈。1978年—1999年，英国远距离运输的食品量增加了50%。

- 从泰国进口鸡肉：轮渡10,691英里
- 从赞比亚进口豇豆：空运4912英里
- 从西班牙进口胡萝卜：陆运1000英里
- 从津巴布韦进口嫩豌豆：空运5130英里
- 从意大利进口土豆：陆运1521英里
- 英国国内的豆芽：陆运125英里
- 进口货物从入境口岸到配送中心：625英里
- 从配送中心到超市：360英里
- **总计：26 234英里**

然而，如果选择季节性食物并在当地农贸市场采办的话，这些食物的运输距离共可减少376英里，相当于上述距离的六十六分之一。[10]

口，超过一半的蔬菜和95%的水果都需要依赖进口。[11]伦敦的每吨食物都跨越了大约640公里路程。因此，为了满足伦敦的食物需求，道路货运量必须达到每公里35 586.5亿吨。[12]尽管英国全年适宜种植莴苣，但其进口量却与日俱增，从1987年占总供应量的21.8%增加至1998年的47.1%。西班牙进口莴苣占英国莴苣总量的近四分之一。英国从南非空运1卡路里胡萝卜需要消耗66卡路里燃料，从洛杉矶空运1卡路里卷心莴苣需要127卡路里燃料。[13]根据一项统计，在英国，包括农业、加工业和运输业在内的食物链至少产生了22%的温室气体。[14]相反地，许多发展中国家人口密度高的城市，在其周边地区产出了30%的粮食。

垃圾

在英国，约有三分之一供人消费的食物最终被丢弃于垃圾桶中，每年扔掉的未食用食物的价值高达200亿英镑，相当于其国际援助支出的5倍，这足以使1.5亿人摆脱饥饿。[15]英国每年有1700万吨食物被丢进垃圾填埋场。[16]

与此同时，食品越来越多地使用塑料、金属和纸包装。一户典型的伦敦家庭每周产生的包装废弃物可达3～4千克。据估计，伦敦家庭每年约产生66.3万吨包装废弃物，其中67%是食品包装。[17]人类产生的废弃物中，四分之一是包装。[18]约克郡每消耗1吨食物，就会产生250千克包装。伦敦人每年消费近9400万升矿泉水，假设所有瓶子都是2升装，那么便会产生2260吨塑料垃圾。一瓶最畅销的依云矿泉水从法国阿尔卑斯山运到英国需要约760公里。[19]

每个伦敦人每年平均扔掉的垃圾超过自己产生的垃圾重量的7倍。一户伦敦家庭每年产生1吨垃圾，重量相当于一辆家庭汽车。伦敦人每小时产生的垃圾足以填满一个奥运会游泳池，每10天产生的垃圾足以填满金丝雀码头塔。伦敦制造的垃圾会被运送到17个主要的城市固体垃圾转运站、45个市级处理站、2个焚化炉、23个回收中心、2个堆肥中心、18个垃圾填埋场和2个垃圾能源站。伦敦每年产生的1700万吨垃圾中，有440万吨会被各地方议会收走。70%的垃圾会被运输到120公里以外。伦敦每制造1吨废物，就需要近

10万辆垃圾车运送。[20]发达国家产生的垃圾是发展中国家的6倍。

从语言上来看，说英语的城市几乎都倾向于把垃圾当作公害而不是资源，或许正因如此，他们便采取了"眼不见，心不烦"的垃圾处理方法。在伦敦，73%的垃圾被填埋，19%被焚烧，8%被回收或堆肥。英国回收的垃圾总计23%，德国57%，荷兰64%。[21]伦敦90%的垃圾填埋场都在市区以外。

世界上最知名的垃圾填埋场或许是位于纽约史坦顿岛的福来雪基尔斯垃圾填埋场，其占地2200英亩，垃圾的高度从90英尺堆至大约225英尺。近50年的堆填（主要是生活垃圾）让这里的垃圾总量高达1亿吨。如今的福来雪基尔斯垃圾填埋场已被永久关闭，而纽约的垃圾则被送到新泽西州、宾夕法尼亚州和弗吉尼亚州的垃圾填埋场，其中一些距离纽约至少300英里。

埃塞克斯填埋场每天要掩埋超过33.3万个一次性尿布。[22]伦敦每天的尿布使用量约为170万个，相当于每天202吨或每年7.4万吨；其中75%（约5.5万吨）属于下水道污物。[23]

2001年伦敦有10.4万个新生儿诞生，假设他们的平均体重为3.4公斤，那么体重总量是354吨。同年伦敦的死亡人数为5.86万，假设成人平均体重是71公斤，那么体重总量是4160吨。逝者的埋葬地分布在124个市政墓园、12个犹太墓园、3个天主教墓园、1个英国国教墓园、1个穆斯林公墓和9个私人墓园。[24]伦敦的墓园已经没有富裕的空间。伦敦市中心、哈克尼、卡姆登和塔桥区的墓地也将在5年内用尽。

污染致使死亡率攀升。2005年7月28日是当年伦敦最热的一天，马里波恩街道的氮氧化物水平升至每立方米1912微克，司机和行人每分钟相当于吸入4根香烟，而伦敦日常的空气质量则相当于吸入15根香烟。在污染严重的区域，如马里波恩街，每天汽车尾气的排放非常集中，以至于行人和路边的办公室或家庭接触的氮氧化物相当于一天吸入30多根香烟的量。其他受影响的地区还包括国王路（相当于一天吸入29根香烟）和哈默史密斯百老汇（相当于一天吸入27.3根香烟的量），[25]而加尔各答的污染程度则相当于每天吸入40多根香烟。中国和俄罗斯一些城市的污染更为严重。[26]

除了处理或再利用垃圾之外，街道清洁也关乎市容问题。快餐爱好者，吸烟者和吃口香糖的人增加了清洁工人的负担。据估计，英国有四分之三的人经常嚼口香糖。他们一年共购买9.8亿包口香糖，吐出的残余超过35亿个，其中大多数都处理"不当"。每天黏在牛津街的口香糖多达30万块。[27]

交通

每年，伦敦大约有10亿人次使用地铁出行，这一数值比1980年增加了70%。[28]4000节伦敦地铁的车厢快速驶过408公里的路线（其中181公里是在隧道中），以平均每小时32公里的速度穿梭，包括站点停靠的时间。地铁每年使用的电量为1091千兆瓦时——不到伦敦总量的1%。

地上交通工具的移动速度则较为缓慢：伦敦地区的交通速度为每小时19~24公里（路况最差的地区是每小时9~15公里），30%的典型高峰期出行交通速度是固定的。[29]欧盟主要城市的平均交通速度是15公里/小时，这与几乎200年前是一样的。在伦敦每天1100万的汽车出行中，只有不到10%的时速低于1英里。伦敦是英国汽车聚集度最高的城市，其他地区的平均聚集度是每平方公里150辆车，而伦敦是它们的10倍，即每平方公里1500辆车。[30]

每一个工作日，能够容纳450万乘客的6000辆公交车行驶在伦敦的600条线路上。从1991—1992年到2001—2002年，伦敦本地公交车旅程增长

机动车优先，行人不得不适应

图片来源：查尔斯·兰德利（Charles Landry）

了25%。而同期英国其他大城市的公交使用率都在降低。[31]2001年，与整个伦敦41%的人开车出行这一数据相比，伦敦市中心只有12%的人开车出行。[32]城市的大幅扩张就意味着汽车使用更多。在伦敦市中心工作的人，72%乘坐火车，32%乘坐地铁，40%乘坐地面铁轨。交通的压缩性和密度鼓励人们使用公共交通。在1999—2001年的英国，男子上班的出行距离平均为10.3英里，比女性（6.1英里）远70%。在英国，人们居住地与工作地之间的平均距离从1989—1991年的7.2英里增长到1999—2001年的8.5英里，这10年间增长了17%，城市的触手不断向外延伸是其主要原因。[33]在整个欧盟，从1975年到1995年，每人每天的出行距离都翻了一倍，预计到2025年还会加倍。[34]

伦敦的交通正在出现两个相反的趋势。一方面，与城市扩张的预期保持一致，人们工作的旅途正变得更长。另一方面，在伦敦中部地区，征收机动车辆拥堵费促进了陆路公共交通的发展，开车上下班的人越来越少，更多出行则分流给了当地公交。

英国的机动车数量正以每年80万辆的速度增长。1980—2002年，货运（以吨/千米计算）增长了42%；1990—2002年，货物的公路运输距离增长了40%以上。这就意味着，有限的空间资源会造成更多的交通延误与交通拥堵，英国每年会为此付出200亿英镑的代价。[35]就欧盟整体而言，每年的交通拥堵会花费1300亿欧元，而机动车道路交通的外部总成本估计为每年2700亿欧元——约为欧洲国民生产总值的4%。将所有与汽车相关的活动按时间计算，一名典型的美国男子每年有超过1600小时用于开车，他或驾车行驶，或坐在停靠中的车内，或在泊车，或在找车。综合他为支付车款挣钱、偿还车贷每月分期、油费、通行费、保险费、税费和罚单而付出的时间，你将会得出他每年为此耗费了66天或18.2%的时间。[36]伦敦的司机花50%的时间排队。伦敦人每年平均有9天时间坐在车里，而只有3天在走路。[37]

据估计，1950年时，世界各地的道路上约有7000万辆小汽车、卡车和公交车行驶。这一数字到20世纪末增加到了6亿～7亿，预计到2025年将超过10亿辆。每年约有1500万车辆售往西欧。[38]计算一下这些小型汽车、卡车和公交车占用空间的平均值时，你会得出9500平方公里这个数字，这是一个与近半个威尔士面积相当的停车场。换句话说，就好比这些车一个接一个紧挨着分布在一条从伦敦通往罗马的1000个车道的高速路上；若是250个车道的高速路，则可以从纽约延展到莫斯科；若是120车道的高速路，则可以从伦敦延展到悉尼；如果是一个车道，那就可以延展190万公里通到太空，相当于地球到月亮距离的5倍。[39]

一条城市双轨铁路每小时可以将3万人输送至各个方向，而一条双车道公路每小时仅仅能够将3000～6000人移动至各个方向。一辆双层公交车可运载的人数相当于20辆满载的小汽车，但一辆双层公交车所占用的道路空间仅是20辆小汽车的七分之一。小汽车需要的道路空间相当于5～8辆自行车，而泊车所需空间相当于20辆自行车。在英国，就乘客每公里伤亡率而言，公交车、长途汽车以及火车的安全系数是小汽车的7倍。[40]但在过去的20年里，扣除物价因素，驾车出行的总成本持平或低于1980年的水平，但公交费和铁路票价却分别上浮了31%和37%。[41]

材料：水泥、沥青和钢铁

2000年，伦敦人消耗了4900万吨的材料——平均每人6.7吨。建筑业消耗了约2780万吨，其中产生了2600万吨废物：1500万吨废物由建设和拆迁部门产生，790万吨由商业和工业产生，340万吨由家庭产生。

放眼全球社区，建筑物消耗的材料约占40%，而水泥又占据了其中的主要部分。2000年，全球共生产波特兰水泥15.6亿吨，其中三分之一产自中国。[42]预计未来30年里，水泥的全球需求量会增加一倍。

水泥是有害的、甚至令人憎恶的物质。每吨水泥大约需要消耗2吨原材料（灰岩和页岩）、大约40亿焦耳的电能、工业热能和运输（这些能源相当于131立方米的天然气），还会产生相当数量的二氧化碳、3千克左右的氮氧化物、导致地面烟雾的一氧化氮和二氧化氮混合物，以及大约0.4千克的PM10——一种空气微粒，吸入人体会对呼吸道造成损害。水泥制造业产生的二氧化碳约占全球二氧化碳的7%～8%。全球建筑物所使用的混凝土是其他所有建筑材料（包括木材、钢铁、塑料和铝）总和的2倍。[43]混凝土每年的全球生产量约为38.2亿立方米，这就相当于一个长1千米、宽1千米、高3824米的巨大混凝土块，比日本富士山（3776米）还略高一些。

美国海拔较低的48个州已有6.5万多平方英里的土地被铺砌成道路，来容纳2.14亿辆小汽车；仅美国就有390万英里的道路，足以绕地球赤道157圈，[44]相当于美国陆地总面积的2.5%——比佐治亚州还要大，如果考虑到停车场或其他区域的话，其面积将会更大。每5辆车加入美国的汽车大军的话，就会有一片足球场大小的土地覆盖沥青。在大多数美国城市中，接近一半的土地面积用于为汽车提供道路、高速公路以及停车场，在洛杉矶，接近三分之二的面积用于与汽车相关的用途。很多城市都没有计算过它们的沥青面积，而在欧洲的环保城市慕尼黑，那里有4%的人行道，15%的沥青道路和16%的建筑面积，相反地，绿化面积和裸地面积则分别占到了59%和6%。[45]在伦敦17.5万公顷的土地上，62%的面积是城市——建筑物、沥青和人行道——只有30%面积用于公园绿地。[46]大都会东京有82%的面积被沥青或混凝土覆盖。[47]在当今的英国，公路盘踞的面积与莱斯特郡相当，此外还有额外的五分之一面积专用于停车。"土地一旦被铺设成道路，就很难再被开垦，"环保人士鲁珀特·卡特勒（Rupert Cutler）曾经这样说过，"沥青是大地最后的作物。"[48]

1973年，美国最高的建筑落成开放。这座名为"西尔斯塔"（Sears Tower）的大厦高443米（共110层），历时3年建成，花费超过1.5亿美元。晴天时站在它的观景台上可以一览美国四州——伊利诺伊、印第安纳、威斯康星和密歇根。它所用到的钢铁足以建造5万辆汽车，所包含的电话线足以环绕世界1.75次，所耗费的混凝土足以修建一条8车道、长度为5公里的高速路；它包含超过6.9万公里的电话线、3218公里的电缆、4万公里的管道和总计2232步楼梯。[49]吉隆坡石油双塔（Petronas Towers）使用了36 910吨钢铁——相当于4500头大象的重量——以及1000万块砖块。[50]一套三居室的独立住宅大约需要1万面块砖。英国每年共生产28亿块砖，如果将它们挨个排列，可以往返月球一次。[51]

生态足迹

生态足迹是用来计算满足消耗和消纳废物所需区域的一个概念。食物需要的土地和水体、吸收二氧化碳排放需要的森林，以及处理废物需要的土地都要考虑进去。任何一个消耗单元都可以进行计算，可以是世界整体，也可以是单个国家、城镇以及城市。遗憾的是，因为方法上的差异，城市之间的生态足迹很难进行对比：伦敦的生态足迹是伦敦本身大小的125～293倍。[52]然而，即便是估算的数值较低，伦敦的足迹（以及大部分城市的足迹）也超出了它的地理区域。

城市的生态足迹比城市本身要大，这一点不用惊讶，也算不上问题。人们可以想见，一个人口密集的地区所占地球的比例与其需求不相符，而人口不那么密集的地区为人口较多的地区生产食物。农业就是以这样一种方式分配的。但是，如果我们从一个较大范围考虑消耗，问题就会变得很清楚。例如，欧洲的生态足迹面积是其土地面积的2倍多（美国人的人均需求几乎是欧洲人的2倍）。而且，就整个地球而言，我们消耗能力已经远远超过了其承受能力。从20世纪80年代至今，我们就已经生活在"生态赤字"的状态之中了。2001年，我们的消耗能力已经是地球承载力的1.2倍。[53]

城 市 物 流

把食物放到超市的架子上，或给商业街供应衣服或其他耐用消费品，这绝不是件轻而易举的小事。消耗惊人的城市呈现出来的是巨大、复杂而又有条理分明的挑战。要满足伦敦这类城市的胃口，需要装满石油的巨型货轮、堆满或叠满矿石的集装箱、数千公里长的油气管道以及同时启用各种不同运输方式。香港或鹿特丹的港口基础设施本身就相当于小型城市，但是由于它们常常被围墙和海关所隔离，导致我们会很轻易地忽略它们。同样，我们在高速公路上看到车身上印有马士基海陆（运输公司）或CN字样的卡车，但是几乎没有人知道它们在做什么。

物流是协调货物和信息在一个国家内或不同国家间流动的艺术和科学。它涉及从战略意义和利润角度来处理采购、运输和储存物资、零部件以及成品库存（和相关信息流动）的过程。城市中的物流需要实物和非实物之间高度复杂的配合——一方面是卡车、飞机和轮船，另一方面是计算机系统和软件。尽管它运作时就像上好油的机器一样优雅，但是它的弹性远比我们想象的要差，一旦电脑关闭或遇到交通危机，其脆弱性立马暴露无遗。尽管这些听起来枯燥无味，但是物流构成了城市运转所需的呼吸和消化系统，没有它们，城市就会四分五裂。

物流是一盘大生意。仅英国一国的物流业产值就高达550亿英镑，占据了其产品总成本的15%～20%。这一产业目前有6.3万家从业公司，在英国本土雇用了1700万员工，是英国最大、雇用员工数量最多的行业，尽管这一点常常被忽略。[54]美国物流产业的产值高达9000亿美元——几乎是高科技产业的2倍，占美国国内生产总值的10%以上。[55]全球的物流产业价值3.43万亿美元。[56]其中包括各种各样的工作，从车辆追踪、货物保全到海关经纪、仓储、分销以及与这些活动息息相关的信息技术。

不仅如此，物流业是一个快速增长的行业。英国的食品进出口在过去20年间增长了2倍。[57]值得注意的是，近几年出现了第三方物流公司（3PLs），这些公司仅仅致力于把这些供应链活动串联起来。从理论和历史方面来讲，供应链上有大量各方参与者——马路搬运工、铁轨操作人员、运输公司、航空公司、货运代理人、仓储公司、邮政公司以及包装和销售公司——他们的活动必须要得到协调。但是，越来越多的一站式大公司——诸如Christian Salvesen、Wincanton或 Tibbet & Britten这类人们所不熟悉的第三方物流——会提供覆盖一系列领域的解决方案。新的软件和卫星技术追踪库存和流动，使得供应商和进口商能够随时定位自己的货物。最新的发展趋势是射频识别（RFID），现在这项技术正在进行全球层面的标准化，它可以让公司追踪自己所有的商品，对运输中的货物进行不间断的追踪。

海港是全球货物集散的主要枢纽。全世界大概有2000个港口，有的单泊位港口一年吞吐量只有几百吨，而有些多用途设备每年吞吐量可达3万吨。最大的港口有上海、新加坡、香港、纽约、休斯敦、鹿特丹、汉堡和东京湾，等等。在全球的货物流通中，占据最大份额的港口越来越少：排名前十的集装箱港口处理了全球将近40%的货流量。你可以在任何一个港口认出这些集装箱：马士基航运公司（占世界贸易总额的18%，目前最大的一家）、地中海航运公司、台湾的长荣海运股份有限公司、北京的中国远洋运输集团、首尔的韩进海运公司以及东京的日本邮船株式会社。

　　港口的基本建设工程浩大。例如，鹿特丹的欧洲港（Europort）绵延40公里，占地42.5平方公里（工业用地加上水域），港口直接雇用的人员达6.06万人，每天大约处理100万吨货物。2005年，通过鹿特丹港口的货物量能装满800万个20英尺的集装箱，现在这个港口正在通过填海来进行扩张。

　　1998年，世界港口的货物吞吐量超过了50亿吨，到2010年，世界海运总量会达到70亿吨。其中，中国港口的吞吐量将会达到大约40亿吨，占到总量的57%。[58]45%的海运货物是液体。干散货物（煤炭、铁矿石、粮食、碳酸盐）占23%，一般货物占32%。一般货物的运输越来越多地使用集装箱。货运集装箱一般长20英尺，宽8英尺，高8英尺多一点。有些长40英尺。20英尺集装箱是一个单位（20英尺标准货柜），大概是12吨或34立方米。一个20英尺标准货柜能够运载2200台录像机或5000双鞋，全球大约有1590万个标准集装箱。集装箱在全球的分布如下：远东45%，欧洲23%，北美16%，近东和中东6%，中美和南美4%，非洲3%。运转中的空集装箱据估计能占到总数的20%。2003年，海港集装箱运输是2.663万个20英尺标准货柜，是1990年的3倍。这样流通的货物更多更快。

　　海港处理大约2.65万艘总吨位超过500吨的船，其中包括：5500艘原油油轮和成品油油轮（可运载1.75万吨石油）、2600艘集装箱船、4900艘装有诸如粮食等的散装船、2000多艘化学品运输船和大约1.15万艘普通货船。这些船航行到世界各地。最大的港口能处理长度超过300米的超级大船，这种大船能装运9000个20英尺的集装箱，有13层楼高，10个集装箱宽。最大的一艘船属于深圳东方海外货柜航运公司，能运载10万吨货物，由一个有12个气缸、功率近7万千瓦（9.3万制动马力）的发动机驱动，带动一个85吨的螺旋桨。可以做一下比较，一辆普通的家用小汽车发动机的功率大约90千瓦（120制动马力），是上述船只的776分之一。这艘大船每小时消耗的油量以吨计，大约是10吨。马六甲型大船还在设计阶段，这种大船长470米，高60米，有16层，能装载1.8万个集装箱，载货量达20万吨。[59]

文明的倒退已经开始？

我们生活在一个尴尬的时代。从现在到2050年，世界人口将增长50%，正如我们前面所看到的，我们对地球的人均消耗需求也在快速增长。在20世纪60年代，世界的生态足迹低于地球的生态承载力；到20世纪70年代末期，基本与地球的承载力持平，这种状态一直持续到1983年。到20世纪末，我们的足迹已经达到了1.2个地球。我们已经在生态赤字的状态下生活了20年。[60]同时，贫富差距越来越大，全球的不平等现象从未如此严重。这些趋势引发了这样沉重的问题：我们被现代化打败了吗？文明已经开始退化了吗？

1992年，法兰西斯·福山在他的著作《历史之终结与最后的人》（*The End of History and the Last Man*）中欣然宣布："冷战"的终结意味着人类侵略史的终结，其结果是西方自由民主获得了胜利，成为人类政府和自由经济的最终形式和最普遍的生产方式。然而，本书无法抵制来自地理政治学——巴尔干、伊斯兰原教旨主义——以及环境方面的反对。资本主义意识形态假定资源无穷无尽，但实际上并非如此。全球经济不能，或者说很明显不会继续保持这种状态。我们不能依赖市场对环境、社会以及文化危机即时作出适当的反应，因为环境、社会和文化成本没有把经济方面计算进去。

除非福音①从天而降或是有重大科学发现，否则可以肯定地说，如果一

---

① 福音：原文为"manna"，指圣经故事中古以色列人经过荒野所得的天赐食物。——译者注

世界上很多地方连生活基础设施都没有——如阿尔巴尼亚的斯库台（上图）

图片来源：查尔斯·兰德利（Charles Landry）

直保持当前的形势，文明很难继续存续。这里并不是要提出一个意识形态观点。就目前我们所知道的，没有其他星球可以维系地球文明的延续。因此，解决我们对汽车上瘾的这个问题成为当务之急，因为即便可持续能源的供应可以普及全球，我们也不会有无限可用的金属资源。当我们重新调整以适应农业与离家更近的行业时，生活的滋味会发生改变。水将会变得珍贵，也本该如此。

考虑到这种物质背景，意识形态当然会相应改变。当下看来合理的经济学者的修辞，在将来回顾时会发现其疯狂之处。当我们充分意识到人类作为个体对其他人有多么依赖时（这就好比在分食同一块馅饼，你分得多就意味着其他人分得少），对个人主义的狂热就会衰退。改变将会带来创痛。从历史角度说，极端经济危机沉淀出极端的意识形态。

悲惨的地理

城市的故事中有光明也有阴影，在有些地方，阴影成为主导。在绝大多数情况下，令人难以忍受的贫穷、绝望、毒品交易、幼娼、人口交易、轻微犯罪、街头流浪儿、艾滋病和当地黑帮带来的恐惧，都是城市体验的特征。我们不要忘了格罗兹尼或者巴格达。我们可以把苦难和幸福这两个极端看作上天的馈赠。哥伦比亚的凶杀率是哥本哈根的100倍。我们在想到这些时难免心伤，会本能地试着设身处地体会这个城市中最悲惨的创伤。

但是悲惨恰恰应该是创造力更为集中之处。暂时忘掉新媒体产业那诱人的魅力或城市中心最新的标志性建筑吧。找到有创意的办法来解决日常需要、人类痛苦、受挫的雄心以及犯罪和暴力，这才是更富有创造力的行为。这种创造力的需求具有不同的特征。好的想法需要与勇气、调解技巧、谈判、对话甚至爱相互融合。

这一章和之后的两章将从感觉和体验在实体空间的分布来谈论"地理"这一概念。它们还会进一步探讨穷困、欲望或仅仅是平淡将如何影响一个城市的物理面貌和给人的感觉。例如，城市人口中的地方性困苦会影响游客对这个城市的主观体验。但是痛苦也会体现在一个城市有形的结构上：破烂的房屋、肮脏的街道、地方政府不再打理的公共空间、禁区。欲望和空洞也是如此，二者分别体现在杂乱的广告和均匀分布的购物中心上。

悲惨无处不在，即便是在最富裕的城市——单调乏味、被裁员失业的痛苦、无法维持生活的艰辛或密度高但离散群体所引发的疏离感。但是，这里我要重点讲述极端的悲惨案例，以此更加清楚地说明如何用创造力来影响那些我们都很清楚、但可能离我们很远的问题。这些叙述虽然有时令人不快，但其用意是要强调希望而不是绝望。即便对于一个处境极其悲惨的城市，那些生活在其中的人们仍然能够心怀爱意。在后面几页中要提到的每一个城市里，都有人在与逆境奋战。当我们在审视逆境时，想想非政府组织"里约万岁"（Viva Rio）发起的运动"选择杜绝枪支吧！它是你我的武器"（Choose Gun Free! It's Your Weapon or Me）。在这场运动中，妇女们在削弱贫民区的枪支暴力方面起到了带头作用。想想维克多·梅利尼科夫（Viktor Melnikov）——污染严重的诺里尔斯克市的新市长（一个惊喜），他试图迫使当地的煤炭公司加强安全运作。想想太阳马戏团（Cirque du Soleil）与"救救孩子"（Save the Children）两个组织合作的项目，他们除了为住在乌兰巴托大街下面的污水管道和供热管道的街头流浪儿们提供收容场所以外，还提供另一种教育形式，即教他们马术。

或者想想1995年日本神户大地震发生时"日本社会中史无前例的"[61]反应，这场地震中有6279人丧生。尽管日本各地的志愿者活动不像欧洲或北美洲那么普及，大部分的搜救活动是由社区居民进行的。自发的志愿者和紧急救援团队的活动贯穿了整个紧急时期。居民们向遭受地震灾难的同胞提供了各种用品和服务，很多人到灾区去救灾。官方指定的救援机构（例如消防部门）以及民防部队负责搜寻的被困倒塌建筑物中的遇难人员不超过四分之一。没有发生一起经过证实的抢劫。[62]

把注意力放在悲惨的事情上会让人沮丧，但却能展开一个广阔而丰富的背景，然后以此为背景来想象其他积极的、有创造力的方面。悲惨的事情提醒我们城市面临的困难，要求我们深入想象在这样的地方生活到底是什么样子。它还提醒我们创造力面临何种挑战：创建文明、民生文化和一些公平，遏制腐败，提供工作岗位，并且创造不止满足基本需求的城市。

有组织犯罪和恐惧的统治

几个世纪以来，黑手党在意大利南部区域的非法活动（敲诈店主、抽取提成等）已经严重阻碍了南意大利的经济发展，使南意大利的经济深受其害。时至今日，该团伙似乎还能从每一个大的建筑项目中抽取提成。这也是圣乔瓦尼镇的市长里科·卡森辞职的原因。他由于反对建设连接西西里岛跟意大利本土的墨西拿大桥而收到了黑手党5颗子弹的恐吓信。这个犯罪团伙期待从桥梁建筑中获取巨额利润，但是他们的黑手伸得太长了。他们把城市建设当作一个建造游戏，所以干涉南意大利城市建设的黑手党令人发指。

日本的"极道"跟其他的黑帮组织一样，但他们的行为不仅限于暴徒团伙的敲诈勒索、赌博、卖淫和其他传统的黑帮活动。他们收购房产，此举大概波及900家建筑公司。三大黑帮组织分别为以神户为基地的山口组、以东京为基地的住吉会和稻田佳组。日本警察厅表明，在20世纪90年代末，山口组有20 826名成员，737个附属组织。[63]1998年，《南华早报》报道称，日本警方提供的暴徒参与国家建筑业的数据表明，在1995年港口城市神户遭受地震之后，日本的暴徒仅仅在这座城市的重建方面就赚了90亿美元。中国的三合会在台湾、澳门和广大的侨民当中也上演着同样的故事。这种现象在莫斯科等地也是显而易见的，而美国黑手党参与建设的历史也有据可查。

想想贝尔法斯特，那里一些为了天主教或者新教而战的"自由战士"，一旦进行贩毒、勒索和暴力活动，就会打着"保护社区"的幌子向整个社区索取赎金。尽管双方都在为和平而继续努力，但是种族隔离现象依然很严重，它就像毒药一样融入了人们的日常生活当中。例如，在贝尔法斯特的阿尔恩区，80%的新教居民不会去最近的商店购物，因为它们坐落于天主教的街道上，将近80%的天主教徒不会在离他们最近的游泳池里游泳，因为它坐落于新教徒的街道上。在阿多恩，大多数18岁的少男少女从未在他们的人生中有过一次——比如说，关于运动或者家庭的——有意义的谈话，几乎没有人能与自己同龄的人跨过"和平界限"和宗教分歧。[64]隔离和贫困之间的联系是惊人的。最贫困的地区几乎都是高度种族分离的地区，并且伴随着显著的宗派暴力。经济福祉跟偏见之间的联系是明显的。[65]

里约唤起一种强大的共鸣：狂欢节、舞蹈、旋转、火辣女孩、科帕卡巴纳海滩和糖塔峰。但是任何一方的气氛在帮派的威胁下都大打折扣。像"红色司令部"这样的药物组织控制了这座城市里的26个棚户区和贫民窟的大部分地区，这些地区的人口超过了几百万。红色司令部药物组织的领导人——鲁伊兹·费尔南多·达·科斯塔，更广为人知的另一个名字是费兰迪尼奥·贝拉·马尔。他自从2001年起就一直被关押于最高安全级别的监狱中，但是他仍然拥有权力。据说，他在监狱里还用自己的手机进行武器交易谈判。在2002年，他还设法拷打、谋杀、焚杀4个敌人。为了谋杀他的对手，他需要监狱工作人员默许其能够通过6个铁门。如果监狱工作人员不接受贿赂的话，他们会受到威胁。里约也深受其害。武装的支持者是Mare贫民窟受害者的其中一部分人，罗纳尔多·平托·德·梅代罗斯缓慢地从这个街头走到那个街头，命令商店关门，命令学校把他们的学生送回家以示敬意。一向热闹非凡的里约，也陷入了一片沉寂。

里约最大的贫民窟——罗西尼亚容易发生滑坡，因为它依附在高级海滨地区的山坡上，海滨地区为当地居民提供了方便的就业机会，这个例子经常被作为显著改善棚屋住房条件的经典事例。然而，警察跟毒枭之间的激战引起了人们对潜在社会问题的关注，城市规划师仍然面临着挑战。庞大的体积、复杂的地形，里约贫民窟的社会结构使得警方不愿介入，除非他们检测到严重的暴力和毒品贩运。罗西尼亚里面住着12.7万贫民，实际上，它是南美最大的贫民窟。尽管它有着更为暴力的过去，但是现在还相对和平一些，每年甚至有成千上万的旅客参观，这里常常组织游览。但是里约是可卡因从哥伦比亚运往欧洲的主要过境点，对毒品本身来说，里约也是一个大市场。在更高的山上，在一个被社会和空间隔离的社区里，包含着被大毒枭而不是市政当局所掌控的罗西尼亚的很多地方。但是在低平的一些地方，当地政府和社区已发展成为自给自足的机构，例如托儿所，四分之三的居民能够用上电。2002年的电影《上帝之城》聚焦在贫民窟上，记录了里约热内卢罗西尼亚贫民窟里周而复始的贫穷、暴力和绝望。

里约地铁里的谋杀率整体呈下降趋势。现在每年每10万个居民有50个死于地铁谋杀，低于1994年的76个。然而在一些贫民窟，如弗卢米嫩赛，谋杀率仍为76:100 000。但改变了人们认知的不仅仅有谋杀行径。持枪歹徒在里约抢劫英国教练党——歹徒突袭载着33名英国老年游客的机场巴士——相机和价值数千元的珠宝都被抢了。[66]这条连接里约热内卢机场和缤纷多彩南部地区的道路因劫车和枪击事件而变得臭名昭著。在里约，他们谈及贩毒者在使自己富裕的时候所行使的"平行权力"，甚至可以说是"自成一派"。

印第安纳的盖瑞市有12万人口，却是美国谋杀率最高的地方，因为在这里每10万人当中就有79个人被谋杀。犯罪团伙为了争夺地盘而主导了这里。几十年来，这里一直是一个被掏空了的、荒凉的地方。毒品交易是诱人的，你可以将可卡因变成契机，从而把你的金钱增多两倍，当你有一些钱时，如果你足够幸运，你就能发家致富。但是绝大多数贩毒者都死了或者坐了牢。在1995年，当时的谋杀率还是118，州长下令要大张旗鼓地处于警戒状态。在国家电视台上，他命令警察去打击盖瑞的犯罪团伙。警察在最危险的街区设置了路障，在这3个月期间，谋杀率下降了40%，但是当他们撤销路障后，谋杀率又反弹回去了。曾经一个多种族融合的钢铁城，在10年后的20世纪70年代，工厂就开始减少雇用3万名工人，最后它变成了一个可怜的黑人贫民区。如今，该地区的就业人口徘徊在仅5000人左右。

盖瑞市陷入暴力的故事是一个在美国许多城市上演的"白人迁徙""城市衰败"的终极版本。但是谋杀率仅仅是一个城市面临困境的一种现象，在这些谋杀的背后是鲜为人知的暴力、不愉快、偏执和恐怖事件。你可能注意到在美国每10万人中的平均谋杀率是5.6，新奥尔良是53.3，华盛顿是45.8，纽约犯罪率戏剧化地减少至7.3。与此相反，世界上最多元化的两座城市多伦多为1.80，温哥华为3.45。

贩卖人口和性交易

全球范围内，性交易总额约为40亿美元，在非法交易排行榜上名列第三，仅次于毒品和武器交易。据美国国务院统计，每年有60万～80万人干着这行非法勾当。在位于摩尔达维亚边境上罗马尼亚的拉西、摩尔多瓦的首都基希纳乌，我亲眼目睹过几次这样的场景：身强体壮、满眼情欲、年过四十的中年嫖客与18岁左右的妓女在旅馆过夜。在基希纳乌这种对比更明显。繁华的大街上有不少灯红酒绿的酒吧、俱乐部，随时能听到尖锐刺耳的广告。到了晚上，你可以看到成群的、衣着暴露的年轻女子，嫖客要找的就是她们。一离开主要街道，就连街灯都没有了，完全笼罩在黑暗之中。欧洲议会统计，每年大约有4000名女人被卖到丹麦，超过1万人被卖到英国。许多女子来自东欧，而来自诸如泰国、尼日利亚、塞拉利昂的女人也越来越多。通常她们被卖去当妓女，一周为皮条客挣几千英镑，平日里就被关押在大城市里。伦敦大都市警局估算，一些人每天被迫接待30～40名客人。在伦敦，只有19%的妓女是英国人，25%的妓女来自东欧，13%的妓女是东南亚人。

位于曼谷东边160公里的芭提雅夜总会、标有"欢迎大莲花"广告牌的英式酒吧随处可见，数不胜数。在总数为20万的居民中，大约有10万人与色情旅游有关。在冬季，芭提雅的人口翻了两倍，这是因为富有的欧美游客（大多已是中老年）逃离寒冷的祖国，躲到温暖的芭提雅寻欢作乐。30年前，芭提雅只是默默无闻的小渔村。越南战争的爆发使它成为驻守在梭桃邑（Sattaship）的美军的娱乐场所。这些美国大兵周末放荡的行为播下色情业的种子。从此之后，嫖妓行为像野火一样急剧蔓延。泰国北部穷乡僻壤成千上万的年轻女人和刚成年的女孩禁不住色情旅游带来的巨额财富诱惑，来到芭提雅挣快活钱。甚至邻国缅甸、柬埔寨、越南的女子都被带到这些色情场所里工作。欢愉的诱惑背后隐藏的是无休止的暴力。

柬埔寨现在已经成为继泰国之后恋童癖者青睐的目的地，以前泰国是最臭名昭著的未成年性行为的中心，泰国从2004年开始打击儿童卖淫。这些恋童癖者来自美国、加拿大、澳大利亚、荷兰、德国以及英国。臭名昭著的卖淫嫖娼的中心地区斯维帕克，距离首都金边市中心向北11公里。"在这里你能得到任何事情，你可以糟蹋任何一个你喜欢的女孩、男孩、两岁大的婴孩，你怎么作践都可以，没有人会在乎的。"[67]芭提雅和斯维帕克仅仅是这一地区以色情业著称、毫无尊严可言的众多城市中的代表而已。

改变的人力代价

沿着南中国海来到莫尔斯比港（巴布亚新几内亚的首都），没有任何一个国家能够如此迅速地成为摩登世界，现在它正处于社会和经济衰退的边缘。莫尔斯比港连续两年在经济学人智库130个宜居城市中排名垫底，落后于拉各斯、阿尔及尔和卡拉奇这样的城市。[68]当地犯罪率非常高，武装持枪抢劫很常见，而外国移民者和当地的中产阶级在高墙和铁丝网庇护下居住。然而，基层的犯罪可能仅仅反映了权力的腐败："Raskols效仿政治领导人的腐败行为还是低层次，随着盗窃不断加深，并且还不受惩罚。当犯罪分子和贪污腐败的政客们逍遥法外时，人们对国家法律不再怀有敬意，中央政府的权威也顷刻崩溃。[69]

回到北半球。虽然大家都在羡慕中国的发展速度和劲头，但是不要忘记中国为经济奇迹所付出的残酷代价，即使与该地区其他新近发展中国家相比，运筹方面存在巨大的挑战也是靠规划和指示得以解决的。目前只有少数贫民窟，但是已取得巨大成就，因为这是世界历史上最大的大规模迁移，农村人口进入城市创造了第二次工业革命。前所未有的大规模建设热潮正在进行之中。 2003年上半年，全世界一半混凝土被用在中国的城市建设中。在1950年，有7200万中国人生活在城市，1997年为3.7亿，到2020年预计为8亿，到2030年将达9.5亿。其中典型的例子就是深圳，以惊人的速度建成现代化大都市。[70]在20世纪70年代，这里是一个小渔村，政府建立了经济特区，并马不停蹄地促进其增长。根据政府最近统计，当地人口超过1000万，远高于2000年人口普查统计的700万。我们很少听到关于这种扩张产生的工业和建筑事故。官方的估计是每年有1.1万人死于此类事故，但私下确认的死亡人数超过2万。[71]中国在全球市场中以低价制胜，而安全措施会增加成本底线。这样的发展速度意味着安全上达不到标准，且价格如此低廉，以至于运营商无法确保安全。

此外，尽管环保意识有所提高，但是环境危机却处在失控的危险之中。在过去20年中，中国经济的飞速增长耗尽了本国的自然资源，并且产生了大量的污染物。环境退化也导致了严重的公共卫生问题、大规模迁移、经济损失和社会动荡。结果变成，少数富裕地区在有力领导班子的带领下、在国际关系的支持下采取了一系列保护措施，有效改善了当地环境，但全国多数地区的环境恶化状况仍在继续。伊丽莎白·C.伊科诺米以一种揪心的方式记录了环境严重退化地区的情况，在这里"河流发黑，沙漠化从北方蔓延而来，整个中国处在雾霾笼罩之中"。[72]

试想一下，经过一天辛苦的工作，人们蜗居在迅速发展的城市中25层大厦中的小户型公寓里。考虑到社会生活、休闲、购物，因此一位北京居民才会说："在这里生活比在我的家乡安徽好多了。"[73]

不堪重负的贫困与被盗的童年

通过监视、跟踪、窃听和邮件拦截共同造成窒息。医院里的大部分患者所遭受的身心疾病，是由于强制性的训练、不计其数的游行、"爱国"集会者在早上六点钟的集会，单调死板的宣传所造成的精疲力竭。他们都是劳碌不堪、无能为力的，最终他们忍无可忍。由于僵化、约束和绝望所造成的麻木，临床抑郁症很是猖獗，酒精中毒也很常见。从病人的眼睛里我没有看到生命的迹象，有的只是倦怠和持续的恐惧。[74]

朝鲜是"集权国家"的代名词，在这里批判国家有罪。平壤在外部干涉中畏畏缩缩，但是最近的呼吁援助表明了一个与世隔绝民族的绝望。事实上，相对而言，首都是一个比乡村更好生活的地方，首都的市民会发现西方中产阶级想要逃离城市的想法很奇怪。平壤的饭店和夜店跟韩国乡村的产生了鲜明的对照，平壤市民面临着严重的贫困、饥饿，尤其是儿童卖淫尤为猖獗。但是对此行为镇压的话也会对儿童带来毁灭性的打击。

> 孩子们童年的创造性和自发性被无情地剥夺，绝对遵从指示以及成年行为表明孩子们意识到了成年后不正当行为的后果且自己并不想涉足这些。他们会对自己孩童时代的行为产生失败感——他们潜意识里意识到了现状的毫不妥协性并已经决定温顺的接受它。[75]

与此同时，在蒙古首都乌兰巴托，在冬天气温可以低至零下52℃，3000多个孩子流落街头。许多孩子躲避在下水道里取暖以及逃避城市的暴力。政党的分崩离析致使大多数工厂倒闭，迫使成千上万的人失业。这些导致犯罪不断升级、家庭暴力以及酗酒问题，同时导致这里的贫困儿童被迫离开家园，现在他们在乞讨、偷窃并且在冰雪覆盖的街道上游荡。[76]

脏乱不堪

我们再来探究俄罗斯（以及世界）的一些严重污染城市，比如说，诺尔斯克（这座城市位于莫斯科以东2875公里处，属于西伯利亚地带且位于北极圈边缘，该地气温在冬季能降到零下60℃），再向东大约380公里的捷尔任斯克、摩尔曼斯克以及克拉半岛。在诺尔斯克，以30公里为半径的区域中，连雪都变成了黑色的，在这个覆盖区域之外，又褪变成黄色。空气闻起来带着硫黄的酸味。这是个封闭的城市，但却是我的传通媒体（Comedia）同事费尔伍德很喜欢去的一个城市。与其他90个城镇和城市一样，这通常是一个外国人的禁区。当局声称这种限制是为了防止阿塞拜疆生意人蜂拥进入该经

阿尔巴尼亚60万煤库
（bunker）中的一个：
这些极不可能出现在都市
环境中，是恩维尔·霍查
（Enver Hoxha）领导下
所建，有控制人口之用。

图片来源：查尔斯·兰德利
（Charles Landry）

济区。其他人则认为这种做法是为了掩盖极端令人不愉快的事实真相。作为苏联的监禁地，安全则不足为虑。拥有23万人口的诺尔斯克有世界上最大的镍矿矿藏，且因其污染严重而导致污染物漂入加拿大而有名。在极地的冰里也发现了诺尔明斯克的活动痕迹。跟工厂里的情况相比，这座城市本身可以算是天堂。因为在工厂里，由于烟雾使人晕眩，工人们不得不戴着口罩。工厂作为工人们生活的地方，几十年来一直被无情地作为牺牲品。这座城市的东西南北都有烟囱，意味着无论风从哪里吹来都会产生污染。[77]恶劣的环境意味着人均寿命期望值比俄罗斯的平均值要少10年。矿场里的男人几乎不能活过50岁。俄罗斯的不良污染记录显示，诺尔斯克产生的污染占全国的14.5%，[78]这是一个十分令人震惊的事实。每天这些烟囱都会向空中释放出5000吨的硫氧化物。然而，高酬金是以上不良现象的诱因。

监狱和边境

　　试想阿尔巴尼亚曾经辉煌一时的斯库台市，它如今已被遗忘在黑山共和国的边缘。在那里，电力仍然时断时续，遍地的凹坑深得足以掩埋一个小孩。许多雄心勃勃的人受到地拉那浮华与看似充满机会的诱惑飞离此地，使得这里的人口发生了改变。但相反地，一些山民却被斯库台吸引，移居此地，取代了原始居民。在这所城市，氏族观念仍然存在，家族间血腥的仇杀持续不断。例如，2000年12月，诺德克·切法（Ndoc Cefa）的侄子，著名的阿尔巴尼亚戏剧导演，在伦敦刺杀了另一个阿尔巴尼亚人。刺客虽被关在阿尔巴尼亚的精神病院，但仇杀仍旧延续，斯库台地区所有切法家族的男子都成了攻击目标，他们的房子变成了自己的监狱。

再来看分隔以色列约旦河西岸和巴基斯坦领土的隔离墙，它被用来阻止巴勒斯坦的自杀式炸弹进入以色列。它全长670公里，一段是墙，一段是栅栏，大部分地方下层是混凝土地基，上层是5米高的电网，一侧是铁丝网和4米的深沟，此外还装有电子传感器和覆盖在地表的跟踪器，可以看到每一个横穿的人的足迹。隔离墙有一段是8米高的坚实的混凝土墙，带有巨大的瞭望塔。许多城镇被这堵墙阻隔或切断。想象一下盖勒吉利耶的生活，整个城镇几乎完全被隔离墙包围。居民被监禁，与邻近巴勒斯坦村庄和其他约旦河西岸地区的联系被切断。距离隔离墙35米以内的属于巴勒斯坦的财物（包括房屋、农场、农用地、温室和水井）已被以色列军队全部摧毁。城镇的4个通道已被封堵，唯一的入口设有军事路障。当地居民维持生计的方式被否认，接近自然资源的权利被剥夺。盖勒吉利耶曾被称作"约旦河西岸的面包篮"，但如今将近50%的城市农用地被没收，仅有19口水井来维持30%的城市供水，居民被迫大量迁移以维持生计。[79]

边界城镇，特别是国境之间的城镇，贫富悬殊很大，激发了很多矛盾。墨西哥的华雷斯以及美国德克萨斯州的埃尔帕索实际上是一个城市，但却被格兰德河和边境线分隔。自1993年以来，华雷斯已经有超过320名妇女被谋杀，其中大约有100个12～19岁的年轻女性被性虐致死，还有数百名女性失踪，下落不明。没有人为这些案件负责，腐败的警察和公共检察官串通一气。强大的贩毒集团和过时的法律使得凶手逍遥法外。自1995年以来，警方已逮捕了十几名杀手，但谋杀仍在继续。随着国际特赦组织在作战前线开展活动，这里已经引起了全球的关注。

旅游以及对它的不满

法里拉基、果阿、伊维萨岛等旅游胜地的情况又怎么样呢？世界多地已卷入旅游风潮中并深受旅游的影响。旅游风潮带来的负面效应有影响本地认同、掠夺生态、过度发展，等等。廉价机票、包机航班以及媒体的关注让名不见经传的罗德岛小渔村法里拉基成为一些人的"现代版索多玛"，这些人是各种旅游策划以及综艺节目的追随者。很快这里成为了英国年轻人的旅游胜地，并演变成为一个饮酒纵欲、恣意放肆的地方。必须承认的是，当地酒吧老板纵容了这一切。2004年，"原罪者""激情""床""高潮"和"欢愉空间"一类的酒吧名字层出不穷。自从一位英国少年在酒后斗殴中被刺死后，该地当局便对当地酒吧严加管理并实行了零容忍政策。不久，扎金索斯岛也采取了同样的做法。扎金索斯岛曾与世隔绝，现在却享有"欧洲避风港"的美誉。但当夜幕降临时，黑暗的一面便浮现出来。衣不蔽体的女孩东倒西歪地夹杂在醉醺醺的男孩之间。暴力片段、纵欲行为、犯罪强奸从未远离这里。

果阿曾是瘾君子和爱好和平人士的避风港。但是随着英国毒贩取代了嬉皮士，这里无邪和欢乐的色彩早已因吸毒激增的死亡人数而褪去。伊维萨岛曾是西班牙的田园牧场，现在已成为游客抛掉桎梏的港湾。那里的俱乐部名字将这一切表现得淋漓尽致：失忆乐园、伊甸园、圣堂。

贫困中的文化繁荣

我已经表明，极度贫困并不仅限于发展中国家。物质贫困与繁荣并存。然而，文化可以通过重新定位社区中心和提供构建有形材料经济的基础来减轻贫困。

巴黎的茂林谷廉租房是欧洲最大的议会房产，这里居住了2.8万居民，失业率极高，辍学率不断上升——大多数移民来自北非，他们的情形无疑更糟。虽然法国共和党崇尚平等，但这里的人们却无法得到和法国人同样的待遇和尊重。没有工作、没有教育、没有尊重——三者的结合让这里成了危险之地，2005年年末法国郊区发生的骚乱就证明了这一点。但这里跟其他很多地方一样，也迸发出了耀眼的火花，例如，由当地60个青少年运营的电台"Radio Droit de Cite"。他们制作纪录片、电话直播节目、社区新闻、体育和音乐节目，通过这个平台塑造自己的性格，形成自己的信仰。10多个来自这个电台的少年已经在国家广播台工作。

最后，回归我的祖国——英国。据约瑟夫·朗特里基金会（Joseph Rowntree Foundation）透露，英国70%最贫穷的儿童都集中在四个城市：伦敦、曼彻斯特、默西塞德郡（包括利物浦）和格拉斯哥。[80]朗特里报告指出了"在一个普遍繁荣的国家中，持久性的贫困和劣势会造成的巨大破坏"。这些城市的贫困地区，如曼彻斯特的哈伯、利物浦的埃弗顿、伦敦的塔桥和格拉斯哥的伊斯特豪斯，虽然看起来很荒凉，但却和其他地方一样，市民的领导能力产生了创新想法。譬如，伊斯特豪斯新的文化校园被恰如其分地形容为"桥"，目前已经开放，设有图书馆、终身学习中心、礼堂（可灵活地用作彩排、摄影和多媒体工作室）、广泛用作展览和表演的空间以及约翰·惠特利大学教育中心。这座庞大的多功能建筑还提供了办公配套、新的游泳池、水景和医疗设备，将会吸引很多客户。其目标是增加机会以发展个人自信，培养新的生活技能（如沟通和团队合作），增强身体素质，增强就业能力。最有趣但又脱离常规的是，这里是苏格兰新国家剧院的所在地。虽然诞生时只有"虚拟"的外壳和少量的固定员工，新剧院将在伊斯特豪斯研究和创造观光剧目。仅此一点就能吸引曾经没理由会光顾这里的人们前来。

伦敦塔桥开设的新概念商店正在改变人们对图书馆的看法，而在此之前，它们从未被充分利用，也不受人喜爱。这个项目试图在当地购物区创建一系列鲜明的新地标，将终身学习、文化吸引和通常与图书馆相关的所有服务结合起来，从经典书籍到数字光盘应有尽有。这些商店将从零售界借鉴的技巧发挥到了极致——展示的方法、颜色的使用、欢迎的感觉，同时又保留了公共服务精神。前三种在弓街、克里斯普街和怀特查佩尔街展现出轻快透明的感觉，与民主精神和重视用户的市民权利相协调。第一个概念商店令游客数量增加了3倍。老式的图书馆已经过时，新用户被新形象所吸引。作为社区的中心，"图书馆"一词已经失去意义。如今的概念商店都配有咖啡馆、托儿所和多媒体产品。"商店"这个词能否正确反映出其中精神又另当别论。

伊斯特豪斯的文化校园和塔桥的概念店项目试图构建鼓励社会信任和相互关联的社会资本，它们在越来越久的互动中得以加强。将其比作"资本"可能会引起误解。因为社会资本不同于传统的资本形式，它不会因为使用而损耗，反倒会因为使用而增长，因为停用而耗尽。当人们在家庭、工作场所、社区、地方协会和其他会议场所带有目地进行彼此交流的话，社会资本就会不断积累起来。

杰沙经验

本书的目的是创造出更多服务体面、住房条件良好、谋生门路广阔的宜居地。如果缺少上述这些方面，除非人人大公无私、勇气可嘉，否则就会陷入混乱的危险。避难所、食物、饮用水和基础安全等基本条件的重要性就更不用强调了。

我想以我了解的一个机构的故事来结束"悲惨的地理"这一话题。该机构为世界上所有试图与城市间极大痛苦作斗争的创意项目树立了榜样。

该机构名为杰沙（Katha）。它的绝大多数工作都在德里最大的贫民窟"戈温德普里"中进行。那里生活着15万人。目前，杰沙正在积极改造戈温德普里的贫民窟聚集区。杰沙支持人们在54个社区中的活动，旨在"将贫民窟改造成难民的聚宝盆——创新力、企业精神和驱动力的动力基地"。其口号是：不同寻常的教育创造非比寻常的创意，为共同利益而奋斗（详情可登录www.katha.org网站）。

"杰沙"的词源本意是故事、叙事。该机构的建立源于一个简单的想法——"提高阅读愉悦"并培养讲故事的能力。印度一直以来都是说故事者的沃土。几百年来，印度人讲故事的技艺在史诗、神话、民间故事以及近期作品中得到磨炼。价值观、道德观和文化在故事中得以传承。1988年吉塔法王（Geeta Dharmarajan）建立起杰沙。杰沙最初只是一家小型印刷厂，其主要业务就是翻译印度不同地区的故事。但这一想法产生了更大的影响。于是这一机构在戈温得普里发起了学校和工薪阶层项目。

该机构教育方式的精髓着眼于每学期开发一个故事。这里没有单独开设生物或数学之类的课程，孩子们通过故事学习到一些知识。有一期，我参加了主题为"变革城市，都市故事"的活动。其主要校区和12个小型教区中的必修课程全都以城市为核心，并且每个教室都有一个城市主题。孩子们通过对贫民窟的排水情况进行调查，来学习安全用水、生物过程、细菌和疾病等知识。在结果分析研究中学习比例、百分比和统计方面的数学知识。通过采访当地居民，记录感受，学习如何精确表述并且利用计算机将所学知识呈现给大家。在建立贫民窟发展模型中，孩子们学习到如何设计、绘画以及制作模型。而且他们想更深入地了解自己所处的社区：他们的城市故事在与父母、朋友以及邻居的交谈中日积月累。

杰沙学校自20世纪90年代初建立以来，已经让6000多个孩子受益匪浅，而且1000多个孩子选择继续追求更高等级的教育，这一切都发生在这个文盲率极高的地区。同时，为了让更多的父母愿意送孩子入校上学，杰沙建立了女性企业家项目。1995年，该项目发展成为杰沙企业家学校，以提高当地女性的领导能力、指导能力和工作能力。"SHE"这一理念是其核心，其内容为：对女性的任何投资都将得到双倍收获。[81]过去10年间，已经有成百上千的女性走出社区，成为全职工作者。她们有的做保姆，有的是文职人员，有的摆摊营业，而她们的收入要比从前高出20倍。许多女性也继续接受教育培训。杰沙内部蛋糕店的一些店员就曾是杰沙教育的受益人。这种教育和就业，给妇女送孩子上学提供资源。父母们只需缴纳很少的费用，贫民窟居民每年只需缴纳4欧元。因为杰沙相信这种个人投资会激发动力、增强意志。但是这一方式获得的资金不够支付所有的花销，所以学员还会从补贴和赞助中得到资金（每位学生每年50欧元）。

现在，杰沙将城市发展纳入其整个项目之中。城市发展的核心是对穷人友好，将赤贫人群的想法和诉求考虑在内。它会询问穷人想要如何改善环境，提高生活质量。它寻求公平发展，将更多的人囊括在内，因为只有这样才会实现可行且可持续的发展。自2007年起，具有前瞻性的杰沙通过与当地社区共同设计和共同创造的方式，帮助戈温德普里部分地区实现再发展。

多年来，杰沙的经营理念经过了有机的发展，但它的核心仍是激发终生学习的兴趣，帮助孩子们树立自信，自立自强，并把他们培养成有责任心、积极响应号召的成年人；建立社会资本；赋予人们更多权利；帮助消除性别、文化和社会歧视；鼓励所有人提升自己，激发创新活力。

杰沙基于自身对"什么有助于性格形成"的理解，提出了"9C"这一口号并将该口号镌刻在主要校区的立柱之上。其口号的内容正是笔者撰写本书想要弘扬的东西：

好奇心	能力	关心
创新	自信	合作
批判思维	专心	公民权

欲望的地理

欲望是痛苦的另一面。让我们再次将目光转向里约热内卢，看看这个处在欲望与痛苦碰撞之下的城市，看看这个对这一说法有着强烈共鸣的城市：性感，热浪，迷人与活力。科尔科瓦多山海拔710米，山上耸立着高达38米的救世基督像，站在这一制高点上俯瞰整座城市，可以看到绝美无比的，甚至可以与悉尼、旧金山、香港以及温哥华相媲美的景色，即便是贫民区也有其别样的吸引力。但来到地面上，一切就都不同了。和其他地方一样，里约热内卢在20世纪五六十年代进行了毫无限制的二次开发，撕裂了原本的三行道林荫路、破坏了装点城市的房屋。

嘉年华、帅哥美女、桑巴以及波萨诺伐舞曲是这座城市的名片，甚至昔日给人以破烂、暴力印象的拉帕（Lapa）也是其中之一，因为如今的拉帕是音乐的中心，是改革者的圆梦之地：19世纪建成的房屋与仓库早已衰败，它们正等待时机摇身变成时尚的寓所与办公室，拉帕的空气中依旧存在急躁的气息，但随着一家家俱乐部、酒吧与餐馆的开张，危险的气息终会散去。

古根海姆正是看中了里约对这一说法的共鸣，才渴望与其合作，而这两大品牌结合所产生的丰富效应将势不可挡，因而在城市营销者眼中，这无疑是个美梦。起初，古根海姆的想法是重建位于里约热内卢历史中心的码头区，将其打造成新的文化中心，这一再开发项目被认为是里约重振波特港（Cais do Porto）地区计划中的关键性战略举措。显然这是一个双赢的项目，古根海姆可以以此强化其"全球品牌"形象，里约也可以凭此跻身"全球城市"行列。该项目合同要求绘制远景建筑图，设计师让·努维尔（Jean Nouvel）已完成了该工作。然而项目的开展却陷入了僵局：出于政治的原因，该项目被叫停了，而里约方面又拿不出任何办法得到人们的认可。争论一方相信古根海姆将会成为里约的再造者，而另一方则认为古根海姆只会改造这一个地区，对于改善穷人生活几乎甚至根本就没有好处。里约与古根海姆关系的走向被写进了《打造魅力城市的艺术》一书中，成了此书的代表篇章，也成了决战痛苦之争中的标志性一役。有时候欲望所产生的经济效益穷人享受不到，却可以让富人喜上眉梢，你有没有这样的欲望呢？自上而下的经济开发也有并不光鲜的一面，你有没有到处向人讲述过这一点呢？

只有从旁观者的角度看待问题，才能看清楚整个问题的轮廓和变化。"众城一貌"所代表的千篇一律在游历过众多地方的人眼中并不枯燥无味，相反，他们可以看到其中蕴含的影响力，正因为如此，古根海姆的另一许诺才会如此吸引人眼球。加利福尼亚、米兰、里昂、莫斯科、横滨、约翰内斯堡……无论你身处其中哪一个城市，你都会看到沃尔玛、特易购、麦当劳、盖璞的身影。这些全球品牌寻求压倒性统治地位的意图再明显不过，然而当地人仅凭直觉就知道它们绚烂迷人的外表之下隐藏的是一把双刃剑，正抹杀着当地的地方特色。因此，要创造性地平衡全球需求和地方需求，是个不小的挑战。

　　建设美好的城市有赖于人们发挥创造力，而创造力要具体运用到哪个方向，正是本文想要传达的内容，我们会在下文提到欲望的地理分布，那时将着重探讨这部分内容。现在让我们将目光集中到隐含在整个背景之下的问题，即大量的能源与资源，多样的创造力与想象力除了诱导人们购买更多东西之外，是否还有其他的用途呢？本文语言犀利，笔触批判，无可避免，但批判的对象并非每天工作时我接触到的那些购物中心的经营者、开发商、营销者以及政策制定者。因为正如你我一样，他们也深陷旋涡之中，深陷强调个人需求高于公共需求的体系之中，被迫加快了生活节奏，被迫去购买更多产品。虽有不少人希望市场可以承载更多高尚的东西，但仅凭一人之力就想要扭转乾坤，结果只是螳臂当车罢了。

普通欲望

　　普通欲望与豪情壮志不同，追求的不过是更加世俗之物，故而更加柔和；普通欲望生根的土壤不过是人们日常城市生活的经历而已，因而以人的基本需求为主。从工作或学习的地方走到某一公共场所，仅仅就到那儿去，不用非得买些东西，可以吗？能够满足这一点的理想之地重在使人们获得当下的体验、偶遇的机会以及碰到巧合的空间，而非驱使人们做具体的事，或让人不断思考"接下来做什么"。毕尔巴鄂的新广场、加拉加斯的市政厅广场、斯塔万格的Sølvberget广场就是这样一些理想之地，而哥本哈根的公共图书馆Kulturhus也常常是人们放空的去处。Via Fillungo商业街位于卢卡椭圆形的竞技广场上，全球最美广场之一的Djemaa el Fna坐落在马拉喀什，众多市场和运河可以在阿姆斯特丹看到，在这些地方漫步闲逛就可以满足人的普通欲望。母亲们一边看着到处跑动的孩子，一边闲谈；老人们读着报纸，吸着烟；货摊上卖着饮料或小圆面包；市场上今天出售鲜花与食物，明天则卖小饰品；人们可以在社区中心或图书馆读书、上网、看杂志。所以，除了构成静态城市的建筑之外，还有一系列人与人之间交往的片段，它们一起催生

图书馆是最具包容性的文化机构之一……温哥华的图书馆也是其中最优秀的一员；注意其环形建筑体，它的名气大概源自于此

图片来源：查尔斯·兰德利（Charles Landry）

了整个城市的动态变化。这是移动中的平凡文化。

房屋设计是否合理、建设是否精细、保养是否得当、空间是否足够大、价钱是否合理？是否可以满足不同家庭与人群的各种要求？是否既满足了尊重人们隐私的要求又可以激励人们相互交往？是否集多种功能于一体，使人们获得便利的住房、工作及购物体验？有可以游泳的地方吗？附近有健身房或电影院吗？在当地就可以享受到诸如医疗、就学、约会等服务吗？垃圾、涂鸦以及地上的坑处理了吗？政务会的电话能打通且有人回应吗？志愿组织和商店值得信赖吗？普通的需求得到了很好的满足。

人们如何出行？交通系统运转良好吗？地铁里面干净吗？地铁车次多吗，会出现故障吗？通往郊区的铁路线效率高吗？到香港旅游给人非常"值当"的感觉，因为在旅途中你可以心无旁骛，关注的仅仅是旅行本身，因而身心可以得到真正的放松。那么在某个城市旅行有没有给你带来这样的感受呢？——到伦敦旅游给人非常糟糕的感觉，拥挤得身子都要被挤坏了，为了不去想眼前的窘境，只得构思下一次的旅行，那么你在该城旅行时有过这样不愉快的感受吗？城市交通是否顺畅？有多余的停车场吗？基础设施应如常运作。

城市中心区亮起的绚烂灯光，有没有激发起你的斗志？有没有特别的商铺、电影院、剧院或满足人们集会、庆祝、游行需求的室外场所？在你眼中，你的城市是否活力四射，是否繁华？贫富差距有缩小吗？种族隔离有没有得到改善？文化向外输出了吗？歧视有没有降到最低？你所在的城市是否带给了你安全感？城市已成为评价生活质量的一部分了吗？现实生活中实现了普通的平等。

城市也有其普通欲望，只不过尚未被真正意识到而已，或没有被命名为某种新的"主义"而已。这样的欲望简单得让人震惊，怀有着这样的欲望生活，你会感到时间不再匆匆而逝，你会发现偶尔的小惊喜，正因为这样，咖啡馆文化才如此风行，然而追求经济利益的人正在抵制这种简单的生活。

激增的欲望

"1970年以来顾客产品的年引入量增加了16倍之多"。[82]这种变化潮流无法阻挡，而且意味着零售业必须激发起人们的购买欲，驱使人们购买更多的产品。能到商场去购物说明人们过上了好日子，但无论是商场还是购物本身都无法让人们的购买欲长期保鲜。尽管用忙碌来填补空虚根本行不通，不过第一眼看上去还是会被吸引住。

身处当下的消费年代，我们购买了许多根本就不需要的东西，至少与我们的生存毫无关系。不断增长的购买量还有其社会功能：可以体现一个人是否性感、是否位高权重，是否富裕。资本主义的正常运转有赖需求的不断增长，故而就要刺激需求。"自由市场"若不驱使人们消费，整个资本主义系统就会崩塌。为激发人们的想象力，任何可以取悦人类感官的方法被使用并精心组合：声音、味道、外表与感觉、质感、颜色以及变化。想象力虽光怪陆离、悦目怡心，却无比空洞。虽说如此，一旦少了以时尚为名用来诱惑人们消费的想象力，整个系统也会解体。然而不管怎样，想象力正如跑步机一般，带给了我们快乐，也带走了我们的精力。

零售在资本主义运转的过程中扮演着引擎的角色，时尚是其原理和机制，而不满是最终的产物。在这把双刃剑的搅动下，冲动与不满、欲望与需求相互交织缠绕。强制性消费的出现改变了普通欲望的本质，由于其无处不在，人们交往的方式发生了改变，事物也随之着上了交易的色彩。这种贪得无厌的欲望永远无法得到满足，"不过好在你还有别的选择"，因此可以与其抗争，但如果你身边的每一个人都有所需、有所求的话，你的抗争之路将十分艰苦。过去，我们将大多数事物视为生活的必需品，很少有人请客，因为人们手头可支配的资金有限。如今钱依旧不多，但信贷系统却激发了人们的需求，即便最终你会因信贷而死得很惨，你也会选择成为信贷用户，因而请客、制造惊喜与尝试新事物早已成为当今生活的标配。以前买一副眼镜、雨伞、手表要用上一辈子，如今有了斯沃琪（swatch），你需要购买搭配不同场合的不同手表：搭配正装的表、搭配便装的表、运动时戴的表、放松时戴的表。防水雨鞋是住在乡下的人下雨时穿的一种鞋，通常是绿色，偶尔也有黑色。现在进入了城市，有大红、淡蓝以及鲜黄等颜色，你可以根据场合选择所要的颜色。与普通雨鞋一样，其他各类事物也摇身一变，成了时尚之物。以前像衣服这样的物品可以使用很长时间，但现在它们的寿命很短暂，买回后不久就被人们处理掉了，甚至房子也不例外。过不了多久，原本崭新的东西看起来就旧了、破损了，因此催生了"DIY"风潮。你甚至还要为你的外表花上一笔不俗的资金——"我要美容"，以前皱纹是阅历的代表，如今成了美容品要消灭的对象。年龄产生美的观点正在一点点消失，所有事物必须越鲜越好，越年轻越好，最终的结果是生命也变成了商品，但可悲的是，这个商品每人只能拥有一次。

以前衬衣要穿得连边角都破损时才会被扔掉，鞋子要穿得烙下时间的印迹时才会被处理掉，但现在我们早已丧失了感知细微历史时刻的能力，这些个人在生活中获得的阅历原本是质感生活的一部分。不仅如此，我们还失去了修复事物的能力，失去了体会时间烙印的能力。衣物虽旧，但若充满自信，也会穿出风采来，与之相反的是，我们并没有选择穿旧衣物，而是发明了"破旧时尚"，也就是说购买那些经过做旧工序处理过的新衣物。做旧的新牛仔裤要比新牛仔裤本身贵，这就印证了那句话：一旦失去赚钱的能力，也就失去了存在的价值。

为丰富人们的选择，新的发明不断涌现，如新的面包、黄油、各种牛奶与巧克力，不过会有人需要这所有的40种蜡烛或30种咖啡吗？巴里·施瓦茨（Barry Schwartz）在《选择的悖论：越多却越少》中记录了相关内容、提出了简化事物的愿望。[83]施瓦茨以自己到盖璞（GAP）买牛仔裤，在当地一家超市发现85种薄脆饼干的亲身经历作为全书的开篇。他所遇到的选择负担让人在尚未做出选择前就开始质疑自己的选择，让人抱有过高的期望，最终却因期望的落空而埋怨自己，导致人患上选择麻痹症，而且无限的选择还意味着别处有更完美的存在，从而让人出现空虚，甚至绝望心理。由于购物的欲望流淌在我们的血液里，我们抛弃了那些简单的娱乐方式，如唱歌、跳舞、游戏、玩耍以及改造衣物做成家具等，而强烈的缺失感带来了反作用，这正是卡拉OK流行的原因。

身未到而心先行

消费需求就像一把枷锁，束缚住了人们，使人们不得不过上自身无法担负的生活，因此就有了抱怨与不满。持续不断的需求驱使人们有所需，有所求，因为永远有人会告诉我们接下来还缺什么。虽然零售业进行了自我解放，但由于其将关注点放在研究"人们缺什么"上，因而面临着诸多挑战。零售改变了人们对生存的认知，比起现在与当下，它更看重未来与可能，从而导致人们忽略实现可能的机会或无法全情投入日常生活。

这一逻辑已悄悄潜入生活的其他领域。人们要获得生活体验，就得花钱。在市场的影响之下，许多美好的城市生活消失不见了，而正是这些不花人们一分钱的"交易"构成了社会资本、形成了社会信任，如看不见的线一样托起了人与人之间的协作。昔日免费的关系与交往如今变成了交易的商品，一个人的社会关系由他的购买力决定；人与人会面接触要安排，要牵线，要付钱。一切都得快，在这一背景下，"闪约"应运而生并发展迅猛。人们出去玩玩或坐坐，玩与坐的地方要钱，玩与坐这些活动本身也要钱。许多人，尤其是老年人，到医生那里不是去看病，而是聊天，因为他们不愿孤单地待在家里。

老年人、穷人以及被剥夺市民权利的人早已被卷入这场旋涡。那他们是如何看待欲望的？市场像一只嗅觉灵敏的猎狗，已经锁定了它的猎物，即那些选择把钱存起来的人。要成功捕捉到这些猎物，市场要做的就是让它的猎物有不满足感。要让老年人觉得，正如旧店铺要翻修一样，他们也需要美容与整形。要说服穷人有点难度，不过只要让他们觉得自己也可以成为人生赢家，就能激发起他们的需求。但这些都不过是权宜之计，成则品尝胜利的果实，败则引发抵抗，危及全局。

速度与慢节奏

由于永远无法摆脱这样的消费逻辑，所以人们希望获取更多体验。一天仅有24小时，我们却想花上30个小时来体验。一天的时间不增也不减，但每天供给人们的东西却只增不减。我们本来不愿浪费时间，但最后，留给自己干正事的时间却并不多。加快节奏预示着人们以牺牲质量换取数量，从而失去了生命的宽度。旅行的时候得快，用电子产品交流沟通的时候得快，吃饭的时候得快——快餐便是佐证。午休缩短了，意味着人们享用午餐的时间变短了，更不消说消食的时间。随着闪约的出现，人们相互接触与交往的节奏也快了起来，只要成为闪约者或快约的用户，一晚上就可以见上20个人，且每个只需3分钟，之后就可决定同谁继续交往了。衣物的使用寿命缩短了，因为一次性成了一切的基调，建筑的使用期限比以前短了，每次搬家时原本高价购得的房屋装饰品成了被丢弃的垃圾，城市也变成了丢弃的代名词。像"马不停蹄"或"美味速至"这类的餐厅（为工作忙碌的人们提供健康又美味的食物）正在不断增多。[84]

人们正在努力适应无处不在的快节奏。广告语的曝光度必须高，理解起来必须快，这样才能促使人们对广告做出快速反应，而如此大规模的信息量正威胁着人类的生存，不胜枚举的信息正在浸入我们的生活，整个城市俨然成了巨大的广告牌。"眼神交流"是一种计算人们每天接收到的广告数量的新设备。在伦敦这样的大城市，我们每天看到的广告图标大约3500幅，这和中世纪人们一辈子所见的图标数量接近。然而曾经的一项调查显示，99%的广告并没有在人的大脑中留下任何印记。[85]

要摆脱快节奏的生活就要放慢节奏。减压咨询师、治疗师以及时间规划咨询师成了帮助我们摆脱"快冲狂"，重新学会慢节奏生活的"教练"：

> 工作时是工作狂，度假时是享乐狂，晚上则是社交狂……不断整理衣橱，逛遍各家店铺搜罗各类物品……看视频时一到广告时间就打电话给朋友……一位经过治疗的妇女这样写道："我的生活节奏放慢了，更加简单了，因为我减少了购物次数，减少了需求……我更加看重质量。"[86]

为转变快节奏的生活方式，在社会思潮有所进步的基础之上，人们发起了"慢城运动"，该运动脱胎于20世纪80年代兴起于意大利的"慢食运动"，慢食运动呼吁人们保护当地生物多样性、保留当地烹饪传统、食用当地传统饮食，此外还突出强调快餐与快节奏生活的弊端。慢城运动正在加大推广度，使这样的理念成为人们遵循的生活方式，该运动还强调地方身份认同的重要性，包括：保存地方建筑；保护地方自然环境；建设与自然和谐匹配的基础设施；运用技术提高人们的生活质量；改善自然及城市环境；鼓励人们制作和食用使用环保方式制成的地方食品；扶植当地传统文化产品以及提高地方接待能力。

为世界提速让我们没有反思的空间

图片来源：查尔斯·兰德利（Charles Landry）

慢城运动旨在号召认可该理念的社区参与实施有利社会和谐的项目，并将项目所提倡的活动贯穿于每天的生活中，该运动强调关注四季变化与自然轮回，强调通过放慢节奏反思生活培育和发展地方产品。该运动在保护城镇特色的同时，并不抵制进步的东西，只是更为关注科技与全球化所带来的改变，从而让这些改变优化与简化人们的生活。要加入慢城运动，使用其蜗牛图标，必须满足一系列要求，包括在城市中增建人行道、实施回收与再利用政策以及引入生态型交通系统。在与慢食运动的共同努力之下，慢城运动正在全球范围内推广其社区联动型慢节奏生活理念。

把握趋势或跟随趋势？

"时尚不仅是重要，而且非常重要，它帮助我们明确自己是谁。"时尚是因，衍生出治疗癌症的药剂。[87]时尚有一种艳丽而憔悴的忧伤，因为我们的穿着总是处在时尚与过时之间。把握时尚趋势这一行业总是不可逆转地向前发展。他们也许看起来像是新潮人物，但按照他们自己的方式来说，他们对时尚的痴迷就好像雨衣和防水布之于火车爱好者。时尚教主们时刻保持敏锐，关注品味和欲望改变的标志与象征。他们不仅紧跟潮流变化的脚步，而且创造变化，因为时尚的领导者与早期采纳者总是走在多数落后者之前。对潮流的敏感有助于一个公司在竞争中保持领先，这种竞争是一种前所未有的、快速变化的游戏。仅仅10年之前，服装趋势还只有2个周期。而如今已有6个周期，这要求橱窗展示和媒体宣传也相应地开启疯狂改变模式。购置汽车正在退回3年一周期。家居美容直到近期才变成一种观念，现在已是5年一周期了。难得一见的搬家大事的周期现已降到7～10年一周期。情侣关系越来越短，离婚不再是耻辱。

想一想时尚教主们的一些动态——当你阅读这行字时，他们就已消失了（见下一页专栏）。比如品牌间捆绑合作（branded brands）、多功能空间（being spaces）和策划消费（curated consumption），显然，这些新型的商业趋势不是已经来临，就是即将来临。它们的核心关乎个性，而不是

把 握 趋 势

- **通过Youtube等社交网络，打造草根品牌（Youniversal branding）：** 新型消费者是所有消费趋势的核心，他们创造自己的游乐场、安逸带以及小天地。"获得授权""更好地知情"和"high起来"的消费者与一些更深刻的事物联系在一起，一些我们称为"草根品牌能手"的东西。控制是其核心：心理学家非常同意"人类想要掌控自己的命运"，或至少产生了一种自己正在掌控自己命运的幻觉。

- **策划消费（Curated consumption）：** 为新兴趋势"策划消费"开路：在日益增加的电子商务行业中（玛莎和家庭装修仅仅是个开始），数以百万计的消费者跟随并服从新管理者的风格、品位以及博学。这不仅仅是一种方法：在这个终极联系的世界里，新管理者享受到前所未有的广播权和出版渠道，从自己的博客到精品电视频道，他们借此来接触自己的观众。

- **新利基（Nouveau niche）：**《商业周刊》将它称为正在消失的大众市场，《连线》杂志则提到了电影《捉鬼小精灵》和图书《长尾理论》。其他都是在谈论利基市场狂热（Niche Mania）、进退两难（Stuck in the Middle）或商业化混乱（Commoditization Chaos）。我们在TRENDWATCHING.COM这个网站上将其称为"新领域"：新财富将来自新服务领域！尽管这些都带有双关语的味道，但其背后的驱动程序已建立多年。

- **品牌间捆绑合作（Branded brands）：** 坦白地说，"品牌间捆绑合作"意味着你将在美国航空公司的航班上吃到Uno披萨店的披萨。美国联合航空公司提供机载津贴，包括星巴克咖啡、太太饼干，甚至是麦当劳的"友好天空餐"，套餐中的玩具也包括其中。汽车也不能免除：雷克萨斯自豪地推广他们的马克·莱文森音响系统。这些都表明，那些在路上的消费者越来越想找到他们信任的品牌，并在家享用。

- **多功能空间（Being spaces）：** 随着面对面交流迅速被电子邮件和聊天工具所取代，在网络上购买的商品和服务，以及大城市中公寓都在逐年减少，城市居民正拿他们的寂寞做买卖，将狭小的起居室变成现实生活中忙碌的多功能空间：类似起居环境的商业化设置，承办餐饮、娱乐消遣已经不是这里最吸引人的功能，这里还可以开展小型的办公室或起居室的活动，如看电影、读书、与朋友或同事聚会，或是做你的行政工作。

来源：www.trendwatching.com

团结，他们试图区分个体和他人，让你作为个体感受自己在世界中的重要性。通过品牌和你对品牌的控制，你成为真正的自己。你用丰富的联想包围你自己。

购物配套

我们可以将购物划分为采购生活必需品（如食品）以及无关紧要的东西（如时尚配饰），但它们都源自同样的驱动力。竞争产生欲望，在整个城市蔓延的同时塑造着城市。城市此后便变成了一个制造欲望的机器。它需要吸引地方、国家及国际观众的注意力，它施展全部本领使得这一切变为现实。它的核心是购物和文化。房产价格是城市发展的核心动力。零售业则是其形状和外观改变的主要驱动力。设立终点是目标，生成经验是手段。目标是获得多层次的丰富经验，并使其具有一定意义。就像人们试图赋予产品或品牌深度，但在消费的情况下，他们获得的依旧是一枚中空的戒指，说到底，价值有限。一双鞋子就只是一双鞋子而已。尽管待在"特殊"的精品酒店、吃着精制的食物、在诱人的酒吧中休息算是美事一桩，但归根结底，你能永远这样生活吗？产生丰富的联想是挑战，城市本身需要发挥它的作用，保持机器持续加速。这里有两种策略以供选择——一种是通过标志和符号体系大声呼喊，另一种则是相对安静，以便突出其等级。然而交织在大多数策略中的是艺术机构和文化设施，这在每一个城市的营销手册上比比皆是。这些手册展示了这些机构中充满活力的文化场景。对许多人而言，文化依旧简单地等同于博物馆、画廊和剧院而不是其他。有鉴于此，文化政策的中心依旧是动员这些机构。

建筑师、照明工程师和广告牌动画师置身于这种旋涡之中，意图眩惑他们的观众，使他们目瞪口呆并为之感到惊艳。这一执行的水平则取决于城市在全球较大城市等级中所扮演的角色。想想那历史性的"梦中的林荫大道"和它们所带来的共鸣吧。它们曾有过更大的舞台，但现在大多数只能在过去的记忆中寻找它们的全盛时期。它们现在倾向于吸引年长的观众，因为他们也同样与时尚潮流渐行渐远。香榭丽舍大街曾是一个充斥着各种欲望的地方，也是巴黎时尚的代名词，但由于航空公司办公室和汽车展厅遍布其中，尽管它依旧是时装公司和昂贵餐厅的所在地，但如今已失去了原有的光彩和魅力。伦敦的皮卡迪里广场和摄政街也有着相似的命运。巴塞罗那的兰布拉斯也许现在饱受游客的蹂躏，但起码在那里你依旧可以欣赏到这个世界，而不是被局限在消费的栅栏内。在杜塞尔多夫的国王大道（Düsseldorf's Königsallee），游客泛滥时，当地人避之唯恐不及；柏林库弗斯坦达姆大街（Berlin's Kurfürstendamm）的风靡度正日益减弱。在哈瓦那海滨大道马雷贡（Malecon），置身于川流不息的老爷车和激动人心的音乐中，你却意识到游客和当地人之间在这一片繁华和贫穷之间的冲突。他们之间形成了一种令人压抑的关系。游客们放松、悠闲的生活方式与当地人对他们的争夺和竞争形成了鲜明对比。东京银座是百货商店——诸如三越百货（Misukoshi）或松屋百货（Matsuya）——的代名词，有定义创新风向的索尼店或酷而时尚的苹果店设列其中。所有店铺均排列整齐，是时尚新式的插入式建筑。

尽管东欧的广告效应也颇为突出，但最为显著的是在东亚。它们越来越使人眼花缭乱：台北西门町（Hsimenting）的广告有六层楼高，用来吸引年轻潮人，而音乐声音之大，简直是地动山摇，就像拉斯维加斯大道（Las Vegas Strip），而纽约的时代广场是另外一个实例。若论起色彩、手法之纯粹、动画广告牌之眩惑，可能没有一处地方能够与大阪的道顿堀（Dotonbori）相匹敌，那里晚上人山人海。它利用每一个最新的广告小发明，它的疯狂中透出古怪的美丽。想要了解广告的未来会是怎样，日本广告颇有指导意义。它的美学与欧洲感觉不同，它将大阪电子城或东京秋叶原电脑城（Akihabara）赤裸裸的粗俗与精制手工艺品、店面设计或城市设置的极端华美融合在一起。它们齐聚在京都的河原町通（kiyamachi-dori）和木屋町通（Kawaramachi-dori）附近；禅宗花园平静但令人喜悦，园中建筑似乎是建筑师观看《星球大战》后的一时兴起之作。相比之下，拉斯维加斯则看来颇为顺服和受控。而在中国那些广告疯狂增长的地区，如深圳，开始加入这一新审美的竞争行列。各个城市千方百计来使自己"引人注目"：由"著名"建筑师设计的形象，媒体和标志性建筑，这一方式正日渐流行。

　　分段式和区域性特点是关键，房产价格是设计质量、地区焦点和其独特性的驱动力。大多数大型城市可分为高端、主流、另类及丑陋四种类型。如伦敦的银座（Ginza）或斯隆街（Sloane Street），那里高端建筑、设计、形象和愿望交织融合，吸引了媒体大量关注，与此同时，那些老年富裕群体也是焦点所在。主流区是那些不很富裕的区域，如伦敦的牛津街（Oxford Street），那里是大多数日常购物的所在地。接下来是持续寻找中的新兴地区，如曾经的伦敦诺丁山（Notting Hill），之后的卡姆登（Camden）以及现如今的霍克顿（Hoxton）。它总是在演变的。下一个区域在现今依旧相对便宜，它的便宜是吸引年轻人和创造家们前往该地的唯一理由，但如今随着时间的推移，其价格也在逐步推升。由于"潮流达人"总是在此处徘徊，不断为媒体提供素材，随着城市的焦躁逐步退却，中产阶级化的进程便由此开始。这一现象好坏参半，在衣衫褴褛和高雅别致、发明创新和习俗惯例中寻找平衡点非常困难。很少有地方可以实现。不过，阿姆斯特丹是个例外。这主要是因为出于对利润率和店铺最小规模的要求，主流零售商无法在阿姆斯特丹复刻自己零售事业的模式。阿姆斯特丹的地理特点和结构错综复杂，由运河决定，不可分割。此外，公司在当地购买大面积店铺相当困难。这一结果意味着房东无法将租金提高到最高水平。因此，独特的小店数量在该地是非常惊人的。想想看那九个街区，乔达安（Jordaan）和无数其他小街道能够带给人多少惊喜吧。

　　但当市场拥有了自由，阿姆斯特丹的案例就几乎不可能维持。通常开拓者们发现了一个地区，比如说像多伦多酿酒厂这样的老城区、纽约翠贝卡（Tribeca）这样的工业街道或是靠近大学的街道。靠近大学的街道有大量年轻人聚集，例如靠近伦敦金史密斯学院（Goldsmith's College）的德特福德大街（Deptford High Street），这所大学的著名毕业生有艺术家达米安·赫斯特（Damian Hurst）等。开拓者们试着开了一家店，这家店可能成功了。

然后咖啡店就开进来了。一传十，十传百，最后大型工业建筑变成了艺术家工作室或年轻设计公司的所在。开一家画廊，周边就会出现文化场所，彰显其附加元素；于是酒吧就会流行开来；开一家饭店，另一家也会随之而来；然后中产阶级化过程就开始向周边地区蔓延。中产阶级化依旧是一把"双刃剑"。一方面，中产阶级化是一个必不可少的过程，期间，资产升级会引发投资者的参与。但是，另一方面，它也可能会排挤掉成就了中产阶级化过程的早期先驱。

从本质上来说，城市的命运取决于房价。当像伦敦或柏林这样的城市将其资产向全球市场销售时，这将致使不太富裕的当地人负担不起。这也是为什么我们面临着要为那些身居要职但却无处可容身的人们如护士、教师和警察等寻找住处的风险，没有他们，整个城市都无法运作。如不加以抑制，一个地区的中产化会使得那些重要的工人们流离失所。唯一的解决方案就是控制市场，寻找替代方案，为他们提供能够负担得起的住宿之地。

一些地方一直试图挑战这个逻辑。都柏林的圣殿酒吧（Temple Bar）就是一个实例。它周边街道分布如精制的针织图案，位于城市的中心。为便利交通，它曾面临被拆迁的威胁，而如今，这危险成为高悬在它上空的达摩克利斯之剑。许多年后，当拆迁计划被取消，人们发现了该地区的吸引力，对其进行重建，计划使其成为艺术中心。此次开发由私营公用事业机关控制，该机关拥有此处或该地的租赁权，为避免上述价格螺旋的逻辑，于是将圣殿酒吧置于该地的中央位置。这里为大量艺术组织提供了可负担的、长期安全的租赁建筑，如爱尔兰摄影中心、爱尔兰电影学院、圣殿酒吧音乐中心、艺术多媒体中心、圣殿酒吧画廊和工作室以及欢乐表演学院（Gaiety School of Acting）等。然而，因过度曝光，游客泛滥，午夜聚会不断，导致此地小餐馆和夜店林立，这些组织所呈现出来的创造性活力正受到这些因素的威胁。这导致该地支持文化区的商人们（TASCQ）鼓励人们远离此处。

美国中部郊区的购物中心正日益常态化，欧洲和亚洲现在也正积极展开其常态化进程。印度甚至重新开始对购物进行配置，对成千上万的摊贩队伍进行整改。目前97%的印度零售业人士是自由工作者。然而"印度购物中心化"已成为公认的现象。当这一现象成为常态之后，数以百万计的印度人将从小型企业家变成工资的奴隶。但这一常态化进程存在阻力。新加坡食品购物中心位于唐人街，与厄斯金路毗邻，它拥有140个独立的咖啡馆或餐馆，而不是像通常的那种跨国公司群那样，在同一个地方展示十几个品牌。

当购物中心发源地——美国正重新考虑其价值时，亚洲正迎头追赶。对许多人来说，品牌知名就足以在零售业中备受青睐。在封闭的地方，尤其是在偏远的没什么特点的地方，能提供一个大型停车场，就可以很方便地开展购物业务。模仿古典或艺术装饰进行建筑，建筑物以5年计，可用于一代消费群体即可。建筑材料仅仅是掩饰了深层结构，建筑物正面隐藏了虚假的屋顶结构。这些场地在需要时可重新进行配置。

更好地利用夜晚

面向所有年龄段的24小时不夜城之梦均已基本消退，这预示着仅为年轻一代而设的城市畅饮环境的到来，尤其是在欧洲北部。欧洲大陆的咖啡馆、饮食和娱乐文化全民共享，这一状况并未发生。随着城市日益分散，去市中心变得越来越费劲。著名的地中海街头蓝调（Passegiata）也只是在人们住所和购物场所相毗邻的情况下才会让人充满活力。无论是个人还是家庭，居于城市的便利为城市的人口密度提供了解释。

能够合理利用夜晚是一种需要学习的文化。十年之前，城市的夜晚一片死寂，比如英国的一些地方，在那里几代同堂和夜晚进行社交的传统已经消失。当人们开始重新评估城市的价值，文艺复兴的风潮开始复苏，这导致了人们对公共空间价值和投资意识的增强。[88]这种现象在全国蔓延，其中也有一些高质量的例子，诸如伯明翰的布林德利区（Brindley Place）和百老汇街（Broad Street）。但一般来说，在傍晚时分，城市中心空无一人，而深夜则嘈杂一片，大多数是出来喝酒的年轻人，而饮料店和酒吧揽客的声音也此起彼伏，它们彼此竞争寻求关注。这自然导致了单一的文化结果。成群结队出来喝酒的年轻人将其他年龄群体屏蔽在外。英国城市通常是非常活跃的，但它却给人以排他的感觉：代沟较少，跨文化情况较少，年轻人和老年人几乎都不敢冒险。24小时的服务仅限于酒吧、餐馆和俱乐部。这里很少有能够增强夜晚吸引力的设施。图书馆、博物馆和画廊都很早就关闭了，有些的关闭时间甚至是下午5点。实际上，许多这样的地方是在工作日开放的，而那时大多数人都没有时间，而当人们有时间时，它们却已早早关闭。为确保公共空间使用和用户的多样化，应对其进行管理，而城市管理应承担起评估每天每一时间段的各种可能性的这一重要责任。

意大利人想出了一个创新的解决方案，用以解决不夜城的民主赤字。至少有半打以上的意大利城市现在均有"办公时间"。它们尝试以更灵活的方式对时间进行重组，从而满足新的需求，特别是女性，她们经常要兼顾两个时间表——家庭和工作。这一办公时间尝试将运输商、店主、雇员、工会、警察和其他服务融合在一起，看大家如何能够努力配合，以创建更为灵活的生活和工作方式。他们将时间作为资源，通过错开办公、商店、学校和服务的时间，可使时间得到最大化的利用，从而避免拥挤和奔忙。商店开业和关门都会相对晚一些，而警察可能更会在晚上工作，因为人们更想在晚上看到他们，而不是早上。

平淡无奇的地理

15年前，我开始在不同城市的大街上计数店铺，想知道这其中我到底知道多少名字。而我很是失望。我刚开始就已经发现自己认识太多名字，于是就此放弃。去年我又开始计数，悠闲地计算玉米市场街（Cornmarket）和皇后街的店铺数量。它们是牛津——英国最独特城市之一——的主要购物街。在94个店铺中，我认出了其中的85个。我感受到了一种突如其来的迟钝。在这15年中，随着购物中心和全球品牌日益遍布大街，吞噬普通人的生活，英国零售业的世界已经发生了翻天覆地的变化。我曾驾车旅游，从欧洲到北美、澳大利亚及其他地方，穿越纵横交错的城市郊区和城市的外部入口：看到的却总是相同的照片，总是相同的名称。这种实验性想法一直在我脑海中盘旋：如果将全球所有30 000家麦当劳用线连起来，这条麦当劳路会有多长？约600公里？然后再将25 000家赛百味、11 000家肯德基、6800家温蒂家（Wendy's）和6500家塔可钟（Taco Bells）加起来呢？嘿，如果我们将10家顶级快餐连锁店连起来，这距离会是从纽约到洛杉矶4504公里的一半。真是想想都吓人。设有星巴克的合资企业也有超过11 000家。然后我对其他的商店也进行了同样的练习，比如盖璞（GAP）有3050家分店，我后来停止了思考，免得头疼。这就是地理的平淡乏味之处，而这一寡淡的情形是遍及全世界的，正如"保持路易斯维尔市的古怪"运动等反对行为所见证的一样（它与奥斯丁保险杠贴纸颇有渊源），而其他类似"保持波特兰市的古怪"等运动正是对这一运动的效仿。

随处可见的平凡的写字楼

图片来源：查尔斯·兰德利（Charles Landry）

购物中心的发展之路

最初，综合购物中心的建立并没有威胁到城市的多样性。这些购物中心利用一些生活用品商店，给了市场迎头一击，其次最明显的是百货公司，他们让这些店走到了尽头。在这个过程中，首当其冲的通常是一些从逐渐衰退的商业区搬迁至此的当地商人所开的特色小店。但为了保证能拿到尽可能高的租金，商场经营者们更愿意把店铺租给那些有良好业绩的店主，尤其是那些曾在商场里成功经营的店主。当地的小型店铺在销售额方面很少能与全国性的专卖店相比，它们都是一些连锁商店，以在全球范围内专营某种商品为主，比如盖璞、威廉姆斯·索诺玛（Williams-Sonoma，厨具供应商）、桃乐茜·帕金斯以及贝纳通。随着购物中心已达到饱和，且不断衰退，专卖店反而蓬勃发展起来。

在20世纪90年代初，购物中心开始同质化。人们根据市民的阶层和收入水平，将购物中心大体分为三类。A类购物中心用来满足上层以及中上层消费者的需求。在美国，这样的商场有内曼·马库斯、萨克斯第五大道精品百货店以及布鲁明代尔百货商店；有高端服饰专卖店拉夫·劳伦和凯尼斯·柯尔；有家居饰品店Pottery Barn和Crate&Barrel；还有一些吸引大众的优质专卖店，比如盖璞。B类购物中心以中产阶级和部分中上阶层为目标顾客。这样的百货商店有着大量精选商品，当然和那些A类商场里上档次的商品是不能比的。尽管B类商场里鱼龙混杂的精品店和A类商场的类似，但像宝格丽、伊夫·圣罗兰和蒂芙尼这样的零售店绝对不会入驻此地。此外就是像香蕉共和国这样的、提供较少的精选商品的商店。C类商场主要以中层和中下层消费群体为主。这些百货商店只针对低收入人群。像J. Crew或是阿博菲旗这样的品牌绝不会出现在C类商场。

这种混合式零售租用策略极大地降低了商场经营者的风险，但同时也使那些想要不同选择的购物者感到单调乏味。人们愈加能够感受到冬暖夏凉的一站式综合购物中心所带来的便利，因此也就忽略了因停车、不断扩大的建筑以及那些有限的专卖店所带来的不便。

除了综合购物中心，还有两种选择。一种是大卖场，它主要是包含了几个大型商场的带状购物区。这样的直销店是百货商店的10～20倍大。顾客可以直接把车停在商场外面的停车场。根据你所处的位置，你可以看到百思买、家得宝、柯瑞斯、哈佛德以及欧迪办公用品店。另一种是将老街改造成大型购物中心。这样的购物中心将大卖场和小型商店结合起来，设计成20世纪美国小型社区的怀旧大街。那些主要街道上的商场像旧时的商场一样面朝人行道。这样，人们只能把车塞在商场后面的小缝里了。[90]

爱尔兰科克郡一条不错的二
手商品购物街——这种类型
的街道正在快速消失

图片来源：查尔斯·兰德利
（Charles Landry）

购物中心和大卖场千篇一律的演变过程已极大地改变了城市的面貌。人们将老旧的城市撕裂，把商场塞到市中心，在这期间，街道消失了，社区结构被打破了，一些旧时的古建筑也遭到了破坏。这是因为把购物中心建立在城市边缘或城外使城市失去了原有的活力，这一过程有着完整的文字记载。这也使得当地购物中心以及随之产生的商业关系网络逐渐衰退。像图书馆这样的服务设施也显得与周围环境格格不入，因为购物中心迫使它们与其分离。这也推进了曾经以连锁店为主导的进程，根据它们的需要提供了大型建设样板。可是这真讽刺啊！[91]回想1956年的时候，当第一座购物中心（南谷购物中心，位于明尼阿波利斯市近郊的伊代纳）在明尼苏达州建成，封闭式购物中心之父维克多·格鲁恩说道："购物中心设计成为步行街式的购物环境，为人们提供了社会交往、休闲娱乐的场所，包含了公众服务设施和教育设施，并以这样的方式重塑了社区环境。""购物中心填补而非增加了城市的空白。"他补充道。然而，最新的零售业设计潮流是要沿用其最早出现时建在市郊的风格，以此为社区居民提供娱乐和消遣。这又是多么讽刺啊！开发商将购物中心与城市分离，从中赚到钱，而现在他们又要将它们搬回来。在此期间，我们又失去了什么呢？我们失去的是生活的便利。从前我们生活、工作和娱乐的地方相距很近，步行就可以到达，附近还有诊所、口腔医院、学校、公园……而这些又正是他们现在正在重建的东西。

为了未来，重建过去

商场和购物中心在近些年来有了质的飞越，而更多的变化也将随之而来。零售业的生命周期正在缩减，变革不断加速，商场的规模和样式也都在不断变化之中。毫无疑问，将来会有振奋人心的新设计以及炙手可热的新科技。然而最大的变革却不那么显而易见。那就是：新设计的商场将会有各种各样的主体商店，不同的出租组合方式，也会有更多的非出租空间。每一处设计都会考虑到舒适性，也许会有儿童日托所，以及寄存大衣的地方。

没人能够预言2013年的世界会是什么样子，但业内人士在采访中做出了一些预测。那些极其关注封闭式购物中心的开发商表示，他们仍旧会稳坐行业内大亨的宝座；而那些花重金在时尚生活中心和能源中心的投资者则认为他们才是这个行业的顶尖人物，而且那些旧式的封闭式购物中心不久之后就会被淘汰。

尽管公说公有理，婆说婆有理，但不同的理解之中却包含着相同的理念。不论是封闭式还是开放式，是大是小，是主题式还是综合式，未来的零售中心都会设计得像一个社区而不仅是一个购物的地方。这意味着商场周围的环境会像重视消费一样重视娱乐消遣（这体现在方方面面——从滑冰场到慢跑步道，再到各类娱乐设施）。从2003年起，不管是重新装修还是改变风格，变革已经开始了，而且方向已经确定，那就是商场将和其他功能融合在一起。

引自：摘录自2003年5月1日Retail Traffic 网站发布的文章《未来》（*The Future*），作者Charles Hazlett，文章链接：http://retailtrafficmag.com/mag/retail_future/index.html

对于那些追求高的城市，要想在世界的舞台上引领潮流的话，这些风格简约、设计庸俗的商场显然无法满足要求。看看东京的原宿商场。各类连锁店都设置在传统网格式的街道两侧。在潮流时装方面，大多数美国青少年会听命于服饰店，如盖璞、Urban Outfitters、Hot Topic或者任何巨型的国内国际服饰连锁店。然而不同的是，原宿的青少年却在为流行行业设立标杆。他们不会盲目地听命于来自最流行行业食物链顶端的命令。像孔雀展示自己美丽的羽毛一样，这里的青少年正在进行一场惊艳的自我展示的仪式，创造着视觉的盛宴，一路高歌，宣誓着自己才是这一领域的主人。绚艳的颜色似乎在呼喊，他们颠覆着日本的传统风格，并借鉴着西方的潮流。他们精心设计了复杂的造型以及发式，脸上涂着厚厚的粉，他们朋克而且桀骜不驯。他们将传统的风格扭曲，使程式化的行为与压制的野性构成鲜明的对比。

想想餐饮品牌吧。无论是高档餐厅还是普通饭馆都没有盲目跟风。而无论是30 000家麦当劳还是11 500家汉堡王也都没有眼红。想想2000年在苏黎世开业的Blinde Kuh（Blind Cow），这家连锁店曾席卷了整座城市（同样疯狂的事情也曾发生在巴黎和伦敦[92]）。这一现象使享乐主义与某一社会目的结合在了一起。这些伸手不见五指的餐厅让人完全在黑暗中进餐，除了经理和前台，服务员都是盲人。这家Blinde Kuh餐厅是由一个叫Blindlight的慈善机构所拥有的，它由一名叫乔治·斯皮尔曼的盲人牧师创办。在这里用餐，食客间的关系会变得更加紧密。这样的用餐方式让人们重新关注食物的味道，创造了不同寻常的体验，这一点也许是意义深远的。对于普通用餐者来说，蒙上眼睛用餐会让你感觉十分放松，而对于那些盲人来说则可以借此告诉同伴，盲人的世界是怎样的。

多元化的消亡与平凡的个性

曾几何时，人们经常步行来到大街上买东西。他们从小商贩那里买个人日用品，从五金店买螺丝钉，从面包店买面包，从肉店买肉，还从菜市场买蔬果。人们的这些日常行为逐渐发展成了一个无形的社区网络。然而，这样的日子已一去不复返了。大型超市取代了小商店，主宰着一切，同时它也出售非食物类商品，以此来侵占市场。[93]然而，一站式购物中心的出现仅仅得益于其省时便捷的特点。商业街、购物中心以及仓储式商场看起来不尽相同，为了让自己显得独特，它们需要为单调乏味的购物环境增添一些乐趣，为顾客提供全方位的购物体验。而这期间，总会有得有失。

我们再也不能在那些当地小商店里买东西，和店主唠家常了。与超市收银员的寥寥几句话根本算不上什么。50年前，英国的个体商户占据了市场的一半，现在却下降到了15%以下。在1997—2000年，已有13 000家专门店不复存在——包括书店、五金店、肉店、面包店、水产店、药店、街边杂货小店、报刊亭、服装店，以及所有你能想到的各行各业。仅2004年一年，就有2157家个体商户已不复存在，大体相当于每周减少了50家。如果算上邮局、银行、建筑协会和酒吧，这个数字还要翻一番。根据目前趋势，在1990—2010年就会有30%的名品折扣店关闭。这些深层次的变化为各地经济敲响了警钟。社区商店和服务行业数量的骤减正在逐渐瓦解着社会结构，取而代之的是大规模的工业企业园区及其配套设施组成的网络。被人们逐渐忘却的是便捷的小商贩和社区服务。越来越多的"鬼城"进入了我们的视线。[94]这样的结果便是城市中充斥着平淡无奇、竞相模仿的购物中心、快餐连锁店和国际名品折扣店。即使在大城市，小商贩的落寞也迫使许多人走很远的路去购物。

这一变化有着鲜为人知的副作用，从整体上影响着社会。随着小商店一个个关门倒闭，供货商的数量也随之减少。这就出现了一个进退两难的局面。没有了当地供货商，商店就会举步维艰；而商店一旦倒闭，供货商也会面临困境，因为他们越来越依靠超市从他们那里采购，这又反过来死死扼住了供货商的喉咙。在1997—2002年，由于供货链实现了全球化，英国农民的数量减少了10万。连锁超市不再关心人们在去采购食品的路上节约了多少时间，花掉了多少精力。巨型连锁超市高举其品牌大旗，对独立经营商店构成威胁，在这样的背景下，一种受人们欢迎的新型商店应运而生。[95]超市和购物中心挫伤了城市的元气。

2005年，一份由英国全党小商店议会团做的报告宣称："小商铺以及独立商店最快会在2015年从英国高档街区消失。小商铺的数量一旦减少，社区内人与人之间的紧密关系也会随之改变。"[96]全英零售联合会回复的则是，这个党团正在"逆潮流而行"。一名英国乐购公司的发言人所做出的评论则显得非常无知，他似乎援引了英国最大零售商的公共关系手册中的一句话："顾客是最佳的调控者，对于任何一个满足了顾客需求的企业来说，都能在欣欣向荣的市场中找到一席之地。"然而讽刺的是，美国贸易杂志 *Retail Traffic* 2003年5月的月刊就是关于零售行业的未来趋势的，该杂志指出重建社区感是未来十年主要的发展趋势。之前零售业的模式是将活力十足的社区撕裂开来，如今则又要依照自己的样子和定义来重新将被撕裂的社区拼合在一起。

即便政府明白看似自然的经济系统偏爱巨大、冷漠、整齐划一的结构，他们也只能处理宏观上的问题——社会排斥、时弊以及贫困。而这些巨大、冷漠、整齐划一的结构却有碍城市的多元化和选择的机会，也阻碍本地经济以及社区发展。反之，重新划定经济区域会给社区带来活力。实现这一点需要勇气和毅力来抵制各种前来游说的零售巨头的媒体公关，也需要顶住其他经济的压力，努力保持本土经济和全球经济的平衡。这还需要彻底搞明白真正的经济价值流和本地交易分析，并将其与表面价值区分开来。[97]这反过来意味着我们要重新定义我们所理解的东西，紧随时代步伐，找到方法使无形价值变为有形价值，比如社会价值、文化价值、环境价值等。

新经济基金会提出了还原社区文化和传统购物文化的措施。它们包括：

◆ **本地社区可持续性法案**。根据民众的想法，这些法案应该提出一个合理的、支持当地民众的政策框架。为此，应该赋予当地政府、社区和市民力量，让他们说出自己想要规划未来的心声，以此来保证当地充满活力、有利环境可持续发展的经济。2003年，这项法案得到了英国30%国会议员的支持。

◆ **本地竞争政策**。在过去的几年内，法国的罗耶和拉法因法案限制了新增超市的发展，要求凡是面积大于300平方米的新开零售店必须得到特殊许可。这些规定保证了法国购物文化的多样性。波兰也颁布了类似的法律。

◆ **利用规划法保护地方所有的店铺**。做计划可以确保经济和谐，比如英国的第106号法令批准为公共住房颁发建筑许可证，但这也应该包含地方所有的商店。

◆ **引入零售业暂缓收购令，并将市场占有率控制在10%以内**。比如，英国的乐购公司当前的市场占有率超过了30%；另外其他三家零售巨头

丧失特性和城市身份

截至目前，意大利和法国抵御住了以高效和进步为名的被美化的大连锁的争论、诱惑和压力。许多他们所谓的"限制性指导方针"正是用来保护多样化和抵制法国人口中的"伦敦化"的。

法国于2005年批准了一项地方城市发展规划，力图鼓励小商店和主要工作者留在城市中。它旨在维持巴黎的经济、社会和文化生态，不是以怀旧的方式，而是加强地方性和多样性。巴黎中心区只有200万左右的居民，但充满活力，因为它有密集和多样化的商店及人际网络。它的目标是维持社会平衡，使巴黎保持城市特色，而不是造就一个一边是富人区一边是穷人区的地方。

它试图通过法规和激励措施来影响市场，从而实现这个目标。要促进城市多样性，对开发商的一个要求就是，在目前房子很少的地区规划范围超过 1000 平方米的公寓项目时，将其中的 25% 留出来。这些是为主要工作者（例如老师、护士、组织协会人员和店主）保留的，他们正迅速被赶出城市，而自己的房子被他人租住，这种做法破坏了社会结构。

为促进巴黎街道上本地零售业的蓬勃发展，并维持它与众不同的食品文化，巴黎 71 000 家商店中的一半受到限制，防止店铺在被店主出售或租赁时改作不当用途。这意味着小食品商店将依然是食品商店，不允许一连串的手机连锁店取代肉店、面包房或蔬菜水果店。此举的跟踪调查显示，在过去十年中，熟食店的数量减少了 42.8%，肉贩减少了 27.2%，鱼贩减少了 26%，而面包师减少了 16.2%。同时，手机商店的数量增加了 350%，快餐店增加了 310%，健身房增加了 190%。规划中的其他措施包括：要求开发商留出新建筑的 2%给居民们停放自行车和折叠婴儿车。但另一方面，这会减少需要建造的停车位数量。[98]

也分别超过10%。

- ◆ **给予独立经营店税收减免。**这些独立经营店包括：报社和食品、饮料、烟草零售商，尤其是在乡村、城镇中心地带以及较贫困的市区。
- ◆ **分析当地现金流。**当地政府、规划局、城市改革小组和区域发展局需要监控当地现金流，以此来帮助带领当地零售商搞好发展。
- ◆ **为经济和社区影响研究设定标准。**

◆ **为重大发展议题保留市民投票权**。这会影响地方认同。一些诸如地方身份的重大社会问题仅靠普通的民主程序是远远不够的。[99]

便利的诅咒

丧失特性的过程需要通过创造刺激和多种选择的诱惑来中和。逛逛超市便会发现，在伦敦，接近 75% 的食品零售由四大超市把控，这是一个可怕的数据。乐购占 30.6%，阿斯达（沃尔玛）占 16.6%，森宝莉占 16.3%，莫里森占 11.1%[100]。它们使商业街的生命力干涸，消除了多样性。超市模式同时也在侵吞着空间，它们掠取了城镇边缘和城外的空间。

透过广阔的食物里程和可持续观点看他们的举动，远没有他们声称的那般有效。他们悄悄贴近公众想象，自诩为能满足一切需求的一站式目的地。他们将自己设计为唯一的方式。他们并不傻，他们手上有丰富的专业知识和资源，能够进行游说、改变观念和达成目的。而当进展不顺时，他们像变色龙一样适应环境，装作本想融入当地风貌的模样来讨人欢心。许多公司为当地提案提供资助，条件是让他们平常一样继续开展业务。总而言之，他们使用障眼法，让我们弄不清他们所作所为的根本动机和对生活的影响。这些人是专业人士，运用巨大的力量并长久地投身于此。

其他商店很少能像超市这样吞没我们大量的净收入。举例来说，人们在英国商店每花费 8 英镑，乐购就获得其中 1 英镑。我们得到了被应允的价值了吗？将大型连锁超市与本地的商业街独立店铺做比较，结果令人惊讶。英国《卫报》记者萨拉·马科斯进行了为期两周的实验。第一周，她在森宝莉花费了 105.65 英镑。第二周，她在本地商店购买了总共 105.20 英镑的同类商品。45 便士的差价显然区别不大，因此她需要进行更多实验。

然而，本地零售商其实遭受了损失，因为四大超市鼓吹"物有所值"，让人们觉得它们更便宜。但是它们依赖于人们只知道一小部分商品的成本，即价值已知商品（KVI）。超市会与独立竞争对手比较这些商品的价格，并将价格定得足够低来吸引顾客。但另一些商品会更贵——香蕉就是一种价值已知商品，本地市场的价格根本没法与超市竞争，但是其他水果的价格就不是这样了，比如无籽白葡萄，超市的价格可能是本地市场的两倍。有一种说法叫"价值等级"，其中包括额外便宜范围、每日价格和溢价品牌。萨拉·马科斯购买基本的白面包切片只用了 19 便士，但乡村风味的黑麦长面包价格是它的8倍，为 1.49 英镑。总的来说，超市的药剂和食品杂货分别便宜 11% 和 28%，但是水果、蔬菜、肉和鱼并不便宜[101]。通过不同方式购物有些什么得与失呢？一种是你支持本地经济，另一种是与全球供应链相结合的企业化经济。

超市持续快速发展的原因在于它们的便利性以及引人注意的技巧，例如在面包柜附近释放大量香气。但是其他方面呢？实际上，所有国家的规划系统都有缺点，它们偏爱多个零售商而不是独立店铺。与法国相反，英国政府的规划政策声明6（PPS6）未能阻止非本市发展，可能是因为超市游说中央政府批准其扩张。而规划政策声明6 起到的唯一作用是让当地政府阻止了可能对社区产生消极影响的零售业发展。一方面，政府宣称"鼓励和促进可持续的包容性发展模式，包括打造充满活力且可独立发展的市中心"。另一方面，60% 的发展仍然发生在市外，其中城际区域所占的百分比不断上升。规划政策声明6 还声称："大型商店可以为消费者提供更多好处，当地规划局应据此背景为它们做好准备。在这种情况下，当地规划局应力图确定、指定和汇集主要购物区域毗邻的大规模区域（例如城镇中心边缘区域）。"[102]但当地政府并没有最终控制权。超市的力量开始逐渐大过市政委员会，因为本地决策的上诉会被更高当局推翻。同时，市政委员会受到高昂的上诉费用的影响，不愿意白白浪费。一位议员，同时也是一位店主，曾经这样说：

> "乐购对城镇的打击真的非常大。它们开始营业后，我每天的营业额下降了 50%……对我们来说，它们真的太强大了。如果我们尝试否决它们，对方会上诉，我们无法负担规划上诉的费用和败诉的费用。如果对方赢了，我们会破产。"[103]

这就是超市游说和利用规划得益的结果，其中一个开发商同意规划局的要求，支付社区设施费用，以换取规划批准。超市分别针对当地政府和社区进行游说和公关活动，提高商店规划申请及商店本身被接纳的可能性。

对城镇外和城镇边缘发展的关注会降低创造性，因为它倾向于品牌化的全球连锁店。人们觉得公共空间可能扩大，但实际上它是私人拥有的空间，被牢牢控制着，用来促成消费环境。几乎没有个人参与和创造的空间。可以设想食物链业和其他商店反思他们的服务交付，使人们可以在城市中心尽情活动而不必太担心随身携带东西。在互联网上采购杂货后由本地配送是一种发展，而由于提取点是在本地，购物者不必为在特定的时间待在家中而担心。这种配送革新减少了超市设于城镇边缘的必要性。

无疑，某些连锁店比其他商店的跟踪记录好，例如英国的维特罗斯，因其质量而广受好评，并且商店为员工所有而不是股东。可以预料，这将为员工提供高水平的承诺，同时进一步加强对店铺所在地的承诺。与之相反的是沃尔玛和乐购。

沃尔玛是世界最大的零售商，在美国拥有超过 3000 家店铺和大约 1300 家跨国经营企业，例如英国的阿斯达。它还是世界最大的企业。它在世界各地的员工总计 140 万，美国的员工超过 100 万，是该国最大的私营企业雇主。每年离开沃尔玛的美国员工超过半数。非管理职位的员工平均每小时薪水为 11 美元，没有固定收益养老金和充分的医疗保险。沃尔玛在 2000 年被控告 4851 次，平均每两小时一次，天天如此。沃尔玛律师记录了大约 9400 桩公开审理的案件。[104]他们支付的薪水低于贫困水平。沃尔玛全职员工每周工作 34 小时，每年挣得1.9万美元，远远低于四口之家的贫困线。66 万名员工没有公司提供的医疗保险，迫使员工只能寻求纳税人出资的公共援助。美国一项国会研究发现，沃尔玛在公共援助方面花费了美国纳税人高达 25 亿美元的资金，借此让自己获得 100 亿美元的利润。但情况可能变得更糟。在数月延迟和沃尔玛连锁超市的反对者及支持者的紧张游说后，沃尔玛于 2004 年 5 月获得市议会批准，将在芝加哥建立第一个商店。在激烈的争论后，议会允许（32 票对 15 票）沃尔玛在城市西界的黑人聚居区和贫困的拉美裔社区建设 15万平方英尺的商店。但是在第二轮投票中，议会反对沃尔玛在大量中产阶级聚居的种族多元化的南部社区建设大型超市。[105]2005 年 6 月，温哥华市议会拒绝（8票对3票）了沃尔玛在该市建设第一座超市（东南滨海大道上的大卖场）的投标，尽管这是沃尔玛在其环境实践饱受批评后提出的绿色设计。正如彼得·兰德纳所说："这一过程中真的有股'暗流'，它并不属于议会官方关于沃尔玛的劳动力实践、采购实践、跨国企业巨头的邪恶本质辩论的一部分。"[106]

2005 年，制片人、导演罗伯特·格林伍德制作了一部名为《沃尔玛：低价的高昂代价》的纪录片，带领观众踏上了一次能改变人们思考、感觉和购买方式的非凡之旅。[107]它跟踪拍摄了沃尔玛员工的情况、公司对员工的恐吓、沃尔玛对供应链的控制权，以及它导致的恐惧文化。它让相关人员有机会讲述他们的遭遇。这部电影采用连续镜头拍摄了全美许多被遗弃的城镇和主要街道，看上去非常鲜活生动，因为其中大多数城镇和街道都受到沃尔玛和其他迁入并导致毁灭的大卖场的影响。它通过数以千计的乡村别墅招待会这种非正统网络渠道发布。[108]

无独有偶，英国许多城镇和城市的人们运动态势高涨，他们认为乐购和其他大型超市带来毁灭社区和减少选择的威胁。本地居民越来越多地联合起来，反对他们认为会对本地经济和社区构成极大威胁的新超市开发。"乐购压低了肉、蔬菜等所有商品的供应价格，因为他们占有巨大的市场份额。它垄断了市场……他们可以轻松找到按他们的预期价格供货的人。"[109]Tescopoly 联盟记录了这些运动。英国因其苹果品种和质量而远近闻名，但地球之友的调查显示：在英国苹果丰收的季节，乐购超过 50% 的苹果都是进口的，超市拒绝采购英国本地水果且无法给出充分理由。乐购说它有 7000 条地区（例如威尔士、苏格兰、爱尔兰和英国）线在打折，许多促销活动与地区农产品相关。但这一数据比乐购总计 40 000 条线的 20% 还少，许多这些"地区"产品销售至全英，因此仅仅是"英国农产品"。[110]

许多人出于环境效益和社会公益选择本地种植的农产品。但道德越来越多地作为一种消费者选择被推销，而不是企业标准。例如，截至 2005 年，交易时的公平公正被视为贴有公平交易标签的特产，而不是商业实践的主流。乐购仅有 91 条公平交易产品线，占其全部产品线的 0.2%。2004 年 11 月，乐购销售的香蕉仅 4.5% 是公平交易的。[111]

与其他主要连锁超市一样，乐购声称提供更多工作机会，但数据并未增加。2004 年，英国的小百货商店营业额约为 210 亿英镑，雇用了超过50万人。[112]而乐购的营业额为 290 亿英镑，仅雇用了25万人。[113]当零售连锁店增加时，整体工作机会却在减少。狭义来说这也许更有效率，但考虑到下游影响时就不是这样了。此外，大型连锁店的购买力被视为将竞争扭曲到了令人担忧的程度。[114]全国街角小店品牌 Londis 承认，从乐购购买商品再卖出比从批发商进货更便宜。[115]乐购可能声称自己是"集镇的磁铁，让居民在本地购买"。[116]但实际上，乐购所到之处，本地商店全部关门，从北部的敦夫里斯到南部的彭赞斯。一位独立唱片零售商说："现在敦夫里斯的新乐购销售的唱片比我便宜，因此人们只在买一些比较稀少的东西时才会来我这儿，我来自唱片的主要收入的 35% 没了。"[117]主要连锁店能推动再生的观点需要周密和复杂的检验以及相应的健全政策。地球之友建议：

- ◆ 制定更为严格的经营守则，确保公平对待供应商和整个供应链，涵盖可持续性、劳动力和健康标准等；
- ◆ 成立超市监督委员会，确保百货市场的经营对消费者、农民和小型零售商有益；
- ◆ 扩大竞争策略，对供应商施加压力（不仅是消费者），防止滥用购买力；
- ◆ 由竞争管理机构发起市场研究，调查过于集中的零售业对社会的更广泛影响，着眼于提出处理市场份额的政策。[118]

设得兰博物馆

你有时会路过标志性或代表性建筑，新老建筑都有，特别是当你驱车前往城市中心时，这样的机会更多。但城市的内容比地标建筑丰富得多。

办公园区、工业区、贫富居民楼构成完整的城市体验。也许最令人沮丧的地方是设得兰。当你驾驶在这座城市的环形公路和双重车道时，大多数地方给你这样的视觉体验：廉价、没有窗户、钢架结构的大型建筑、波状钢和预铸式扁钢坯。它们是分配中心或明亮的工业场地。它们的单调乏味使周围景色逊色不少。它们死气沉沉，偶尔出现的耀眼徽标是唯一的视觉缓解。它们在人们的心中留下的记忆很短暂，也许10年或20年，是用完即扔的一次性城市的一部分。你能想象21世纪中期的艺术家因为在工业时代的固体砖建筑中拥有的新生活和工作空间而突然决定迁入这些城市吗？当所有的工业建筑都被耗尽时，艺术家还能发现什么新区域呢？

第四章

文化配套和阻力

城市文化配套

从普拉多到普拉达[1]

不假思索地使用文化艺术的方式已经成为城市发展中常见的一种现象。完整的文化配套包括美术馆、博物馆、音乐厅、剧院、任何主题的体验中心、体育馆，最后还有水族馆。事实上，正如一个敏锐的评论家最近指出的那样，"我们生活在一个水族馆的年代"。[2]

回到里约，2003年政府高调宣告在新古根海姆建设一个新体育场和一个新音乐厅。最近，文化配套已扩大到了"创新型"的小区，事实上，这些建筑通常是在城市边缘翻新过的旧工厂，或者曾发生过万众瞩目的大事件——比如体育活动或节日盛典——的地方。其目的是提高形象和声誉，吸引游客，以达到招商引资的效果。其意图是宣传城市，把城市名字与文化修养紧密联系在一起。在过去，这些机构都以城市的名字来命名，像伯明翰剧场或者是克利夫兰艺术博物馆。最近的趋势是创造一些更具特色和独特的标志，如新加坡的"滨海艺术中心"、盖茨海德的"波罗的海"或"圣人"以及毕尔巴鄂的"古根海姆博物馆"。人们付出巨大的努力以便让设施名称本身能够引起强烈共鸣。以现有的文化机构名称为例，像泰特、艾米塔吉、古根海姆，通过几代人的努力而打响了它们的声誉，是一个可以尝试的捷径。从零开始到形成品牌认知度耗费巨大。不仅在构建、维护、吸引的过程中要努力，也需要通过"繁杂的"信息内容保持与国际品质紧密联系，为了达成一个"必须看的"目的地。而这一点很少有人能够做到。

这些识别战略的主要关注点是外向型和面向国际。这经常会给当地人造成困扰，尤其是土著艺术社区，他们可能觉得他们的需求被忽视了。这就是为什么泰特现代美术馆雇了一个社区经理，以确保广泛的联系和促进社区参与。试图在短暂的注意力集中期间，在世界范围内引起全球关注，这意味着建筑师现在已经扮演着一个日益举足轻重的角色。在吸引那些具有明星气质可以创建标志性建筑物的建筑师方面，有着惨不忍睹的竞争，这些建筑师有

城市改造者的文化配套：英国伯明翰音乐厅和摩天轮

图片来源：查尔斯·兰德利（Charles Landry）

盖里、矶崎新、斯努希塔、罗杰斯、福斯特、艾尔索普和卡拉特拉瓦。需要通过日益复杂的计算机模型不断提供创新和科技冒险，和使建筑工作在功能上满足他们的要求之间存在着矛盾。后者需要一系列世俗的考虑，如"我能用卡车来运送剧院的舞台布景吗"或"我能在不损害作为艺术作品大楼的前提下擦玻璃吗？"

由于品牌已经成为时代的真谛，所以文化机构日益意识到，他们具有号召力和标志性的特质。城市都在不遗余力地追求品牌，以寻求捷径来提高他们各自的国际地位。城市已经认识到其品牌价值并已开始专营他们的名字，例如毕尔巴鄂支付2000万美元，仅仅为了使用20年古根海姆的名字。古根海姆的国际化战略包括在柏林和拉斯维加斯设立专营店（是由另一位明星建筑师——库哈斯所设立的），还有在威尼斯最早设立的专营店。古根海姆经常收到来自东京、里约热内卢和约翰内斯堡等城市设立新兴运营方式的报价，但是前一天的交易还如火如荼，第二天似乎就都化为泡影了。圣彼得堡的冬宫、阿姆斯特丹的博物馆或画廊，以及拉斯维加斯都按照这样的方式来进行。英国的泰特美术馆也遵循了这条路线，只不过商业化氛围较淡。只要绝大多数的艺术品仍在馆，这些特立独行的机构就有其存在的意义。

毕尔巴鄂古根海姆，印入世界想象的少数标志性建筑之一

图片来源：查尔斯·兰德利（Charles Landry）

城市标志

在《创意城市：如何打造都市创意生活圈》一书中，我寻求着叙述性和标志性交流之间的区别。叙述性交流是与创建争论有关的，它需要时间来进行反思。其"带宽"范围是探索性，并与批判性思维相关联。在建立点滴理解的程度上，它是"低密度"的。它是关于创造意义的。相比之下，标志性交流则寻求即刻被认知。它有一个狭窄的"带宽"，以高度集中为目的。它有着高密度，是因为在紧迫的时间内要试图追寻"挤压的意义"，通过鼓励象征性的行动创造深远的影响，以赋予计划中的行动非凡的意义。

创意城市倡议的挑战在于，在有标志性力量的项目内，嵌入叙事的品质和更深入、更具原则性的理解。象征性的倡议可以通过独具思维性的想法和象征性的力量来实现跨越式学习和避免冗长的解释说明。在这种情况下，有远见的领导人、最佳实践项目和活动家、激进者和冒险家们的工作都至关重要。在伦敦创建第一个直选市长的决定引起了巨大共鸣，这不仅标志着产生一个致力于城市建设的领袖，而且是一个突破传统的开端。在纽约发起的"零容忍"打击犯罪的思想，同样独树一帜。大家都立即清楚"零""零容忍"的力量，这是一个经过包装的说法，无须赘述人们就已知道它意味着什么。即便它跟"宽容"相比有一种独裁的意味，但是它提供一种心理安慰。

识别标识的触机是极困难的——它可以是一束光、一首歌，甚至是一个像"零"这样的字眼，交流沟通与地点、传统以及身份有关。在这样一个注意力时长重要的时代，代表原则性、新鲜理念并可以传达标志的识别项目，是创意城市的挑战。然而，标志性交流，如果不被理解和更深入地接受的话，就可能是危险的，会被人操纵和肆意鼓吹。[3]

有欲望之地，都需要标志性建筑，标志物的目的是吸引人们的注意。如果他们传达的意蕴失败了，你就要被你不喜欢的建筑困扰很长一段时间。在最好的情况下，无论是普通功能的建筑抑或标志性建筑都能表达出深深的感情，可以维持抑或是促进城市的发展。然而，要取得成功，它们必须反映出一系列的触发物，从城市的层面上对历史有一种全新的体验。一想到毕尔巴鄂和斯凯恩德交界的卡拉特拉瓦机场，索尔福德的帝国战争博物馆就浮现在脑海。事物的正确性取决于情境。在诱发物上，选择在大多程度上是正确和恰当的。在一种情况下可能需要冷静，就像旧金山里扬美术博物馆一样；另一种情形则需要野性，正如威尔·艾尔索普设计的多伦多艺术学校。

当标志物成为"头在云中、脚在地上"方式的一部分时，似乎才能被大多数人所接受。正如在毕尔巴鄂，古根海姆博物馆是一个广泛的经济和社会复兴倡议的一部分，尽管压倒这一切的终究还是质量。对质量的讨论与争辩在任何特定的时刻都应围绕一个城市文化的核心。这些质量不会跟所有类型的建筑物或硬件设施相同，尽管可能存在一些普遍的标准：像效用、使用价值和使用材料是如何作出或预计的；意义的生成、工艺、符号的价值或共振与居住文化的视觉形式的关系。例如，赫尔辛基的奇亚斯玛画廊、奥斯陆机场和阿姆斯特丹的Borneo Sporenburg和West8地产项目都符合这些标准。

标志物是不言而喻的项目或者倡议，而且是富有想象力、令人惊奇、富于挑战和拔高期望的。他们立即成为可以被识别的象征物。埃菲尔铁塔是标志性建筑，反映了巴黎在工业时代的自信，正如悉尼歌剧院，让我们重新想起了澳大利亚，或者毕尔巴鄂古根海姆，强调了巴斯克人的勇气和决心。伦敦眼仅仅在五年之后就迅速成为伦敦营销的象征。这些项目让我们重新思考，并让我们为了它们而改变对一个地方的看法和期望。

博物馆、美术馆、剧院，甚至是体育场馆，都可以作为标志性建筑进行交流。因为它们经常不需要像一座办公大楼那样符合严格的市场标准，它们可以更加关注于质量。然而，商业，特别是时尚的追赶和风险远高于下游的形象效益。以下建筑可作例证：如库哈斯设计的普拉达，简约主义者约翰·帕森的CK纽约旗舰店或诺曼·福斯特设计的伦敦和纽约的阿斯普雷。购物中心展示了"什么是建筑里的新事物"。因为有很多新商店，但很少有博物馆和美术馆。这些品牌零售店对于品牌和设计师都是可见的。

内容与蕴意之间的较量是关键，标志性建筑很少通过贯彻这种方法以纳入制度的内容。新西兰Te Papa国家博物馆是一个例外，它名字本身就意味着"我们的地方"，与其背后象征意义的共鸣取决于一个国家强大的二元文化性质：

> 认识到法力（当局）和两种主流的传统和文化遗产的重要性——毛利人和白种人。鉴于为每个民族意识作出贡献的方法，一个地方，真理已经不被习以为常，但需要被许多历史、许多版本、许多声音共同所理解。[4]

情感在某种程度上是建立在实体结构上。一段幽长、高贵而又深邃的楼梯，开放的海湾在其一侧，拾阶而上，登上顶部，这小小的一角在我们到达毛利人的传统聚集场所 marae atea（象征所有新西兰人的家园）之前，为我们呈现出一幅波澜壮阔的海天景象。这需要一点解释和本能的理解。

大型活动、节日和标志物的主要目标是增加号召力。建筑、传统、人（如纳尔逊·曼德拉或弗兰克·盖里）、事件（如柏林"爱的节日"或诺丁山狂欢节）、节日（如爱丁堡）或者氛围（如自由，混战阿姆斯特丹）都有标志性的地位，但显然城市寻求简单而昂贵的建筑路线，而无须充分地进行其他方面的探索。

在现实中很少有世界共识的标志物，尽管希望创建新标志物的热情正在急剧升温。这个狂潮，至少大大加深了设计标准的讨论。也提出了我们是否可以有标志物或大事件超载的问题。有趣的是，通过自己的调查，我发现只有两个建筑在过去40年里一直被认为是全球标志物：一个是悉尼歌剧院，另一个是毕尔巴鄂的古根海姆。其他在争夺该行业中标志性地位的建筑物包括：由理查德·迈耶设计的洛杉矶新盖蒂图片社、由贝聿铭设计的巴黎卢浮宫金字塔、京都附近的美秀博物馆和由卡拉特拉瓦设计的巴伦西亚艺术和科学城市。

大多数建于英国、通过其国家彩票基金的标志物很大程度上具有地方性的意义，如纽卡斯尔生命中心或船体水族馆。部分原因是城市本身在国际上不被广泛熟知。在英国，新的国家标志物在地方上鼎鼎有名，但国际上谁能知道他们呢？他们是不同寻常的：伦敦眼、康沃尔郡的伊甸园中心（在荒郊野外富有想象力地使用旧采石场）和泰特现代美术馆（继承了一座古老的建筑和名字）。有人会说，名单上还应包括沃尔索尔艺术中心、佩卡姆图书馆和位于盖茨黑德的千禧桥。

标志性地位更容易被赋予那些已被视为标志物的城市，就像巴黎。二线和三线城市在过多中介的世界里应该更加努力。比如在旧金山，已经有一个金门大桥，您可以在桥上添加另一层，像赫尔佐格和德梅隆的德扬博物馆新馆。

有了这个文化配套，节日和大型活动为标志性蕴意赋予内容。也会有更大的节日，不过，因为它们允许当地人和游客探索不知名城市中一些非常规的地方而获取一种额外的价值。有时，对这些地方的使用可以形成更新换代的趋势。例如在2001年第11届卡塞尔文献展使用大量宾丁的啤酒厂，尤其是视觉艺术的人文奥运。这种冗余啤酒场地引起当地的强烈讨论，要求将其并入再建地区而不是拆毁。它如今成为一个表演性和展览空间。墨尔本是有趣的，因为它通过全面使用和策划标志性触发物，寻求将该城市定义为一个整体标志物和舞台，并且从城市的设计到大事件，逐渐形成城市"风格"。

很明显，当它们被认为失败时，无论是主观上还是客观上，标志物也可以是消极的。例如伦敦的千禧穹顶。有助于形成标志性影响的媒体狂热也可

标志性建筑正在各地萌芽：堪培拉国家博物馆

图片来源：查尔斯·兰德利
（Charles Landry）

以产生相反的作用。还有越来越多的人担心，在注意力缺陷的世界，我们要承受超负荷的标志物。这意味着人们只能记住独特标志物的数目。反过来可能会造成更激烈的斗争，创建更加疯狂无休止的创新构造，而这些可以通过大量有害信息带来毁灭性的危害。

意义和体验的危机

"购娱"是零售业的下一个阶段，让消费变成一种更为休闲的经历，[5]杂技演员在正厅，吞火者在停车场，乐队在唱片店，名厨在厨房筹备盛宴，电视制作人员做着自己的DIY，就像在纽约的加冈通过艺术展览或休闲领域来吸引客户。蓝水，英国最大的购物中心之一，甚至曾经建议收取客户的入场费来渡过难关。在这种情况下，主题公园和购物中心之间的区别将消失殆尽。

至于拉斯维加斯，史蒂夫·韦恩正在计算价值。拉斯维加斯永利度假村于2005年4月开业，营业期间，游客涌入入口看看投资27亿美元的豪华度假村是不是名副其实。在那儿很多商店设计师为你的一种生活方式量身定制，迪奥、卡地亚、罗伯拉尼克、路易威登、高提耶、奥斯卡·德拉伦塔、格拉芙，法拉利玛莎拉蒂和香奈儿，你拿着图片，看着像不像La Reve？作为一种练习，在纯粹的力量方面这是无与伦比的。La Reve是一个新的梦想世界，它将永远改变观众的剧院体验。艺术导演佛朗哥·德拉戈向我们展示了眼花缭乱的图片，激起了我们的感官体验和灵魂。拉斯维加斯的商店不只是商店，而是购娱的大背景。拉斯维加斯的大运河购物中心，高歌的贡多拉船夫划船把消费者带上一条蜿蜒的运河，街头艺人就在他们的脚下分散开来。阿拉丁沙漠的通道处，在其购物中心有一个摩洛哥主题集市，每半小时都要电闪雷鸣一次。恺撒宫论坛上，当你走过巨大的喷泉、雕像柱廊、仿真酒神巴克斯和维纳斯的雕塑及螺旋自动梯——所有这些逼真的商店都让你有一种身临其境的感觉。[6]

商务部已认识到日益增长的自我消费带来的意义及满足感的缺乏。它力求把买卖交易包装成一个更重要的经验，以赋予其更大的目标。发展贴上"体验经济"的标签，是一种新的口头禅和日常消费现象的总和。[7]它涉及创建设置和使用书本的各种技巧，使客户和游客参与到包罗万象的事件当中，无论是购物、参观博物馆、在餐厅吃饭、进行商业活动或提供从理发到安排旅行的个性化服务。在这个过程中，商店可以开发像博物馆一样的功能，如探索频道书店或者是硬石咖啡厅，展示原始艺术品。反之亦然。博物馆可以向娱乐场所的方向扩展，如拉斯维加斯博物馆空间的新陈列，文化素质也成为经历的一部分。

商店变成舞台布景、装置和艺术品，例如伯明翰未来系统塞尔福里奇百货商店看起来像一个反光的泡沫，或库哈斯设计的拉斯维加斯和纽约的普拉达店。后者为2.3万平方英尺、耗资4000万美元的零售空间。一楼是小商品市场，大多数在地下室，这会让你感到拥挤、缺乏足够的照明。酒吧成了越来越不像那个你曾经依赖很久的地方。他们的设计改变之快犹如一个艺术画廊。这些趋势可以撼动博物馆、图书馆、美术馆、科学中心、商场、文化中心以及几乎商界的每个方面的根基。设计、多媒体、表演和声景更多地被搬上舞台中央。鉴于我们受变幻莫测时尚的影响，"超出体验经济"正在被讨论，据讨论，人们将为生活经历付出代价的转型经济需依赖于我们自身。[8]然后迈向我们的"梦想经济"？

通过提供更多选择并给予我们更高的期望，商家争夺客户，试图通过"万绿丛中一点红"和"感官超负荷"来吸引他们的注意力，尽量给他们一种有深度的感觉。如何做到这些呢？通过创建独特的体验，在这些拥挤的景观中凸显出来。为了一跃成为主流，迪斯尼乐园就的力量被人们视为救赎，各个组织都在寻求建立自己真实和虚拟"品牌王国"，通过讲述富有魔法和奇迹的诱人故事传递出令人难忘的讯息。主题公园式技术、特殊效果和叙述故事的技巧被应用在下述项目中：如丝芙兰和伦敦耐克城店和大众的体验中心（其工厂设在沃尔夫斯堡的大众汽车城）；雨林餐馆创建了一种塑料丛林环境；卡萨伯塔尼饭店诉说着朗姆酒的故事。领先的幻想工程公司从事于公司自己的"品牌基地"、文化"探险世界"，而"学习园地"把一切都包装在一套宣传统一、引人入胜的视听效果之下。一切都为了从一个平凡的产品讲出一个更大的故事，做出更大的成就。一切的一切都向你的一杯咖啡收取更多的费用。

在其最新的幌子下，市场经济已承认在其公众消费之外的其他需求——约会、介入和参与的欲望。商业企业已开始扮演与文化和文化机构相关联的核心角色：迪士尼未来世界中心，伦敦耐克城博物馆式的商店和像鲍德斯史诗般书店的"教育性体验"浮现在脑海中。

同时，有一个对应的、防止擅自挪用公款的文化机构。在甄选过程中他们可以借鉴商业准则，在演示文稿中唤起娱乐方式，创造与购物经历几乎无法区别的设施，或就市场目标来证明自己的存在。

借鉴与难得的引入是理解文化和市场相关性的一种方法。此外，其被广泛定义为"后现代主义"，是在现代条件下混乱与讽刺的脱离，乱用文体。实际上，这一观点异想天开地对待了这一复杂性。通过审查这些条件，有没有可能，可以识别和维护在既没有阻力又没有妥协的情况下，对市场放心但同时又反对它们的文化价值观和优先权？

占领最后的疆域：广告的蠕变和超越

我们让商家制造气氛和声音来引爆我们的感官体验、影响我们的情绪。我们对广告的蜕变太过放松了，这使我们经常被广告所骚扰，在学校、机场贵宾室、医生的外科诊所、办公室、电影院、医院、加油站、电梯、便利店、火车上，在环形交通枢纽、在公园长椅上、在自动扶梯扶手上、在互联网上，在果子上、在自动取款机和垃圾桶上、在沙滩和厕所的墙上，广告简直是无孔不入。我们不得不在机场、巴士及其他公共交通工具看防干扰电视。电视节目在无辜的伪装下充满了嵌入式的广告，没有地方是神圣的。城市环境是广告的画布，公共空间已成为广告的地盘。[9]我们会在最后的疆域里用我们内心所想去回击广告的骚扰吗？

神经营销学图表中的神经活动指引着我们在超市和投票中的抉择。它研究我们大脑的潜意识中对广告、品牌和文化景观中其他垃圾信息的回应。其目的是将其他方面有理性的人转变为消费驱动的机器人，从而来实现企业对人的完全操纵。通过各种方式来触发神经活动，以改变我们的行为。亚特兰大的聪明屋思维科学研究所宣称，商业和科学之间的差距在减少——为的是让我们的行为方式满足公司的要求。它前所未有地洞察了消费者的想法。"它实际上会导致更高的销售额或者是品牌偏好或者是让顾客按照他们企业的方式来表现"，公司首席执行官亚当·科瓦尔说道。[10] "让这句话永驻你的心中"，"商业警报"组织如此尖酸地评论道。[11]

那些参与神经营销学的人试图让它听起来没有什么特别的。他们宣称，"他们只希望帮助消费者了解他们的真正愿望。"或者，他们的研究"可以被用来关闭以及打开他们的购买按钮"，使人们的购买力降低的支付技术听起来不大可能。[12]

满足即是成就

我们无时无刻不在加快进度，奢求更多，但结果是我们错过了过程。我们冲得太快，但是记忆模糊。我们已经学会快速吸收，但是信息过度干扰了我们的感官。我们经常会有一种冲动来快速体验风景，并且它有一种诱人的品质。然而，这种影响是毫无意义的。在这种心理的进化过程中，处理大量信息让我们像是机器一样，我们失去反思的能力。在这个有着明亮灯光和只看标志的世界，你只有从旁观者的角度来看自己的经历——炒作声、刺耳声、喧哗声——略过错综复杂的细枝末节，来享受深思熟虑、简简单单地做自己所带来的欢愉。激增的需求让我们消费欲望高涨，它可以滋生贪婪，需要我们永久性地供养。但是只通过媒体和零售行业进行诱导和延续，它就永远不会满足。我们只剩下无休无止的饥渴。我们仅仅通过消费的生活是危险的，我们活着就是为了消费。这对城市的影响是深远的。关于目的地，雷姆·库哈斯指出，你是带着眼花缭乱的意图去的，购物可以说是最后的公共活动形式了。[13]

城 市 共 鸣

作为时尚的城市

城市现在是时尚流行的一部分，流行作为城市全球定位工具正试图改变他们的身份。但是被定义时尚几乎是不可持续的，自身是无法实现长期认可的。时尚可以自食其力，并且可以把城市带向一条自己不愿走的路。因此，避免这一厄运至关重要。一个城市的弹性需要"真实的"经济驱动来予以加强和支持，例如财富创造、产生效能、研究和开发的能力、创造就业机会、开放的投资环境。然而，形象和时尚本身就是一个产业，这或许对一个城市来说是至关重要的，也意味着锦上添花以加强其对汽车制造业和金融行业中的其他投资者的吸引力。城市寻求的是留住不易流失的资产，如证券交易所和主要的高等学府。纽约证券交易所不太可能会选址在其他地方，哈佛大学也不会搬离波士顿。正确的形象也会加强城市资产的形象，这也会对居民产生心理影响。被认为是"酷城"的一部分会带给人们信心，反过来让城市变得酷劲十足，从而创造一个更大的良性循环。

时尚的原则就是改变，经常变换、移动，当时尚降临之前，就已经开始消失了。我们大部分人都生活在迟它一两步的世界当中，只有极少数的都市潮人能紧跟时尚的步伐。被工业和旅游业市场驱使，城市在时尚中游移，只有极少数的城市能一直紧跟时尚步伐，例如纽约、伦敦、阿姆斯特丹。其他的城市，通过历史的偶然，都从时尚的舞台摔落了下来，就像"冷战"时期的柏林和维也纳，佛朗哥当政时期的巴塞罗那和旧中国的上海一样。然而，他们拥有内在的实质和文化资源，从遗产、博物馆到政治权利，他们拥有再生资产并产生全球共鸣，获求关注。你可能读到这样的标题："柏林正走向尖端，向伦敦靠拢""上海，东方的巴黎，即将卷土重来""巴塞罗那，欧洲资本的设计师，其本质是别致""重温圣彼得堡东方的尊崇""维也纳是通往东方的门户"；比华尔兹、利比扎马和沙河更多的城市，是休眠的巨人，其能量被冲突所镇压。当决心被建立时，创造力将在痛苦消除后爆发。

当谈到国家或地区的首府能见度，就不可避免涉及政治掮客：政治家、投资者和文化类型。经济机会、建造的可能性，艺术和遗产世界中的地位，引领潮流的声誉，吸引游客加强其枢纽地位的相互交织。

正如世界的生产中心不可避免地东移一样，许多地方将会被重新发现。一旦城市发展达到一定水平，就会开始转向服务业和消费能力的转变，尤其是增加了服装、娱乐和旅游。国际运动、人们的支持以及时尚媒体发挥了强有力的作用。像香港和台北等地方，曾被视为低档纺织品生产中心，故而它们会不可避免地寻求向价值链上游转移。巨大的东方生产帝国在内部聘请了西方设计师，而非买进西方的美学设计。然而，随着这些地方获得信心，而不是从其他地方借鉴，他们发出了自己的声音并且东方的设计师开始使自己的名字：谭燕玉、张路路、黄梓维、邓永锵、Sophie Wong……在这个过程中培养自己的本土时装设计师，城市本身成为时尚的象征，因为这是媒体工作的一部分。在这背后是一个强大的经济设施，负责市场情报、主体生产、金融公司和尖端走秀。目的是让城市成为时尚的中心。时尚的联系部分体现在巴黎和米兰是如何建造自己的形象和声誉的核心方面。

目前，上海、北京和广州正在被建议重新考虑它们的角色，而且要允许其工业设施转移到二线城市，如合肥、南京和无锡。很快，这个调整有了效果，北京和上海设计师的名字将被大家所津津乐道。这两座城市已经有了自己的时装周了。正如《中国日报》在2003年指出的那样，"把上海建成世界大都市，在时尚领域提高进出口交易量……我们正准备筹建第二个上海时尚周"。[19]这是上海在更大舞台上的战略，遗憾的是上海没有取得举办奥运会的申办权，而是被它的主要竞争对手北京获得，但是获得了举办2010年世博会来作为安慰。

20年前，同样的事情发生在日本，尤其是东京。1982年，12位日本设计师展示了他们在巴黎收藏的成衣展览会，第一次在时尚界留下了不可磨灭的影响。在国内已经出名的三宅一生、高田贤三、本耀司、川久保玲和森英惠高引起了世界的关注。此后又有一些人——如丸山敬太等——也加入此队伍。重点已转移到了日本，以东京为中心。在全球方面，街头时尚引领着时尚趋势，在日本东京原宿区的人群跟世界上任何地方的同龄人一样时髦。

时尚焦点影响了物理环境，由于时尚大咖现在用高调的设计师来竞争研发终极的配件——过度奢侈的建筑旨在吸引大家。将时尚定义为"艺术"，从商业和服装业中脱离出来的动力因这样的购物殿堂而得到强化。[20]

时尚和艺术奇怪地共生：艺术有助于保持尖端时尚的感觉，时尚有助于促进艺术的时髦。艺术和时尚都是城市文化配套的一部分，以引起自身的注意，并且致力于形成区别和特色：

> 我认为这里将要发生一些事……如果台北在接下来的5年或者是10年内没有成为当代艺术之都的话，我会非常吃惊……我被这里富有活力的、生机蓬勃的艺术才智所震惊。这里并不像纽约、伦敦和巴黎，对于台湾和来自国外的年轻艺术家来说，它是相对可以承受的。最重要的是，台北可以让你享有自然的、随心所欲的城市生活，适合于艺术的大爆炸。[21]

随着一个城市时尚地位的提升，这个城市廉价的生活也就随之消失。曾经一度"星球最丑的城市"，[22]突然变成人们蜂拥而至、趋之若鹜的地方。香港是一睹中国奇迹的安全起点。孟买是体验印度都市的城市，宝莱坞电影有助于媒体的曝光。作为城市时尚达人在全球搜寻新的时髦的地方，宝莱坞在西方世界已经声名鹊起，带动了印度的音乐、设计和时尚业的发展。

所以它不断地向周围移动。一旦达到一定的发展水平，新兴中产阶级可支配收入就提供了机会。国际高管们——出于他们对国际服务水平的需要——驱使着他们的消费模式并关注品牌战。时尚城市下一站的流行趋势会是什么呢？这对任何地方都是一场公平的游戏。阿克拉风尚短暂地流行了一段时间，把当地民族风貌跟贫穷和未知的复古风联系在一起。然而其西部地区的民众拒绝寒酸，所以他们的衣服普遍具有吸引力。他们已经处于危险的境地，不得不缩回去，所以阿克拉并不引人注目。威尔·拉戈斯能使星星或约翰内斯堡改变吗？布宜诺斯艾利斯和里约都将回归。

城市的吸引力和共鸣

城市吸引力的概念，把城市各个方面的魅力汇集在一起。它动态地评估了权力和吸引、保留和泄露、资源和天赋。同样，它着眼于是什么因素排斥着一个人去某地。各种元素的混合使城市变得富有吸引力和适宜性。不同的方面会吸引着不同的人群：政治掮客、投资者、企业家、购物者、游客、房地产开发商……这种吸引力的总和创造着城市项目的共鸣。如果这种共鸣是积极性的，那么结果会通过经济、社会和其他指标显示出来。许多的元素可以被量化，然而，一些还需要通过对等的评估、评价和定性的判断。关于城市的现有数据，还不足以让我们完全地评估其吸引力。有时这是因为并不是所有的元素都能被衡量。比如一个城市的形象或其弹性，在其他情况下，因为各种数据，并不能在一个广泛的概念框架下得到合理的解释，如总体吸引力。经济、环境、社会和文化的数据是孤立的，很少彼此干扰。

拉夫伯勒的全球化与世界级城市（GaWC）研究小组与网络项目[23]提醒我们，我们用于评估城市动力学的测量系统是如何过时的。在社会研究中，属性测量的主导地位超越了关系。我们测量静态量，如衍自普查所得出的人口和国内生产总值（GDP），与对流量、连接、联系和其他虚拟关系的测量不同。"在这个过程中，城市没有得到有效的连接，这对于"网络的重要性"是极具讽刺意味的。这同样适用于基于国家的跨国统计数据。例如，贯穿北大西洋信息流的紧密连接以及连接伦敦和纽约的巨大的联系网络均不存在于"官方统计"中。最后，全球化与世界级城市研究小组与网络项目解释道：

> 把排名按层次来解释具有很强的诱惑力。自从官方统计数据能被编译后，城市提供大量的属性、人口总数、就业部门汇总、总部汇总，等等——城市可以按大小以不同的方式进行排名，这看起来像一个城市等级体系。当然，实际情况完全不是那么一回事：层次结构只能被定义为对象之间的关系，仅仅是城市的排名也不说明城市之间的关系。

权力和关系的轴心应包括社会和文化力量，以及政治、行政和经济实力。但还有其他领域，特别是在那些有利可图的细分行业，比如遗迹或旅游，这方面佛罗伦萨或圣彼得堡显然具有绝对优势。[24]然而判断这些资产的吸引力不会完全基于高水平的旅游。它可能具备的独特优势或如何吸引外来投资者也将被考虑在内。

权力的另一个来源是学习机构的吸引力，特别是研究生。这就给予一个城市更多的选择机会，也可能吸纳更多人才。人才如果在一个地方聚集，就会自成号召力。吸纳人才的关键是一个城市的外界参与度，比如参加会议活动，从而使人们了解这个城市，成为传递好消息的形象大使。其他潜在的权力来源包括研究或工业专业化，比如计算机应用、工程或高科技制造业等核心学科。这是硅谷产生的诱导因素。所有的权力来源都需要追踪记录。

号召力的整体效果就是产生共鸣。它包括有形资产和无形资产，由城市里的多个事实、故事、图片、记忆和丰富的联想累积而成。它可能与一个历史事件、一个图像或其作为一个工业引擎的角色有关。即使他们没有去过某个城市，他们经常会有强烈的积极或消极的看法。比如"加尔各答黑洞"将永远使加尔各答的前景黯淡。"加尔各答黑洞"指的是1756年孟加拉有123名英国人被监禁并死于一个密封的地牢。自此，加尔各答或多或少一直被视为地狱和贫民窟的缩影，从而让外来投资者望而却步。现实是残酷的。它有一些可怕的条件，但地铁等基础设施却很完善。相比之下，孟买被认为是迷人的，因为宝莱坞就位于此地。而事实上它却有高达582万的贫民窟居民。加尔各答有149万，新德里有182万。拥有50万居民的孟买达拉维是世界上最大的贫民窟。

城市的形象会影响其市民和他们的行为。这虽然很难衡量，但根据经验，来自一个具有负面形象城市的人们往往缺乏信心，没有动力与活力。相比之下，即使客观条件差别不大，那些知道自己来自某个"好地方"的人比那些来自另一个地方缺乏自信的人要更有活力。城市的集体心理学在实现城市目标中扮演了一个重要的角色。它会影响城市的发展和愿景。这就是为什么我们可以谈论"做得到"或创业之地，如过去或现在的伯明翰、上海或者香港。相反，随着中国大陆的发展，中国台北或日本大阪当前的困境深深影响了他们的发展。

吸引力的形式[25]

政治权力就是指要评估一个城市或地区立法或政府机构的数量、水平和重要性。如果这些仅限于城市和地区级别，则会处于较弱的位置。城市中设置的国家和国际机构越多，就会越利于发展。例如，英国莱斯特和诺丁汉在东米德兰地区的势力本来趋向于平等，然而，在过去的5年里，尽管伦敦莱斯特地理位置更优越，天平却倾向了诺丁汉。诺丁汉一直设有区域广播机构。这成为吸引区域战略经济部门、地区艺术委员会和国家企业地区总部的手段。而它们中的许多竟是来自莱斯特的。这无疑强化了诺丁汉的权力。或许最让人无奈的是莱斯特将东米德兰机场重命名为诺丁汉—东米德兰机场，即使它位于莱斯特郡。

城市的竞争在全球层面的风险会更高。如法兰克福最终战胜了伦敦获得了欧洲央行的青睐。在城市设置一个机构比时尚更有利于发展。时尚在吸纳重要机构方面也发挥着作用，但它具有偶然性。正如亨利·福特说："我在城市中的广告作品50%会有极好效果，至于哪50%，我也不知道。"这同样适用于形象等无形资产。

权力的不同方面具有共生关系，政治和经济力量往往也是相辅相成的。经济指标是众所周知的，比如设在城市的公司总部员工创造的增值、主要研究中心及国际贸易博览会，等等。

文化力量包括评估各种机构的地位，如博物馆、剧院和艺术画廊及它们的国家和国际层次结构。最重要的是文化载体的内涵。载体本身，即使它是一个标志性建筑，没有内涵也是不够的。另外有一个新型因素，就是对餐馆、夜生活和总体设计的质量评估。这主要是通过同侪导向的评估、美食写作或街头采访来实现的。

城市可以通过取得他人也想要的领土来获得权力和有利条件。这就是生活质量和环境可持续发展能力的有力保证。没有获得这样的资产，就要公布于众，做到有形、不言而喻和透明。一系列的城市已经建立了声誉并进行细分。这些软问题现在是提高生活质量和竞争力的关键，例如赢得如美世、经济学人、智库、琼斯、朗和拉塞尔等世界竞争城市项目。他们协助公司评估定位。通常许多北欧城市以及苏黎世和日内瓦名列前茅。弗莱堡市是有绝对优势的。在过去的20年里，尽管人口增长，其强大的汽车使用环境概貌仍保持稳定。这吸引了几大生态研究机构去落户。因此，在这方面，城市是吸纳资源和人才的利器。这巩固了它的位置，首创太阳能地区项目或奥邦环境区等，扩大了当地就业，也促进了当地采购业的发展。

多维度评估一个城市的成绩和竞争力是有问题的。因为一个指标可能意味着良好的性能，而另一个指标则表现不佳。一个好的经济指标可能会导致一种文化、社会或环境问题。经济活力会引起群众的大规模运动。所以相关的文化指标可能是不同级别的公差或不同团体之间的相互作用。犯罪等社会指标水平可能需要对犯罪成本的评估，这却与经济增长的数字相对立。这同样适用于环境破坏。

着眼于综合评估，竞争力是一个重要标准，因为它有助于城市的复苏，这也是城市所需要的。具备竞争本质上就是做得更好，比其他地方更好。其重要性在于随着日益增多的国际性投资和技能的流入，城市会不断发展。有天赋的人更愿意聚集在此，因为他们有活力并能够帮助个人实现更多价值。从统计数据来看，如果一个地方比其他地方有更多有才华的人，它将在各个领域有更好的发展。因此人才问题被优先提上日程，人才流动情况应是一个城市的主要指标，用来估量人才流失并保持人才之间的平衡移动（谁或者什么样的人能被称为是"人才"有待讨论）。如果它是正面的，一个城市将会做得很好。例如，城市希望聪明的当地人离开，扩大视野，了解更广阔的世界；但也希望他们返回家乡，或留住从其他地方来的人才。所谓人才，一部分是指创造性思维能力，充分利用可实现竞争优势最大化。从经济角度讲，竞争力是指盈利率、投资水平、技术创新和风险资本的获得，劳动力的质量和技能，城市在人力和技术水平方面的网络构建，当地企业的级别和情况以及其产品和服务在本地、全国以及世界的地位和影响力。从社会角度来讲，是指社会群体之间的关系（包括种族关系）及融洽度，城市的成绩及志愿服务。从环境角度来讲，它是指一个城市可持续发展的议程。从文化角度讲，它是指教育和文化机构的级别及教育活动的发展情况，特别是它们如何被同辈群体看待。

被聚焦的城市

如今，城市是一种媒体炒作事件，城市品牌只是通过媒体关注进行担保的一个过程。媒体犹如一只贪婪的野兽一般需要喂养，而城市则是疯狂进食的一部分。地方营销文学的持续性趋势是关注俗套、代表地方文化同质性，而不是展示自己的多样性和独特性，目的在于促进各个地方设施和景点的一种相似的乏味的混合。现在，城市像所有其他产品一样被看待，汽车、计算机或早餐谷物和其他技术一样被用于市场营销中。一些如同一个地方一样的复杂事物无法像保险政策一样在市场上进行交易。城市的身份正在被兜售，尤其是在旅游文学中，充其量只是局部的，在最坏的情况所虚构的，通常只是强调假设的积极性，而不是更好地反映实际情况。实践和被用于提升"地方"特色的文学作品中也缺乏可以为城市带来活力的创造力。此外，来自不同机构的宣传消息也大相径庭。内部宣传刊物与街头杂志总是存在冲突，其中内部宣传刊物所惯用的是活泼的前瞻性的语气以及回顾性的官方旅游材料，而街头杂志所设计的是一种前沿性风格。举例来说，一项关于英国城市的77本宣传册的调查显示：宣传册的页面大多回顾过去的场景。该样品中有85%都是采用传统主题——人类服装发展史、身披铠甲的骑士、温柔的乡村农民、黄昏码头上抽着烟斗的渔民和他们的狗。[26]这便是英国人追寻自己耍酷、创造性以及创新型的时刻，同时也是诸如格拉斯哥、曼彻斯特和布里斯托尔定义他们的身份为"先锋勇敢"的时刻。如果这些形象已与其他进行平衡，那么这便不再是一个问题，但通常恰恰相反。显然，一个城市是个性的结合体，但宣传册缺乏真实感。潜在的评论是，他们描绘了一种残缺的、已经过滤过了的经验。这是一个捷径，或许讲述了一个无法实现的愿望的虚拟故事。

对于大城市来说，全球化进程是每天需面对的现实，随着竞争强度的增加，城市使自己成为一个聚焦点是很困难的。在拥挤的媒体环境中，使一座城市成为一个商标意味着在人们的意识里宣称领土范围。它需要是具有强烈的、难忘的，并同时致力于不同的意识。它必须是有活力、有精力的，并且必须进行流行游戏。但让古老的事物看起来有意义、新鲜以及有活力是困难的。一篇关于"性感城市"的文章认为，巴黎和威尼斯是如此平凡的名字，以至于不会激起人们像斯德哥尔摩那样具有较强性感的想象力。[27] 为了创建有吸引力的城市品牌，所有方面包括制造业、研究架构的能力和性感均被加以利用。

城市正在试图不断扩大它们的吸引力以及改变已经形成的他们自身不愿接受的形象。法兰克福曾经有一个不受欢迎的形象，即"杀人犯和百万富翁"，这导致了长期的战役——大力投资城市的文化设施项目，使其更加精致，同时建设一系列引人注目的博物馆，包括理查德·迈耶的装饰艺术博物馆和汉斯·霍莱因理的现代艺术博物馆。迪拜试图扩大其吸引力，不仅仅是购物中心，更要成为休闲中心和知识中心。阿姆斯特丹力求体现其创造性，旨在让城市成为全球创意人士生活选择的一部分。时尚达人们则在观望，哪个城市处于最不利的地位。世界上最时髦的俱乐部和街道的场面大量涌现。此刻是迈阿密，接下来便是伊比沙岛、然后是伦敦、香港、开普敦、柏林、纽约。即使是新加坡也因为成了亚洲同性恋中心而短暂浮现。那么对于爱好者而言，我通过小道消息听说，未来的一种倾向是莫斯科、贝鲁特、华沙和特拉维夫。对于城市营销所面临的挑战是反映一个城市联想的丰富性，并找到玩弄这些寄存器和利益层的简单方式。

将城市身份以及个人作为商品进行出售是有问题的，因为局外人和局内人观念之间存在差异。当人们不参与正在销售的关于他们的故事，则产生了阻力。与文化相协调的方式是城市营销需要一个更加宽广的视野。它反映并着眼于好坏、诚信，它承认城市中存在的冲突。还有就是它永远有落入时尚陷阱的危险。例如，巴西崛起的贫民窟背后是一个反品牌策略的帮派、涂鸦和贫困，诸如此类完全真实的事物。

2000年秋季，我亲自在约翰内斯堡参加了政府官员会晤的战略组，当时南非正在讨论其作为旅游目的地的品牌。会议以旧式的市场信息为开端：阳光、沙滩、狮子。追溯这些核心品牌，该组认识到，南非的冲突史也许是其最知名的特点，同时也是该国的自我发现之旅，可以通过邀请游客参与，体验他们在旅游业中的自我发现。

这些替代方法寻求选择乡土气息，并期待一个更大的调色板。不应将城市营销作为一门狭窄的学科，而应采用更综合和更多的学科方法，公共部门和私营部门的分离，以及涉及更广泛的见解，如艺术家、历史学家、环保主义者、社区代表，城市地理学家和心理学家。最重要的是当地人民的全民参与，以帮助形成营销信息。

借　景

旅游业是庞大的，并且已经或好或坏地改变了成千上万的城市。许多城市被游客湮没，自身生命线渐渐被榨干，自身特色由于过量游客涌入景点而日渐式微。想想阿格拉的泰姬陵游线、巴塞罗那的圣家族大教堂、尼亚加拉瀑布、威尼斯、凯尔若利沙滩、玛雅神庙……这些景点通常在图片上或在电影里看起来比亲自去到那里感觉要好得多，因为想要亲身看到这些景点就已经很困难了，更不用说感受它们的魅力。游客太多，整个旅程充斥着喋喋不休、闪烁的照相机、难闻的食物以及热得难受的饮料，使人无法对这些景点产生敬意。除了钱之外，这是另一个令"神游旅游"以及"虚拟旅游"越来越流行的原因，因为这些旅游无须你亲身到景点，你只需要通过网络、书籍、电视来进行游览。

游客大部分都是借别人的风景以满足快感与需求。所借的可能是一个喧闹的城市或者海滩。当游客把这些风景当作商品——上一分钟还在用，下一分钟就扔掉，这就像极了我们对待衣服的方式。即使我们中的大多数人想要装作是旅游者，但是很少有游客能与游览地产生深度交流——遇见当地人，或者到他们家里去。在旅游层次结构中，游客被看作消费者。然而游客，至少对于他们自身来说，属于较好的等级：业余人类学家。

狂热的旅游业已经改变了我们对待这些地方的方式。这次是布拉格，下次是香港——人们有数之不尽的"下一站"。我们粗略地游览这些城市，不能融入它们，只是使用甚至滥用它们。我们除了点儿钱之外什么都不能回馈，甚至连当地的语言都不懂。在这种情况下，我们怎么才能发掘一个地方"真正的灵魂"：能够弹性十足地通过自身内在力量呈现瑕疵，并且能够吸收而非太过专注外在影响。

在这些弹性城市，比如说纽约、香港或东京，游客所带来的影响对于这些城市的活动、商业以及工业的规模和力量来说，反而不值一提，因为影响极小。应由内部人士（居民）而非外来人士（游客）来定义该城市的自我认知。居于两者之间的是这些正在变成内部人士或者暂时的内部人士的人。要给该城市注入新鲜血液，这类人是必不可少的。必须认识到的重要一点是这些人要居住在该城市是要承担责任的。他们要为这座城市贡献体力或者脑力。当外来人士过多，平衡就会打破，城市就变成了舞台布景。典型的例子是新奥尔良的法国人特区、古老的威尼斯甚至拥有兰布拉斯以及新城海滩的具有强大容纳力的巴塞罗那。在旅游业新近开放的中国，美丽的丽江已经发出丢失自身特征的抱怨。太多游客来旅游的城市就像接待太多客人的家庭，几乎没有时间顾及自身需求和保证自己正常生活。

旅游业自身矛盾的影响源自其复杂的动机，代表了两种不同的渴望，是对日常现实生活的越界以及逃离。同时，通过自身的跳出，你可以思考，给自己定位，把自己放逐，最多也只是丰富了自身。或者，形成鲜明对比的是，你在家里寻找另一个家，这更是真正的借景了。对于海外的英国人来说，英国意味着这些陈词滥调：鱼、土豆条、温和的啤酒和一杯茶。这又使得这座城市还有什么地方可被游览呢？

　　欧洲旅游业起源于中世纪的朝圣，动机来源于宗教信仰。这是对于一个地方的谦恭和恭敬，但是朝圣者把这种经历当作度假。这个词已经偏离了"宗教日"的含义。它现在已经融合了宗教活动和娱乐、游戏。朝圣活动创造了纪念品行业，促进了银行的发展，且率先使用各种交通方式，比如说搭乘驶往宗教景点附近港口的船只。

　　从16世纪起，欧洲贵族们的儿子把欧洲大环游作为一种教育经历就开始流行了。这相当于今天的背包客旅行。健康的旅游——比如说在水域里进行SPA——兴起得很早，到18世纪已经变得十分流行。这些促进了巴斯、卡尔斯巴特、巴登这些城市的形成，它们为时髦游客们提供了积极的社会活动，如球类活动和世锦赛。

　　正如我们所知，旅游业可以追溯到1841年的7月5日。这一天托马斯·库克，一名浸信会牧师为570个从莱斯特游历到拉夫堡参加禁欲集会的人组织交通和娱乐活动。他认为具有新生力量的铁路有助于禁欲。库克认为中低产阶级如果把钱花在旅行而非酒宴上，他们将会更加富裕。

　　库克为1852年伦敦世界博览会而进行的有组织的包价旅行是一次大突破，预示了大型盛事旅游。每人只需5先令就可以到伦敦参加展会且包吃包住。仅仅在约克郡就售出了16.5万张票。库克还组织了类似的到巴黎展会的旅行，拓展了许多今日为我们所熟知的服务，比如帮助签证、语言导游、交通、食物、寄宿以及游客支票。[28]

　　抵制酒精的禁欲运动发展成了旅游业，这真是极具讽刺性。现在世界上的各个城市和节日景点，从布拉格、都柏林到果阿以及巴厘岛的库塔湾，都在为控制游客肆意饮酒以及酒后引发的不良行为而战，最终，我们转了一圈，又回到了原点。

　　旅游经纪人兜售景点，比如说"布拉格的狂饮"（www.praguepissup.com），"对于全包费用的酒客提供一条龙服务"。在任何一个周六的晚上站在温塞斯拉斯的广场上，你将会看到许多英国单身男人团体。而且他们公开承认来布拉格就是为了廉价的酒宴以及廉价的性交易：

我们15个人在不同的地方做着同一件事情——去脱衣舞俱乐部。漂亮的女人……文化，漂亮的金发文化，我们都喜欢这个。

听我说，这是个美丽的城市，建筑是迷人的。但我们所说的是它打造出了一种周末舞台文化……人们在这里尽情享乐。有廉价的啤酒，而且很容易到达这里，从英国到这里只需要两个小时。迷人，真是迷人。[29]

正如彼得·霍尔所说："这种感觉萦绕于心——布拉格可能会变成城镇式的托雷莫利若斯，因为其遵循着这样一种轨迹，从魅力的最初发掘到大众旅游地狱再到一代人的旅游贫民窟。"[30]然而在布拉格魅力消失的时候，另一种扩张正在进行：廉价美丽的东欧城市，像塔林、布达佩斯、布鲁尔雅那以及克拉科夫等，都是布拉格狂欢组织者的考虑对象。正如他们所说"这些团体为当地商业——旅馆、酒吧、餐馆、税收等注入资金。这些酒鬼的花费远高于游客平均消费"。[31]

旅游业已经从最初的小规模活动演变成当今世界上最大的金融行业。[32]《卫报》上的一个头条说："孤独的星球不再孤独。"[33]2006年，旅游业雇用员工2.35亿人，每15份工作里有一份是旅游工作。到2016年，预计会达到2.8亿（每11份工作里有一份是旅游工作）。[34]2006年旅游业的经济值是6.5万亿美元，2007年到2016年间可能会翻倍。按实值计算，每年增长4.2个百分点，占2006年全球GDP的3.6%。[35]然而考虑到对世界经济的直接和间接贡献，比如说，跟旅游相关的产业的增长（清洁公司、饮食承办者等），该产业估计占到GDP的10.3%。[36]

1950年有2500万的国际旅游者，到2005年上升到大约8亿，以惊人的速度增长了24倍。这得益于低成本的航空公司以及航空费，因为燃料不收税，所以价格低。但是相应的，环境是要付出代价。其中三分之二的游客是欧洲人，相当于每个欧洲人都有一场旅行。2004年，超过一半的国际游客的旅游动机是休闲娱乐，商务旅行占了16%，大约有四分之一的人的旅游动机是走亲访友，或者出于宗教原因以及健康治疗。这些加在一起，他们总共在纪念品、旅馆、餐馆、博物馆门票以及其他类似的活动上花费了6230亿美元。世贸组织报告称，2004年，65亿人引发了价值8.9万亿美元的商品出口。国际旅游占了总数的7%。这个数据稍微低于当年7800亿美元的农业出口额，大约是能量出口额（9900亿美元）的三分之二，是全球钢铁贸易额的两倍多，是纺织服装贸易额（4500亿美元）的四成左右，是武器装备出口额（300亿美元）的20倍。[37]

作为一个整体，旅游业要比贸易的增长速度快。1950年2500万的国际游客花费了21亿美元，等价对应总贸易额1250亿美元来说，比率是1∶60。而2005年的时候却是1∶13。[38]

中国和印度旅游业的起飞指日可待。比如说，2005年3100万中国人飞往海外，公然承认大部分是到澳门和香港。到2020年估计有1亿——有多少是去欧洲呢？1000万？[39]去英国的会有100万吗？并且中国人去的地方都比较古怪。在德国，除了柏林之外，中国人去的最多的地方就是麦琴根，一个位于黑森林地区而不为大多数德国人所知的小镇。但是该店自从被另外20多个设计者品牌厂家直销加盟之后，却成了大型Hugo Boss折扣店的发源地——中国人已经占据了奢侈品行业每年1210亿美元收入额的11%，且到2009年的时候预计上升到24%，将超过美国人、日本人和欧洲人。[40]但旅游业是一个双向的行业，尤其是奥运会的大肆鼓吹，更多的人将去中国和印度。2006年仅中国就建造了48个新的飞机场。有1.2亿的印度中产阶级想要旅游。

人们旅游的原因千奇百怪。现在任何事情都可能成为旅游资源。任何一个话题、主题或者目的，都具有潜在旅游性。这显示了人类的好奇心还是只是人类太乏味了需要得到满足呢？明显的利基旅游包括：文化旅游，比如说，参观博物馆、美术馆；遗产旅游，比如参观古老的运河和铁路；生态旅游是一种负责任的旅游，包含了这些项目：将传统旅游对自然环境的不良影响降至最低以及加强当地人民的文化完整性；运动旅游通常是组成团队；冒险旅游以及博彩旅游。像大西洋城、拉斯维加斯、澳门以及蒙特卡洛这些城市存在的理由就是博彩业，当然其他的活动也在慢慢地增加。这些城市闪亮的光环下通常伴随着的是污秽。

一些游客追寻的更加不寻常，包括：灾难旅游，不是去救助而是去偷窥；黑色旅游，游览的地方跟死亡挂钩；流行文化旅游，在一本书或者一场电影里看到过的特定场所里旅游；永恒旅游，一些富人为了避税而避免定居于某一个国家。人们无法忘记伊斯坦布尔的Vacilando——在这里，旅游的过程比目的地更有意义——这是一种古怪的体验旅游。[41]对于后面这几种旅游形式，其目的不再是基于标准旅游的优点而选择，而是基于某种想法或者实验。比如说，"官僚主义的艰苦跋涉"，将会推荐你：

> 去下列这些以行政功能（而非旅游者价值）知名的城市旅游：候车室、社会服务办公室、市政厅、警局。使用复印机、手册、杂志等基础设施和资源，以及享受品尝食堂、咖啡机以及三明治商店所提供的美食的欢乐。[42]

另一种是趁夜色旅行：去游览一个地方且在夜间抵达。在晚上游览城镇，到第二天早上回家。[43]

体验旅游让我们知道，普通又单调的地方也可以成为奇异的地方。把我们所熟知的地方变得奇异，使得我们不用被迫到老一套的遥远的地方去旅游以逃避日常生活或者探究自我认同。实际上，我们甚至不需要离开自己的卧室。一本地图册加一副骰子可能就是整个旅行所需要的东西了。

体验旅游就其性质来说，无法成为一种增长型产业。然而，这种风气却值得赞扬。目前，大多数旅游就像排练一首令人疲倦的听不懂歌词的歌曲。我们参观纪念物、博物馆和教堂（因为这是游客该做的事情），却甚少去探究一个地方的历史、文化以及精神。这并不是否认这些地方能够引起共鸣，却在质疑游客与目的地之间的关系自身。正如目前所讨论的，游客的游览并未能给目的地带来新的生机。体验旅游暗示我们要开始以一种新的眼光看待事情。通过这种方式，质疑遗产上被赋予的智慧以及旅游手册上的描述，激发关于我们自身的新想法以及其他事物，为不仅需要接受还要给予的旅游业注入新的动力。

更进一步说，一个地方普通的日常生活设施能够提供最有益的经历。

香港的交通体系就是一个典型的例子。它极其多样化、经济实惠、频繁、总是很准时，且使用起来让人很享受。比如说，中层的自动扶梯长800米，是世界上最长的交通系统，而且是免费的。早行第一件事就是把人们从香港岛的小山丘上运送下来工作。然后在早上10点的时候改变方向，把人们带上小山坡。自动扶梯穿过不断创新的商店。这些商店在大楼的高层打上自己的广告，创造出一条高级商店带。它所穿过的区域再次阐释了老生常谈的话题——交通是城市兴起或者衰落的原因。山顶缆车路线是典型的旅游路线，本地人却也极其依赖它。因为这条线路能够看到香港壮丽的景观。天星小轮不停地往返于香港与九龙之间，使人们能够从空旷无物的海平面观望到这座城市的掠影。拥有百年历史的双层有轨电车漫步于香港岛上。地下的地铁系统干净、快捷、十分频繁，机场快线在你观看椅背后面的私人电视的时候就极其迅速地运送着你往返于机场之间了。当交通运输的细节都能处理得如此完美的时候，就没有必要为了创造出一种游客经历而沉迷于模糊的历史遗迹。在无法提供较多的文化景点的时候，日常生活就变成了旅游经历的中心。

实际上，有人会争辩，获得签证延期，向警察局报案说丢失了手机，或者在当地一家自助洗衣店洗衣服，这些经历比在贡多拉吃冰淇淋，穿着皮短裤喝啤酒，以及在伦敦看卫队交接仪式更加接近现实。如果是这样的话，旅游行业又为什么打着"正宗"的名义大肆兜售这些创造出来的传统呢？旅游文学聚焦于"正宗食品""当地文化""历史"这些思想，同时又在传播着文化古迹。为什么？因为旅行与目的地都是商品，都遵循市场与竞争的原则。

售景

全球最大的基础设施行业，由酒店、旅行社、运输商和营销者组成，并驱动此行业向前发展，以寻找更奇特的、不寻常的地方，进而创建人们眼中"必看"的目的地。旅游业是城市品牌最真实的写照：通过它，可以看到灯红酒绿；通过它，还可以看到城市坠落的一角。一切变化都是在发展中产生的，旅游业疯狂的吸引力也是如此。曼谷曾经是亚洲最廉价的城市，如今也已成为"世界上最酷的地方"; "我是柏林人(Ich bin ein Berliner)", 一句话道出了这座城市如何完成社会层面的融合; 特拉维夫拥有优越的地理位置, 拥有里约热内卢一样的狂欢氛围, 拥有纽约不夜城一样的生活, 其作为旅游城市的特点是显而易见的。

我们可以用一句话来形容孟买这座城市: 既掌握了世界上最先进的技术又具备世界上最时尚的元素。对美国来说, 位于同一时区的蒙特利尔就像是巴黎, 而且不用倒时差就可以去。上海则是世界上最令人兴奋的一座城市, 拥有繁荣的城镇、新奇的摩天大楼、设计师商店、时髦的酒吧以及世界级的餐厅。"其实, 最受欢迎的旅游目的地随季节变化而变化, 比如, 这一刻是冰岛的雷克雅未克, 下一刻就是斯洛文尼亚的卢布尔雅那, 再下一刻是阿根廷的布宜诺斯艾利斯。你甚至还听过这样的描述: 一不小心从纽约走到了布拉迪斯拉发。人们总是钟情于一些城市, 常常用"……难以抗拒的魅力"来形容它们, 比如巴黎、威尼斯、巴西最具活力的城市, 等等。

所有这些城市都要具备"酷"与"辣"的特点, 英国就是这样酷的一个地方。还有一些酷酷的首都, 如阿姆斯特丹、柏林或维也纳。中小型城市正开始走上这具备炫酷色彩的舞台, 且具备了最基本的炫酷的主题, 并尝试更加野性。

相比之下, 它的主题可以是探究俄罗斯专制的过去、同性恋之旅、卡拉什尼科夫冲锋枪的射击或狼的跟踪。或者是想带着孩子去欧洲的海边, 却发现后勤保障不够充足。再或者, 待在中心公园的假想沙滩上——这个公园是一个受控制的室内装置, 其主要特征是有一个巨大穹顶, 能够提供优美的水上公园、热带游泳池、活动区、餐厅、商店、水疗中心以及其他新奇的特点。或者你想要更多的私人空间? 如何在加勒比海构建神秘的甚至当地人都不被允许进入的私人世界? 如果这些也太无聊, 还有那些将历史与幽默结合的主题公园。

让人感到兴奋的本应是出发前的承诺与未知。现实情况却是, 大多数的体验是预先感知和被操控的。而且, 旅游者在返回途中带回的所谓"战利品"取代了旅行途中应有的体验或者有意义的记忆。护照上的印章也只能成为你到过某地的一个标记而已, 想一想, 这座城市还给我们留下过什么美好的回忆吗?

旅游业的局限性

这种模式下的产业规模和经济的增长是不连续的,尤其对于世界上的发展中国家来说,他们所追求的正是这种不可持续的经济增长。例如,原定建在柏林北部的大型主题公园"Vega"后来又改建在塞尔维亚和黑山了,为什么建在这里就可以,建在柏林就行不通呢?芬戈郡议会投票以19票反对,1票赞成,拒绝了这一耗费70亿美元、占地2500英亩的主题公园,并将它描述为"这个国家最荒唐的提案"且"不符合芬戈郡的合理规划和可持续发展"。[45]娱乐伙伴联盟(UEP)正在与贝尔格莱德商讨这一议题。他们希望每年吸引3700万(这个数字是爱尔兰人口的9倍)游客到爱尔兰的这三个主题公园来,这三个公园里有高尔夫球场、购物中心、14家酒店、会议中心、马术中心、短期内运营的溜冰场和1万个公寓。

《迈阿密先驱报》的专栏作家卡尔·希尔森撰写了大量关于主题公园对家乡产生的影响的文章。在文章中,希尔森以Vega城市主题公园为例,来警示芬戈。他还描述了奥兰多的迪士尼乐园,认为其在当地是丑陋、拥挤、地狱般的地方。[46]

想想威尼斯应对旅游高峰的最新办法。这座城市很可能成为第一个进城也需门票的城市,此举用以应对每天大约5万人在这座城市长途跋涉地来回穿梭,旨在降低成群的游客对城市带来的伤害。欧洲的迪士尼对游客收取50欧元的参观费,那么威尼斯是不是也可以参考这一价格来进行收费呢?说不定对城市的保护会有一定帮助呢。

实施生态旅游运动的思想背后是一路克服困境的过程。它旨在采用生态系统方法来保护文化多样性和生物多样性。它涉及意识到游客所到之地的文化可持续性以及鼓励他们增强文化知识和自我意识。它的目的是为当地居民提供工作,并与当地社区在企业管理共享社会经济效益上获得知情与同意权,而不是鼓励资源所有权外资化。这样的做法才可以增强恢复力。[47]

欠发达国家的问题是,旅游业通常被看作该国唯一的发展途径。但旅游业其实会成为目的地国家经济的负担。原因如下:一是流失——该地区的旅游收入在支付了税收、利润和工资以及购买了进口商品以后,用在经济发展上的并不多。事实上，在欠发达国家旅游，花费每100美元，只有约5美元实际上留在该国。二是圈地旅游的现象：许多旅游套餐是全包的，游客不需要离开度假酒店或游轮。三是基础设施的改善，比如公路和机场，会花费当地政府在健康、教育等建设上的资金。四是随着游客消费能力的增强，价格的浮动要比当地薪资水平波动得快。最后，一个地区的经济若依赖旅游业发展，就会饱受季节变化的影响，经济的其他方面被忽视，导致该地区缺乏健康的多样性，意味着不稳定就业和易受气候影响的不稳定的经济。[48]

    旅游可以被改造，以帮助受影响的地区。例如，旅游扶贫，是一个组织，促进当地的就业、企业的扩张以及减少穷人数量。生态旅游作为一项运动，目的是鼓励一种负责任的、对环境和文化敏感的旅游业。然而，与任何行业的情况一样，旅游业必须被理解为一个广泛的系统。该系统的任何一个方面都不能被孤立看待。空中交通增加，且作为新的财富大量进入旅游业，并将继续下去。但代价是什么？飞到世界的另一端去菲斯市场看著名的染色，或者去看熊猫吃竹笋显然不是生态旅游。负责任的旅游实际上可能是离家不远的旅行。比起鹿特丹的城市野生动物园，城市只会做得更糟糕。事实上，为什么不把本市市民变为自己城市的游客？

城 市 仪 式

实现资源利用最大化

    城里人的仪式有助于抵制层出不穷的以消费为目的的旅行。即使这些活动有商业化的趋势。城里人有很多活动。地中海的夜幕降临，你欣赏风景之时也成为别人眼中的风景线。你可以和朋友闲聊，期待一场邂逅，在咖啡馆品咖啡看报纸。前往爱尔兰逛一逛小酒馆，去德国喝啤酒。在香港，闲时可以吃点心。在城市里，你还可以去公园里散步。周末来临，你可以选择去超市为新的一周储备食物。周六看一场足球或者棒球赛。与此同时，新的行为习惯也在不断出现：跑步、马拉松比赛、酒吧、KTV。在气候暖和的地区，人们更喜欢去郊外开展上述活动。在湿冷的北方却很难体味到这种感觉，在这里，各类室内的活动居多（尽管像哥本哈根等地方会采用户外加热器和户外地毯）。

　　每种仪式都有目的，它可以将人们在特定的时间地点聚集起来，将不同的群体联合起来，最终创造出一个大家共有的特定场合。即使品茶或喝咖啡这样的普通活动也有着社会功能。

　　事实上，生活中的各个方面以及每种资源都可以习惯化，可以转化为资产。你想想，围绕着食物、动物、花朵、艺术形式、体育活动、宗教、历史上主要的战争以及人们谈论的话题，都存在节日或者历史仪式。这种仪式有很多，分布在不同季节并创造出了很有意义的正式活动。这些活动有着地域、民族的特色，强调敬畏、服从上级等观念。宗教强调与神同在，其他的活动可以是庆祝某项成绩或仅为取乐。

　　大丰收之后的庆祝活动以及大事件的纪念日是人类历史的一部分。这些活动或者纪念日一般在当地举行，它们塑造了当地人的性格，将不同的城市区分开来。只要是对当地很重要的事，人们就会去庆祝。

　　比如意大利的"城市节日"（sagre或feste），人们感谢生活，因为这些地区盛产栗子、蘑菇、洋蓟、橄榄和红酒，人们还养猪、羊和鱼。其他文化也是如此，西班牙的莱里达地区、法国的贝尔福以及意大利的佩鲁贾均崇拜蜗牛，墨西哥的奥通巴（Otumba）以及西班牙的阿莱利亚（Aleria）地区崇拜毛驴。美国卡明顿地区的人们对绵羊十分钟爱。比利时伊普尔（Ypres）地区的猫咪节使人们更加了解了这种可爱的动物。近期随着各种节日不断升温，不同的地区有意地发起了这种盛会，例如Keppel和昆士兰组织了给螃蟹绑腿的活动。作为世界的"蒜都"，美国加州的吉尔罗伊（Gilroy）从1979年以来一直开展庆祝大蒜的节日，吸引了12.5万人。唯一的问题是如今该国越来越多的大蒜都是从中国进口的。

自从人类形成第一个居住地后，宗教活动便成了社会重要的一部分。早期的定居者，如中东的尼尼微（古亚述首都）和安提俄克（古叙利亚首都）人以及墨西哥的特奥蒂瓦坎（Teotihuacan）人都有很多的宗教活动。还有罗马的基督徒庆祝复活节或著名的新奥尔良复活节游行。世界各地几乎都庆祝圣诞节，即使是在非基督教的地方（这当然是购物的好时机）。人们在节食前吃顿大餐：例如在德语国家的四旬斋前以及麦加朝圣前都有狂欢节，同样还有印度的排灯节。孟买的象神节是为了庆祝象神，为期10天，最后一天在街上拍下象神的照片并把它浸在水里。斯里兰卡康提的埃萨拉游行是为了庆祝大佛的牙齿被带到了这个国度。领头的大象逐渐被尾随的昂首阔步的象群、舞者以及鼓手湮没。这个领头象前面铺有一个亮白色的小毯，这样可以不让象脚直接着地，以示尊敬。

其他节日也有不同的目的——嘉年华经常代表日历上那些等级可以被遗忘、制度可以被打破、障碍可以被克服和规范可以被违反的时刻。这是一种创建社会均衡和发泄情绪的方式。在西班牙港、里约热内卢和新奥尔良的狂欢节是最好的例子，是悉尼狂欢节的现代的愉快的化身。

如今，艺术节是节日最常见的形式，它们以每一个可以想象的形式出现，从专业到一般。仅在德国就有100多个夏天举办的音乐节日，展现了一系列流派，从歌剧到爵士乐再到电子乐。然后有了一系列的戏剧、芭蕾、文学和图书事件。在这些狂欢节上，人们可以做任何主题的探讨，从希望到性到城市主义乌托邦。

旨在吸引游客及土著居民参与的大规模的节日和文化活动，在战后时期迅速发展起来。爱丁堡和后来的阿德莱德，是早期节日的原型。此后，人们可能又构思出了成千上万个节日。似乎万古永续的诺丁山狂欢节，现在是世界上最大的节庆活动之一，但在1964年开始举办时，它的规模很小。作为一种多元文化项目，但实际上它向我们展示的是相当窄频带的文化。其积极的参与者大部分都分布在非洲和加勒比地区。今天的节日是"城市再生兵工厂"的一部分。在这个过程中，许多传统活动处于失去真实性的危险中，随着参与者针对游客对先前活动的建议做出平衡调整。

想象任何事情，它都可以变成一个事件。如考文垂的"虚拟条纹：一个节日的可能性"——只有在网上你才会知道是在考文垂；在澳大利亚的纽卡斯尔，微电影制作者们为了完成 24 小时的拍摄要熬到深夜；温哥华的"边缘之舞节日"和马赛的"风节"都是如此；在日内瓦，有更庄重的露天绘画艺术节；在都灵，有令人惊讶忙乱的"慢食美食节"。

一个故事、一个人、一个事故、一次胜利、一种本地资源、一种技巧、一个奇怪念头——城市冲刷着它们的文化资源和思想河堤，以便使任何东西变得更强大，将其从地方性转变为具有全球意义。它的顶峰是一次性的重大超级联赛：奥运会和世界杯。接下来的部分是世界博览会和欧洲城市的文化庆祝活动。再往下就是城市的节日，如戛纳、爱丁堡、切尔滕纳姆、萨尔茨堡和伊斯坦布尔，城市通过这些节日建立自己的声誉，完成自己的营销计划。

它们有不同的周期、规模和目的，但现在的危险是节日屈从于市场营销、能够在雷达屏幕上显示以及突破杂乱的信息以创造识别度的首要目标。再生议程是另一个新的目标，尤其是举行像奥运会这样大型盛事的城市，可以使用声誉来做一些事情，否则将不可行。通常，这可能会是更新体育或文化基础设施、扩展一条地铁线、开放老港区、回收荒废的土地或扩展城市。在特殊情况下，最后期限和紧迫的时间表，可以突破政治障碍、当地对发展的阻力以及繁文缛节。它可能通过以合伙关系和以专责小组为基础的途径，筹集额外财政资源，建立创新性、实验性的交付机制，然后变成主流的一部分。

为了达到良好的效果而利用了大事件的两个城市是巴塞罗那和格拉斯哥。1992年的巴塞罗那奥运会和1990年的格拉斯哥欧洲城市文化庆祝活动，开创了重大事件的再生方法。在巴塞罗那，奥运会被用来开放港区，更新体育基础设施，在全球范围内重新定位该城市。同样，格拉斯哥皇家音乐厅的建设是文化年的一个副产品。与之相对的是亚特兰大的"一次性"奥运会——只要运动会结束就拆除体育场。

重大事件，尤其是艺术项目，和一系列的难题和战略困境的发生需要我们反思。如何将政治目标、经济发展目标与文化艺术的目标相结合？如何利用活动项目均衡城市发展并结合现有的文化地位和其过去的历史，以寻求更深刻反思，发展一个城市的文化？对本地居民、参与者和吸引的游客来说重要性分别是什么？如何跟进并保持项目的良好势头？调用什么级别的商业或赞助？事实上，为了响应商业目的而创建的边缘节日和仪式更加繁多。

我们也不太了解如何解决这些难题，因为评估通常是令人失望的。明显的例外是，他们往往专注于肤浅的问题，不能深入研究，如经济影响。[14]他们主要是定量驱动的，侧重于旅游量和不同人员的参与而不是质量的检验，侧重于转型对个人或事件所引发的社会影响，更不用说艺术的性质、文化本质的变化和它对这座城市的意义。对于现实主义者，这些概念或哲学的评价显得过于无力。但如果不对重大问题进行评估，那谁来定义什么是文化？仅仅是强调城市再生或艺术文化的地位、创意和发展吗？是优先使用主流机构还是使用不那么正式的实体呢？

有意义的体验

除了欢乐、庆祝、创造壮观的场面以及玩得高兴之外，什么使得节日在较广的层面上具有重要意义？最好的仪式是对"想要成为较大事件的一部分"这种深层渴望的回应。只要赋予意义，你就可以选择任何主题。在城镇背景下，可以这样做：

◆ **把个人与集体结合在一起。**集体地且具有自我意识地分享一些经历。通常需要这样做的是国家大事，比如澳大利亚的澳新军团日或者新加坡的国庆节。就创造城市的归属感与认同来说，新奥尔良狂欢日是个例子。它提供了一个平台，去体会想象中的共同体将被结束的感觉——人们通过集体认同而联系在了一起。

◆ **积极而非被动。**通过在节日的舞台上成为演员而表达自己。基督国家的狂欢季是在四月斋戒日之前。其变体，比如德国的狂欢节（Fasching）、意大利的狂欢节（Carnevale）或者狂欢纪念日（Mardi Gras），鼓励许多人参与。这种参与加强了共同体的凝聚力。

◆ **仪式化和调和矛盾**。意大利锡耶纳的Palio是一场著名的马赛，当地各区为了争夺最高权威而战。虽然竞争十分激烈，但却不至于出人命。同样的情况也发生在特立尼达的嘉年华。20世纪五六十年代的帮派冲突消失了，而这些旺盛的精力已经被转变用来制作音乐、参加化装舞会和游行。

◆ **公众的自我反省**。穷人剧院（teatro povero）和其欢庆节日开始于1967年，且就像一场公众戏剧。当人们意识到在这里从乡村转变成城市的过程中，它能够帮助人们克服这一过程所带来的孤立和社会崩溃的时候，它呈现出了在托斯卡纳的蒙特克罗生活的重要意义。当在社会共融的氛围里，且出于明智的目的来工作管理和发展社会团体时，整个社会团体以及周围的区域就变成了演员和帮手的角色。剧院在提升乡村认识自身、获得认同的意识过程中变成了一个重要的元素。他们发展了"扮演自己"（autodramma）这一概念。这个地方的有关主题扮演着自我反省的激发角色。剧院集中在圣马蒂诺广场。广场从各个角度来看都是社区的中心：一个用来社交、相遇、忏悔、决策和自我分析的空间。几个世纪以来，作为整个社会自然集会的地方，它是理想的上演"扮演自己"的地方，且每年夏天都转变成一个舞台。

◆ **城市作为一个舞台**。罗马的城市戏剧节需要占用城市的领土，将城市空间转变成舞台。它随机占用公共的街道，使公众惊喜，拒绝冷漠。其中办得风生水起的是"罗马夏日节"。从7月到9月，夜间户外电影的最佳地点在城市，比如台伯岛，有两个大屏幕，可以在后台俯瞰台伯河和圣彼得大教堂。"罗马夏日节"发端于20世纪70年代，发起人是当时主管文化事务的政治家雷纳托·科里尼（Renato Nicolini），他倡导举办一年一度的夏季艺术节来活跃城市，并且使用当时女权运动的口号来"拯救夜晚"。他认为，实现的最好办法是通过制定文化政策，鼓励人们大量使用晚上的城市，通过对公众的自然监测而提供安全。[15]

- **引出原始本能**。空气、水、火、土等基本要素是仪式的深层主题。它们有一个可靠的特性——追溯起源。所有的主要宗教都使用光：穆斯林世界中的古尔邦节、印度教徒的排灯节、中国人的灯节、犹太人的光明节和基督教徒的降临节。

- **通过文化与团体联结**。由艺术家埃文斯发明的罗得岛的普罗维登斯水火节，是最强的新城市的仪式之一。[16]一年举行20次以上。火雕塑安装在三个市区河流里，成为一个移动的普罗维登斯文艺复兴的象征。它以100个系列篝火为中心，这些火焰就在水流表面上，它们照亮了将近2/3英里的城市公共空间和公园。居民和游客聚集在河边漫步，一边听着不拘一格的古典音乐或者世界音乐，而这些音乐成为城市生活正常声音的伴奏旋律。悄悄地经过这些火焰前面的身着黑衣的表演者在船上维护着这些火堆能够从日落持续到午夜。这项活动不收入场费。这种体验从四面八方围绕着观众，影响他们的各种感官。噼里啪啦的火焰、燃烧着的雪松和松树的芳香气味、拱桥上闪烁的火光、在燃烧着火炬的船只上飘过的火焰看护者的剪影和来自世界各地的音乐充斥着各种感官，唤起沿着河边漫步而来的成千上万人的情感。这种反射特性，使得从未见过面的人们，不论儿童、家长、快乐的或者悲伤的人，交谈着。

- **在开放空间的共同体验**。奶牛游行已成为世界上最大的城市公共艺术活动——奶牛被画在一个五颜六色的迷宫般的街道两旁。这是在芝加哥的一个筹款慈善活动，1999年开始于美国奶牛交易中心。在每个事件的结尾，奶牛被赶上去，许多人开始拍卖，收益中很大一部分归于慈善事业。最初芝加哥拍卖为慈善机构筹集了300万美元。这140头奶牛中的每一头平均投标价格接近2.5万美元。现在40多个城市都举行这样的活动，从纽约、伦敦、莫斯科、挪威北部的泰勒马克郡、波士顿到布宜诺斯艾利斯。对于那些经常旅行的人，它串起了一条共同体验线，这条线上的经历不同于麦当劳或希尔顿所提供的。尽管不出于慈善的目的，但是一项类似的全球事件是扬恩·亚瑟的强大的"俯瞰地球"户外摄影展，其核心信息是可持续的发展。包括大约120张排列在60个3平方米板上的照片，这些照片在公共空间中用各种配置对齐，并已展示在不同的地方，从塔吉克斯坦杜尚别、赫尔辛基、斯洛文尼亚的卢布尔雅那、首尔、台北到卡塔尔。自2001年以来，柏林拥有了自己的"巴迪熊"，代表了不同文化之间的理解与和平共存。该活动现已走向全球，艺术家们在上海、悉尼和瑞士圣加伦等地制作熊。20个6英尺高的巴迪熊在世界上最大的桌上足球台上踢球，以便用来帮助开启德国世界杯。巴迪熊为儿童基金会和类似的慈善机构筹款，截至2005年共募捐了超过100万欧元。在更具地方性的阶层上，哈梅林，一个存在于著名的"笛子手格林兄弟"故事里的城市，拥有"鼠节（Rattenfestival）"。上次举办鼠节是在2004年。这一公共艺术活动为哈梅林的街道带回70个分别装饰过的五尺大鼠。这些节目以自己的方式成为该城市在世界范围内人们意识里的标志。

- **社会声明**。意大利的皮奥比科——"丑人的世界之都"，举行一年一度的"丑人节"。"丑是美德，美是一种苦役"。在一个高度重视外表美的社会中，丑人节的主席特莱斯福罗·亚科贝利为对丑人的认同而努力了一辈子。在一个大鼻子被认为是美丽的文化中，亚科贝利被视为丑陋的，因为他有一个小鼻子。这个40年前创办的节日对抗着时尚、设计和美学的强大力量，因为那个时候这座城市为单身女性开设了一个婚姻机构，声称她们无法找到有吸引力的丈夫。[17]今天，创立于1879年的"丑人俱乐部"在全球拥有2万名成员。

- **在抗议和示威中进行抗议**。"爱的大游行"始于1989年的柏林，当时150名抗议者进行抗议，原因是在这样一座城市里，他们的参政与议政权被分割。示威者声称是通过音乐宣传这种和平的方式展开政治示威并向国际寻求理解。现在，他们的卡车DJ四处表演，把柏林变成了一个大俱乐部。同样在1999年，该活动从圣地亚哥复制到旧金山，由High Point公司组织，吸引了150万人参加。直到2001年，在一次政治示威活动中，它失去了原有的声誉，并开始被视为一种单纯的商业活动，同时其财政也出现了困难。但在5年后的2006年，又重新出现了名为"Fuckparade"的爱的抗议活动大游行，以此代替了自1997年以来出现的技术模式。在苏黎世的街道游行类似于爱的大游行，并自1996年以来也同样催生了一个称为"Antiparade counterparade"的游行。它的出现打破了至关重要的亚文化，并认为自己是一个游行商业化的重要的解毒剂。"EXIT事件"开始于2000年塞尔维亚的诺维萨德，最初是针对学生示威的政治回应，现在也只是一个音乐盛会。在100天里，EXIT团体从非常强大的社会层面协调了一个连续节目，包括文化和学术活动、沙滩派对、现场音乐会和表演。它有一个目标：推动所有社会群体，尤其是年轻人，在总统选举中投票来推翻米洛舍维奇。在此期间，20万人来到诺维萨德参加游行示威。"EXIT 2000"闭幕式两天后，参加了投票的人中的许多人最终成为那5万坚定反抗米洛舍维奇的人士，并且最终推翻了米洛舍维奇政权。

- **获得知识**。阿德莱德是第一个拥有"思想节"的地方。自1999年开始，其旨在庆祝南澳大利亚在价值观和身份上的想法和创新。作为一座城市来讲，这是很难得的机会，明确地把自己作为一个城市的思考的一部分。此外，也有居住在阿德莱德的思想家，每年邀请两个或三个思想家在阿德莱德生活和工作（幸运的是，2003年我也接到了邀请）。思想家一般在这2～6个月中会协助南澳大利亚在改善气候上有所突破。思想家们在艺术和科学上对未来发展制定策略，还会在社会政策、环境可持续性和经济发展上给出建议。各类想法在如此激烈的思想节上产生，所以这一思想节也立即被布里斯班和布里斯托尔复制。

- **共享**。就像是奥林匹克赛事的项目，我们跨越文化和背景，我们用更大的信息量来共同创建了一个共识，如和平。或是国际足联的世界杯，你是那一大群死盯着电视转播的球迷中的一个。上升到国家层面，英国恢复了对澳大利亚人采取的禁止板球的民族运动，这在2005年为澳大利亚人提供了团结与积极的意义。在这段时间里，无论是民族主义者还是板球爱好者都成了英国人中的一员。这也为参加庆祝或和陌生人聊天找到了合适的借口。通常，如果一个陌生人对你说话，你可能会认为他们是怪人。这几乎是一个部落的群体意识，就像在战争中，人们的第一反应是说"我们的孩子在那里"。全球传播的大事件，其中有慈善的目的，如现场援助或灾后8小时黄金救援，创建一个类似的情感，把两者结合起来：帮助别人，愉悦自己。同样，在帕瓦罗蒂和朋友的演唱会上，波斯尼亚的儿童歌曲《萨拉热窝小姐》也被作为一个公共的赞美诗。当大型活动是建立在简单的商业基础上的时候，如大型歌剧《图兰朵》在慕尼黑奥林匹克体育场演出一样，他们就会缺乏这种品质。其他像博览会一样的品牌事件很难以类似的情感方式进入主题，尽管欧洲城市里有很多文化节目。

- **另一种人生观。** "火人节"是内华达州黑岩的一个激进的艺术节。你属于这里，并且参与了。你不是课堂上最古怪的孩子，总会有人想出一些从未被考虑的问题。"火人节"是一个由各种艺术设施组建成的临时小镇，一般每年会持续一周。在这里拥有能容纳3.5万居民的最大的临时设施，从紧急服务、邮局、酒吧、俱乐部到餐馆等数百个艺术装置以及参与主题的城市，最后被拆分，其中大部分被烧毁，只剩沙漠。每年都有一个主题，2006年的主题是"希望和恐惧·未来乌托邦之路"。"沿路去往一个乌托邦，过去的科幻幻想让位给了交通拥堵。未来，似乎已经消耗殆尽。""火人"内部有10个原则，包括："招贤纳士"（你不能只是一个观察者）；"去商品化"（所以没有赞助，广告或商业交易，抵制消费的替代参与体验）； "强调自力更生，鼓励人们依靠自己内心的资源"； "自我表达" "社区的努力" "市民责任" "不留痕迹"和"参与和紧迫性"。[18]

- **释放压力和奇异。** 与众不同已成为一个城市最普通的标志。如果它毫无来由，如螃蟹绑脚事件，就很难引起共鸣。但当它具有当地意义，就会呈现出不同的结果。以往，当地的资源是关键。在瓦伦西亚附近的布尼奥尔镇，大约3万人互相投掷11万公斤的西红柿来释放压力，是世界上用西红柿展开消耗最大的食品战。这是完全免费的，任何人都可以把已熟或熟透的水果投向对方。它的起源颇有争议：有一种说法是，它是一个在1945年产生的政治效应。一个不怎么"高大上"的解释是，一辆装满西红柿的卡车超载后翻倒在布诺街道。这一事件导致了现今西班牙历时三小时的"战争"。居民为了一年一度的节日，亲自"武装"自己。

结语：城市阻力

如同千年的宗教或意识形态宣言的确定性，全球资本也寻求必然性，甚至暗示其力量是"常识"。质疑其畅通是自讨没趣。然而，整合和抵抗主流依旧存在。赢家和输家并肩存在，他们必然会引起争斗。

关于让生活如何延续的替代方案以及反论的建立，事实上是让社会保持活力和动态，构建再生文化。问题是，是否将替代方案单纯作为一种新思想而被吸收，进而成为主流——作为一个增强其效力的普通的创新过程——或是否有能力和韧性来改变系统及其内部运作。

无论你怎么看项目、分组和攻击来反对含义狭窄、自私自利的全球化。正如索罗斯所说：

"除非自身利益受到共同利益认可，否则应该优先于特定的利益，我们目前的系统易于打破……不能确定它们的立场，人们越来越多地把金钱作为价值标准。是什么作为交换媒介篡夺了曾经的基本价值观。"[49]

第五章

难懂与复杂

变革的力量：解读复杂性

越来越多的变化显而易见。全球轴心向东方转移是第一个例子，全球贸易条款的改变是第二个例子，而全球日益加剧的不平等现象是第三个例子。更不用提气候变化、污染和恐惧文化的发展了。

同时迅速发生这么多的事件，这使得世界让人感到复杂而又不安。这些变化引人注目，就好比展开了一个范式转移。你怎样整理这些复杂的问题以便看清楚它们？你怎样揭开问题的各个层面？这可不像剥洋葱或橘子那样简单，因为那些元素交织在一起，彼此联系，不断加剧。

如果你看待这个世界的思维模式与产生我们所担忧的这些问题的思维模式如出一辙，你只会复制这些问题：创造这些问题的心态和解决这些问题的心态不可能一样。套用爱因斯坦的一句话，潜在的主题是我们的心理工具不适合当前的情况。我们的智力结构是为工业时代而构建的，而且已经沉淀到了我们的心底，就好像城市街景中熟悉的街道和建筑物，我们都习以为常了。因为这样的智力结构已经过时，所以当我们还把它用于新兴的世界时，就导致了一系列独特的难题和战略困境。我们把这种"不理解"归因于"复杂"，而不是再去审视和质疑那种智力结构是否合适。然而每一代人都在说自己的时代变得更复杂了，但其实我们的真实意思是"这是我不理解的事件的一种模式"。

搞清"难懂"和"复杂"之间的区别非常有帮助。布兰达·齐默尔曼曾说过：

> "就其本质而言，'难懂'是机械意义上的，而'复杂'是关系方面的。'难懂'是关于如何发挥作用，'复杂'是关于以何种方式行事。'难懂'适用于结果可以预测的世界，而'复杂'必须承认不确定性并对其作出反应。把一块岩石放到月球上很'难'，需要非常多的详细步骤，从工程学到航行。有很多地方会出错，但是如果我们坚持计划、认真执行的话我们知道怎样去做。'复杂'就像养育一个孩子。我们从日常经验中学习并去适应。我们在彼此的关系中共同进化。"[1]

位于芝加哥千禧公园的安妮施·卡普尔（Anish Kapoor）的精美人气雕塑，它切实体现了在这个圆形装置中思考的理念，全面而又多角度

图片来源：理查·布雷克诺克（Richard Brecknock）

　　有人提出了一个概念框架，通过这个框架可以比较容易地聚焦有意义的事物和战略性事物，可以把琐碎小事同意义重大的事情区分开来，可以理解时间线和联系。要用敏锐的眼光来看。如果以20年为一个时间段的话，需要我们看看目前的趋势以评定其深刻还是肤浅，它们的特征、它们的不同等级以及它们的影响。

　　尽管有很多事情无法预料，我们还是能够询问并评估发展变化的动力，这些动力塑造各种可能性，决定改变的方向以及可能的路径。甚至可以绘制出深层的趋势，尽管因为这些趋势是缓慢进行的，所以不会太精确。趋势可以是线性的或者周期性的，可能会增强或失去势头，能够产生分裂，偶尔会在范式转移中变成全新的趋势。因此，要了解趋势和一时的流行二者之间的区别至关重要。

　　有些深层的趋势及其驱动力现在非常容易识别，那是因为我们已经与其共存了一段时间，而且其影响正在越来越明显地展现出来。例如，围绕个性而建立的解放关系以及启蒙运动引发的选择和独立已经陪伴了我们250年。有些人感觉这种独特的变化驱动力快要耗尽了：其自身能量导致的负面问题超过正面问题。然而明显的是，它仍然有足够的能量来影响一切，从政治如何吸引大众到我们如何定制产品和服务，我们如何吸引个体的欲望——是住房选择或是供应的奶酪种类。商业创造了越来越多的需求：10年前谁能想到我们会这么需要iPod？

毫无疑问的是，个体欲望和更为广阔的公共目的之间即将重新排列组合。环境不过是一个例子。如果有合适的激励框架，成百上千的产品和服务等着以合适的成本被发明出来，来改变我们的习惯和行为，使其朝一个更可持续的方向发展。我们现在知道，个体对自己需要的追求累加起来不会是一个和谐的整体。

另一个趋势是新的活力以及IT引发的全球一体化的深化，这二者使得跨越边界更加容易，并且有助于全球贸易条件的变化。在城市里，这使得人们要想成功就必须跨越全球。

正是因为我们对这些如此根深蒂固的趋势太熟悉了，所以这并不意味着它们不会有重大的深远影响。这些趋势将会继续影响城市的生活方式、社会和经济结构、各种政策和选择。重点在于这种持续性以及间断点，尤其是后者，可能会在哪里发生，谁以及何种力量结构会促使其发生，又会在何时发生。

最重要的是，必须深入内部，发现社会政治底层的潜流以及构造上的改变，这些才是影响趋势和驱动力的首要因素。通过这样做，我们能够看到关于"应该怎样生活"的理念和动机已经给他们提供了基础。

一种类比就是把改变比作大海。海面上的波纹不如越涨越高的波浪重要，因为波浪本身是由潮汐、潮流、气候变化以及地理事件形成的，这些影响了整体的运动和动力，还偶尔可能会引发海啸。

概念框架

我们的时代最主要的困境是我们如何生活在一起。和平共处是文明的目标，避免"文化冲突"[2]应该是政治的首要目的。但是在努力达到这些目标的时候，我们或多或少都是环境的囚徒——积习、假想、战争和仇恨、与物质世界和精神世界的斗争。历史限制了将来可能的发展轨道。然而，通过理解和分析世界，关键是依靠我们的思考，我们至少能够部分跨越这种囚禁。反省应该让我们重点考虑城市内部以及城市或国家之间的边界、障碍和界线，例如贫民区（不管是主动的还是被动的）。这会让人注意到我们的部落化倾向、我们的局内人/局外人本能以及我们如何划定边界，例如当帮派实际占领一个地区的时候，或者当我们通过生活方式的选择让一部分人（如无家可归者）感觉自己是局外人而把自己同其他人区分开来。这是关于身份和归属感的问题，让我们在自问有多宽容的同时仍然对自己的身份感到自信。

因为世界在实际的时间和空间上变得越来越靠近，我们如何聚集、交流和彼此理解就变得很重要。因此，更为重要的是要评估我们作为这个世界的普通市民在共享的东西，而不是把我们分离开的东西。这不是要声称应该进行一些温馨的聚会，而是要强调我们怎样同冲突谈判，怎样求同存异。如果不论何种意义，全球一体化都是时代的要旨，那么跨文化的概念会成为中心所在。这就意味着通过不同文化间的透镜来看这个世界的能力，也意味着文化素养和对不同文化怎样认识和看待这个世界的理解。

以文明的目标为前提，我提出了一个概念框架。想想断层线、战场、悖论、驱动力和战略困境，让你的大脑围绕这些东西思考思考。这可能会有助于解释什么正在发生，可以做些什么。你会发现你可以填充的裂痕。要做好这件事需要一种思考方式，需要从整体着眼，能够看到事物之间的联系而不是支离破碎的碎片。实际上，这两种思考方式之间的战争可能是最大的"断层线"。

断层线

断层线这种变化过程非常根深蒂固、难以处理，且有争议，以至于会影响我们整个的世界观。它们从多个方面决定我们的思维方式，从范围而言可以覆盖全球，最大程度地影响我们的意图和结局。它们可以创造无法解决的问题和永久的意识形态战场。即使这些断层线最终自我消解，这些问题也可能会需要很长时间才能解决——50年、100年甚至更长。那么这更多的是调停和解决冲突的问题。

五条最重要的断层线包括：以宗教为基础的世界观和世俗的世界观，理性和非理性，不停运转的国家或城市中的环境道德和经济理性，人工和有机，个人主义和集体利益的重新调整。这些影响到了下游的大量决定。

首先，从全球的角度来看，最明显的方面就是各种宗教原教旨主义。原教旨主义者是对物质文明的失望做出的反应，这种物质文明既不会让我们幸福，也不会真诚回答一些基本问题（例如"活着是为了什么？"）。在这种背景下，当基本世界观截然不同、观点对立的人们现在住在一起——一个城市、一个小区或一条街上时，是什么协议把这些群体团结到一起并固定下来？其核心是对更伟大意义的寻求和把精神境界提升到物质消费之上。如果可以的话，城市领导者可以做些什么来平衡差异，同时也给市民提供物质需求之外更大的寄托？

第二条断层线是理性和非理性之间的。擅长逻辑思维的理性主义者声称他们不同意其观点的某人"非理性"或"无理性"，这样说非常令人难堪。非理性不是无理性（无理性是行为举止没有理性）。非理性不是意味着承认一个狭隘的理性主义者、等比例减税法不能解决那些错综复杂的问题，这些问题千头万绪，涉及成千上万个变量。如果试图把每条线或每个由一些线构成的系统分开来，结果就会是逻辑方面的纠葛。这就好比一只猫开始从一个毛线球中抽出一根毛线，却因为爪子被缠住而把自己缠住了，结果一团混乱。流动和动态构成的较大图片从视野中消失了。非理性是充满了理性和开放的态度，因为这意味着相信思考中会发生想象中的一个跳跃；存在非常深层的本能，有更高层次的理解、知识和洞察力存在，其中有些在很长的一段时间内都可以凭直觉获得。非理性不是把事情看作机器或固定构造，而是看作一个进化发展的有机体、一个新生事物，因为事情是逐步展现的，这里看上去的随意其实并非无心造成。在一个更高的程度上，这可以通过直觉获得。非理性之人懂得过程和关系的原则，不害怕感情。他们相信感情是伟大价值之源，可以使理解力更加丰富。狭隘的理性主义者逃避感情，因此会错过，在做决定时缺乏足够的知识和洞察力。

第三条断层线是环境道德和经济理性之间的冲突。环境道德的崛起是对经济理性（被越来越多的人认为是一种不得已而选择的理论）的持续挑战。这种理性含有一个价值集合以及此价值集合导致的行为。这一理性还声明，利益最大化的个人选择的集合以及通过"无形之手"受个人利益驱使的行为等同于公众利益。关键错误在于它假定环境是可自由开发利用的资源。理性的选择以及与其相关的经济体系已经导致了环境的恶化和大量污染。生态效益本身仅仅是一个非常丰富的概念和解决方案的网络的一小部分，需要对商业的结构及其奖赏系统进行基本反思。这意味着要开发一套管理和激励体制，以适应通过把商业实践中的创新和公共政策相结合来提高资源效率。这还意味着一种不同的税收制度，其本质是对于那些认为于我们有益的东西免税，对那些于我们有害的东西课以重税。这可能会涉及鼓励回收利用、创造本地节能建筑标准或者让公共部门在替代能源的使用方面率先垂范。要这样做的话，城市有多大的独立性和权力？

第四条断层线是人工和有机。我们越城市化，就越渴望野生的东西、未被驯化的东西和未被开发的地方。我们想接触大自然和原生态的东西。这反映了文化和自然之间、人造之物和非人造之物之间的界线。在身处篱笆另一边的人看来，受城市心态驱使的人们的想法了无生趣，对自然的循环、季节、力量和节奏缺乏了解。典型的是，这界线是从生态角度划分的，有很多种表现，体现了"快速、疯狂"与"简单、缓慢"之间的对比。有机食品或种植有机食品的农夫及出售有机食品的市场的增多是后者的体现。

第五条断层线是在21世纪为重新安排个体和整体而做的努力。很多人感觉个人主义已经走得太远了。换言之，个人主义就是我们付出多少和我们得到多少。不管我们要在保持利己主义或理解什么是自我为本位方面走多远，这都是条死胡同。对个体选择的宣扬已经在很大程度上使人们成为消费者，同时失去的是市民意识。相反，这场战争是要重塑日常的个体特征，因此包含对更大的整体的关注，这个整体可能是地方团体、一个城市或一场维权活动。一个新的"常识"（不管这个词多么有争议）的默认位置就是要同时考虑个体需要和集体需要。

查尔斯·泰勒（1991）在他的著作《现代性之隐忧》中提出，我们隐忧的根源在很大程度上可以总结为个人主义和工具理性。个人主义已经带来了人权的发展，这可能是现代文明的最大成就。然而，"个人主义以低劣的形式带来了对自我的关注，这使我们的生活变得扁平而狭窄"，更缺乏意义，更少关注他人和社会。工具理性就是我们要达到既定目标即最大效率时计算出最经济方法时所利用的那种理性。

这一组合使得人们感觉生活缺乏意义，还会有一种空虚感，人们常常用物质来填补，却不能满意。私人生活变得更加重要，市民生活萎缩。当生活快速运转时，普通市民在现代社会中不过是应付，或仅仅存活下来就是成就非凡，更不要提希望他们为市民参与和关注承担责任了，这已经合理化了。[3]想想"白痴"这个词的古希腊词源吧：意思是以自我为中心的、私人的、孤立的，而且仅仅关心自己的利益而不是公众利益或共同利益。

人类还有其他一些属性，感觉像断层线，因为这些属性看起来很少能够自我消解，而且长期存在。把它们简单描述成人类处境的一部分可能更好些。这些属性决定了我们如何感觉，什么给了我们动机，我们的行为方式以及我们怎样行动。它们常常从一个极端跳到下一个极端。其中一个就是为充实和避免空虚而奋斗。人们渴望完整、一体、有一种整体感，这些可能会带来成就感。填补空缺的欲望引发了奋斗，空虚得到各种形式的填补：宗教、仪式、灵性、内省。最终这些看上去很抽象的东西就在城市中表现出来，可能是一个礼拜场所、一个城市节日或者公共空间的布置方式。

另一个例子是人类倾向于在抛锚还是远航间徘徊。这看起来很矛盾，但是仍然合情合理，这就突出了人们在追求新的体验时又想要稳定和熟悉，这往往不过意味着消耗不同的东西。解决新的体验和熟悉、固定事物之间的竞争就创造了文化身份。这就解释了为什么旅行那么吸引人。今天的困境在于在二者之间的摇摆发生得更加迅速，因此很难理解其意义。顺便说一下，伟大的城市是那些设法让你感到你了解它们，但仍然可以去探索的城市。

最后，当权者常常想以其本来面目展现事情的必然性。例如，他们不会对一切的商品化进行诡辩——比如我们的时间、社交、每个交易。他们提出理由说这是经济现实，但是反对团体会一直抵制并且强烈反对，提出理由说这些趋势不过是自私自利的，总会有替代选择。

战场

围绕断层线的讨论和政策辩论往往会成为战场，因为辩论的本质就是激烈和争辩。然而，还有其他的战场与最终目的关系不那么紧密，尽管偶尔会提及它们。这些战场通常是关于重大政策选择的，因此与语言学关系更加紧密。每个战场都对城市的未来产生影响。下面详述几个：

◆ **多元文化论对跨文化主义**。在多元文化城市中，我们（理想化地）承认并且庆祝不同的文化和根深蒂固的差异。在跨文化城市中，我们向外跨出了一步，侧重于作为生活在一起的不同的文化可以一起做些什么。正如历史常常证明的那样，争论在于后者通往更大的幸福和繁荣，然而往往得首先表明资金结构。

◆ **环境事件对技术困境**。在构造不同层次（城市、州、国家）的管理和激励体制时，是会考虑到要鼓励资源回收、可再生能源、能源效率以及整体的行为改变，还是只是交给市场来产生新的技术？

◆ **社会平等对不平等**。包容和赋权议程会属于我们，随着资本的动态倾向于产生那些对弱势群体影响更大的排除效应，这些弱势群体是最无力做出反应的。城市有什么权力可以让市场去满足更为广泛的社会需要？

◆ **分享责任对把问题推给所在的司法管辖区**。大城市紧凑的核心区域分布着各种资产，其中有些是交通网络，有些属于文化基础设施，这些都需要公共资金来维护。司法管辖区之外的边远郊区设法避免为居民使用这些设施而支付一定费用。

◆ **中心对地方**。中央权力和地方权力之争一直存在，但趋势是在朝地方发展。如果城市获得更大的权力，它们会不会从整体而言对国家负有更大的责任？它们如何使之活跃起来？

◆ **密集对分散**。据说密度会让城市有更好的结构，因为这样增长的活力和经济效率能够引发切实可行的活动，城市扩张后却做不到这一点。城市能够抵消几十年的城市建设和鼓励扩张的习惯吗？建设时以小汽车为中心的城市能够进行重新配置，把重心放到行人和公共交通上去吗？这对欧洲高度条理化的城市和亚洲人口密度高的城市来说更容易。

◆ **恐惧对信任和开放**。无处不在的风险意识和恐惧来自对生活的更深的焦虑，来自对个人安全的恐惧，来自反对失控的科技的恐惧，来自全球一体化的速度和范围及其非预期效应，来自不受控制的污染。这与基于信任的传统纽带的衰退同时发生，传统信任的价值基于固定的人口。我们需要对竞争和经验敞开大门而不要主动把自己拉进贫民区。

◆ **可靠性对全球市场**。真实和虚拟、虚假之间的对比会更加剧烈。对真实、有特色以及独特性的寻求已变得非常普遍，因为我们对于"真实"以及"本地"的感觉被虚拟或者说构建出来的世界引发了错位，例如网络空间、主题公园以及全球标准化的大量产品，这些都跟某个特定的地方几乎没有任何联系。与此相关的是连锁经营的势力及其同质性经营和地方特色购物之间的竞争。一旦基础设施存在，最重要的是差异而不是雷同。

◆ **整体对专长**。在这两类人之间存在斗争，一类人把诸如"城市没落"或"城市作为一个由相互作用的小整体构成的大整体是如何运转的"等问题不仅仅看作各部分的简单组合，另一类人以狭隘的专门主义来看待各组成部分。我们越来越认识到，需要同时看待部分和整体。

◆ **硬指标对软指标**。在衡量组织或城市的成败时，什么指标最重要呢？如果竞争力把硬指标和软指标整合到了一起，诸如就业率、增长率、收入或GDP等硬指标是否够用呢？竞争力的软指标与人相关，例如一个城市的人际关系优势、管理能力、文化深度以及创造环境等。如果不对这些指标进行衡量的话，我们怎么知道一个城市地位如何呢？

◆ **速度对反思。** IT作为推动生活前进的加速器，使得人们对于"慢"的需求越来越强烈，这不仅仅局限于老人和病人。从"慢城运动"到现在的"千年钟"项目（每1000年响一下），人们正在力图避免让自己的一生成为一场稍纵即逝的短暂旅程。这就与另外一条战线——总是强调未来或过去，未来主义者与怀旧作战，很少有人生活在当下——连接到了一起。

◆ **遗忘对记住。** 过去遗留下来的残渣是本来应该记住的事情的选择。例如，女权运动有助于我们记住除知名的简·雅各布斯[4]之外的女性城市规划专家。同样，哲学和心理学传统不再受到关注。这些往往不仅仅是历史之战——它们反映了权力之争。我们选择记住什么和遗忘什么，反映了这些东西在一个社会中的重要程度。

悖论

但是结果却与该假想并不相同，是一个自相矛盾的悖论。在城市背景下，有7个值得关注的要点。首先也是最主要的矛盾就是风险和创新之间的冲突，这一点将在后文中详细阐述。而其他6个要点是：

◆ **在无形的世界中计算有形的东西。** 我们生活在一个无法衡量的经济体中，也就是创意经济，其中80%的财富都是通过无形资产创造的。本书已经阐述过人力的重要性。然而，我们对价值进行测量与计算的系统却与现实并不协调，可谓大大地落后了。例如，会计系统是在重商主义时代中产生和发展起来的，当时的工业仍然主要集中检测物质实体的资产。人力这一创意发动机可以创造出最大的价值，却被视为可以计算的成本，公司被卖掉时，他们也包含在其商业价值中。

如前所述，我们搜集的数据大多都是基于国家和静态的检测措施，而城市才是国家经济的驱动力，其联系和流动能够揭示更多城市的动态变化，相比数量上的属性（如人口）更有用。

◆ **可及性与孤立性**。大家是不是得到的太容易了？人们常常湮没在大量不受控制的信息中，而无法过滤，这是一个众所周知的问题。刺激越多就越容易起反应。反射经常令事物更加繁荣。可及性无疑很好，但过犹不及，会摧毁它的本意。毫无控制地得到会让事物过于普及。孤立的解决方法会设置一定的距离，人们总会突然发现外面的世界离得太近，让人感觉不舒服。这种方法可以普及，形成新的可及性和大量的流动性。普及的关键技巧就是"恰到好处"而不是"没有控制"。遗迹的地点可以激发并促进旅游业的发展。但游客过多会消耗所在地的生命力，泯灭地方认同感。其结果可能是一个城市的未来只因游客的怀旧情感而定型，成为他们想象之地，但城市里的居民并不需要。城里充斥着买卖小摆设的商店、纪念品店以及冻结过去的解说中心。

◆ **吸收性与身份认同**。人们要吸收新事物的影响，但同时也应保留自己的身份。要在当今这个世界上生存，我们需要保持地方特色，同时也要兼顾全球性，要有选择性地对外开放，同时又要有一定程度的封闭。我们需要一定的界限以确保我们的身份，同时也需要与外面相联系的桥梁。虽然身份由多种因素形成，从教养和朋友圈到工作，但更重要的是，它也植根于一定的地理位置。人类的流动性虽然增加了，但一个地方的乡土情结仍然是核心价值，经常成为一个人所作所为的中枢。这往往意味着城市需要达到狭隘与开放的平衡。

◆ **空间与密集**。人们需要空间的同时也需要密集的人群。有些人两者都想要，而其他人可能只需要一个。空间已超过其本身的价值，成为奢侈的标准。缺乏空间会驱使人们对居住地点、生活方式、人口密集度及技术的发展而进行选择。系统会优化空间，如道路，带有智能卡技术的汽车控制设备可以让旅行更有效，这样就会有更多的汽车在现有的道路上以更快的速度行驶，也可以使拼车旅行更有成效。同时，以一种看似矛盾的方式，密集度也随着家庭密度和城市活力而上升，这些因素互相联系，结合使用，从而形成了城市的外观和感觉。

♦ **城市与乡村。** 我们越是深入乡村，就越不喜欢现在的乡村。英国最近的一项RICS（英国皇家特许测量师学会）调查显示，仅有4%的人希望生活在城市地区，自首次在20世纪90年代中期进行类似调查以来，这一数字都没有变化。绝大多数人想在乡村生活。[14]这将加剧市区人口流失，增加集镇和村庄的压力，它们将不复完整，会因增长的压力、不断的发展以及人口的增长而分崩离析，从而融合成一种组合性的人群。总体感觉就像是许多高速公路路口的某些居民点，而不是由道路连接起来的某些定居点。城市和乡村价值观之间的斗争会变得更严峻。

♦ **年龄与技术。** 处理技术的能力是权力的一种，年轻的一代比老一代更喜欢这种感觉。科技的发展会带动经济，从而改变两代之间的权力关系。我们都知道，现在是孩子教父母如何使用视频、电子邮件和互联网：他们已经成为现代世界的代言人。在全球文化时代，年长者令人肃然起敬，但是老年人越来越感到权力被剥夺。那么技术会改变社会关系吗？一些老年人越来越感觉在自己的技术国度里就像是外来户。

风险与创造性

风险景观[5]

我们被困在岩石和硬地之中。风险和创新同时增加是我们这个时代最大的悖论，风险规避策略往往会抵制创造性。创新、开放和冒险能让我们在全球化的世界中更具竞争力和创造性，以适应21世纪的需求。与此同时，创造性被否定。从风险的角度评价一切事物是当代社会的一个特征。风险是一种管理模式和默认机制，已经深入骨髓，公司、社会组织、公共部门和大多数城市管理都在采用。风险是一个多棱镜，对所有活动进行裁决，具备专家、顾问、利益集团、专业文献以及相关的结构和游说的团体。风险行业本身已经规范化。

它巧妙地鼓励我们约束自己的愿望、行为谨慎、避开挑战并质疑创新。它把我们的世界变成了一个防御性的壳子。自觉关注风险和安全的社会生活，与专注于发现和探索的社会完全不同。

风险意识是一个发展中的产业：没有哪一天是没有新风险的。风险就像是一种独立的力量，在个体周围徘徊，随时准备打击一无所知的人们。这或许会涉及人身安全或健康上的恐慌。1994 年的道琼斯路透商业资讯中提到，在英国的报纸上"风险"这一术语出现过2037次；而2003年则增加到了25 000次。[6]

"事故"这一概念好像已经从我们的词汇中消失了。没有事故的世界就意味着要满世界寻找替罪羊。运气糟糕总会被重新解释为粗心大意，承担风险、积极地行动则被视为冒失的行为。

这一趋势会让人从来不责备自己，也不承担责任。相反，许多法律诉讼形成了一种赔偿文化，但是这种文化会滋生更深的恐惧。冒险的机会开始消失，似乎没有好的风险，所有的风险都是不好的。这个时代总是避免最坏的情况而不是创造良好的环境。各种规章制度针对的是最糟糕的情况。许多人都认为这种恐惧和诉讼的文化起始并发展于美国，后传入到其他国家，原本那些国家都有适当努力的理念，且比较根深蒂固。

媒体能够探知风险，并创造出一种环境，能让我们预测到糟糕的结果。媒体关注危险，规范这些问题，甚至会造成恐慌。媒体或政治领域中会出现何种风险因素好像都是随机的。

食物中毒的风险不断凸显，远远低于久坐不动的生活方式，而这种生活方式受到城市规划的鼓励，从而让城市变得不适宜步行其间，导致了人们发胖。

风险意识有无数种形式。有些已经跟随我们很长一段时间，比如评估项目的财务可行性。其他人则关注安全、卫生、流行病，而受人凌辱则是最近引人关注的，而吸引大部分人眼球的则是对公共场合下人身安全问题的担忧，比如被一棵树的树桩绊倒、走到马路上被迎面而来的汽车撞倒或者在公园的长椅边裤子被扯裂。毫无疑问，公众有一种看法，他们认为如果受到不公正对待或受到伤害，就要寻求补救，这是一种比较常见的趋势。人们期待别人能为他们的不幸埋单。

索赔管理公司提供的帮助增加了。他们在电视、广播和新闻上做广告，通过直销、街头拉票或电话销售的方式，他们的口号包括："不成功，不收费"，或者"哪里有过失，哪里就有索赔"。仅在英国，平均每个月的索赔就达到1.5万起。这些案子由律师受理，有些律师手头有多达1万起个人伤害索赔案件，他们组成了专门的部门，就像生产线一样。起诉被视为一种权利，这已经形成一种惯例，大家总是在问："谁都不怪，我要起诉谁呢？"

影响我们生活环境的索赔要求主要有四大类别。住房人的职责影响了建筑的设计和美感，比如什么样的栏杆或扶手能让人接受，保证人不受伤。公路法的规定条款影响街景、路口或街道交会处。为了防止道路交通事故，增加了障碍、护栏和过多的标志和信号。地方政府唯一的办法就是建立一个合理的检测制度，一切都取决于一个词——"合理"。争论问题的基础则是意外事故是否可以合理地预测到。"可预测"的界限不断被测试并拓展。[7]

索赔的增加已经迫使地方政府加强检查和维护制度。英国利兹、加的夫和利物浦因有良好的流程而备受称赞。例如，如果在特定区域内索赔频繁发生，利兹市政府就开始关注。建筑产业安全问题广受关注，并且还涉及雇主的法律责任；但如何提高安全性却很少有人评判。其过程已经影响了在追求创新中的城市专业人士。大家更喜欢已经经过试用和测试的技术、材料或流程。这一点已影响了维护的文化，现在的维护特别注意的是避免索赔，而不是以城市环境的标准来看待，比如"城市环境是不是让人愉悦"，或是"这很吸引人吗？"

对建筑行业安全问题的考虑已经很普遍并已成为雇主的责任；已经极少有针对建筑行业安全改善措施的批评了。英国建筑、设计、管理（CDM）规章创造了新的行业，如规划监督员制度。虽然在这个过程中，追求创新也影响了城市的专业人士。他们倾向去尝试和测试技术、材料或程序。

具有讽刺意味的是，在某个领域里，人们已经对风险视而不见——大型项目[8]，这是由人性的弱点造成的。《大型项目和风险：野心的剖析》提供了一种细致的审核方法，检查数十亿美元的大型项目推广人为了得到批准并建设项目，如何系统并自私地误导议会、公众和媒体。该书从不同寻常的深度证明，审批用的马基雅维利公式低估了成本又高估了收益，低估了对环境的影响又高估了对经济发展的影响。作者认为这会使项目极具风险，但其中的风险，议员们、纳税人和投资者都并不知晓。

然而，我们需要把已经检测的风险看作挑战的新议程——考虑如何把它和已有的环境放在一起。可持续发展要求新的建设方法，有时要用到新的材料和新的建筑样式；可以推广在建造施工期间的试用及检测标准；需要更多步行场所的愿望能对行人和汽车之间的平衡有所提示。实现这些目标需要好的风险。他们会面对过去管理事物时所遗留下来的东西，不过由于我们正处在一个规避风险的文化中，继续前进无疑变得相当困难。

这种想法可能会是一种重新规范风险管理的方法。象征性的第一步就是把目前对风险的描述重新命名为"风险和机遇策略"，两方面同样有效。目前多数风险重点关注的是问题而不是可能性。

风险意识的发展轨迹

什么样的社会和政治条件鼓励了风险的人生观？这个问题并没有贬低风险意识对合法解决问题所作的贡献。

风险意识及对其的厌恶来自于对生活更深的忧虑。它们是更为广泛的历史力量的一部分，影响着我们的自我意识，也影响我们如何看待世界。从20世纪90年代初开始出版了一系列书籍，书中强调我们的现代世界和根植于启蒙时代的进步精神已经有了深刻的改变。[9]逐渐增长的醒悟状态直指启蒙时代那永无止境的乐观、自大以及对科技和工业的信心，人们担心技术失控、全球化的速度和范围及其意想不到的效果，或者是毫无控制的污染现象。它与传统的关系逐渐变弱，为个人的行为及易于理解的身份认同提供了价值观和模式，可能是通过宗教、思想或一定的社会环境。这些价值观以可靠人士为基础，为他们提供一个目标和方向，让他们去协调生活的艰辛。侵蚀传统，打破那种一直存在的理所当然的关系和责任，并建立不确定性，这样个人就可以自己选择生活方式。[10]

矛盾的是，选择的自由被视为解放，特别是在商界，商界以前曾经历过可怕的恐慌。有些东西我们不能视其为理所当然，比如社会关系、思想或其他形式的团结一致状态，很难知道哪些信息值得信赖，以及预测什么。这种松散的关系就像是在激流中游泳，焦急地随波逐流。

转型过渡期会带着令人兴奋的期待和担心，因为在更为固定的模式确立之前，还要重新评估其基础。在这种背景下，人们逐渐不再相信自己和他人。一切都不确定。弗兰西斯·福山将信任定义为"一个规范、诚实和合作的社会引发的期待，以共同的规范为基础，在一定程度上依赖社会的其他成员"。[11]对人性缺乏信任，这就形成了我们对风险的感知。它是分歧的一种表现，能让我们感到恐惧并具备风险意识。不幸不能归咎于上帝，应到其他方面寻究责任。

当不确定的情况出现，且无力感增加时，风险意识也会上升。全球化带来了无法控制的紧迫问题，这些问题包括环境的恶化、犯罪和健康带来的失衡危险，需要追究是系统出了什么错。这会影响公众的看法和情感，它们独立于现实的风险感知，从而否定客观的风险计算。无力感、脆弱和虚弱开始形成自我认同。负责人作为环境的潜在制造者、塑造者和创造者变得很被动，总是位于接收方。世界是可以沟通的，但就像在一片危险的丛林中，风险潜伏在灌木丛中，脱离了人类的控制。环境的创造者反而成为其受害者。在我们用索赔来维护自己的权力和身份时，弹性、警觉性和自我责任就不再摇摆不定。

责任和义务如何定义，是由社会和政治规范确定的。如果我们把焦点集中在人类的脆弱上，它就塑造了义务的形成。那些相信他们足以应付的人会发现为自己的行为负责是很困难的一件事。

究责是一种外部力量，责任感与我们相距遥远。它使诉讼合法化，提出了个人主义，个人主义定义为自给自足以及以权利为本位的个人主义。"赔偿权利的扩张是个体的自主收缩"。[12]

具有讽刺意味的是，这又引发了另一个悖论，科学现在可以让我们来评估和计算风险，但首先这种科学指的是我们为初次引发的危险究责。吸收改变速度的能力很困难，这也就是为什么风险预防性原则占据了优势。这一原则表明，我们不仅仅关注风险，同时也怀疑搜寻的解决方案。除非已事先了解所有的结果，否则最好不要去冒新的风险。判断是决定何时谨慎行事、何时冒险尝试的关键。

风险与城市职业

我们访问了30个一流的城市专业人士，包括工程师、建筑师、项目经理、估价师，工料测量师、房地产经纪人和房地产开发商，询问他们的工作和思想如何由风险意识而成形。他们得出以下结论：

◆ "风险已经转移到工作的核心。""增加的风险过程往往侧重于管理的缺点而不考虑其潜力。"大家达成共识，认为风险意识明显提高，特别是随着英国建筑、设计和管理条例的发展。一些人指出，风险经他们的实际操作而得以增强，但仍然觉得他们的创新能力和提出新的设计点子时受到了束缚。"现在解释规则不需要小聪明。"

◆ "风险产业在风险高涨时有一定的既得利益。"这些设计人员对设计评审过程都没有反对意见，但其中有一种比较强硬的观点，认为风险评估人员"想要提高风险，因为这能证明他们自己的存在。"

◆ "新规划的监督与风险评估降低了风险。"负责设计的人员更愿意相信那些接受风险评估的人都不具备想象力。有人语气酸酸地说道："他们都是些不怎么聪明的人，他们多数人只想普普通通，因为他们可以管理那些普通的人。"在"适当努力"的基础上，工作的概念正逐渐减少。

◆ "风险评估员真的了解设计吗？"风险评估和安全审查的人员缺乏了

解，往往会使评估的工作产生不足，尤其是与环保有关的可持续设计。批评的核心就是要从一个更广泛、更长远的眼光来看待设计。

◆ **"增加的资源用于风险评估"**。比起5年前，几乎每一次都会把更多的资源用在风险上。这包括雇佣有法律经验的人或风险评估师，令其成为新管理程序的一部分。所有职业的保险都已增加，超过了通货膨胀的水平。

◆ **"中介机构的兴起束缚了我们的风格"**。过去，工程师只需要应付一个客户，该客户或许会承担一个创新项目的整体风险。现在越来越多的项目都是通过中介机构来承包的，比如项目经理和承包商。这种分工有利于风险规避。

◆ **"传递风险包裹"**。在一个多承包和多中介的世界里，风险在哪里？"这就像旋转木马"，人们总是想要把他们的风险传递给别人。大家一致认为风险应该由那些最能够管理特定风险的人来承担。"如果你向各个顾问施加压力，让他们自己承担建造过多保护设施的风险，那就要付出一定的代价：工程师会设计过度，过于自我保护和浪费。"

◆ **"为风险而设计而非防范它"**。有一个假设——特别是对于公共空间项目——假如高风险的活动可能发生，如玩滑板，那么就不应该设计街道障碍来让滑板爱好者们知难而退，而应该设计能承受滑板的街道。

◆ **"更安全而非健康意识"**。从城市专业的角度来看待风险议题，则应该专门关注安全而非健康。这就是说，要创造良好的城市环境，并制定培养健康生活方式的法规和激励机制，包括鼓励使用公共交通、创造出适合步行的城市设计或方便骑自行车的环境。

◆ **"密切联系客户并多加协商"**。与客户和其他承包商保持密切联系，协同制定系统性的风险评估，这样才能更进一步。贴近客户有助于避免被投诉。

◆ **"最大的风险是不冒险"**。不冒险违背现有的规定，"这样创造出来的城市令人沮丧不已，更让人难受"，这样还会衍生出许多问题，包括犯罪和搞破坏的行为。"我们的可能性正在减少。"[13]

变革的动因

我们习惯用"变革动因"作为讨论未来的模板,基本动因是已知的,决定着大多数即将发生的事情。虽然目前这种模式效果良好,却不太会向我们透露变革过程的深度或严重性以及可能的时间进程。因此,断层、争论的主题以及悖论成为首当其冲的讨论对象。

核心动因包括:人口结构问题,尤其是西方老龄化人口——移民的增多填补了空缺的岗位;全球化——这是一个持续不断的进程;全球进出口比率——这将不可避免地有利于东方国家;技术转让期——它将会急剧缩短;全球变暖——它会加速石油经济的终结,加速人们寻找能源替代品的过程。

新问题即将出现,且迫在眉睫,并将影响到城市规划师的决策。这些新问题包括:

- **医疗和城市规划**。医疗和城市规划将推动关于"城市建设走向新城市主义"这一议程的讨论。城市规划将涵盖公共医疗。在接下来的几十年内,以推动医疗事业为主的城市规划方案将作为中心议题出现在人们的视线内,规划师将讨论如控制汽车数量、增加方便行人的道路环境、控制城外购物中心的数量、建立临近的生活设施、缩紧城市空间以及投资公共交通等问题。
- **安全、监控及公共领域**。一座城市为应对恐怖主义活动而采取的安保措施和应对机制将决定该城市的建设方案和管理机制。无论我们走到哪里,监控摄像头无处不在。人们自愿选择居住在狭小密闭的空间内,因此封闭式小区随之增多。这符合了人们的一种心理,那就是人们会建立心理防线来阻挡这个看似不可遏制的世界。这也是为何对于许多人来说,应付想象出的东西比应对现实来的容易。但问题是,从城市设计的角度来看,我们创造了怎样的封闭式的空间?那就是人们首要关心的犯罪问题和对犯罪的恐惧。这影响着社区环境的建造。我们需要进行商议、权衡利弊,我们要顾及便捷、成本与收益之间的关系，要顾及私密性、自由度以及可持续发展之间的关系，还要顾及合法性与道德规范之间的关系。在预防和控制犯罪活动方面，城市规划战略将变得越来越复杂。

各种形式的封闭式空间一直存在，配备着各式各样的监控设施。如果人们觉得公共空间无法带给人们好的体验，那我们还谈什么公共领域的投资呢？如果新式的封闭型社区越来越与当地社区分隔，一切都密封在一个堡垒内，那么城市的活力会消失吗？

◆ **时间与活力。** 人们越来越觉得自己"没有时间"，却还梦想着时间再多一点、经历再丰富一点。城市的商业部将对此采取措施，并不断尝试使人们的一切体验，尤其是休闲娱乐活动，变得更加充满活力、更加精彩，力图使这些活动更有影响力、更有意义。这将会影响到城市规划，尤其是购物中心、文化及教育机构的建立。公共机构也是如此，他们会逐渐觉得他们需要使出"标志性建筑"这一招了——随便建几座壮观的摩天大楼来吸引人们的眼球。另外，随着对人类大脑研究的不断深入，人们将此类知识运用到了商业程序中，一些更新颖、更炫目的技术层出不穷；随之又出现了心理营销战术，销售员能够让顾客在不知不觉中购买产品。其中一个例子便是不断增多的广告牌，它们既能乏味得让人昏昏欲睡，又能生动得让人兴奋不已。人们争分夺秒，全球化进程也不断加快，这些压力都会迫使一座城市向不夜城发展。建设时间的缩短也许会加快事物发展的速度，但若达到某个程度，人们心理上将无法适应。也许，逆反应会出现，它使一切事物再次放慢脚步。"慢城运动"便是在这样的社会风气下出现的。

关键的一点是，之前的决策、主流想法和思维模式都是被遗忘了的动因。是什么决定了当前的决策，而不是之前的那些或者是智能建筑所创造出的决策？如果情况属实，就未来而言，先例和意识形态鲜有提及。一座城市未来的样貌如何，带给人们何种感觉，是否缩小选择的范围？无论好坏，这些决策之前就早已形成，譬如有关房屋、购物中心、道路及已经建成的工业厂房的决策。同样，一座城市未来的长期规划，比如机场的扩建、土地利用规划以及旅游业的发展等，现在就可以告诉我们其未来的模样。城市未来的形状、风格及模式大体都包含在了现今的法律法规和行为规范内。想要知道这些决策是否正确，一个简单的方式就是问一些简单的问题，如：这座建筑物是好还是不好？看起来是否舒服？是否足够符合这座城市的风格？只要以这样的方式设定了标准，我们就有可能引入一种失传已久的城市建造术语。建筑厂房、购物商场、工业园区都需要美，更别说一栋居民楼了。

人们早已忘记主流思想和思维模式是如何影响我们的行为了。我们文明的中心理念是商业逻辑、效率和经济合理性。这有着很重要的价值，但并不会影响人类行为的复杂性。这一理念使我们行为模式的发展之路偏离正常轨道。它影响着我们使用的语言以及对公共事务的描述。无论我们怎么说"我们要跳出固有的思维模式"，它都会让我们走入陷阱。因此，当人们没有按逻辑行事时，通常会感到惊讶。冰冷的经济逻辑往往伴随着管理主义的出现，其平淡且中立的语言毫无滋味和力量。它与大众的互动和联系逐渐减少，这也不足为奇。管理逻辑渗透到了其他遵循不同原则的传统领域内，比如道德、品行、公正、志愿工作及公众想法。但这些概念的讨论已由效率决定，因为狭义上的"效率"似乎只受定义决定，它是既定的。但它看中手段，而非结果；看中过程，而非远景。当效率本身成为结果时，它便抛开其他人生价值，通过提倡短期思考方式，创造出许多问题，也解决了许多问题。

有人会说："那又怎样？"效率所遵循的逻辑影响着诸如公共交通、废物管理和服务供给这些社会问题的处理方式，因为它决定了更深更广的思维模式。我们很难去问"运输是用来干什么的"，因为效率的标准很难计算"软福利"。

调整职业心态[15]

我们的城市很令人失望。尽管城市中有些地方令人陶醉——精心建造的大厦、间或出现的住宅、振奋人心的地标、热闹非凡的购物中心以及温馨的小公园，但很多城市都不是运作良好的有机整体。我们常常回味过去那些令人着迷的城市特色——巴思的新月楼、约克郡的街道、布赖顿的小巷、伦敦的摄政街、汉普斯特德的社区、诺威奇的中心市场和古城堡的花园。我们调查发现，意大利的城市最受人们喜爱。重申一下，相比新的东西，人们通常更喜欢古老的东西。可如今这样的例子寥寥无几。到底是怎么回事呢？人类都丢掉了城市的建造艺术吗？这是否与我们对车的依赖、对柏油路的喜欢、对污染的无视有关？是否我们已经无法遏制城市发展的趋势，比如跨国公司的急剧增多？事实是，当你试图借鉴那些地方的发展理念时，往往会被规则限制。例如，我们想要创造的亲密感会被看作安全问题，因为一辆消防车至少要在距离超过车身长度2倍的地方才能掉头，转弯通道必须足够宽以防有铰链卡车相向而来，这就使得自然环境丧失了地域感。

我们建造城市、社区或大厦使用的专门技术越来越多，包括材料的特性、热力和管道系统、空气环流、防噪防潮、筑路方法、新工程结构的承重能力、人口预测和空间构模。使用新技术，新的楼房很快就能建成。每一种想得到的微观层面的科学研究都在增加，范围不断地扩大。我们沿着狭窄的空间建构，把整个城市变得越来越分散。我们考虑可行性，我们出资，我们预测，我们制订计划。流程看似很完备：制定、管理、审批、评估、监管、估价，但我们仍然觉得无能为力。我们新建一个区域——比如昔日的轻工业区——一旦项目启动，立刻就会有另一种区域出现，像战争期间的居民区一样。但不知怎么地，这样的区域和城市不协调，我们没能把城市变得更好。

摆脱孤立

城市建造的哪些方面被遗忘在了专业技术的夹缝中？谁应该对此负责？

其一，公共区域——建筑之间的物理空间——被低估了。其二，鉴于每个城市都有硬件和软件方面的基础设施，社会、文化、心理甚至有时经济领域都会被忽略。专业人员会变得很孤立。成为一名专业人员塑造着一个人的自我认同感，与"结伴而行的自然倾向"相关联，这是基于等级制度管理的传统观点。

拥有知识和特长的专才如果没有与学习和发展团队之间的恰当沟通，思想就会僵化，因为假想的讨论和挑战少之又少。这样的专才以自己的眼光看世界，很难制定大的谋略。批判专才并不意味着我们应该了解各种事情的皮毛，而不精通某一领域。相反地，这暗示出应该有更重要的、更高阶形式的思维、理解、知识、阐释和行为来指导专才的工作，从而使专才更加灵活通透，增加他们发展壮大所需的活力。

找出不同见解之间的相似性和差异性，对好的城市建构非常重要。扩展整个城市应该利用差异性。优秀的专业人员会很熟悉其他专才，允许自己被他人的见解所影响。

曾经有人提出了一些解决方案来应对建筑环境专业面临的一系列信心危机。然而，这些方案受到来自各个层面的攻击，它们被指责在过去的30年里给城市带来了不良影响。城市设计应运而生，成为一门学科和专业。它试图把零碎片段重新组合，从而使城市的发展具有一致性和连续性。城市设计虽然凸显了协同合作，但很大程度上仍是一个物质性的学科。

欧洲、北美和澳大利亚正在发生新一轮的变化。在英国，理查德·罗杰斯（Richard Rogers）提出了城市复兴报告和发展顶尖区域中心，副总理办公室发布了可持续社区议程和伊根对可持续社区新技能的看法。他们的观点都对解决城市建构引发的争议有一定帮助，也有助于新的专业概念的产生。伊根的看法[16]提醒我们：几乎所有人都是可持续发展的一部分，无论是从事核心职业的全职人员、有影响力的相关专家，还是广大民众，都会参与其中。伊根的看法中描绘了一系列城市发展中通用的技能、行为和思维方式，例如"包容性视角"、团队合作、领导能力、以及统筹全局和应对变化的能力。最重要的一点是，这些都不是具体的行为准则。伊根的看法中还列出了

100多个就业岗位，跨越了几十个行业。第一类主要是那些负责可持续社区规划、建造和维护的职业，包括选举或任命的决策领导层、政治家、新建立的合作伙伴、代理经理以及基础设施供应商。第二类是为社会做出重要贡献的人，比如警察或医护人员。第三类是广泛的公众团体，包括那些需要积极参与的人，如当地居民、媒体和在校学生。

这一议程也逐渐对开发区和职业产生了越来越多的积极影响，因为以可持续社区的视角看世界，不仅可以重塑发展目标和优先权，还可以重新制定实现目标的具体方法。尽管还有很多工作要做，这股潮流正在向积极的方向发展。

整体的联系和专细的局部

我们现在对事物之间的联系有了很好的理解。几个世纪以来，我们一直将知识和视野分割、孤立、隔离。尽管沿着一条狭窄的沟壑前行，许多发明和创新仍然由此产生。当代社会最典型的特征就是评估任何事情都要从狭窄的专业角度出发。企业、社会团体和公共部门的运作都被嵌入了固定的范式和默认的位置，建立合作关系只能是当今时代的口头禅。有些人喜欢称狭窄为"专注"。对大多数人而言，狭窄是所有活动的评判标准。狭窄也有其专家、倡导者、顾问、利益团体、专业文人、相关组织和游说机构。狭窄本身已经形式化，使得我们失去全盘思考的能力。

整体论是一种科学理论，拥有100多年的辉煌历史，但它的理论因为不足以解决一小部分难题而被抛弃，比如：怎样建造城市，怎样研究核物理。但我们应该记得，本地居民或原住居民1000年以来一直从整体上考虑问题。整体论从理论上强调整体和各部分之间的联系。在城市发展的背景下，它强调各种因素之间的关系，例如交通、社会生活和经济之间的联系。整体论认为，人们仅仅观察部分（如交通），孤立地考虑其影响，根本无法理解整个系统（如城市）。生态意识和环保压力促使人们重新对整体论感兴趣，人们重新开始关注连锁、循环、周期和反馈机制。从整体论视角看待城市建构，人们看到了不同区域之间的联系：环境、社会、经济以及可持续发展的第四支柱——文化。很久以来，文化一直被忽视，但实际上正是文化素养帮助我们理解了一个地方的地理位置、重要性和意义。它帮助我们理解现在并预知未来有可能发生的事。如果我们对文化充满自信，而不是谦虚低调，我们很有可能会冒着必要的风险继续前进（事实上，文化应被视为首要领域，因为它决定了其他三个领域的构想和认知）。

城市产生的问题需要很多专家才能解决。许多机会或问题都紧密相关，所以专家们需要彼此协作。其实，普通市民也可以是专家，因为他们精通自己关注的东西，了解自身的需求。"一旦做出了决定，就应当予以考虑，不应被视为是不重要的附加品。"众所周知，城市问题涉及的范围非常广泛，包括：选择住房的标准、面积、舒适度、光照条件；服务工作——从清除垃圾和废物到维护街道和人行道；汽车、自行车或公共交通要有足够的行驶空间；能在不同的地方做不同的工作赚钱，无论是办公室还是工厂；能在各种类型的商店购物；有娱乐空间；具有艺术性；提供医疗设备和社会关怀设施；有放松和与人交流沟通的空间；有防噪声的空间；有让人感到安全的自然环境；没有故意破坏公物或毁坏他人财产的行为；减少恐惧和犯罪；参与决策。

这些因素中哪个更重要呢？显然，建设的结构是关键：它为城市的运行和人们的生活设定了框架，提供了空间。但是，不是每种结构都能发挥作用。如果结构外观丑陋，项目本身就不能令人满意，再加上人们不合理利用空间，使用廉价材料，在人行道上布满障碍和路标，道路数量不够，这些都会影响到整个城市系统，造成负面影响。整个城市要想运行良好，实用性和功能性虽然是关键，但不能仅仅只有简单的功利心，还需要灵感来激发动力。动力会产生多方面的影响，它能使人努力找工作，立志学习，使自己变得更好。这里重新介绍一下美的概念，我们的城市已经失去美很久了。我们应该反思这样一个简单的问题：城市对我们来说是否足够美（实用）？了解人们对所住城市的看法不应该"仅仅是人们必须承受的另一个负担"，因为这会对房产的价值和寿命产生重大影响，会降低它的维护成本。要使各种城市因素相协调，意味着要衡量彼此之间的依存关系和相互产生的影响。

如果一个专家只关心有利形势或专业知识，他建造的城市会明显不同于另一个专注于运用自己的知识连接他人的专家。这种专家意识塑造了城市的职业，通常被认为是与物质实体相关的职业，如工程师、规划师、测量员、建筑师。他们参与的组织和机构反映了他们对城市建构的作用。他们的缩写列表证实了大量的组织机构及其分支的存在。英国的这种组织主要有APS、CIBSE、CIOB、CIH、CILT、ICE、IHIE、IHT、ILT、IMECHE、IstructE、LI、RIBA、RICS、RTPI 和 TCPA。

无论专家的思想多么豁达，获得专业知识都符合他们的自身利益，而具有专业知识又是非常必要的。通常这种专业知识会被翻译成技术规范、标准、准则和指令。这并不是要谴责专家，而是为了避免特定职业的人产生自己是建造城市的"佼佼者"的倾向。有人认为，建筑师垄断了三维设计，因为他们可以画图。规划师可能会觉得自己是"程序之王"，因为他们知道既定规划的所有步骤。调查员会觉得自己是价值的评定者，尽管关于什么是价值另有更广泛的概念。

为了支持整体思维和跨领域合作，必须要有一种能够长期应对挑战的文化因素。它以专家的价值观和目标为核心，不是一种模拟改变心态的附加方法。整体是指各个团队成员在一个项目中相互尊重、地位平等、形成合力。整体工作意味着允许别人评论，甚至可以重新制定项目的计划和规则。这不是要替代建筑师、工程师、规划师或其他专家，而是邀请他们重新思考如何发挥他们的天赋和经验以创造真正的合作关系，进行真诚的有反馈的对话。这意味着朝着专业机构的方向发展，因为这些机构对城市建构的阐释是动态的，他们意识到了现代社会各种观点之间的对立，而这对打造城市很有帮助。这也意味着要形成新的协作团队并发展实践，实现共同的价值观和目标。[17]

打造城市面临的挑战和任务与我们应用其中的思维习惯、智慧、采用的技巧以及认为合理的东西之间存在偏差。这使得各主要部分之间产生了裂痕。主要表现在负责基础设施硬件建设的专家（包括工程师和建筑师）与那些负责软基础设施（社会、心理、文化和经济动态）的专家之间有隔阂。就层次结构而言，建筑环境职业被认为处于顶端。也许项目刚开始时会咨询别人的意见，但"真正的"项目一旦开始，"下一代年轻人"就立刻接任了分配任务的职位。

城市规划师与历史学家、开发商与社会学家、调查员和健康专家之间需要更多的沟通。一个有用的技巧是实施城市规划时要考虑到"结果互换"。这样，规划师可能会被告知其指定的规划与健康专家的目标不符，那么规划师在思考城市设计时就应该考虑到诸如肥胖之类的问题。同样的理念也可以用在交通规划师与关心社会包容的人之间，或者环境负责人与交通规划师之间。

每种职业都有自身的价值，但没有一种职业可以培养打造城市所需的综合素质，它的关键点包括：整体性、跨学科、跨领域；创新性、独创性、实验性；批判性、挑战性、质疑性；以人为本、人道主义、不确定性；有教养、知识渊博、批判过去；以及策略性。[18]

刻板成见与职业

每种职业及其相关机构都在努力寻找能够证明该职业具有领先优势或主导地位的方法，这就造成了城市转型与刻板成见并存。在对伦敦的未来职业调查中，我询问了从事一种职业的人对另一种职业的看法，以及他们觉得其他职业的人对他们自己会有什么看法。我还问了他们崇拜的人有哪些，因为什么品质而崇拜他们。我试图获得全面的答案，以便从中发现他们如何与跨专业的人相互尊重，其间曾遇到过哪些挫折，以及如何将新知识嵌入到打造城市的常识中。与其让开发人员或工程师说："现在我也必须学一学简化方法和商讨技巧了"，不如让我们达成这样的共识：更广泛的视角有助于人们更好地实现个人和专业目标，打造城市也应当被视为一个整体。

我们生活的世界里充满了刻板成见和各种成见。这样说并不是为了抱怨任何一种行业，或是再给它添一层偏见。刻板成见揭示了一些观念或偏见，有助于评估困难，克服障碍。和所有漫画一样，刻板成见风格怪异，但它们都保留了一些真相，能够惹人发笑。即使时间改变，有些形象也会留存许久。

我们面临的一个困境是每种职业都被看作是一种泛称，而实际上每种职业内部又有很大的差异。例如：有许多类型的调查员，如建筑调查员、数量调查员或规划调查员。也有许多类型的规划师，如空间规划师、开发控制规划师或流程规划师。刻板成见成了替罪羊。然而，谁应该承担责任，这会随着时间而改变。今天也许是空间规划师，明天就成了高速公路工程师。我列出下面由采访者的言论组成的草稿，串在一起就形成了一个故事。这些绝非科学，却有助于突出强调一些盛行的假设和不理解。这些结论不能代表完整的事实真相，但却包含了事实的部分内容。

规划师

"规划是为了保证公平，解决困惑。""他们制定计划，他们设想未来。""规划吸引了那些想要做出改变的人。他们有社会良知，但却被折磨得疲惫不堪，郁郁寡欢。""他们已经有了白发，尤其是那些负责规划控制的人。空间规划师的白发少一点，因为他们觉得自己担负着塑造城市形象的任务。""现在城市系统的运行方式是，越来越多的私人顾问在做创意的活儿，使得公共部门的规划师只能处理苦差事。""关于规划师的刻板成见是他们留着胡子，有点左派思想，有社会议题。""他们有价值。和建筑师比起来，他们更有可能是工薪阶层。""他们被压迫，被迫花费大量时间来消除自己的怒气；因为他们的待遇相当糟糕，他们也产生了很多同情心。他们中间越来越多的人一直想着：我受够了，我只能勉强应付。""他们也有很多愤怒，抱怨政府没能让他们的生活轻松一点，抱怨整个系统资源不足——所以系统不能运行。""最好和最差的规划师之间有一个巨大的鸿沟，外行人无法理解为什么规划流程不能靠商业驱动。""我理解责任制，但这个过程为何如此缓慢？""规划师的防御性很强，因为他们处于两难境地，当地社区的人说他们不懂得倾听，开发商说他们不好好工作。""建筑师认为规划师沉闷、邋遢、官僚、挑剔、缺乏想象力。""规划师和建筑师处于敌对的位置。规划师决定建筑师不能做的事。""规划师很有条理，他们做事按部就班。""他们思想单纯，穿着干净低调的衣服。实际上，他们性子很直。""调查员认为规划师很官僚，不实事求是，有点自私，只关心自己的事。""规划倾向于依赖分析，客观地看出问题是什么；发展控制中有一个特定的反转——起反作用；规划不具备大量的创造力；规划太强调规则，太在乎别人。这不是本能。规划师们不会绝对相信自己的判断。规划师不投机，他们喜欢评价别人。""事实上，大多数时候不是规划师受责备，而是他们背后隐藏的当地政客受责备。""政客们把规划师当仆人和卑微的雇员，让他们处理投诉和咨询中的纠纷。""规划师试图揣摩政治家的思想，只要他们不越矩，就不用承担太多风险。""规划师应该解放自己。从某种程度上看，他们的确有这样的心态。""他们喜欢在空间中定位，这一点与地理学家和建筑师相同。他们只有以二维的形式看到事物，才会觉得舒服。""在过去，大约40年前，他们与社会规划师交往，比如诺曼·丹尼斯（Norman Dennis）、迈克尔·杨（Michael Young）。""你可以用日期标记规划师：首先他们是20世纪60年代的心态——这是他们的全盛时期；然后是80年代他们被限制——他们被视为干涉主义者，而干涉是一个贬义词。我认为他们还没有从中完全恢复过来。""规划师感觉权利被剥夺，一旦权利恢复，他们会更加自信。""他们曾经有很多宏伟的愿景，现在少了。""三十年前，他们有远大的梦想，但如今谁还会对城市有梦想呢？一些建筑师可能有，规划师几乎没有了。""规划师的地位有一定的下降。这会影响到进入这个行业的人，造成他们的质素不够好。""规划师曾是发展的创造者，而不是过程的控制者。""60年代的人有集权的态度；规划师除了称呼本质上就是公务员，但是他们为了公共利益从事日常工作。现在形势更加开放，私人部门和志愿部门的作用都得到了认可。现在这个职业非常灵活，他们可以在部门之间调动。""规划师相比他人有更多的工作途径。越来越多的人认识到，团队合作很有必要，他们的一部分责任就是寻找共识。""然而，规划师觉得他们是所有人的替罪羊，他们引发误工，他们需要时间，他们感到身处困境。规划这个词被玷污了。

唯一有他们出现的电视节目却是《景观的污点》。""这使得这个行业吸引了某种类型的人——那些出身低微的人。有时他们属于不为升职烦恼的一类人。""他们有视觉知识，但不擅长艺术，所以他们喜欢借助于规则——他们像民事官员一样。"

调查员

"调查员性格直爽，做事不花哨。他们实事求是，但不善于表达感情。""他们检验看到的所有东西。""他们从总体上评估事情，他们知道怎样计算，知道怎样花钱，但他们不会画图。""他们有很多种类，比如数量调查员、建筑调查员或规划调查员。他们基本上都是土地经济学家。""他们了解值，比较价格。他们会说：'当时卖了这个东西换了那个东西，现在应该反过来。'""他们通过后视镜看世界。他们了解形势，却不太擅长投机。""他们关心价值标准，看重金钱。他们觉得好的建筑肯定物有所值。""他们总是用货币来定义是非和价值观。""调查员和经济学家的想法相同，他们都认为计价标准非常重要，但他们更关注商业价值。""如今，房地产中介居于主导地位。他们知识渊博，了解交易、价格、租金和经纪行业。但是，他们之中很少有人了解建筑。""调查员了解价格，但是不会问：'为什么是这个价格呢？'他们对市场很敏感，善于发现机会。""建筑调查员更加温和，他们更像是技术人员，而不是做交易的人。""调查员考虑事情不够周到，但他们也不傻。好的调查员会通过网络来了解价格。""他们必须与人交流来获得市场信息，所以他们很世故，也很快乐。""他们觉得自己心地善良。""调查员比其他职业更具有适应能力，因为他们大多是现实主义者。他们也是唯物主义者和实用主义者。他们不喜欢想象，对社会价值观没兴趣。""调查员考虑的不是住所，而是市场。""他们经常会说：'我们应该把数字算对'。""无论对错，这些都是事实。""很少有调查员会体贴人——因为那样不会赚钱，他们只对钱感兴趣。""我最近认识了一个'不寻常的、很贴心的调查员'，这听起来似乎很奇怪。"

工程师

"我不是那种会说工程师坏话的人。建筑师和工程师组合起来最振奋人心；结构工程师大部分都有创造力，土木工程师也一样。但是交通工程师已经变成了怪物，他们严格遵守准则和规则，完全不考虑这样做的后果。想想卡拉特拉瓦、布鲁奈尔、艾菲尔、罗柏林、施特劳斯、可汗[19]""啊，你知道以前有一种症状较轻的自闭症被称为工程师病吗？""如果一定要有人为城市的混乱受指责，那一定是高速公路工程师。他们不明白怎样将人类、道路和位置联系起来。""工程师受绩效、规范、规格、标准和指导方针的约束。""他们明确的规章制度背后蕴含了一种盲从的文化。""土木工程师会问：'这些力的作用正确吗？'只要我们制定了适当的标准，他们就会这样问。""他们倾向于相信最佳——要有完美的运作系统，不能出现一个错误。""例如，桥一定要矗立起来。通常这根据理论设计来运作。因此，他们看着运输想到的一定是流量问题——水力学知识。""他们坚持采用巨大的斜坡和很大的转弯半径，因此才没有发生事故，城市才没有被扰乱。""理想的城市环境中没有任何拥挤。他们对于对比一些考虑或争论没什么兴趣。""他们的默认规范是城市建筑设计。他们的指导方针影响着我们看到的一切事物。如果没有中意的地方——也没有很多工程师对此感兴趣，我们就采用默认类型。""我称他们为'强盗'。我和他们有过节。他们个个自命不凡，真理肯定是站在他们一边，他们有神保佑。他们的观点总是科学的——他们可以论证各种东西的工作原理和不工作时造成的后果。""他们在伪科学的环境下工作，却试图找到一种具备科学确定性的方法。现在，你只要忽略周围的一切，事情就很容易了。""工程师基本上不会处理情感问题。""你不能带着感情进入这个世界，你能感觉到他们的想法：'这样才理性'。""你不能在他们的领域打垮他们，因为他们总是有模型或数据来支持自己。最后只能采用另外一种思维方式，用全新的关于什么能带来一个好场所的辩论来迫使并说服他们和政客们。""圣诞节的灯是公路工程师们做的——等着看结果吧。"

建筑师

"他们总是给人一种干净利索、较为刻板的感觉，带着框架眼镜，手里拿着削好的2B铅笔。一旦没能实现自己的想法，他们就非常不开心。""建筑师们宣称他们可以用三维视角看待世界，所以他们认为自己对城市建设有独家的控制权。""他们构思设计，并用画笔将之记录下来。有人认为，他们只从美学角度评价事物，对事物的运作方式却漠不关心，让人担忧。""建筑师们的追求与众不同，这一点十分突出。""他们喜欢表达自己。""人们常常抱怨建筑师——他们说建筑师总是独来独往。一部分原因在于人们需要紧随建筑师的思维，而且建筑师们的要求总是很多。""人们认为，应该抑制建筑师的创造力，建筑师们应该从全局考虑，对建筑作出更宏观的规划。我们需要更详尽的叙述和更好的管理。""很多时候，人们自以为需要艺术创造方面的人员，但是很多工作需要的往往是从事基础工作的员工。例如，修补场所。因此，更多的建筑师需要干预细微之事。""建筑师们将自己视为艺术家，他们认为即使需要技术辅助，视觉效果仍是最强有力的手段。这或许是事实，但很多人都可以画图，或者一个了解城市的人也可以让他人代表他们来画图。""如果人们将画图视做建造城市的主要技能的话，就意味着那些从社会角度看待打造城市的人没有发言权。""人们或许能感觉得到，建筑师们现在自视清高是因为过去他们一直都被看作是总设计师，特别是建筑许可证产生以来，他们的角色一直都未转变。""现在还有建筑师亲自动手造房子吗？建筑工程的大部分都是由建筑公司安排完成，他们使用现成材料即可。但以前，建筑师们需要干很多活。他们不只构思设计，而且还得选择安装哪种门或窗，甚至还可能需要自己亲手组装所有部件。""建筑师往往给自己赋予极大的权力。他们占据道德高地。""他们认为自己对任何事都了如指掌，例如他们认为自己十分了解城市运作情况。他们解决问题，了解一切似乎是与生俱来的。""不理解城市规划和建筑知识的社区建设工作者想要开展工作有多困难？""建筑师们认为自己应该掌控整个过程，至少他们在场时应该做到这一点。但他们的想法并不为人们普遍接受。人们认为建筑师应该集建筑知识、地理知识和规划知识等于一身。""在城市设计中，人们能看到建筑师掌握全局的场面，而且建筑师声称自己应该掌控大局，这一点备受争议。他们将所掌握的知识藏在心里。事实上，分歧从未消失。""虽然建筑师说他们擅长水平思考，但现在他们仍需学习如何成为整合者并且听取别人意见。""有的建筑师说：'我觉得自己的工作面十分狭窄'。""公共领域的建筑师总是很沮丧，因为他们认为自己应该做的是一些更私人化的工作。人们对建筑师的一贯印象是形成这一想法的一部分原因——你之所以在这儿，是因为你在私人工作领域不够优秀。人们认为想要成为坐在办公室里的建筑师，不仅需要顽强的意志，也需要一定的天赋。""优秀的公共建筑师必须能说出这样一番话：'我或许没有那种天资，但是我的确了解怎么建大楼，怎么预算并按时交工'。""景观建筑师是从建筑师中分化出来的一种职业，但他们同样对环境感兴趣——他们更注重生态，并且为人谦和，毫不做作。"

地产开发商

"叼着雪茄是地产开发商给人的传统印象。这或对或错——因为在准公共领域工作时，一般不能抽雪茄烟。""另外一种传统印象是：他们有权有势，傲慢无礼，大腹便便。他们只想挣快钱。""事业顺风顺水时，他们的确能挣到钱。但是许多人都没能成功，因为房地产业非常脆弱。""很多公共领域人士认为地产商是贪婪的资本家，他们将城市变成一片钢筋水泥的世界。相反，开发方则认为，城市规划人员太过官僚，他们阻碍了城市的发展，并不能作出有关城市规划的决定。……在开发商看来，公共领域这群人想要甜头但又不了解企业需求。他们带着光环，趾高气扬地坐等别人供养。"

"开发产业有许多层级。公共有限公司是传统层级。他们强调他们关心大众，想要做到最好。他们认为自己对股份持有者负责。他们不辞劳苦，想要建立一种创新的美好氛围。""但是无论开发者是否将房产用于社会公益，无论他们是否具有公益精神或者是否会酌情低价促销，他们的目的始终都是盈利。""他们对待可持续性也是出于功利考虑，将其视为管理风险的一部分。开发者的目的不是拯救世界，而是考虑到一切因素以便使自己的公司运转良好。""城市触媒或城市斑块是成功整合多种目标的另一种类别的开发公司。""他们并非从事慈善事业。他们善于瞄准商机。真正关心他人还不够，商家必须了解如何在复杂多变的市场环境中运营。""人们有种强烈的想法：房地产是商业、财政游戏。我认识的一个朋友曾说不要再研究你已经付过钱的房产，房地产商给我们没留下什么好印象。""房产的本质就是供给与需求。只不过房产市场的产品是写字楼或住房。只有人们使用你的建筑，你才可能是一个成功的房地产商。所以房地产业必须以顾客为核心。房地产开发商就像是对产品货架情况做出反应的制造商。这些开发商对城市建设并没有什么兴趣，这也就是我们要让他们欣赏城市的原因，因为从长远角度来看，这对他们有利。""开发商是由测量员演变的——测量员需要理解价值并知道如何创造价值。破产就是对不了解经济价值的开发商的最大的处罚。""所以，从某种角度来看，房地产开发商并不是一种类似测量员的职业，而应该对当时当下情况做出准确应对的过程。""同时，他们又被视为剥削他人的赚钱者。但许多开发商认为自己扮演着拯救世界的角色。""一些人试图重新审视自己的所作所为：自己并不只是建筑开发商，更是创造机会的人。这就意味着，他们必须学习诸如团结股份持有者和请教别人的技能。""无论如何，实现大发展都是非常复杂的过程，必须将所有团队集结起来，在经济发展中扮演关键角色。""为了实现这一点，我们的社会召唤一个强大、透明、公正的规划体制。"

其他职业

上述内容大致介绍了建筑相关职业。还有其他相关职业：

经济学家

"常言道：'经济学家似乎看上去会投入实践，但从理论上说他们做了哪些工作？'""经济学家会条件反射地回答：市场运作了。但是市场会产生负外部性，而且经济学家创造了外部性。他们往往认为应对市场混乱不应该采取任何措施，因为补救措施比市场恢复正常更糟糕。"

项目经理

"究其本质，项目经理是伴随工程估量应运而生的。你必须确保这份工作全程按计划进行，避免与工程清单有出入，确保没有出现成本超支，并确保关键路径管理不出差错。时间就是金钱，所以技术指标就是一切，罚金就可说明这一点。""项目经理不是什么有创意的群体，所以他们很可能因时间紧迫和计划日程让好的想法白白溜走。"

社会工作者

"他们干的是消防工作。""他们凝视深渊，非常沮丧。他们融入客户群体之中，对他们的客户心生同情。环境对他们的影响十分深远，并且阻碍着他们前进。"

社区开发者

"有社区开发背景的人同样对其他人有一种偏见，例如他们认为'理事会是国家的敌人'或者'很明显私营部门很受欢迎'，他们以过程为导向。""对社区开发者来说，非专业人士加入他们之中并宣称将艺术与社会目标联系起来，是一件非常恐怖的事情。他们心里想：'这些我行我素的人是谁啊？'他们的工作与其他职业一样需要知识储备。"

文化开发者

"文化人是一个边缘化的群体。""如果你想了解城市发展中的主流文化，那么你就必须了解其他部门的语言。如果我没能掌握教育部门的语言，或者没有在财产分割部门工作，又或者是没有成为工程师或测量师而掌握优先权，那么我现在可能处于弱势地位。""如果你不知道他们从哪里来，你将一事无成。这就像去了法国但是不懂法语一样。""我们需要更多可以跨行业交流的人员，而这恰好是具有文化背景之人的专长。""事实上，大多数职业都有自己信奉的规条，规划师和工程师便是如此。文化却没有可以遵循的规条。从文化中我们可以评估出对某地重要的东西，而且这因地而异。"

大多数规则定在那里，人们出于好意按照规则办事，但这样做便扼杀了灵活性。以复合式影院为例。它的估价只有200万欧元，但是我们却想花400万欧元重修它。对文化产业来说这不是什么问题，因为其价值属于文化的一部分，不仅仅只局限于金钱方面的因素。如果我们以这种方式谈论文化，别人会认为我们是怪胎。当我们打破常规让别人这么做时，这也会带来巨大的挑战。但特立独行的人也有自己的限制。如果别人认为你是疯子，那么他们就不会重视你，这也是我们必须成为主流社会一分子的原因。"

公务员

"公务员自我感觉良好，他们不愿承担风险，但是他们不能破坏良好现状。但责任心是关键。他们初入行时刚正不阿，但之后就走偏了。随后他们就进入管理风险之中，随后他们因为生命充满风险，而放弃追求美好生活。"

均衡的技能

各职业间的跨行业工作使成见越来越站不住脚。诸如再生专家等新群体的兴起。他们的知识面更宽、技能更丰富、任务更多元。但是他们仍不能充分地将洞察融入自己的实践中。

我们仍然处于人人认为自己有理由成为主宰的阶段。每个人以自己的标准来评判时都觉得公正。如果人们有高于自己专业知识的远见并且了解他们专业知识的适用之地，那么知识储备也就显得不那么重要了。如果你想了解一部法律，你就需要找一个律师，你要想确保绝对安全——或者你想要两者之和，那么你就需要一个两者兼备的人。但问题在于他们觉得一切都在掌控之中。在领导尤其是强有力的当地领导带领下，可以建立联系，建筑师、规划师和工程师可以聚集在一起，互相提供所需信息。没有领导力，信息的通道也会堵塞。这或许是肖恩得出精辟话语的原因。他说："各行各业组成了一个阴谋集团，一起对付门外汉。"领导能克服一些障碍，技能组合没有什么问题，问题在于如何将它们协调得更好。大多数专业人员都乐于传递信息。领导过程的出发点应该是做有利于城市发展的事，而不是先规定好发展模式再让人适应。

各行各业经常会返回到自己的初衷。一位由成本会计师转业为房地产经理的人说："我非常善于分析，我会从挑战中分析可能性。我直到死都在分析。"此外，他们的思维受到工作环境和其同辈群体的影响。[20]

每一种职业都有原则——外在形式、结构框架等。规划师做规划，测量师评估成本，工程师从事计算，建筑师构思设计。除此之外，各行各业也在不同的层次进行工作——建筑师注重材料，工程师注重内部构造，而规划师则注重更宽泛的地理环境。但是管制思维模式仍然很重要。管控环节一直以来都为人重视。如果管控环节的周围有正确的文化，那么融合这些管制就是可控的。核心问题在于应该使这些差距得以利用而不是将其当作障碍。更重要的应是让人们想到自己是谁时感到放松并且将这些差异运用得当。你不希望每一个规划师长期规划，你希望能够选出适合的人做适合的工作。这或许要比要求每个人都有工商管理硕士学位更为重要。平衡技巧、专业创造力、分析技巧以及完成能力是你需要掌握的。只要社会、政界和建筑业人们了解经济，以后实现这些最好的方式就是将他们融合在一起。每个人都应该掌握一些其他行业的知识。这对城市设计十分适用，因为城市设计的本质就是跨学科知识。打破常规的要求便是："你应该从抱怨文化之中走出，在更广大、更有雄心壮志的联盟中产生领导力和管理能力。这样的同盟以基于经验的成熟方式激励我们彼此；但过多的挑战则实属幼稚。"[21]

开放的思维与职业

要想了解城市建设以及我们无法全面看待事物或者无法同时看到树木和森林等核心问题的话，我们需要从概念上进行探索。

职业完型

根据完型心理学，人们自然而然地根据特定模式来组织自己的认知观念。认知观念是获取、解释、选择、组织感觉信息的过程。模式是指一种形式、样板、模型，更抽象地说，是一套以特定方式制作或产生某事物或部分事物的规则。（需要记住的是，数学中的规则一直都是正确的，这也就是某些职业有确定性的原因。）每一种职业都以特定的方式感知世界：规划师从空间角度预设或看待事物；测量师测量、估算成本、得出估价；建筑师设计、画图。在其中有潜在的工作模式。"完型"一词是指形成某物的方式，包括放置、组合、形成、塑形。它的结构安排井然有序，拥有特定配置。完型理论学家依据整体大于部分之和的基本原则行事。换句话说，整体（一幅画、一辆车或者工程学科）有别于它的各部分（画笔、画布、笔刷；轮胎、车漆、金属；砖瓦、玻璃窗、抗拉结构）。

完型这一概念促生一系列法则的生成，这些法则可用于指导各行各业运作。其中最重要的一个法则就是蕴涵律（law of praegnanz），该法则旨在使我们以自己的方式、尽可能以良好完型感知事物。这样看来，"好"意味着多方多面，例如，定期、有秩序、过分简单或者对称。其他法则以我们的思考方式指出某种意志选择：闭合法则——如果缺失某一部分，我们的思维会自动搜索形成闭合图像；相似律——我们的思维将相似东西归类；近接定律——相近的事物被看作一体；对称定律——无论相距多远，对称的图像被视为一统一整体；连续性原则——即使思维停止，大脑也会继续形成图形。大脑通过推断法弥补缺失的部分。这些归类和感知通过适当组织、重组以及对既定解决方案的洞察，影响着我们的思维和解决问题的技能。[22]从某种角度上看，用外行人的话说就是：我们知道我们想知道的事。

意识流和思维模式

各行各业都有自己的状态、形式和思维模式。这一完型如影随形。

从上述内容我们可以得出，每一种职业实践都与意识流以及我们看待世界的默认模式即思维模式相结合。当然，其他个人特征也会发挥作用，例如幽默、自信、乐于听取他人意见和待人和善等特质。因此，如果说每一位工程师或医生都有上述特质，不太可能。但是，如果说每一职业都有一种看待事物特定的惯性、倾向或者偏好，是可能的。这些观察、加工、使用技术和实践方法使得具体技术或传统应运而生、得以发展。事实上，正是这种聚焦促生了我们梦寐以求的各学科发展。每当一种固定模式形成，这一模式即得到巩固。

意识流指意识的运转。思维隐匿于固定模式之中。意识流以思维过程、概念、联系和解释为工具，筛选和应对万事万物。环境决定所见之

所有职业都有其如影随形的形状、形式、思维模式、完型

图片来源：查尔斯·兰德利
（Charles Landry）

物，解释方法以及其内涵意义。例如，有人用英语问："S-I-L-K拼出来是什么？"他得到的答案是："Silk。"然后有人问："牛喝什么？"人们经常回答："牛奶。"

思维模式是指人们用以构建自己世界以及基于价值观、哲学、传统和愿望做出实际或理想选择的秩序。思维模式是我们思考和指导决策的快速惯常反应。它不仅会决定我们在自己小小世界中的行为方式，还会决定我们在日益包罗万象的世界中的思维和行动方式。思维模式是我们持有偏见、优先顺序以及理性化的固定总结。

思维模式的转变意味着个人行为的再次合理化；人们希望自己的行为一致——至少对他们自己来说是一致的。重要的是如何让都市职业系统地改变它们的方式，而不是一点一点地改变。

思维转变，是指一个人对自己的地位、作用和核心思想做出重大重估和改变的过程。这是建立在自己足够开明，愿意发生改变的基础上。有时，思维转变发生于个人对周围世界反思观察之后。其他时候，思维转变常发生在外部环境之中；通过危机，施加给个人和团体。[23]

不仅个人、职业或者公司之类的团体有思维模式，社会与历史阶段中也存在思维模式。例如，一个被某种宗教或者道德观念塑造的时代会受到主流思想的影响；同样，一个时代也会受到当时盛行的是非观或科学理论的影响。科学是追求真理的方式，但科学本身也是十分特别的过程。每个时代都有自己具体的科学范式，各不相同，例如历史悠久的整体论——整体论指事物紧密相连。但近期，整体论受到排挤，还原论占了上风。人们对复杂性了解更多也就对这一曾经的主流思想提出了质疑。整体论正是政界宣扬联合一体、互相协调、从整体思考的原因。如果政府强行对根深蒂固的科学知识发出挑战，那么其培养联合一体思想的目的就只能实现。然而，还原论的影响体现在那些正处于自己职业巅峰的人，他们的能力可能是在20年前或30年前建立的，所以还原论思维模式在他们心中根深蒂固。我们得出，我们应该既注重部分也注重整体。但遗憾的是，我们总是落后于时代，才了解什么是时代所需。

还原论的弊端

还原论是指对组成系统的子系统（例如建筑、空间规划、社会问题）进行描述，从而得出对整体（某地或城市）描述的方法。但我想说，这样的话，会忽视子系统间的关系。还原论者认为各部分是独立的。许多人认为还原论这一方法并不实用，以强大的"层创进化"（Emergence）这一概念为例，该理念更注重系统而非局部以及各部分之间的关系。

还原论的影响在于我们能很清晰明了地感受到它。例如数学公式就是简单易懂的事。除极权世界之外，在其余地方2+2=4！但是，如果我们将简单化外延到诸如城市这样的"鲜活有机体"的话，简单化也会成为危险。

"层创进化"（Emergence）这一概念十分有用，因为它可以形容诸如地点这类事物的变迁、流动或者演变。它关心一个系统（如城市）的哪些部分可以联合作为却无法独自行动。例如，集体行为可以被描述为只有集体概念。显而易见，恐慌、同时喝彩或者法西斯主义的崛起不是通过个人实现的。层创进化探究的是集体的财产、议题或问题如何因住宅、商店或者写字楼等这类个体财产而产生。

因此，当我们思考什么出现时，我们在不同的有利位置移动。我们同时观察树木与森林。我们了解树木与森林息息相关。要做到这一点，我们必须既重视细节又忽略细节。诀窍在于：考虑森林时，要先了解我们观察树木时，众多细节之中哪些是重要的。通常，人们想到的既不是树木也不是森林。当人们来来回回看树木和森林时，也会注意树木与森林联系的一面。都市中的例子就是同时观察房屋与街道或街道与城市。

钥匙也是一则实例。钥匙的结构特殊。但是通过描述钥匙的结构不足以告诉别人钥匙可以打开大门。我们必须了解钥匙和锁的结构，并且必须有门的存在。

重要的一点是，当我们孤立看待事物时，我们寻求真理。但是，在评估地点之类的事物时，相似性或部分真理的概念更加合适一些，对于研究复杂系统也十分重要。[24]

职业与身份

这一讨论与职业有什么关系呢?

无论是部落、群体、家庭、社区、城市还是职业,人类社会的某一部分都想要从属于更大的社会整体。各行各业通过与其他职业区分并产生归属感来创造自己的身份。职业身份的产生只能通过专业技术、规则、规范与业内认可的行为方式才能加以区别。因此,部落文化不言而喻:"我是一个规划师,所以我不是建筑师和社会工作者。"一些人可能会争辩说,职业的区分和差别是指其精准和效益的功能不同。但事实上,我们会对某一职业产生嫉妒心理。在某一职业中,最保险的还是遵守该职业中的各项规则,不要模糊界限。界限模糊会威胁到职业身份,还会导致各种防备系统启动。有人说这是浮士德协定,即限制部分创造自由以示互相尊重和支持的"同盟情义"。所以即使我们认为"自己的一些言行"并不太理想,也仍然会支持它们。

这一过程可见于传统医生和辅助医学的关系之中。最初对后者的反应是与"我是一个训练有素的医生,所以我知道这种辅助药物可能是一种安慰药剂。看来双盲测试不会起作用"这句话相伴相生。这就是一种摆脱威胁的方式。对于这一点,其他执业医师的反应是:"无论在什么情况下,这都不是检查我工作的适合方式。"而且,鉴于传统医生一直以来对替代性药物的兴趣,他们会说:"我最好再对这一药物再多了解一些。"

大多数职业想对某事加以辨别,将其置于一定的框架中,给它命名,排除其他不确定因素然后加以衡量。但生活并不是如此——人们需要面对不确定性和复杂性,但事实上,许多事情并非完全真实。这改变了职业景观,而且,传统的职业观点并不适用于新的世界。这是一个关于城市打造、用地建设、可持续社区和城市主义的新世界——所有的这些都力图描述一种更为明朗的方式用于处理事务,而不只是局限于道路修建、房屋建设或土地利用规划。它不同于只有"建造用地"这一种作业的世界,这里有擅长改变事物的公路工程师。实际上,当专家们有机会在一起工作并为用地建设或构筑城市出一份力时，他们往往会认为用地建设或构筑城市更能激发人，更能令人获益匪浅。构筑城市比修建道路更让人激动。在这样的转变中，没有人会指责这些职业的技术能力，反而会因其与其他职业之间缺乏合作而产生不满，而这种合作目前还并未成为构筑城市行业的一部分。重要的是，专业人士的技术足够优秀并且他们也愿意参与到相关作业中去。目前，在这件事情上，职业安排可能会出现功能失调的情况。因此其他人的批评也就更加尖锐了："这些专业机构太讨厌了，总是以自己那狭隘的目光看待工作。""他们太没有挑战性了，这表明他们根本就不支持采取新的议程。""很少有人对自己的职业有一个更加宏观的框架性的认识。""我已经不再看房地产以及其他行业的新闻了，它们矫揉造作又自吹自擂。""《复兴改造》是一本很好的文摘。它不是代表一个职业团体，所以并不会只注重自我利益。""我们需要能够超越自身利益的职业。""这些职业并不是关于解决职业问题的，这就是为什么那么多外人会成为创新者。"[25]

绩效文化

政府关注于绩效文化，注重具体的目标和输出，这加重了上文提及的许多顽固现象。在这样一种文化中，依照相应的联合思维和整体思维的这一标准是唯一安全的测试。但是一旦太过于强调标准，也就失去了独特的适应能力。长期下去可能会逐渐开始自我破坏，因为绩效文化一直在为已获得同意的标准而努力，并没有能力改变什么。没有人会指责内在的规范。它加强了专业人士的感觉，使其遵守规则。代替将规则作为背景或行动指南，内在规范成为了进步之法。绩效文化也会削弱做出判断的能力。例如，一个像每平方英尺成本这样的对象，除了其本身外并没有更多的参照物，所以就更不用提温暖和舒适了。这样的焦点关注增加了风险规避，减少了模糊边界作业和连贯联合作业的可能性。

扩展界限

有趣的是，城市设计这个将建筑环境和人结合起来的学科，在英国却没有专业的机构。尽管城市设计联盟（UDA）可能会威胁到专业机构的身份，但是它在8年前成立时依然很受政府欢迎。虽然本质仍为实际用地建造，但它所追求的是以一种新的方式以及更为开阔的眼界来看待专业化。城市设计联盟认为，所有的职业都应精诚合作，比如一起培训。在英国，可持续社区研究院（ASC）提出了一些议题，而且还将会给诸如城市重建或城市主义这样的议题设置表彰制度，但城市规划则没有类似待遇。另外，由政府设立的国家规划论坛（NPF）也有类似的扩大视野的目的。城市设计联盟和国家规划论坛都设有轮值主席——不同的职业会轮流出任。规划师、建筑师以及其他人士在国营部门、私营部门和社区部门之间流动很可能会打破知识的局限性。具有讽刺意味的是，当越来越多的人开始明白自己在做什么并展开交流时，人们对各个学科的尊重才可能会有所增加。

而其中所暗含的开放性与领导艺术密切相关。例如，吉姆·柯林斯（Jim Collins）[26]在《从优秀到卓越》里说，领导力分为5个层次。第5层的领导人引导其自我意识远离自我，并且更倾向于有更大的前景，建立一所大公司。就如哈利·S.杜鲁门（Harry S. Truman）曾说过的，"只要你不去在意谁会获得荣耀，那么你就能完成生活中的任何事情。"而这里的对等就是城市设计联盟或国家规划论坛的各项目标。因此，"后现代职业并不是纯粹地为了职业本身。"[27]

价值观是城市建构的一个关键因素。价值观是无法回避的，因为它们会有意识或下意识地融入任何一个用地建造项目中。例如，伸向街道的开放性结构反映了我们我们对待"透明"的态度和看法；荷兰人晚上不拉窗帘的现象反映了原始的加尔文主义观点，即我们没什么可隐瞒的；相比之下，办公楼那令人厌恶的反光玻璃则散发出一种权力感，让人难以亲近。

有人认为，英国现在很善于劝诫并给出好的实践指导。它在建立如城市设计联盟（UDA）等联盟方面也是很有成效的。除了制造出有用的声音之外，这些联盟并没有实现其已确定的可以衡量成功和失败的项目。因此，他们并没有转型。他们代表的是支持方。雷蒙·恩温（Raymond Unwin）和他的田园城市被认为是一个反例。恩温和他的追随者们打造了一些被推崇为未来生活典范的城市——如韦林田园城市（Welwyn Garden City）和莱彻沃思（Letchworth）。这清楚地彰显出提供技术专业知识的决心、价值观和方法。

新城市主义大会（CNU）[28]就是一个当代的例子。有些人认为它的关注点比较狭隘，但是作为一个有着可能与自身观点相悖的价值观和原则的团体，它仍是一个很有趣的例子。他们试图加深对于如何以价值观为导向继续前行、如何跨职业运作以及如何挑战规范的理解。新城市主义大会是一场运动，是国际现代建筑学会（CIAM）声明的榜样，无论你的观点是什么，这份声明都是一场有志向的关于原则和实践的宪章运动。要提到的另一个例子就是城市土地研究所，虽然其背景也是开发社区的一部分，但它在提供跨部门学习模型和训练方面有着强有力的贡献。

英国政府希望可持续社区研究院能有一个类似的宪章，不仅仅是关于好的实践或愿望，也能明确预期，这样才有可能吸引人。

而规划将会与过去有所不同——它将会是一个更加全面的过程。不久之后，仅仅进行土地利用规划的想法很可能会行不通，而依赖技术规范运作也会不可行。我们很可能会加入新的见解，如心理素养和文化素养，而且也将引入新人并进行商谈。我们正从简单磋商向积极参与转变。完全展开规划领域的这一转变范式需要时间。它不会以一种顺利、舒缓、正常的方式进行，在这一过程中，会有争论和反抗、斗争意志、时不时的愤怒以及令人愉快的意外惊喜。障碍会出现，尽管从长远来看，其中一些障碍可能不失为机遇。从仅仅提供咨询的"参与式规划"到融入其中的"融入式规划"，这一转变将会让我们超越习以为常的无力的咨询程式。规划业应将这一刻视为自己的机遇。

这一转变强调了民主的必要性。民主会产生问题，处理事情需要更多的时间，一些愿景可能会被剥夺，或者，专业人士需要在领导力方面更有说服力。但是我们必须得有民主，特别是在本土地区，因为如果利用我们的创新能力和想象力去对待民主，现场效果可能会更持久一些。

边界从多个方向延伸至打破孤岛。种种方案和术语都表达了这一点。当试图捕捉一种整体感和关联感时，每个方案和术语都各有优缺点。

英国政府仅仅关注住房。与之形成对比的是，巴塞罗那对公共空间的利用（见后）。英国政府既不关注城市的全球竞争力，也不注重核心城市在英国以及其所在地区的作用，更不关心城市的经济基础；欧洲其他地方也存在类似问题。

"用地建造"试图让我们不再聚焦于地点、位置和交通，好似这些孤立的存在可以造出"一片用地"。"用地"这个词很重要，而且被赋予了积极的意义。"地域感"囊括了各种实体、环境以及活动因素。地域感以这些地方人的感知和经验为中心。地域感强调品质、优秀的设计以及目的适用性，将共享的公共领域作为连接组织，其中的建筑物、前庭和街道自成一种模式或拼图。它关注包括文化和社会效益在内的集体技能和技术，而这些则需要通力合作，让这些地方成为可用之地。尽管用地建造有一个设计重点，但也会自问："如何通过设计和布局促进社交互动或经济往来？"与城市设计不同，它所追求的是将所有的元素协调成一个可行的整体，所以它强调的是对城市居住生活的关注，而不单单只是关注城市建筑。

"城市主义"描述了一幅更为广阔的前景图。它以一种更加丰富的方式帮助我们了解城市动态、资源和潜力。城市素养是指通过了解城市主义"阅读"城市并理解其运行方式的能力和技巧。有人认为，城市主义可以变成"城市变化学科"，而城市素养则是一种与之息息相关的基本技能。只有以不同的角度看待城市，才能全面地理解城市主义。通过将许多学科、深刻的见解、看法和解释方式重新配置并联系到一起，才能理解城市生活。用多元化的视角看城市，从经营理念到改变单调等各个方面隐藏的潜在可能性才会显露出来。然而，在传统上，关于城市主义的话题一直都是由建筑师和城市设计师主导的。城市主义提供了创新城市战略和决策的原材料。它需要一套横向的、批判性的以及综合性的思维品质和核心竞争力，表现在洞悉文化地理学、城市经济和社会事务、城市规划、历史和人类学、设计、美学和建筑、生态和文化研究以及权力的配置。

每个学科都贡献其帮助理解城市复杂性的独特特性、传统和着眼点。例如，文化研究和人类学带来对传承下来的思想、信仰、价值观和知识形态的理解和诠释，它们组成了社会行为的共同基础，并通过质问和解码符号世界（语言、故事、电影、音乐等组成的世界等））来得以丰富。社会焦点有助于揭示群体动态以及社会和社区发展过程，而经济学则认为金融和商业因素推动了城市转型进程。文化地理学帮助阐明了城市的空间、位置和地形模式，而设计和美学关注的则是外观和感觉。心理学在城市环境中完全被小看了，在城市发展和人们对环境的感觉中，它提供了情感因素。最终，规划以及其他建筑环境行业贡献出了技术工艺以及成套的规则、规范和惯例，帮助贯彻从不同形式的知识中所获得的见解。

洞察力和转型

诸如"可持续社区""用地建造"和"城市主义"这些概念的真正力量主要来源于对各个学科、额外的洞察力以及通过协同作用获得的知识的整合。而其中的许多都将源于新的看法，如对经济学的文化认知、对运输的空间规划或对地理学的心理洞察。另外，也有可能创建联接，将电信和运输或土地利用与社交网络策略结合起来，那么毫无疑问就可称为通信规划。不同专业领域之间的政策交叠是"打造魅力城市艺术"的核心。如前所述，评估各个学科后可能导致在运行城市的过程中出现一些很有意思的任命——某位环保人士被任命为运输负责人，经济学家成为社会事务领导者，历史学家成为实际规划负责人，或是社会发展专家要去处理文化事务。

多年来，我曾问过无数人，就态度、品质和特性而言，他们尊重或欣赏谁，认为谁是城市的构造者。在职业素养方面大家的回答有着惊人的一致性，而且现在也成了打造城市的重点。这些答案可以概括如下：

- 有跨界和横向思维的能力。
- 能够指出一种职业地位的本质，并且能够看出它是如何与其他方面产生关联的。
- 能够开放新思想，并勇于实践。
- 拥有开放性的思维，愿意倾听其他事情。
- 能够倾听并学会倾听。
- 接受建议和挑战。
- 能够发现他人的优点，和他人一起讨论并发表观点态度。
- 了解自己所要构建的地方，行走在街道时就能想象出它将来的样子。
- 视角看法要与现实主义相结合，从经验中获得耐心和动力，注重细节，有看透事情的韧性。[29]

这些技能并不属于特定的行业。某些建筑师有这些技能；某些规划师或工程师以及城市职业以外的其他人也会有。值得注意的是他们对"开放"和"其他职业"的看重。这与吉姆·柯林斯（Jim Collins）在《从优秀到卓越》中所阐释的关于领导力的新兴概念不谋而合。

值得注意的是，这些行为楷模从一开始就非常有经验。他们的知识面很广，以前经常参加各个学科的大学考试，从自然科学、社会科学到语言类学科。他们是大学生，经过专业培训，随后扩大自己的知识面，将英语与社会管理、规划相结合，或者将政治与经济、工程学相结合。那些早早地就有了专长的楷模们经常进入各个领域发展，他们走的不是专业路线而是利用各种各样的经验，将这些经验带入打造城市作业中去。这就是人们似乎很崇拜的横向连接技能。

在寻找对城市有突破性思考之人时，值得注意的是能有多少人不是城市专业人士呢。布鲁内列斯基（Brunelleschi）设计了佛罗伦萨的圆屋顶模型，他既是一位金匠也是一位雕刻家。在进入建筑学领域之前，克里斯托弗·雷恩（Christopher Wren）是一位科学家和天文学界教授。埃比尼泽·霍华德（Ebenezer Howard）是一位速记员。刘易斯·芒福德（Lewis Mumford）和简·雅各布斯（Jane Jacobs）是记者，两位都是出色的观察员，并忠实地描述了真正的地域以及对它的理解。这表明，真知灼见往往来自对城市发自肺腑的、投入感情的爱。有这么多人已经本能地对用地、可持续社区和都市生活进行了了解和思考，并且能用他们在自己所在领域获得的经验绘制了线路。当然也有很多反例，比如大卫·伯纳姆（David Burnham），他在成为规划师之前就是一位建筑师。

拥有什么样的条件才更有可能成为一名思想和行动上的领导者呢？这需要允许一定程度的浪漫和热情与平凡的常识和强有力的价值观念相配合。理想的领导力应扎根于地方和社区；并且需要有组织地慢慢地成长起来。然而，有一批新的市场开发人员以及一些主流人员甚至是行外人，他们已经成功将其目标配合了地方的愿望，所以也就扩大了地方做主的感觉。

今天我们允许并赋予了咨询人士太多的责任、创造性思维和规划。在世界各地，大城市都已被掏空。这将会创建一种让人感觉很有压力的分包领导模式。咨询人士应该更像一个挑剔的朋友而非提供答案之人。

城市打造中的盲点

在打造城市的综合艺术中有一连串的盲点。它们的效应导致人们失去洞察力和理解城市运作方式的能力。从长远来看，这将造成经济和社会损失并产生消极的副产品。

我们已经对感官鉴别的缺失进行了广泛的概括。而知识缺失所在的另外5个非常重要的领域是：

◆ 情绪；
◆ 环境心理学；

- ◆ 文化素养；

- ◆ 艺术思维；

- ◆ 多样性。

它们都需要对人和社会动态有深入的了解。批评者会抱怨，"哦，不需要考虑其他因素。我们只承担了可持续社区、多样性和性别议题。"然而这些想法仅仅只是开明的常识。有两种基本方法：第一，通过调整培训计划或依靠专家的帮助，考虑将这些知识融入现有的学科中去；第二，专门引进专家，使其成为团队的一部分。

情绪

情绪左右着我们的生活，塑造了我们的可能性，决定了我们对环境的反应以及对未来的看法。然而，你是否曾读过一份从情绪入手或者甚至是以情绪为参考的城市规划呢？"我们的目标是让市民们快乐。""我们想要在我们的城市里创造出一种欢乐和激情的感觉，让你对自己的住所产生爱的感觉。""我们希望鼓励灵感和美丽。"在城市话语环境中很少能发现这样的情感。然而，奇怪的是，虽然情绪是人类存在的一个显著特征，但在打造城市的讨论中并不存在。相反，普遍的可互换的词汇和概念衍生出了一种无趣的没有感情的语言，这种语言是由绩效左右的——战略、发展、政策、结果、框架、目标——给人的感觉是空洞的，没有参考点的。对于城市领导者来说，不用其中的任何一个词汇来描述其城市目标是一个很大的挑战。

1995年丹尼尔·戈尔曼（（Daniel Goleman））出版了《情商》（*Emotional Intelligence*）[30]，集合了在大脑研究开发领域的大量成果，在了解人类活动方式上取得了非凡的进展。戈尔曼强调情绪的向心性。虽然大多数人都已经直观地理解了这一向心性，但是现在又得到了实验证明。这本书与杰克·迈耶（Jack Mayer）、彼得·沙洛维（Peter Salovey）以及大卫·卡鲁索（David Caruso）的著作一样，已经促进了我们对情绪在处理生活上的作用的理解。

　　《情商》关注两大领域。首先是人类的能力，如自我意识、自律、动机、毅力、同理心和社会技能，它们在生活中比智商或技术技能更为重要。（而且这些智力形式是可以学会的）。第二，似乎有8种基本的情绪。其中有5种是与生存相关的：恐惧、内疚、愤怒、悲伤和遗憾。其他3种——兴奋、喜悦和爱——让我们紧紧团结在一起，而且也并不是为了生存。第9种关键元素是惊讶——这种震惊情绪可以转化为恐惧或兴奋，这要取决于环境。安全、安定和探索之间的平衡存在于这种情感互动之中。就如同无边的恐惧是不会一直持续下去一样，兴奋也是如此。虽然情绪和情感可以互换使用，但二者是不同的。所有的情感都是情绪的混合体——如同一个调色板。有证据表明，这些情绪不仅是跨文化的，而且还适用于整个哺乳动物界。

　　它们是如何与打造城市相关联的呢？正如我们可以测试一个人的情感系统一样，任何用地建造项目都应该开始于"感觉怎么样"，而不是"它是否符合一个特定的标准？"后者与人类的生活条件无关。如果一个人可以利用情绪，那么这些用地也会变得更持久耐用，也更加可持续。比如，虽然说黑暗会引发恐惧，但是有了消除恐惧的刺眼的钠光灯还是会让我们害怕，是因为钠光加重了黑暗与光明之间的对比，给人阴冷的感觉。相比之下，柔和的灯光会让人感觉很暖心，这不失为一个更好的解决办法。高楼大厦会让人感觉压抑，就如摩天大楼会让人感觉一切超出自己控制一样，从而令人产生恐惧和阴冷的感觉。高楼让人感觉无力，让我们失去用以应对这个世界的身份感。因此，具有抚慰性特色的高楼将可以平衡某一景象或畏惧感引发的刺激感。例如，通过绿植构造出来的软肌理就是这种具有抚慰性的特色。有趣的是，主题公园旨在通过减少恐惧、触发兴奋的控制方式来平衡情绪。

　　与主题公园形成对比的是大教堂。当可能的压迫性的感觉与秩序和结构感保持平衡时，即便是没有宗教信仰的人，他在面对一座中世纪教堂或清真寺时，心中的敬畏感和庄重感也会油然提升。另一方面，如果现代教堂不能将一个人提升到不同的存在状态、归属状态和想要被依附的状态，那么就会让人感觉它像是一个社会工作者聚集地。依恋是一种基本的人类情感。人类大脑似乎是本能地需要一个我们可以称之为"精神"的层面——某种高层次的对称体。但是我们却没有同等证据定位到它在大脑中的位置。它是一种常见的跨文化反应，会触发某种可能感和整体感。这些知识大部分都是直观的。直觉虽然常被指责不科学，但实际上它是一种需要通过反思经验得来的高度发达的敏感性。人们凭直觉感知哪种类型的地方会大热，当这些地方流行起来之后，他们就会用实际行动来支持自己的直觉。他们可能无法解释这样的原因，因为他们的直觉不够自觉，也并未受过培训。此外，由于直觉在打造城市中毫无地位可言，所以人们不得不告诉自己接受与自己直觉相冲突的自然环境，而不是相信自己的判断。我们忽视了从根本上相信自己的判断的能力，弱化了自己的判断。

关于情商的讨论同样还强调了这样一个事实，基于情商的能力在领导力和一般性能上比智力或技术技能有更大的作用，而且个人和组织都能从这些能力中获益。在《原始领导力：情商的力量》中，丹尼尔·戈尔曼（Daniel Goleman）、安妮·麦基（Annie McKee）和理查德·E.博亚齐斯（Richard E. Boyatzis）概述了5大要素："自我意识"，即识别和理解他人的心情、情绪、动力以及它们对其他人的影响的能力，从而进行准确的自我评估增强自信心；"自我调节"，即控制或改变具有破坏性的冲动或情绪、倾向于保持怀疑态度的能力，从而进行自我控制和自我适应；"积极性"，即对某种事物（比如城市）的激情，它超越了金钱或地位并且倾向于用活力和毅力追逐目标；"同理心"，即理解他人的情感构成并掌握根据情绪反应对待他们的技巧的能力；"社交技能"，即处理关系、构建关系网以及找到共同点建立融洽的关系的能力。[31]最后两个要素的核心是耐心倾听。

环境心理学

环境心理学衡量的是物理和社会环境对个人和社区的健康和福祉的影响。这个学科有着丰富的历史，可以追溯到50多年前。大量证据如下：

- 丑陋的有害影响——可能是一座建筑、廉价的材料、糟糕的城市设计或是城镇景观规划；
- 美丽的补养性作用，即便是在一个对美存有争议的社会中；
- 杂乱的符号和信息过载对人们的影响；
- 在安全感方面，城市环境中的混乱所造成的令人眩晕的影响；
- 尤其是当路面太窄时，被城镇景观所征服的感觉、知觉高度的影响；
- 建筑物的沉重感和笨拙感的影响；
- 无边的宽阔的柏油马路环绕着或者向四处延伸的影响；
- 心理地理是如何决定幸福感的；因此人们的情感会被道路、壁垒和障碍所影响；
- 高速公路通道（例如在伯明翰的"复式公路枢纽"）或是正在建设中的立交桥的影响；
- 对泥土和垃圾的感觉，以及随后的缺乏环境保护的影响；
- 还有噪声的影响以及汽车大军的影响。

　　显然，美与丑都是相对而言的，但两者的范围也有令人惊讶的重叠部分。人们常常宣称：与现代设计相比更喜欢传统的设计，这通常被视为是20世纪60年代许多住宅设计失败的原因，[32]但实际上其原因很复杂。其中一个原因就是变化速度的影响，从而导致了风险意识无处不在——而任何现代化设计都是有风险的。更令人担忧的是我们的发展观念以及认为科学技术可以解决任何问题的傲慢自负的态度。在这种背景下，过去和怀旧情绪似乎成了安全、舒适的避风港。尝试可能更适合人居的新设计似乎就会令人生畏。

　　依据人们年龄、阶级、地位和收入的不同，对于美学和优秀的设计的理解也有所不同，被认为是丑陋的东西往往各种各样。但不足为奇的是，经过精心设计的、美丽的高品质自然环境所产生有效影响总能让人感觉到精神振奋、倍感关怀，压力感和对犯罪的恐惧感也有所减轻，社会融合感提升，对未来的希望、动机和信心也有所增加，因此变得幸福。"自然环境也有类似的修复效果。"

相比之下，丑陋的环境会增加犯罪和对犯罪的恐惧感，并且导致压力、破坏公物、不修边幅、抑郁、隔离、孤独、毫无价值、缺乏抱负和丧失意志。虽然在某些情况下，社区精神会非常强势地取代这些劣势，但是这样的结果会形成一个每况愈下的恶性循环，降低就业的可能性，减少社会资本和社会关系。那么，对于建筑师来说，一个核心的问题就是："你的建筑怎样才能有助于建立社会资本？"

其他方面也存在类似的情况，例如，噪声达到一定程度会让人停止谈话、变得沉默寡言；缺乏高品质的环境会让人感觉穷困潦倒；过多的私家车会让人感到窒息；宽阔空旷的柏油或混凝土马路会让人抑郁。

每个现象里都有人们在心理上所能够承受的变化临界点。比如说，一间酒吧的名字在几年内改了3次，人们会受到影响但还可以接受。在物理空间中，通过社群或同伴安定下来是关键。有趣的是，当决策顺其自然并符合当地文化时，变化和差异更容易被人们接受，而文化也会因此成为中坚力量，而不是抵御的盾牌。所以通过协商程序来处理和彰显这种"文化的东西"比我们想象的更为重要。

这将我们带入在城市建设中消失的第三大领域——文化素养。

文化素养[33]

文化素养是指对某一地区文化的阅读、理解、评估、比较、解码以及寻找其意义的能力。文化素养使得人们想要弄明白对于当地居民具有重要意义的东西。我们在动态中更好地了解城市，更加了解自己的所见、所感、所闻、所听，更加了解城市景观的造型以及它们出现的原因。我们在城市的运转中感受它的历史——那些地方的历史名称与谁颇有渊源，这样取名有何用意，这些资源将被如何用于未来的城市建造？我们也许会承认，类似市场这样的设施的布局，往往是第一眼看上去非常混乱，但它实际上却是认真考虑的结果。钢铁厂的显眼标志与标识价格上涨或下降的符号都能让我们发自内心地去感受这个城市的经济。我们发现城市经济转型的社会后果，比如，当

"低价值"的用途（如廉价的孵化单元和艺术家的工作室）被"高价值"的用途（如零售商店）所取代。这里我们得到的是非常明确的经济方向的视觉线索。我们欣赏美学符码，因此我们理解颜色的含义、建筑物的风格以及他们的外观。有文化素养的人会下意识地被广告的象征意义所"训练"，能够凭直觉感受到并解释各种各样的城市特质和标识符——例如一个店铺的目标群体是谁，什么吸引人，什么遭人排斥？

　　文化关乎我们是谁，它是我们的信仰、态度和习惯的总和。它可以体现在传统的行为方式（谋生、吃饭、表达情感、出人头地）中，或体现在城市环境（人们在公共场合的行为）中。一些文化礼节随着一代代人的成长而进化、演变，比如街头蓝调和在意大利或西班牙傍晚的散步。每一种文化都有它生存的准则和预设，而在这些习惯行为的底层，总有期望。例如，什么样的亲密行为或感情在公共场合被认为是适当的。这可能决定我们将如何组织空间或道路标志的图示，这些虽然正在走向国际化，但也有其地方特色。文化创造文物，即人们将要制造或已经制造的对自己具有特定内涵的事物。它们点缀了城市，具有代表性的就是在主广场上或政府大楼前的过去领导人的纪念碑或英雄纪念碑。[34]圣人或神灵的宗教纪念碑是占有首要地位的，特别是那些代表占统治地位的宗教的纪念碑。在大多数现代城市中，文物可能等同于坐落在市中心的办公大楼前象征企业资本的财富与权力的亨利·摩尔和亚历山大·考尔德的雕塑。文物的含义随着时间的推移而变为历史演变的新解释。

　　文化需要经济、政治、宗教和社会机构来提供和执行有规律、可预测的行为模式，使之得以加强和复制。经济、政治、宗教和社会机构这些都被战略性地部署在城市中，引发人们的敬畏或尊重。想想锡耶纳的田野广场。在中世纪以前的欧洲，一个城镇的市政大厅或市集广场的布局一直主要由民间机构、市政厅、公会议事厅、大教堂或学习机构组成。它们分别代表了四种权利：政治、经济、宗教和知识。这些权利的集结现在仍然遍布整个城市。文化框定了它们的行为和关联方式。社会结构由此形成——我们在人群中的举止、如何进行眼神交流，我们需要多少私人空间以及我们应该排队上公交还是直接挤上去。[35]

我们的文化塑造了我们创建和打造自己城市的方式，从物质实体层面上来看——从路边设施的设计到标志性建筑的设计——再到我们如何看待自己和这座城市。所以，一座城市社会经济发展的范围、潜力、风格和进程都是由文化决定的。作为一种文化，如果我们更加封闭思想或有强烈的等级观念，且关注传统价值观，就会使我们的文化僵化，可能会更难以适应重大变革。它可能会使不同人群的交流更加困难，也可能会阻碍国际贸易或旅游，因为交流和想法的自由流通可能会产生障碍。它还可能会阻止解决各种问题的交融性伙伴关系，而后者在当下被认为是推进社群进步的主要方式。它也可能抑制发展一个有活力的、被授权的小型商业部门。

相比之下，如果我们的传统观念重视宽容和开放，那么它就会更加容易适应新世界。那些能够分享理念、吸收别人观点的地方就能够更有效地融合分歧。这并不意味着他们的文化被融合——身份认同还是由你来自哪里而形成的。然而，足够的相互影响和逆向影响随着时间的推移而合并、混合，创建出一种特殊融合的、动态的身份，而不是一个僵化的外壳。

这些关于如何管理生活的观点并不是偶然发生的，它们是对历史和环境的回应。如果我们的文化尊重努力工作和承担责任，那么结果将不同于那些认为别人会为你作出决定的观点。如果一种文化思潮认为没有人可以信任，那么，合作和伙伴关系就很难形成，官僚主义就可能广泛存在；相比之下，信任度很高的地方，法规的作用就很弱。从已历时几十年或几个世纪的专制统治过渡而来的社会不会在一夜之间轻松进入民主。因为民主国家本身的民主制度也是耗时良久才确立起来的。

这些过渡需要几代人的努力才能完全实现，同时，在依靠更有序的规则和常见的礼仪准则解决一些不确定因素之前，腐败通常会盛行。城市就是不同的公众可以聚集在一起共同创建一个市民领域的地方——市民领域是一个自信的市民社会维护规则和正义的先决条件。在这里，市民身份比民族群体、宗族、部落、宗教、党派或干部忠诚更为重要。重点强调市民身份的文化和社会，可能比那些依据血脉和传统忠诚划分的文化更有弹性、更灵活，更能达到最终繁荣。

我们所提及的一个地方的文化，不论是一个村庄、一个城市、一个地区或是一个国家，都是历经考验后幸存的部分。它是被留下的部分，是在经历了跌宕起伏的争论后被认为很重要的部分，时尚的变化无常以及对有价值之物的讨论已经过去了。文化是对环境、地理位置、历史和景观的反映。生活在定期会因边界问题发生战争的地区的人们会比那些稳定地区的人们更加多疑；港口城市往往是开放的，因为随着时间推移，大量人口会涌入；一个因为它的资源而带给它好运的地方，可能会给人慷慨大方的印象。

一个地方的具体情况和这些情况所呈现的问题和机遇，会激发一种文化去寻找自己独有的解决方案，比如：如何节约用水？如何从环境中获得支撑体力的食物？如何确保食物是有益健康的？如何制造使用可得材料、适用于特定环境的机器？如何维护机器？如何回收废物？如何保护自己免受天气变化所带来的侵害以及如何治愈疾病？如何顺应天地之间那些未知的力量？如何庆祝好运以及如何面对痛苦、表达悲伤？这就是我们所称的地方特殊性，这是一种有力量的资产和资源。蕴藏在它的社会和经济资本中。

这将人们置于某个特定的地方，拥有一些无形的东西，比如对他们的世界和外部世界的观念与看法；对某些事情或礼仪的爱好；更高品格和精神的角色和重要性；对于是非对错的道德准则和伦理地位；重视我们的判断，比如认为什么是对的、美丽的、令人满意的或什么是丑陋的、错误的，以及我们对如何解决问题、执行工作、整理自我和管理业务的态度。

一种文化的价值观留下有形的标识：建筑物是对天气、财富和时代精神的反映；建筑物的质量、设计、风格或宏伟壮观的程度反映了有权势者的价值观和癖好；穷人的房子建得怎么样在很大程度上取决于他们被赋予了多少权利；代表着权利、礼仪和崇拜的场所反映了政治和宗教的地位；文化类的建筑，比如从更虔诚的时代留存下来的博物馆、图书馆、剧院或美术馆，从外观就能看出来它们要求顺从，它们似乎在说"来我们的圣地吧"。然而，更多现代的民主建筑表现出亲和与迷人，风格也更加透明。这反映在它们所使用的材料上，也许一个用的是花岗岩，而另一个用的是玻璃。

同样，工业景观与文化之间也是相互塑造的关系。工业时代最好的工厂映射出制造业和生产的骄傲，而最差的则映射出对工人的剥削。污垢和污秽往往同时存在，还伴随着闪闪发光的机器未加工的美丽。文化将它的触角延伸到我们生活的每一个角落：我们如何购物，商店、市场和零售店的外观是什么样的？我们如何消磨空闲时间，公园、林荫道和避难所是如何分布的？我们出行的方式是怎样的，我们更喜欢公共交通还是私人交通？最重要的是，我们在哪里以及怎样生下我们的孩子，又是怎样埋葬逝者的？这些列举是无穷无尽的。

当我们从文化的角度看一个地方，同时，我们也是有文化素养的人，我们立即能看到关怀、骄傲和爱是否存在，或这里有没有希望幻灭、漠不关心和解脱。我们不需要知道细节也能看到，腐败和诡计是不是这个时代的准则。有文化素养意味着了解一个地方的各种细节，对于一个人来说什么是重要的，他是如何表达的。没有这样的理解，我们就像是盲人在走路。所有这些都能被学到，通过关注、观看、仔细观察并找出事物为什么以及如何按照他们的轨迹运行。评价过去，从而了解过去如何塑造了现在。

在备受关注的改革时期，欣赏文化甚至更加重要。因为恰恰在这个时候，文化更需要被吸收、消化和适应。被认同的文化能够带给人前进的力量，即使文化本身不得不做出改变。然后，文化变成了支柱力量，成为能够让变革更轻松的反作用力。自信心是创造力、创新和革新的关键。当文化感觉受到威胁或变得弱小，或另一种文化叠加在它身上，它就会缩回自己的壳子里。这时候文化就变成了一个防御盾牌，不接受改变、想象力和创造力。

艺术思维[36]

占据现代世界主流并导致其萎靡的狭隘的效率观和理性观几乎与艺术创造力所推行的价值观完全背道而驰。

前者的世界观可以用这些词来总结，比如"目标""目的""焦点""战略""计算""可衡量""可量化""合逻辑""解决方案""高效""有效""经济概念""有利可图""合理"和"线性"。与此相反，艺术性的世界观之所以非常强大，是因为它不被这些僵化的词语所挟持。

虽然文化很广泛，但各种艺术形式是其重要的核心组成，而艺术的精髓则是艺术创造力。纵观历史，人类在所有的社会形态中都表现出了艺术创造力。什么是艺术创造力的独特性呢？什么是它特有的属性呢？它体现并分享了什么样的人类价值观，使得它能够对个人、集体，甚至随着时间的推移，对历史产生了深刻的意义呢？艺术可以重新锚定人类，将已经撕裂的东西连接在一起吗？

状态极佳的艺术创造力是一场旅行，在这场旅行中，即便不知道何去何从抑或是如何到达，艺术家也必须承担；这是一场探究真理、追求深层内涵的旅行；它没有斤斤计较的目的，它不以目标为主导，它不能被简单评判，也无法完全合理予以解释，其结果可能是神秘的；这场旅行没有简捷的解决方案；它拒绝即时满足；它接受模糊性、不确定性和似是而非的观点；它呼吁谦逊和忍耐力；它持续做重复乏味的事情，以达到精通的境界；它包含孤独和失败的可能性；它承认有些事情是超出理性的，比如一个灵魂的存在；它能够一睹神圣的事情（超自然现象）；它给精神一个自身以外的连接；它源于自我，却旨在创造一种进入人类公共空间的工作；它声明人类有追求自由的权利，并呼吁行使这一权利的信心；它鼓励其他人要勇敢，并敢于冒失败的风险；它拥护创造力和真实性，反对虚荣；它接受顿悟和提高的可能性，以及乐趣和快乐的可能性；它以开放应对新理念和新作风；它瞬间发生；它是有违现有秩序（不是作为一种姿态，或炫耀差异性，而是作为一个必要的现实），有破坏性的；它通常是让人不舒服的，甚至令人恐惧的。

艺术创造力是一种表达，艺术活动（包括唱歌、演戏、写作、舞蹈、演奏音乐、雕塑、油画、设计或素描）的特别之处是什么呢，特别是关于发展城市的？使用一定程度的想象参与艺术，这是体育或大多数科学所没有的做法。那些更中规中矩，更精确。参与艺术与编写一个计算机程序、工程学或运动的区别在于，后者以其自身告终，而艺术不是这样，或很少这样去改变你认知世界的方式；它们更倾向于教你一些特殊的东西。依靠专注于沉思和有创造性的想法，艺术可以有更广泛的影响；它们提出挑战，并通常想要传达。如果一个城市的目标是成为自我激励的、有创造性的地方，那他们则需要雇用那些有想法的人。将幻想变为现实或有形的东西是一种创造性的行为，因此，艺术，不只是大多数活动，都与创造力、发明和创新有关。通过转变来重塑或呵护一个城市是一种具有创造力的行为，所以参与艺术或借助艺术是大有裨益的。

这种与艺术的相融将自我延伸、关注和感受感觉、表达情感和自我反省结合起来。相融的关键是要通过专业技巧掌握技艺，其要义就是汇总成对听众或观众有意义的层层解读。相融的结果可能是拓宽视野，直接或深刻地传达意义，或是形象地交流，从而让人马上掌握情况而无须逐步理解，帮助培养记忆，简化复杂的想法和情感，看到以前看不到的东西，学习、提高、概括之前零散的想法，固定身份认同，将人们和所在的集体连接起来，或者结果反之，因社会、道德或深刻的缘由而描绘可怕的形象使人震惊，批评非难，或创造快乐、产生娱乐、变得美好；艺术甚至能安抚灵魂，提高人们的士气。更广泛地说通过艺术的表达是将观点和观念以一种世界通用的语言传达给下一代的一种方法。为了产生这些影响，艺术必须互相交流。

不是所有艺术在任何时候都总能创造这种响应。最好的艺术，即使在许多层面上是同步的，那也是最好的艺术。艺术，尤其是艺术的创造，不只是意识（乃至身体）的消费、触发和煽动活动，——还会唤起感官，从而形成情感，进而成为思想。艺术不是一个线性过程，但因为它的发生是有关联性的，而且看起来是涌现出随机的直觉和关联性。更松散的是，比科学和技术过程有更少的按部就班；艺术看起来更具有直觉性，流动更自由。它在更深的层次产生共鸣。状态最好的时候，艺术偶尔能将你提升到一个超出日常生活的高度，到达一个更高的有人称之为精神的层面。

尽管有好几个世纪都用来发展科学知识和逻辑、分析、抽象和技术性思维，人类在很大程度上是被自己的感觉和情绪景观驱动的。人类的感觉和情感在科学意义上是不合理的，但这并不意味着它们是不合理、非理性的。这就是所有的文化都发展艺术的原因所在。因为艺术可以表达感觉和情感，它有巨大的力量使得那些有科学思想的人也必须了解、使用它，因为它可以帮助他们实现目标。几乎没有其他的方法可以接近这些知识。也许冥想或性可以做到。因此，参与艺术或消费艺术有助于解释现实，并能够提供领导力和眼光。

以上强调了艺术在发掘潜力方面的作用。假设原则上来说每个人都能够更有创造力、更投入、更忙碌、更见多识广，这对一个转型国家创建公民身份来说非常重要。体现在艺术中的发散思维、横向思维和对想象力的运用或许是艺术可以向其他学科提供的最有价值的东西了，这些学科包括业务规划、工程、社会服务或工商业界，尤其是如果与其他关注点相关，如对当地特色的关注。

艺术用各种方法来帮助城市。首先，用城市自己的审美焦点关注质量和美感。不幸的是，这是在用有限的方法表达——典型的例子就是，在一幢丑陋或普通的建筑物前，放置一尊公共雕像。然而，原则上来说它们挑起我们的质疑："这美吗？"这应该是影响到城市如何设计、建筑如何演变的问题。其次，艺术使我们对城市作为一个地方而产生质疑。这会引导我们问："我们想要成为什么样的地方？我们应该如何实现这个目标？"艺术项目能够通过从事让人感到不适的项目来挑战决策者，迫使领导讨论并表明立场。比如，关于移民的艺术工程也许会使我们思考我们对别人的偏见。艺术项目能够向那些之前没有表达他们观点的人赋予权利，因此，艺术家与一些群体共同工作实际上有助于他们向别人咨询意见。例如，一个社区游戏的设计由当地群组的人共同完成，可以告诉我们更多东西，而不仅仅是一个典型的政治进程。最后，艺术项目可以简单地创造乐趣。一个有用的问题是："什么是可以用文化途径获取帮助的问题？用艺术能够获得帮助吗？"比如，对于两代人之间的交流或混合文化，艺术显然比其他方案更有效。

由此看来，艺术有助于创建一种开放的文化，它更有弹性，更能适应由政治骚乱和全球化带来的变化。想到任何问题或机遇，艺术可能会有帮助。什么样的其他活动能够更好地解决文化和民族冲突之间的对话，或者能够允许个人去发现才能，获得信心，变得有上进心，改变思维模式并将自身融入一个群体中？

我们得到的启示是：艺术思维是来自艺术的最有力的信息。策划师、工程师、商业人士以及社会工作者如果用艺术家的眼光看待自己的世界，他们都会从中获益。

所有这些都可以忽略这样的一个事实：过去的艺术中最好的部分最终都留在了博物馆，所以艺术也有助于创建旅游地或旅游景区来帮助塑造城市形象，并产生经济效益，就像做得最好的当代艺术都存在于美术馆、剧院、表演场地或书店。此外，它也日益忽视一个事实：科学创造力和艺术创造力的结合推动新产品和新服务的开发。只有少数城市抓住了这些可能性（圣何塞就是其中之一）。

多样性[37]

不考虑多样性，我们就无法想象城市的未来。种族和文化的多样性是变化的驱动力和征兆。世界上很少有几个地方是完全相似的，然而越来越多的城市社区通常包含几十个相当规模的不同群体。一些主要城市，如纽约、伦敦和新加坡现在是"世界城市"，他们是世界丰富多样性的缩略图。这种多样性以它独有的方式展现，因为世界各处发展过程不同，有些地方以多样性为骄傲，另一些地方则兴起了种族清洗，例如在巴尔干半岛上的各国，或者伊拉克的什叶派和逊尼派之间。

多样性的各种形式是一个有活力的地方最基本的元素。商业的多样性、活动和建筑形式的多样性产生视觉刺激。

如果你认识得足够深入，你就会发现大多数城市都是多样的。由于流动性及其反作用的加剧，城市的多样性或许已经是21世纪主要的城市问题。

例如，英国不仅由英国人、苏格兰人、爱尔兰人和威尔士人组成，其种族多样化超出想象。其中既有代表罗马人巡守哈德良长城的北非人、凯尔特文明与维京人和诺曼底人等一波波中世纪侵略者和移居者的相互影响的后裔，还有根深蒂固的犹太人和胡格诺教派群体，甚至还有东北方的也门人，此外也不乏非籍加勒比海人、印第安人、巴基斯坦人、孟加拉人和中国人等后殖民主义移民，以及德国人、意大利人、葡萄牙人、斯堪的纳维亚人、波兰人、俄罗斯人等欧洲人，还有澳大拉西亚人、阿拉伯人、尼日利亚人、南非人、摩洛哥人、索马里人、南美和北美人。

伦敦是现存的最具多样性的城市之一，它的多样性在获得2012年奥运会举办权中起了一定的作用。伦敦人说三百多种语言，而且伦敦有至少50个非本地群体，人口有一万甚至更多。几乎世界上每个种族、国家、文化和宗教都可以找到至少一小撮伦敦人。除了麦加之外，伦敦的607 083穆斯林人口很可能比世界其他任何地方都具有多样性。仅仅59.8%的伦敦人认为自己是英国白人，然而3.2%的人认为他们自己是混血儿。[38]纽约和多伦多也同样具有多样性。

英国的其他地方也在变化。在你可能都没有听说过的英国大大小小的城市中都有出生于国外的人，同样的情形也遍及欧洲、美国和澳大利亚。现在有超过1000个法国人住在布里斯托尔和布赖顿，650个希腊人在科尔切斯特，600个葡萄牙人在伯恩茅斯普尔，800个波兰人在布拉德福德，1300个索马里人在谢菲尔德，770个津巴布韦人在卢顿，370个意大利人在纽卡斯尔，400个在斯托克波特，240个马来西亚人在南海城。这些数据仅仅代表那些在国外出生的人，不含大量的第二代或者后代那些国籍和身份连在一起的人。

根本问题在于：族群文化间逐渐增加的相互作用是否将带来驱动城市繁荣和提高生活质量的社会和经济创新？跨文化的融合是否是城市活力的源泉？世界历史上最伟大的城市，无论是广州（旧称Canton）、德里、伊斯坦布尔（君士坦丁堡），还是罗马、阿姆斯特丹或纽约，都是种族渊源的中心，就是这种相互影响帮助它们实现繁荣、创新和高度，尽管人们经常过着类似的生活。

文化融合的概念将多样性的视角从多元文化论转移。在融合多种文化的城市，我们承认不同文化，并理想化地赞美它们。在跨文化城市，我们超前向前移动一步，关注我们作为处于共享空间的不同文化，能够共同做什么。

多元文化主义的盛行带来了许多好处，但代价是让人们产生了社会和谐的错觉，虽然这样的错觉还不至于损害该主义所产生的好处，但在不知不觉当中已经由解决问题之道变成了问题本身，尤以地方阶层的矛盾最为突出。例如，在英国受多元文化主义制度的推动，"社区领导人"带领下的拥有不同文化与空间风格的社区，甚至是贫民区应运而生。同时，差别成了评估社区重要与否、进步与否的标杆，生活在这些社区里的第二代和第三代人有着新的混合型的身份认知，对于他们而言，想要找到一个认可他们身份认知的地方并非易事，所以随之而来的是疏离感。

由于多元文化主义只为少数族群发声，因此被认为阻碍了英国文化的双向交流，还被指责低估和疏离了白人工薪阶层的文化，导致他们失去对多元文化的容忍，最终投入极端主义者的怀抱。[39]

其他地方的人们对多样性有着不同的看法，例如在美国、加拿大和澳大利亚，移民是国家身份的核心，因此多样性被视作潜在的机会和优势。私营部门促使存在于商业领域的多样性发生演变，不同背景的人带着各自的技能来到公司既拓宽了公司的营业范围又推动了生产流程与产品的创新，最后还有助于提升公司的竞争力。[40]

比起同质化的城市与国家，多样化的城市与国家能更好地应对全球经济所引发的风暴，也能更好地适应变化。这一观点的横空出世不无道理，以日本和德国为例，同质化的后果就是它们的经济表现远远落后于更为多样的其他八国集团成员国。城市能够在多大程度上创造开放、包容以及多样的环境吸引并牢牢抓住财富的创造者，影响着地方与地区发展的成效。[41]许多欧洲国家不为这样的想法所动，尤其是共产主义阵营垮台后发动种族清洗的国家，例如前南斯拉夫。

针对移民、一体化和公民身份，欧洲制定了5种截然不同的政策框架：团体多元文化主义、公民共和主义、种族民族主义与外籍劳工（客籍劳工）制度、南地中海非限制性管理方法与之后的限制性管理方法，还有少数族群国家观念。[42]不同国家的不同政策让城市居民感受到不同的归属感、收获到不同的身份认知。

尽管整个世界在飞快地变化，但围绕多样性的公共讨论却变化缓慢。自21世纪伊始，关于多样性的讨论不仅仅是重新探究旧问题与论证旧观点，还如同冒着气泡的酵母一般在催生质变的发生。多样性不再是一个国家能够接收多少外国人的问题，而是在这个与以往不同的世界里成为德国人、挪威人、中国人或英国人有何意义的问题。

不少人认为未来的出路不在于找到更好的办法使外来人融入，例如英国社会，而在于如何从根本上重新评价自身对英国社会演变的认知。我们不应该把英国的（或德国的、意大利的、芬兰的）文化与价值观视作一成不变的一套原则，而应该看成是引发快速变化的混合化过程当中不断演变的实体。"共同的价值观"并非社会的黏合剂，只有"共同的未来"这一社会桥梁才能联通不同的国家。

跨文化城市观念不否认经济劣势与种族主义这些严重问题的存在，它的出现改变了人们看待多样性的角度。跨文化城市观念并没有将多样性视作两难困境，而是提出了这样一个问题："城市在跨文化交流与创新方面做出努力的话能够获取怎样的多样性优势？"要获得这样的优势，专业人士必须在文化素养和能力方面掌握全新的技能、取得全新的资质。评价一个城市为获得多样性优势进行的准备工作时需要一些指标来衡量该城市的开放性。我们应该设立跨文化的视角帮助专业人士重新评估他们的工作。

开放是造就多样性的关键，而开放又与好奇心息息相关，好奇心指的就是一个人想要了解自身空间、文化或智力界限之外的东西和追求兴趣爱好的能力。多元文化主义建立在对不同文化持宽容态度的信念上，但拥有多元文化的地方并非总是开放的地方。另一方面，跨文化主义的出现以开放为前提，虽然开放并无法保障跨文化主义会实实在在地出现，但却为其发展奠定了基础。

社会的经济结构与法律体系是确定一个社会开放程度的基本因素。"开放"在跨文化城市的背景下指的是个人与个人之间、团体与团体之间的差异性与多样性被法律认可、尊重与鼓励的程度。桑德科克将这种理想城市称作

"大都会"。"大都会"的建立需要重新评估城市本身，也需要重新评估城市如何自上而下应对这个变化中的世界。[43]

大都会是新型的混合城市或混杂城市，这里是一个每天上演着几千次相遇、交往、谈判与和解的地方。大都会内部的跨文化主义是大都会形成的关键。跨文化主义的说法出现在荷兰和德国的教育界，最初是指边境地区不同国籍的人与人间的交流，传到大西洋地区后，指代美国政府与商家将美国的观念和商品输出到海外的不断增长的需求。[44]

创通媒体（Comedia）对跨文化主义有着发散性的看法，认为跨文化主义不是人与人之间交流的工具，而是一个相互学习与共同成长的过程。[45]这就暗示人们在这一过程中掌握相关技能，从而有效地与不同背景的人进行交往，还暗示人们采用与以往不同的方式审视情况、读取指示牌和标志的信息，以及展开交流对话，而这就是文化素养。在多元社会下，文化能力与基本的识字算术一样重要。

文化能力让人们从跨文化主义的角度出发审视自己所处的世界和所从事的工作。经济、社会与文化领域的创新需求不断驱动我们的城市解决伴随城市建设而来的问题。[46]

"社区凝聚模式"与跨文化主义存在着很大的不同，二者最大的不同在于对待和谐与分歧的态度。前者的目标是不惜一切代价换取和谐，避免分歧与纠纷，即便这意味着要将一套相同的价值观和观点强加在日益多元与混合的社区上。后者则认为人们应该接受分歧与纠纷的存在，与其将它们遮遮掩掩，不如将它们看成是构建健康与活力社区的要素，多元文化主义要求通过协商的方式有效消除分歧。通过这一对跨文化主义的简洁定义可以一窥我们之前争论的焦点：

> 跨文化方式除了体现均等机会和对现存文化差异的尊重之外，还强调公共空间、机构以及市民文化的多重变化，根据跨文化主义，不同文化间的边界不是一成不变的，而是处于变化和边界重构过程中，跨文化方式旨在帮助来自不同背景的人们更好地对话、交流以及相互理解。[47]

跨文化主义并非独立存在，而是一个过程，一种互动方法。

衡量一个城市的种族多样性很容易，但要衡量城市的多文化主义却很难。许多地方现存的数据有误。英国采用的标准18级种族分类法最初是英联邦用来区分非洲黑人、加勒比海黑人、印度人、巴基斯坦人与孟加拉国人的一种分类方法，这种方法将英国人以外的白人视为一类人，其余则为另一类。第二，数据的完善度极低，无法为城市提供正确的统计资料，因此从标准数据中我们只能推断一个地方种族多样化或种族多元文化的程度，除此之外的内容一概无法获取。

有一种方法可以让我们获取更多内容，那就是隔离指数，可以提供统计数据帮助人们计算两种可能性分别成立的比例——若你本身是黑少族（黑人、少数民族），那你邻居是黑少族的比例；若你本身是白人，那你邻居是黑少族的比例。

最终得到的比例结果可以衡量两组人彼此隔离的程度。比例越高，隔离程度就越高。在布里斯托，一位黑少族同另一黑少族为邻与一位白种人同黑少族为邻的比率是2.6比1。居住在伯恩利的黑少族人数与布里斯托一样，但在伯恩利这一比率为8.7比1，可能这也是伯恩利不和谐的原因之一。[48]

创通媒体（Comedia）的研究超越了种族间的物理距离，得出了影响跨文化主义范围的4种因素，即机构框架的开放度、商业环境的开放度、市民社会的开放度以及公共空间的开放度。[49]

机构框架的开放度由国家或地方政府的立法与章程框架决定。

获取市民身份的难易体现着国家政策框架开放的高低。评判一个国家开放度的方式包括计算移入率、是否为移民开设语言课程，或是否向难民提供健康和社会保障。

在政策领域，如教育界，有没有安排与跨文化及多元文化市民身份相关的课程是评判开放度的标准之一。在城市层面，评判的标准之一则是是否制定了跨文化战略。

商业环境的开放度是指贸易、产业、劳务市场以及员工培训的开放度。评判的标准可以参照企业在员工培训与员工录用方面所作的承诺。

要在城市层面评价商业环境的开放度，可以调查大型公司职工与领导人员的种族构成情况、调查公司有没有开设与文化意识相关的培训课程。

要在就业层面评价商业环境的开放度，可以分析录用懂得少数民族语言工作者的岗位占所有工作岗位的比重，例如医院或社区需要口译人员或跨文化协调人，即那些可以跨文化进行"翻译"的人员。若要换种方式的话，也可以调查在城市里站稳脚跟的少数民族人士运营的公司数量。

市民社会的开放度是指一个地方的社会构造要素体现跨文化主义的程度。要分析一个国家的市民社会开放度，可以通过人口普查调查跨种族婚姻的发生率或上文提到过的隔离指数。要分析某一城市的市民社会开放度，可以通过研究健康、福利与教育领域的管理层和社区论坛体现多种族与多信仰的指数，或许分别在公共、志愿或私人领域选出排名前20名的组织，研究这些组织的管理层的种族构成情况也能说明一些问题。

研究跨文化的经济、社会、文化与市民网络，可以通过观察和调查的方式来探究是否存在跨种族与跨文化的商业协会、社会团体、宗教团体、政治党派以及运动。此外，涉及不同种族的项目也可以作为探究的对象。

大部分公共态度产生于学校，除了评价学校安排的全部课程之外，包括学习外国语言的学生数量、外国学生或少数民族学生在大学中的比例在内的相关因素都可以用来研究市民社会的开放度。透过研究一个城市如何在内部及外部推销自身，人们可以知道该城市融入世界的方式。

公共空间的开放度是指人们感受到"社会自由"的程度，换言之，生活在城市某空间或街区的人是否对生活在其他空间或街区的人持亲近或敌对的态度。衡量人们住房混合程度与街区混合程度的因素包括：少数民族在城市任一地方所享有的安全性和移动性；使用公共设施的热情程度，如图书馆、市中心的文化场馆；对公共空间的文化包容度的理解；自己喜欢的和认为应该禁止的城市机构、事件和节日。

将跨文化的逻辑运用到城市中去的方法之一是通过跨文化的视角发掘城市蕴含的潜力、评价城市中的事物。每一个地方都存在相互交织的多种文化，要理解这些文化，前提是培养人们的文化素养。作为文化资本的一种形式，文化素养可以让人们在这个差别普遍存在的世界上保持对一切的敏感与保持行动的有效性，因此对于人们的生存至关重要。透过跨文化的视角，人们可以在原本熟悉的问题与原则中看到不同的东西。

城市问题专家想要单枪匹马地深入了解城市中的每一团体并不是一件容易的事。随着跨文化对话出现频率的日益增加，每天人们都在接触与同一文化或不同文化有关的知识，在这种情况之下，我们需要问自己这样一些问题："我们有不同的期待吗？""我的猜想适应这个不同的背景吗？"或者"人们对于我说的话有不同的理解吗？"。

由此人们获得了这样一个认识：无论在人类交流的何种形式中，信息无不处于被过滤的过程中，正如霍尔在《隐藏的维度》中所表达的那样，"来自不同文化背景的人不仅仅讲不同的语言，更为重要的是，他们生活在不同的感官世界中"。[50]

要打造一个可以畅谈所有话题，拥有跨文化视角的地方，需要在以下方面进行努力：公众咨询和参与、城市规划和发展、城市吸引移民的方式、住房方案、商业和企业家，教育以及艺术与运动的发展。让我们简单地了解一下总体规划。

总体规划

决定城市面貌的专业城市专家要掌握与文化偏好和文化优先相关的知识，如工程师、勘测员、规划师、建筑师、城市设计师、预算评估员、项目经理和开发商，他们所做的决定必须要有价值，必须中立。技术与工艺流程看上去不过如此，但实际上人们也在用它们解决体现人们价值取向的问题——建筑物能矗立起来吗？交通会通畅吗？需要集合哪些用途？规划人员设计并希望获得的地方面貌、感觉与结构反映着人们对什么是正确、什么是适当的看法，人们的这些看法以法典、规则或指导方针的形式出现，为人们开展经济和社会生活提供了舞台，甚至人们的审美观也可在文化历史中找到根源。

如果不同的文化在同一个地方相遇并共存，会发生什么？不同文化间一直存在借用和嫁接现象，只是我们没有注意到而已。几个世纪以来，不同的建筑风格和时尚在欧洲交叉融合——有法式巴洛克建筑，也有英式巴洛克建筑，或德国式和英国式的哥特式建筑。在欧洲单从建筑物的表面根本无法看到阿拉伯半岛、印度和中国的建筑风格——因为它们对欧洲建筑物内部的影响更大。只有在中国城才可以看到清真寺、谒师所（印度锡克教徒的礼拜场所）和中国式的拱门。我们是否应该学习阿拉伯和印度的建筑风格和审美兴趣？

从跨文化主义的视角来看，我们需不需要建设整齐划一的城市街区？试想一下临街的建筑，我们应该如何处理建筑物高度、退界、人行道宽度、转弯半径、窗户的数量和尺寸、围墙、保护人的隐私以及视线。同时也思考一下我们使用的颜料、水和灯具等建筑材料。从跨文化主义的视角来看，街道和建筑物的颜色会和以往有所不同吗？可以想想拉丁美洲人涂在房屋上的鲜艳颜料和摩尔文化中水在房屋建造中的使用。不同的文化对待空间的看法和用法有所不同，那么在布置这些空间的时候我们是否要体现不同的文化？或者我们是否要打造能够包容一切人的开放型空间，如位于伯明翰的张伯伦广场上可以出现库尔德人的身影。

让我们看看其他方面，例如咨询活动。我们不能简单粗暴地将所有市民归为同一群体，因此，咨询活动并非单一的标准性活动，而是涉及非正式讨论与参与的连贯过程。研究公共咨询的传统跨文化方式要求用种族来定义社区，研究社区间的隔离程度（如非洲—加勒比海社区、亚洲人社区），这样的做法会给人一种种族是影响人们生活的唯一因素的印象。这种狭隘的观点将白人文化视为正统文化，将少数民族的文化视为异类或认为它们脱离了正轨——这种观点忽略了混合型的身份认知与复杂的跨文化观点。

什么是跨文化教育？包括来自不同社会阶层的白种人在内的所有种族的学生可以感受到他们的背景、历史和故事在学校内得到了重视。通过接受跨文化教育，学生应该掌握以下6种能力：

1. 文化能力——思考体会自身文化和其他文化的能力；

2. 情感与精神能力——进行自我反省、处理自身感情、同情他人的能力；

3. 语言和交流能力；

4. 市民能力——了解自身享有的权利、知道自身应践行的义务，具备道德责任感和社会责任感的能力；

5. 创造能力；

6. 运动能力。

鉴于艺术的性质，艺术本身也体现着跨文化的特性。人们选择艺术作为自己的事业常常是出于对自身无法看到的东西的兴趣。艺术家有许多共同的性格特征，如木讷、不羁，甚至是不拘一格，性格上的这些特性让他们萌生了对自身文化之外的其他文化的好奇心理。需要补充的一点是，许多艺术家谈到正是在解决矛盾冲突、解决兼容性问题与融合不同观点的过程中，他们取得了创造性的突破。

艺术家穿梭在不同的项目之间，接手每一项目后，他们会面临全新的状况，如陌生的环境与团队，他们又被扔回到依靠技能生存的状态中。他们得以生存的秘密在于"创造出了属于他们自己的第三空间，在这个空间里不同的团体可以共享类似的发现。这样的空间有时还可以让人们暂时脱离构成自身身份特征的关键因素。诸如青年团、戏剧社与运动队这样的空间正是最具想象力与最成功的社区修复项目得以实施的所在地"。[51]

共享的空间并非一定非要局限在建筑物内部。2003年墨尔本在联邦广场上举办了国际艺术节，其中"舞动街头"是成功拉近社区间距离的活动之一，来自不同社区的人们教授彼此自己的舞蹈。

制定公共议程

人类是城市的建设者，不过坐在决策桌上的人很少知道人性是怎么回事，或许市场研究人员是个例外，因为他们拥有人类学、历史学、社会科学（如社会学）的背景知识。了解社会变化、人类行为、人的欲望和愿望是弄懂城市运转的关键，在这方面进行投资掌握相关技能有助于节约资源。

个人的初始化思维模式默认设置为专业型，若要改变这一事实，应如何调整人的想法呢？

改变人类行为与思维的方法有许多种：通过暴力或规章制度胁迫改变；解释改变、通过理论和训练劝说改变；通过重新定义概念改变；通过支付钱财或给予鼓励诱发改变；通过将有志向的人树立为典型，进行宣传，引发觉悟改变；甚至通过制造危机也可以达到这一目的。通常人类思维的转变是上述多个因素共同作用的结果。

在本节我们讨论了许多问题几乎无法强制改变，因为它们既微妙又根深蒂固的。因此，为达到改变人类想法的目的，鼓励机制应运而生，例如可持续社区议程，大型城市重建项目的开展离不开背后公共资源的支持，因此这些议程不免带有少许胁迫色彩。因此，开发商若是与可持续发展的趋势背道而驰，那么被选中的可能性几乎为零。展示并宣传最佳实践模式是最常见的做法，自有其优点。重新定义任务的概念可以产生巨大作用，例如将城市发展的说法变为城市或地方建设可以收获意想不到的效果。城市发展的说法显示了全局观点和远大志向，而城市或地方建设的说法显示的则是技术的空洞性，因此比起道路建设过程中遇到的挑战，高速公路工程师对地方建设的说法将做出完全不同的反应。然而改变人类思维和行为的最好方式还是解释、讨论、论证以及训练，但问题是要做到这一点得花上很长时间。

新的思维方式应该在三个层面上影响政策——概念层面、原则层面和执行层面，其中第一个层面旨在探究我们如何重新定义对城市的整体看法，重新评价指导行为的概念和想法，由于概念层面决定着人们在其他两个层面中对问题的看法和解决，所以占据着最为重要的地位。城市被视为有机体而非机器佐证了这一说法。受此思想影响，人们将政策的关注点从城市基础设施建设转移到了城市、社会的变化、人类的福祉与健康上，这就意味着一个解决城市问题的系统途径。要看透这一转变所引发的全面影响并非易事。第二，要理解学科水平下的政策需要参考人们在已知领域（交通领域、环境领域、经济发展和社会服务领域）中执行的现行政策，考虑现行模式的效率和

有太多人简单地认为城市
是砖块和水泥的产物

图片来源：查尔斯·兰德利
（Charles Landry）

解决问题的办法。例如，在交通领域，小汽车一直占据主角地位，因而需要我们向同时涵盖公共和私人交通优点的混合型交通模式转变。这一转变实现起来并不难，因为这不过是调整交通工具优先顺序的问题。第三，执行政策前需要详细考虑能够加快政策执行的因素，如起到推动发展、调整发展方向作用的财务安排和规划准则。可能还要考虑如何制定大的方案，采用什么样的刺激手段，如退税、金融激励，如何突出地方规划和发展重点。原则上讲，政策的理解和制定并不难，难的是如何执行。

新型通才

打造城市的通用技能比起附加技能更为关键，要搞清楚这一点必须转变观念，深入思考，这样才能理解为什么这些技能是必须的而非可有可无的，危机的出现加重了重新评估这些技能的紧迫性，城市危机的爆发可以驱使人们学会重新思考、理解以及应对危机。

这涉及了两个方面：其一，作为城市建设核心部分的新技能；其二，有助于提高某一领域工作效率和领导水平的其他技能或方法。

重新设定要求有助于人们更好地理解城市规划图和相关建设原则，例如，打造精品城市需要优秀的观察工作者、勘探者、电镀工、视觉型人才、口译人员、知晓背景的人、讲故事的好手、信息收集的能手、启发者、战略制定人员、点子创意员、评论家、日程安排工作者、加工工人、服务商、咨询师、翻译人员、分析师、解决问题的高手、构造师、建筑工人、调停人员、教育人士、实施者、评估员、调解员、仲裁员、决策者、采办员、管理员、制造员、经纪人、估价官以及展示员。除此之外，与城市发展息息相关的其他必备要素，如设计、规划、评估和工程也要到位并发挥作用。由于涉及范围广，这就需要许多同时掌握多种技能的工作人员，当然，并不要求每位工作者的水平达到同一水准。

关键是要理解其他特性的本质。虽然这些特性早已存在了很长时间，但它们的相对重要性却有增无减。打造"新型多面人才"或"知识分子"或"专业人士"是个挑战，他们不需要具备深入的知识，因为只要掌握与这些技能相关的基本知识就足矣。新型多面人才知道如何进行概念性思考、空间性思考以及视觉性思考，并且可以协调所掌握的多种知识，这种多才多艺的人并非万事皆通或通晓古今，只不过拥有更广的知识面而已。

这些全能型人才所具备的知识中还包含个人品质，例如率真、倾听他人的能力、同情心、判断事物时机与适当性的能力、决断能力、动手能力、创造能力、实施能力以及构建事物的能力。

要培养这样的人才离不开大量的训练，英国可持续社区学院发表了相同的观点，然而这样还远远不够。一些学校现在已经开始教授学生思考技能，通常采用爱德华·德·波诺的方法，集中教授水平思考法，或者在自然科学课上时常引入认知加速度方面的知识。[52]不过，尚未有学校出台项目，也很少有本科生项目来传授建设现代化城市所要求的集成式思考方法。确实，正如教育家蒂姆·伯里格豪斯曾经告诉过我的那样，"这正是存在于学校运作中的一个令人讨厌的地方。"

城市规划的训练应该以开设一个涉及面广的城市主义课程作为开端，或许学习理论的时间可以设定为3年，教授涵盖地理、建筑学基本知识、文化、社会变化、心理学和规划在内的内容，之后再用1年的时间获取专业资格和实习。

第六章

作为鲜活艺术品的城市

本章将开始汇总本书各项结论，并探讨"城市何去何从"以及"该怎么做"等问题。本章提出的诸多理念最初发展自阿德莱德，我曾在那里受聘为"人居思考者"（Thinker in Residence）。[1]从葡萄美酒到工程设计，再到生活方式，阿德莱德拥有各种优秀的品质，对这座城市作出的任何批判都离不开它向我展示的开放背景。这座城市愿意成为探索之地实属勇气可嘉，而我的观察只有在我被赋予自由访问的权利时才有可能实现。

在接下来的内容中，大家会注意到我多次使用"重新"一词，我是有意为之。该词是我们时代的写照。无论是知识追求，还是物质追求，都日益具有重复性和追溯性。当代的艺术、建筑、音乐和文学有意地借用前人的成就。有钱人把更多的钱花在寻找过去上，例如，购买古董或研究家谱。我们总是要承受这种或那种复兴带来的痛苦，无法摆脱喇叭裤、莫雷特发型和成年人穿校服现象的影响。西方文化以这种方式进行自我反思。然而，我也意识到，无论是通过想象或是其他方式，过去总是能够构成对现在的逃避，而"重新"一词就成了多余的修饰语。为什么要在我们能够激活身心的时候重新激活身心？我们要活在当下，而不是再活一次。尽管如此，我仍坚持使用"重新"一词，因为我希望尽量有力地强调这样的事实，即解决城市问题，须回顾最初的原则，然后重新开始。"重新"蕴含着置身事外，重新思考，花时间想清楚的过程。它暗示以不同的方式做事，最重要的是，与被动相反，它是主动的。

重新赋予城市魅力

在想象城市模样时，赋予魅力居于核心地位。[2]重新想象城市远远不止于物质改善，虽然物质改善也很重要。赋予魅力要求我们重新发现社会组织并恢复它们的活力，以及消除人与人之间的隔阂。重新联系的欲望潜伏在各个角落，一有机会就会爆发出来，这点在普通人日常思考的小小行动中得到最佳体现。这些小小的行动寻求消除作为个人的"我"与作为集体的"我们"之间的任何分歧。

城市居民之间的团结之情施展魔力（enchant）。从核心意义上来说，这意味着让城市使我们迷醉、迷惑和迷恋并施用符咒，因为公开回应出乎我们的意料。Enchant 一词含有"chant"，它是指一种低缓、重复和单调的旋律，萦绕不绝，富有节奏。它随着时间的推移构筑、围绕着它周围的地方。施展魔力是重复善举的比喻说法，它们构成社会资本增长的结构和黏合物。这是唯一一种通过频繁使用而非消耗增长的资本形式。它是一个富有生机的城市的神经系统。阿什·阿敏（Ash Amin）称它为面对陌生人的"团结一致的习惯"或"城市居民之间的关联性团结"。他将好城市重新定义为"一种日益扩展的团结一致的习惯"，"一项实用但不是一成不变的成就，它时时建立在实验的基础上，通过这些实验来利用差异和多样性，以便实现共同利益以及防止伤害和欲望"。他重点关注关怀伦理，融合社会正义、平等和互惠等原则，抵制想象的社会共融社区的想法。[3]差异、多样性和冲突仍需不断进行协商。

到目前为止遵循的轨迹已经带领我们了解感官城市，以及实质上错乱和不可持续的城市生活的动态，也了解了寻求简化复杂性的概念性框架。这点应使我们能够客观地回顾城市重组的别样方式。

重新建立竞争环境

城市应达到恰当的期望水平，确定在其所在的地区或国家或全球的城市等级体系中的地位，这种地位反映强烈的抱负，并对其文化资源的脉络产生影响。许多城市拥有不切实际的抱负，而有些城市则过于克制。对城市吸引力的评估会揭示城市竞争的版图。然后城市能够从容但又紧迫地制定策略，以加强自身的实力，获得在对其他城市和自己想象中的版图。中心问题是：你是否能够再上一个台阶，适应变化或在现有框架、预算和技能组合的范围内注入力量？

全世界的城市都面临复杂的机遇，这种机遇对每个地方都是与众不同的。就澳大利亚的珀斯而言，这种机遇可能是在繁荣时期为下一代可持续地投入资源，或者对特立尼达岛的西班牙港来说，这种机遇是培养与嘉年华相关的各种技能以确保整年的生计。发展可能性无法按照"一切照常"的方法把握住。风险很高，不能只采用传统手段利用，通常需要改变志向、勇气和意志，而且变化不会发生在一夜之间。仔细了解一下取得成功的城市，例如，库里蒂巴、巴塞罗那或哥本哈根，[4]就能知道它们目前正在做的事情与它们以前做的事情之间存在惊人的差别：哥本哈根经过深思熟虑的创建适合步行的城市的长期计划；库里蒂巴实现高效公交交通的方式；巴塞罗那重新塑造其新城区的能力。

日益扩大的全球化风暴将影响全世界城市的操作系统。如果这些变化发生缓慢，而且是一个接一个地发生，我们就能够应对它们，但是事实并非如此。各种变化迅速而且同时发生，并且它们更深层的影响尚未完全显现。各个城市能够轻松地驾驭全球趋势的浪潮和可能性，但是它们是否取得自己想要的结果？为了避免对城市自身有害的发展态势，它们需要清晰的目的和道德视野来引导发展态势，从而实现自己的目标。表面上，各个城市在今后可能看起来和感觉起来是一样的。我们会有居住的地方，有工作的办公室和工厂，有购物和娱乐的场所，但是根本的操作系统——软件——会各不相同。

选择何时抵制涡轮式资本主义或追随这股大流对希望向前发展的城市而言至关重要。正如维萨信用卡（Visa Card）创始人狄伊·哈克（Dee Hock）所言，"变化不在于重新组织、重新设计、彻底改造、调整资本结构，而在于重新构思！当你在重新构思某样东西时——一种思想、一种情况、一家公司、一件产品、一座城市……——你在创造的是一种全新的秩序。这样做，你的脑子里就充满无限的创意。"[5]若得到更充分的发挥，变化和创造力对组织文化产生的影响超过人们希望承认或愿意让它发生的程度。尽管如此，变化是必不可少的，因为陈旧的物质因素（原材料、市场准入）的重要性降低。那么城市有两种至关重要的资源。首先，城市能够动员它们的人民——他们的智慧、巧思、抱负、动机、志向、想象力和创造力。其次，城市能够通过寻求不同方式的协作与更好的关系来利用各种新资源——人与人之间的联系、不同团体之间的联系、不同决策机构之间的联系、城市不同部分之间的联系、城市新旧故事之间的联系，以及至关重要的是，自己城市与广阔世界之间的联系。

重新评估创造力

对于何谓富有创造力及其要点应予重新定义。我们必须摆脱对娱乐界媒体名人和时尚的创造力的痴迷，虽然这些领域的发明通常令人钦佩不已。创造力有分水岭。有些活动应视为富有创造力，有些则非如此，例如，社会福利工作，而后者被比较狭窄领域的创造力流行性剥夺了权利。然而，从社会企业家到科学家、商业人士、公职行政人员和艺术家，任何领域都有富有创造力的英雄。

重新评估创造力意味着重新思考其范围和应用。营销、媒体和技术创新仍然具有重要意义，但是创造力还须应用于困境的挑战、培育环境以及政治和社会创新。如何复兴民主，我们的行为可能发生怎样的改变，如何重新调整等级制度，如何改革监狱和惩罚，社会关怀可能是怎样的，青少年如何获得参与感，如何激发社区和群众创造力——这些恰恰是最需要我们大伤脑筋，而且无法不采用创新方式的领域。

在一项评估赫尔辛基 20 个创意项目的特点的研究中，（这些项目包括尖端的数字媒体、露宿者活动、商业企业家、物理性再生、社会企业以及科学研究）我得出了这样的结论，即项目发起人和关键人员的个人特征在所有截然不同的学科中是相似的。[6]他们都具有富有探索精神的开明思想、深度关注和灵活的横向思维。目前的挑战是评价环境、政治、经济、社会和文化领域的不同形式的创造力并将它们联系起来，这是创意氛围。

我们应将创造力视为一种资本形式而加以重视。创造力是多层面的智慧，它是在整个过程中利用多种品质的应用性想象力，例如，智力、发明力和学问。创造力动态变化，受大环境驱动：在一个时期或情况下充满创意的事物在其他时期或情况下未必如此。关键是，创造力是一段旅程而非一个终点，是一个过程而非一种状态。每项创造性成果都有生命周期，随着时间的推移和创新体验的变化，它本身需要重新适用和彻底改造。创造力涉及发散性或生成性思维，与创新息息相关，需要随着项目发展而适用的收敛性、批判性和分析性思维方法和方式。富有创造力是一种思想方法和展现可能性的解决问题方式。它是一种质疑而非批评的心态，它会问"为什么是这样？"，而且不满足于听到"它一直都是这样"的答案。创造力不仅挑战已经成问题的现象，还挑战许多看似毫无问题的情况。它具有远见元素，包含审慎冒险、置身事外和不预先判断事物的意愿。

然而，恰恰在全世界认可创造力之时，人们作出背道而驰的决定，例如，艺术是培养创造力的关键领域，但是它不为学校课程和家长所看重。

创造力在个人、组织或城市上的表达各不相同，但是本质属性和工作原理是相同的。每座城市都应该非常诚实地问自己这样几个问题："我的创造力有多高？""我特别擅长哪种具体形式的创造力？""在何处发现这种创造力？"评估一座城市的创造力有多高并非易事，这必须绝不自欺欺人，而且必须抑制发现其他城市有多好的欲望。举例而言，一座城市仅仅庆祝节日并不意味着它富有创造力；它可能意味着，它善于吸引来自外面的富有创意的人们来城市表演。换言之，我在那里工作后得出这样的结论，即阿德莱德或许在营造热烈欢迎的气氛方面充满创造力。这座城市的节日和活动令人流连忘返，因此，阿德莱德的优势可能在于组织和创造环境。这些特性都蕴含着巨大的商业潜力，而阿德莱德在全国会展中的重要影响正是这种能力的最佳例证。

具有创造力意味着，个人、机构和城市作为一个整体，共同设定可能会框定人们发挥想象进行思考、规划和行动的前提条件，即城市"非是即否"的条件，而不是"可能"条件，它意味着让人们感觉可能有富于想象的飞跃或审慎冒险。当这种情况发生时，组织文化和结构即面临着巨大的影响。创造力并非简单的选择。创造性组织不同寻常；它们往往瓦解等级制度，寻找新的组织方式；它们受社会思潮推动，并且保持僵化与灵活之间的平衡。正如大卫·帕金斯（David Perkins）恰当地指出："富有创意的人在其能力的边缘而非核心工作。"[7]这种观念并不见容于大型组织结构，尤其是公共组织，它们的冒险态度因责任问题而有所退缩。风险评估可能是避免采取行动的掩饰。风险、创造、失败和官僚主义无法相安无事。人们绝少以失败作为前车之鉴。

更成功的创意人员往往聚集在别具特色的地方[8]，因此，创造力的地理分布是不平衡的。许多地区为此所苦，尤其是远郊地区，因为发展可能性不足，刺激性因素匮乏。这样的危险在于，如果我们过于强烈关注已经强大的地方，则可能出现创造力差距，就像信息匮乏与信息丰富之间的差距，或收入贫富差距，或低度网络化和高度网络化之间的差距。因此，任何总体人才策略均应面向所有地方的人群，它应包括针对贫困人口的联络网策略，因为如果他们只认识彼此，他们能够效仿的榜样可能过少或不恰当。

重新评估隐性资产：创造力与障碍审查

每个地方所拥有的资产远远超过人们肉眼可见，它们隐藏在灌木丛中，无影无形，未受世人认可或未受世人充分认可。目前的挑战是更加深入地挖掘，开展创造力和障碍审查。有史以来第一次，知识创造本身正在成为经济生产力的主要来源，这是有史以来第一次。我们世界的繁荣正在从依赖于自然优势（产生于对更丰富和廉价自然资源和劳动力的使用）发展到依赖于创造优势（产生于能够利用和调动创造力，比其他地方在专业能力领域更能有效地创新）。因此，在21世纪，发展的动力是经济创造和应用知识并从知识提取价值的过程。

最近的创造力焦点是技术统治主义，由此产生对信息技术型创新或商业集群的关注。对当今创造力运动的关键认识是，发展创造型经济需要能够激发创造力的社会和组织环境，这意味着，创造力需要充满整个制度，例如，许多国家的各种政府部门，从贸易和工业部门到教育和文化部门，均对创造力表示出兴趣，正是对这点的证明。于是，创造力成为解决问题和创造机遇的综合能力，这意味着，我们需要警惕社会、政治、组织和文化领域，以及技术和经济领域的创造力。关注的焦点应在于创造力如何创造机遇和解决问题。

因此，创造力既有一般性——一种思维方式、一种心态，也具有具体性——以任务为导向，与特定领域的应用相关。创造力审查评估众多领域的创造力：

- ◆ 空间上——从城市基础到城市的地区和全国环境；
- ◆ 部门——私营、公营和以社区为导向；
- ◆ 产业——从先进制造业到服务业；
- ◆ 人口统计学——评估从青少年到老年人的不同年龄群的创造力；
- ◆ 多样性和民族。

审查需要审核各个方面的创造力，包括个人、公司、产业部门和集群、城市的网络、作为不同组织文化的混合体的城市本身以及地区。审查需要评估私营部门、社区和公共部门以及教育、特定产业部门、科学和组织等相关领域在促进一个地区繁荣安定过程中的创造力的关联性。

第一，关于私营部门，虽然审查应评估新经济的创造力，比如在创业产业中，但亦应评估传统产业的创造力潜能。据轶事所言，传统面料制造商 Gore-Tex 被新经济权威杂志 *Fast Company* 2004 年 12 月《创造力》一刊评为最有创造力的公司。

第二个调查领域应是社会创业——它通常是一种赋予本地社区的人们承担责任，发展创业，同时解决社会问题的能力的手段。一般而言，这种情况可能涉及社区拥有的回收公司，以及由合作性或食品贸易公司提供的老年人照护服务。

第三，探索公共部门组织在提供日常服务，通过创新地管理城市变迁过程和应用富有想象力的解决问题方法实现公益目标方面的创造力。

第四，需要评估跨部门合作和组织间联络网的创造力水平，此举力求探索通过创造性合作和人脉关系建立创造的增值程度。

第五个关注点应为打破界限的创造力。举例而言，21世纪初，两种探索、了解和认识的良好方法——科学和艺术——开始再次接触，这种合作活动已经产生强力势头，成为开发新产品、工艺和服务的变革和创新的强大力量。

第六个探索领域是评估如何创造创造力条件。这点特别关注教育和学习方案，但是它不应仅限于学校和高等院校，还应包括职业发展和非正规学习。

第七个元素是创造力的障碍的审查，因为越来越多的人认识到，强调障碍至少像强调最佳实践一样重要，而障碍本身成为创意行动的目标。

最后一个审查领域是了解需如何发展实际环境才能鼓励创意人员留在或被吸引到该地区。从这个角度来看，城市的各个角落都有隐藏的故事或被发现的潜力，它们能够重新利用，实现积极的城市目的。

重新赋予无关联资源价值

当有人关联他人认为无关的事物时，往往揭示创造潜能。每个元素可能很微小，但汇聚起来就能形成巨大的整体。创意或文化产业理念最初就是如此形成的。单独的音乐、电影、图案、剧院、舞蹈和视觉艺术等行业相对较小，通常孤立地进行评估，然而，当行业之间的相互联系获得认定，并对它们的整体范围和规模进行评估时，人们认识到，它们在最发达经济体中的比重约占 4%，在伦敦等大城市超过 10%。[9]现在，全世界各大城市都对它们的潜力趋之若鹜。[10]就像水资源、电力或信息技术，它们现在被视为维持任何经济体运行的机能的一部分。除凭借自身提供产品外，如音乐或电影，它们能够为任何产品或服务增加象征价值。鼓励这些产业的发展是提升城市形象和独特性的最有力手段之一，同时能够创造就业和产生社会资本。在一个每个地方日趋具有相同的面貌和感觉的世界里，文化产品和活动令各个地方彼此区别，而有形的差异创造竞争优势。

文化研究和经济理论领域的辩论和见解在理解文化在社会中的激励作用

方面发挥了一定作用。发展文化是一个赋予意义和塑造形象的过程，在这个过程中，所有产品均发挥作用，因为它们体现象征价值并激发体验。越来越多的消费者购买产品并非出于实用目的或追求技术品质，而是为了他们所希望的产品会引发的体验和意义，因此，设计和美学起着全新和更加重要的作用，因为造型的价值越来越占据主导地位。这意味着，经济日益成为文化型经济，因为它由文化优先事项决定和驱动。

经济转型需要创新，以彻底改造老旧的工业，发明新产品和服务，创造全新的经济部门。尤其是专业的创意服务（如设计和广告）为食品、服装、汽车和电信服务等其他行业分支构建了创新理念和想法，为功能性产品增添了价值。通过这种方式，它们促进产品开发以及商品和服务在市场上的定位，提高其体验表达。[11]值得注意的是，产生并符合流行文化以及传媒和娱乐产业需求的产品和服务本身就是创新的驱动因素。举例而言，电子游戏领域的进步在矿业安全或医疗保健这类领域得到了多元化的应用。

目前有被忽视的产业部门，如医疗保健，它们能够给予默默无闻和毫不起眼的城市以领先优势。事实上，这些更为公共性的部门通常能为城市带来领先优势的产业，而且常常会导致其他部门对其的不信任。此外，对它们的宽容被视为超越特定专业，而且它们能够关联此前无关联的经济建设。例如，在探索健康可能性时，我们能够看到看似迥然不同的经济活动如何汇聚，比如，节日和康复资源，营养学和有机食品，呈现作为电池充电之地的城市，或许以较低的费用提供医疗手术的能力或具体医学研究实力。通过这种方式，一座平静和看似无趣的城市可能成为一座医院和回收空间。同样地，设计学科也可能映射（例如）心脏的疾病过程，因此，可能引发医学创新。有趣的是，在重新构思各部门时，如保健，该部门不可能由医疗人员或卫生部独力发明，而且为了繁荣该部门，它可能也不应由他们进行控制。该行业的局外人更有可能看到潜力。

资源基础薄弱和规模较小的城市应能够比较容易地把重点放在智能连接上，因为不同玩家更有可能彼此认识。其中一个例子就是科学与艺术结合。[12]科学和艺术结合将各种艺术家和科学家聚集起来，在结构化的环境中从事共同发现和互惠互利的项目。科学与艺术结合的概念基于这样的前提，即人类思想的最富成效的发展时常在不同创造力直线交汇之处发生。数年来，最初由英国葛兰素威康公司（Glaxo-Wellcome）赞助的英国科学艺术竞赛汇聚2000多名艺术家和科学家，打破两种学科之间普遍存在的相互不理解；通过通力合作，结合各种见解，解决常见问题，催生创意。艺术家与科学家精诚合作形成的强大的全新概念与引发工业革命的概念一样可能具有开拓性。

创意本身能够成为可以交易的服务吗？是否有办法重新思考活动和会议在说服接受结论或作为实验区方面的价值和成果，例如，阿德莱德的创意节？这可能是为了试验和测试商业产品。这样做的目标在于更加充分地利用机会。关注重点的变化表明从创造价值链转向创造自我强化的价值循环。

回收利用与绿色行动

显而易见，绿色议程在优先表中的位置需上移，但言行仍然相距千里。政策声明也绝少转化成推动绿色经济的充满想象力的激励措施和创新的法规。废物回收、能源效率和绿色交通已经开了头，但若与激励措施联系起来，则会造成更大影响，例如，中央政府为实现绿色目标而给予一座城市大笔财政奖金。

有数之不尽的产品等着被发明，而多个市场仍然开放；这些市场极具多元化，使得大部分地方都能够发挥其优势，并结合传统技术和人才以及基于研究的新活动。这些活动包括各种各样的应用，例如，污染监测设备、废弃物粒化技术、新绝缘材料的开发和新环保软件、元器件制造或风能和波能分部装配，以及大型可再生构筑物或工厂的维护工作。

城市应踊跃地发出它们正在参与绿色行动的信号——但目前这样做的城市少之又少。举例而言，公共部门拥有成千上万辆车辆。想想数量众多的环保电动汽车甚或是适宜地到处行驶的环保出租车产生的影响。潜意识信息有很强的威力。许多城市已经制定环境举措和激励措施。将它们聚集到确定为环保区域的指定地区，使这种集聚在该地区令它们的影响超过它们各自为政的影响，这样做怎么样呢？有人可能甚至会想到创新品牌塑造手法，例如，为回收利用或利用可再生能源而将不同子公司集聚到子区域——例如，街道——并将它们作为"回收利用街道"或"零能源街道"进行营销。或者，效仿生态商业、零售和会议设施互相结合的德国哈姆市（Hamm）鲁尔区（Ruhr）埃姆舍公园（Emscher Park）的更加绿色的工业公园怎么样？

尽管有多方积极意愿力图要让让绿色问题变得更加广为接受，但一份在全世界范围内进行的创新生态社区调查显示出令人非常失望的结果，虽然不是因为缺乏尝试。[13] 目前已经完工的具有实质规模的项目少得令人担忧。成功的案例少之又少，可悲地反映出我们目前的进展。举例来说，有一份调查研究了全世界成百上千个生态村或社区项目，尽管它们通常在网络上有令人印象深刻的网站和极高的声誉，但实际上大部分项目完全处于概念阶段。Barton的调查分析了 55 个呈现大量不同种类和形式的标榜自己是生态社区的项目，它们有不同的规模、地点、重点和实施方法。这些项目包括：农村生态村，如澳大利亚昆士兰州的清水村（Crystal Waters）；电信村，如新西兰基督城附近的小河村（Little River）；城市示范项目，如丹麦的科尔丁（Kolding），它是一处有 150 个民居的人口密集的庭院式街区；城市生态社区，如纽约州的伊萨卡（Ithaca）生态村；新都市生活开发项目，如英国查尔斯王子发起的英国庞德伯里镇（Poundbury），或新西兰奥克兰的怀塔克雷（Waitakere）；生态乡，如印度南部的奥罗维尔（Auroville）或加利福尼亚州的戴维斯（Davis）。然而，这 55 个项目中有超过 50%的项目居住人口不足300人。真正全面创新的社区级项目所占比例微乎其微。许多项目内有众多宏伟的建筑和很高的环境标准，但是极少数项目将这点与新的可持续经济活动或新的政治或社会安排结合起来。[14] 尽管国家和地方政府赞成可持续发展的立场，但可持续发展仍然处于初期阶段；对可持续性说的比做的多。它经常被随意使用，似乎仅靠重复就传递绿色正气。[15]

重新夺回中心

无所谓规模和范围，这在历史上尚属首次。大型城市失去了其与生俱来的优势。事实上，规模现在成为一个缺点。纯粹的"城市化"变成一种侵略，交易则变得太过麻烦，交通变得拥挤，出行受到限制，开放空间则距离太过遥远。简言之，生活质量不够好。

这就是为什么在对世界最佳城市进行调研时，像哥本哈根、苏黎世、斯德哥尔摩和温哥华这些城市总是名列前茅。它们中的大多数其居民人数均低于200万人。这些地方，交通便捷，人们可闲适行走。即便是法兰克福，人口也少于100万。他们大小适宜，既小至足以让人感到亲近，又大至足以被称为国际化都市。

无论微小的商机或是一些更为实质性的东西，只要它足够顽强，连接巧妙，就会给人以长期存在的感觉，任何地方的任何位置均可以成为宇宙的中心。现今这一时代对那些不太出名的城市而言是一个大机会，周边的地方均可以成为枢纽，甚至小城镇均可以在雷达屏幕上看到。比如说赫尔辛基、日内瓦和安特卫普。

但对那些更小或较为边缘的城镇而言，期望值较高的人们会发现他们的潜能很难发挥。那些敢于冒险和具有冒险思维的群体太少，以至于很难激发人们实现更多目标，这将导致可能的人才和创造性财富的流失。克服这种流失的方法是开发并促进那些非常强势的小众领域，这样才能拥有本地化的关键群体。因而可从这些商机中获得"丰厚的"劳动力市场。以阿德莱德（Adelaide）为例，它在酒业中展现了其深厚实力。葡萄酒的研究、生产（以及消费）、分销和代表机构全都聚集在那里。通常只有大型城市才能够创设这样全盘的优势和商机，而且由此而带来的致富信息在全球比比皆是，不绝于耳。这些全球化市场行业的规模不需要很大，但他们必须有在全球范围内进行操作的竞争力。

城市可通过"捕捉富有想象力的领土"在想象世界中累积力量。它可以成为某一活动、重要实体总部的中心所在，抑或是与其他人渴望的区域相关联。这些商机则可以成为有力的杠杆。

正如同殖民列强通过占领领土来获取贸易线路或原材料，公司则通过销售产品来俘获市场。若城市缺乏有形的及生产性资源，他们仍然可以捕捉创意、形成网络并获得其所有权。他们所做的选择和所形成的共振可以更鲜明地反映出一个城市想要反映的价值。处于下游在经济文化方面也有其益处，这也应是城市外交的一部分。例如，德国的弗莱堡（Freiburg），其人口刚超过23万，是著名的创新城市。汽车稳定使用已超过30年，节能住宅、回收和使用替代能源是日常生活的一部分。这引起了许多高级环境研究机构和组织的注意，如国际地方环境倡议理事会，[16]它的创新增强了该市的地位。在更为广阔的区域，诸如富有的瑞士北部，作为创新中心存在，而不是像硅谷，具有可持续性的扭曲现象。城市间在环境方面相互竞争。城市发展这一非传统观点正发挥其影响作用，是该地区竞争力所在。正是该地区的生态意识、IT头脑、注重养生及另类的硅谷想法才使人们产生了共鸣。

另一个例子：我提议"阿德莱德之于谷歌"这一概念[17]，它的目标是为了使阿德莱德成为各式活动的战略节点，这样可加强它在全球版图上的形象，使其能够战略性地掌握下游经济以及其他方面的影响。中心思想即当在谷歌上搜寻关键字时，搜索到的链接可以转向阿德莱德。这一城市商机独特，且在不同地区均举办有关键性的活动，它们可能看似不起眼，但实际上潜力巨大，例如其监狱改革。它也是"教育城市"网络的焦点所在。它具备一些领先的专家群。它的葡萄酒技术居世界领先水平。如果要一一列举，这一名单将相当广泛，其可能性也是相当宽泛的。通过接触城市可占据主要位置的网络，该市则可向世界传达一些以其为核心的感觉。要实现这一点，可努力协调并加入各个相关的国际组织，提供国际展示并使得城市成为会议焦点。

这样做的目的就是要在世界的想象中开疆辟土。这一方法使得城市能够串联成商机受众，从而为城市创建了自身的特使。该市拥有3000位具有针对性的国际朋友比拥有广泛的漫无目的的方法更好。深化商机需要长期的承诺，所以他们的身价也就此显露出来。这样彼此间就开始产生联系，对那些颇有权力的城市而言，他们需要成熟的时间而不是从一个想法跳到另一个想法。这其中的危险在于，许多地方先复制好的想法，但却没有足够多的时间来实现这一想法，正如同阿德莱德艺术节这一想法，它或多或少存在对布里斯班的直接复制。

极少数的城市却制定了如此之多战略的这一事实令人惊讶。它揭示了人们对软基础设施如何发挥作用、其在城市动力中的作用及其价值缺乏理解。专注于硬件基础设施的这一持续性下意识反应，破坏了探索这些"软基建"的可能性，并且消耗了预算。

软硬基础设施的再形象化

城市有许多隐藏资产或无形资产。其中一项就是软基础设施——这一形成创造性环境或集群的有利结缔组织。软基础设施是指这些使硬基础设施起作用的气氛、氛围和环境。它们通过连接、相互关联、生成想法，转化为产品和服务的能力表现出来。它们由人们的天赋构成，通过教育水平和富有想象力的能力来衡量。但软基础设施是经常被忽略的一环，因为有些人认为，支持并鼓励个人与机构生产出用于财富创造的产品和服务系统是由纵横交错的关联结构、网络、关系以及人际互动组成的，这个系统准确的经济价值难以量化。

网络创意是"新经济"时代的象征。这一悖论即我们知道是网络使一切发生，但没法充分赋予它们价值或对它们进行投资，因为它们不是有形的。我们所有的工具，例如用来衡量这些活动的工业规范，对服务和理念经营或网络如何增值这一方式不够充分细化。

基础设施的概念需要重新思考，硬基础设施是创设软基础设施的容器（附加值）。硬基础设施和软基础设施是相互依存的。然而实体通常是有特权的。环境即人与地方在一起，而实体设施则是大批企业家、知识分子、知识创造者、管理者和权力掮客，他们可以以开放的态度进行合作，这种面对面的互动可拓展新思路、制造人工制品、搭建服务并衍生出各种机构。

存在于创意环境中心的网络容量需要个人和组织基于对彼此的高度信

任、自我责任心以及往往不成文的有力原则的灵活合作。网络成功基于非常传统的品质，如涉及你喜欢的或互相喜欢的人或组织，具备共同承担责任的核心积极人物，同时拥有充足的预算，因此不是所有的活动均基于自愿投入。大多数成功的网络着重与非正式氛围相结合。他们感受到参与者的自发性、创造性以及对参与者的刺激性，而无需死守严格的程序绞尽脑汁。存续时间最长的网络具有适应能力，而且假定每位成员都拥有宝贵的知识并且能够做出贡献，否则他们将只是简单分享信息的网络从而使得人们愿意分享，并愿意为了更大利益的成功而为网络的成功做出贡献。

有时这意味着为了更大的利益需牺牲个人的利益，例如意大利较小城镇群，它们是第三意大利，比如卡尔皮（Carpi）和普拉托（Prato）纺织，Arrzignano皮革，萨索洛（Sassuolo）瓷砖或曼萨诺（Manzano）家具。它们为企业的大规模发展提供量身定制的公共支持，其中会涉及公司协作竞争——联合推广、展会组织、获取市场或技术进化信息、进口原料的大批采购、咨询和培训等。这些可产生动态的竞争，有助于积累专业的技术知识。这意味着多方面的关系和互动，有利于专业化自发机制、渐进式创新和企业创造，以及在这一流程中提升质量。中间公共实体高度鼓励那些想要成为大系统一员的企业共同行动，高度参与，并在其中起到了至关重要的作用。这往往会形成协作和资源汇聚。

创意网络的健康和繁荣在很大程度上决定了每个独立公司或其创意举措，甚至是其在开展业务所在地区的繁荣。除非周边环境蓬勃发展，否则其中鼓舞人心的那部分精神将日益干涸。纯自我利益主义将导致环境萎缩。信任是创造性环境运作的核心特征。协作竞争的文化是在此类环境下工作的先决条件。

我们正进入一个潜在世界，在那里人们、城市和组织之间的联系几乎没有限制，对时间和地点的限制也随之消失。你如何能使这一潜在的联系有效而又不致超载？这涉及选择性关闭和选择性开启。对社交机会说"是"的同时也要对其说"不"。战略情报是关键。它是分析、实践和创新的综合体；它是横向思考的态度，有助于形成远见，理解那些能够体现当前的动态含义，将整体视为一个有机系统，同时看到各部分之间如何互相作用互相关联，服务于城市。[18]

社交能力出现在各个层面上：个人和组织之间，在全市范围内和城市之间。所面临的挑战是将已知的，甚至是老套的、通用的个人社交技能向城市层面传达。这些特质范围包括与创意相关的品质，例如好奇心、与他人"闲话家常"的天赋、活力、倾听能力以及理解他人观点、关系技能、对他人的兴趣以及激发或移情的能力等。组织在创造性环境下的网络容量比相应城市容量要大得多。通常来说，通过这些在30秒钟内就可以概括你的职业，或吸引你的听众使其对你感兴趣。对组织而言，网络类型和属性取决于目的——这决定了它从开放到封闭的形式。举例来说，一个开放的网络可能仅仅是传播信息。此处所列举的例子将是"活跃的生活网络"，这对接收方所需极少，且各方间的关联也是最小的。相比之下，欧盟伦敦自愿服务委员或城际欧盟网对公私合作的最佳实践将会更加封闭，而且应会涉及真正的参与者，互相访问站点且编撰项目。当这些网络运行良好时，参与者可能会成为朋友，参与结果不可预知，但经常会出现积极的副作用。

为使城市在这一网络中获益，除沟通顺畅的个人、团体和组织外，其他层面也参与发挥作用。其中不仅包括让公司参与到各项行业举措中，同时也会向其市民及外部世界宣传该地区，同时基于以咨询为主的规划方法，创造更多的参与度，或通过营销和活动策略增强归属感和身份感。例如，曼彻斯特北区具有特殊的发展愿景，即在考虑到中产阶级化压力的情况下，试图维持自己在其他能够率先让本市流行起来的其他类型人群中的吸引力。另一个例子是格拉斯哥的商人城市活动。自2002年以来，这一活动包含了一项商人城市节日，与欧洲无车日挂钩，作为更为宽泛营销活动的一部分，来提升该地区作为格拉斯哥创意经济中心的形象。

"网络"和"网络化"这些词语已经成为一个魔咒，当我们把网络化视为以开放方式相连的链接时，这便在很大程度上为其注入了积极的内涵。然而网络如果太紧，太过闭塞或固步自封，就会出现另一面，仅会惠及集团的一部分。这会降低创新能力。在评估中国和日本创新潜力[19]时，这是会谈及的一点，而且可能会以强烈的跨文化创意形式出现，这将需要跨文化核心间的连接，同时需要网络变得更加相关。

在内向投资社区中间存在针对软硬基础设施相对权重的激烈斗争。新兴发展共识是无论软硬基础设施均为外来投资提供基础条件，而以前只有硬基础设施因素如此。理查德·佛罗里达在创新阶层崛起方面所做的工作以及鼓励创新性的城市设置为软基础设施参数提供了新的可信度。[20]这种转变表明目前更多的研究集中在软性因素上。在传统的11项对内投资因素中，大多数"软"问题归入在"生活质量"的类别，这是一个相对低分值的因素。这11项因素是：经济概况、市场前景、税收、监管框架、劳动环境、供应商和技术、公用事业、激励措施、生活质量、物流和网点。然而，生活质量因素在吸引和留住外来投资的重要性日益增强，其在当地经济发展和商业位置社区所占比重也日益增多。一项回顾报告汇总了30份关于影响地方经济发展要素的独立研究，再次指明了经常被提及的11个要素：

1. 位置；
2. 物理特性；
3. 基础设施；
4. 人力资源；
5. 金融和资本；
6. 知识和技术；
7. 产业结构；
8. 生活质量；
9. 机构能力；
10. 商业文化；
11. 社区身份和形象。[21]

值得注意的是最一致引用的因素（30份研究中有25份）是生活质量，紧随其后的是人力资源和基础设施。尽管这一因素是最常提到的，但其比重相对较低。

对于文化和创意对内向型投资者选址决策的影响，我们自己的回顾报告有以下结论：[22]

- ◆ "软"基础设施方面的考虑，诸如生活质量或文化正显著增长。
- ◆ 文化是"软"定位因素，然而"硬"成本相关的因素仍然主导定位决策过程——即使是在今天的知识经济年代。
- ◆ 对"软"因素方面的考虑对特定类型的外来投资项目而言更为重要，因为吸引和保留高技能的人才是非常重要的。
- ◆ 对"软"因素方面的考虑并非选址时的核心重点驱动因素。除此之外，当项目是创意产业或新经济项目时，当它在解决"硬"元素后依然会影响决定的情况下，"软"因素也是至关重要。
- ◆ 在软硬不分伯仲的情况下，地点没什么好选择的，对"软"因素的考虑将成为必备因素，因为要利用位置来吸引和留住高技能人员（当生活质量/居住质量是同一问题的情况下）。
- ◆ 在当前以"硬"事实为重的情况下，决策者是不太可能会承认自己受"软"因素，诸如文化等因素的影响，因为他们无法向其他决策者和利益相关者量化这一因素。

重新定义竞争力

城市竞争力常定义经济为其中心。但关于竞争力的争辩变得更加复杂。越来越多新思想正日益发挥作用，诸如创新的商业和文化环境。随着商业、科学和/或艺术领域中创新率的提高，城市已变成了创造力的摇篮了吗？城市是否存在需要专业人员网络的前沿商机专业化集群？城市是否已通过强烈的连通性获得了战略性虚拟位置？机构的能力是否超越各自为阵的碉堡式思维？是否有领导者情愿用其直接权力来交换更大的创新性影响，并由此可以在城市释放更多的领导潜力？是否可对透明度、信任以及无腐败、无缝贸易的先决条件等开展良好的治理和管理？是否有合作能力，从而有方法可以使公共和私营部门实现最大程度地结合？是否有能力可全球联网，从而实时跟进保持最佳？而且，城市的文化深度和丰富程度足以让城市的遗产或当代艺术设施发挥作用吗？是否存在战略性思维嵌入城市的关键部门之中，从而使得学习的想法关注城市的每个角落？这是否使得城市成为一个鼓励个人和组织了解他们居住城市的动力以及其变化方式的所在？而这一切反过来是否又带动市政服务质量的提升，包括运输，最重要的是教育？这些竞争力问题与成品及生产力或一门技术同等重要。

日益了解新竞争环境的重要性是城市地标的关键，这样就可以同时攥住用物理结构或事件来映射故事的意图、想法或野心。显著的交流具有密集性、带有包装意味以及体验丰富的特点。但找到如此操作的触发点有些困难。毕尔巴鄂的古根海姆博物馆是建筑方面的成功之作，而芝加哥的云门，旧金山的金门大桥和里约热内卢狂欢节则是公共艺术、公共设施和标志性事件方面实现标志性传播的例子。这些地方不仅仅是众所周知，而且还讲述了具有更深层次意义的故事。需要对这些标志性的触发点进行编排，以产生临界质量和动量。他们会将另一个有力的竞争工具"生态意识"融入设计意识，生态意识的发声可能会把环境的治愈提升至更理想化的层面。总之，这样做可有助于创建和加强城市的共鸣，共鸣可以生发号召力，进而可覆盖潜在的真正经济潜力。这是为什么有些地方做得比应做得更好，因为共鸣代表了资本的一种形式。

最后，城市是否有行为的道德框架可激励人们给予更多、关心更多，同时拥有更多的社会团结？至关重要的步骤是能够通过基于情感、技术、环境、社会、经济、文化和富有想象力故事的集成定义一个共同的目标，从而为城市定义和沟通更大的角色和目的。它应该感觉起来就像是一场正在上演的戏剧，而市民们各自知道自己的角色，因为他们都参与其中。它需要利用人们，感觉他们的角色，感知他们的去处，对他们的角色加以暗示。除专业的规划专业人员之外，城市的目标需要通过更广泛的技能集合得以实现。

重新思考价值计算：沥青货币

将每个倡议的成本转化为沥青等效。振兴一个区域环境的沥青等效可能仅有300米，青年项目的沥青等效可能为30米。我们可在大脑中做一下实验。投资1公里等效战略目标的网络捕获的相对影响是什么？什么样的投资会带来更大的经济、形象和文化上的冲击？我们不加批判和僵化地评估货币计价单位以及不同部门的预算比例，无论其是教育、社会服务，还是运输、接收领域。它们在预算层次结构的位置保持不变。若以中等城市为例，则每年需铺设几十公里的沥青道路。并且，这是一个严峻的选择。西方国家1公里的标准双车道道路的成本约120万欧元，而1公里的高速公路需380万欧元。这是在幸运的情况下。一般情况下，成本要高于这个数据，相对而言，中型的道路其成本可高达每公里270万欧元。需考虑投资这些资源其替代品的有效性，以及它的影响是什么。公共交通是显而易见的选择，但当你扩大可能性时，将出现有趣的推测。

平衡计分卡：资本的复杂性

城市竞争力和再造力的复杂性意味着城市领导人应该更好地理解、集成和协调城市的多种形式资本，不仅是金融资本，还包括：

- 人力资本——技术、人才和拥有专门知识的人；
- 社会资本——构成市民社会的组织、社区和利益集团错综复杂的关系；
- 文化资本——对某地所表现出来的有形或无形的独特性的理解以及归属感，例如遗产、记忆、创造性活动、梦想和愿望；另指布尔迪厄所说的赋予个人更大信心和更高地位的文化资本，包括家庭背景、社会等级以及受教育程度；
- 知识资本——社区的思想和创新潜力；

◆ 创新资本——避开能力，看似断开实际连接，放松至模棱两可，力求原创和创新；

◆ 领导资本——承担责任和领导能力的动机、意志、能源和能力；

◆ 环境资本——建筑和自然景观和区域生态多样性。[23]

这些资本形式是城市资本，缺少它们城市就会赤字。和所有资产一样，城市资本也需要管理。对这些作为城市货币的资本形式进行考虑，则应揭示所有城市建构维度是如何不可避免地交织在一起。需要考虑对不同活动的权重进行调整。以社会领域为例，它不仅仅是之后我们用来补救其他领域未决难题的问题处理场。相反的，创建社会资本是自觉的战略活动，构建自下而上的资本，我们开发得越多，越重要，使用得越多，它成长得越快。因此，在社会资本发展的教育领域，历史甚至抑或是地理课程均变成开发的原型和病因。相同的折射原理可以影响警察和出租车司机的训练以及店主应有的行为等。我们知道，高水平的社会资本和低水平的犯罪之间有一定关系。但哪些城市具备战略发展规划，而不是一系列通常断开的社会项目？若社会资本包括网络容量，哪些城市正将它们的市民引至网络跨越障碍？在贫困社区，非网络化的网络与同样的非网络一起创建出封闭、孤立和恶性循环的沟通和可能性。

尽管借助网络，我们必须再一次意识到这种双刃剑的特质。但当传统意味太浓，当限制被取消，当人们一拥而入时，仍会存在大量社会资本。

哪些城市具有不同于教育计划的智力资本开发计划？我们知道，吸引并能够获取知识和想象力是城市成功的关键。作为正规教育的重要性在于，大多数这些人才是在环境中被培养出来的，其方式与教育无关。因此对如何产生人才，我们的角度应该远超过教育机构。此外，你们市民的语言能力怎么样？有多少人可以讲第二或第三种语言，并且在贸易和业务中使用这些语言？

同样地，哪些城市能自觉尝试发展自己的文化资本，使其有别于建筑文化设施？文化决定了我们如何定型、创建和建立我们的社会。因此，范围、可能性、风格和社会与经济发展的稳定进程很大程度上由文化来决定。如果我们的城市文化是思想封闭的，具有强烈的层次并关注传统，它可使得重大转型变得更加困难。它可能会限制不同组别之间的沟通。可能会阻碍国际贸易或旅游，因为自由交流和想法交换当中会存在障碍。它可能会阻止创建混合的伙伴关系，这是公认的解决社区问题的主要出路。它可能会抑制充满活力的小企业部门的发展。相反地，如果我们的传统视宽容和开放为价值，则对新世界进行调整可能更为容易。那些可以共享理念，吸取精华的地方可能会更有效地将差异联系在一起。

通过充分重视各种形式的资本，新的城市评估和测量工具出现，将经济和其他城市领导们关心的因素结合在一起。

普华永道最近发表了他们的《未来城市报告》[24]，报告提供的框架重点如下：

- 智力和社会资本——着重于技能和能力；
- 民主资本——这表明城市政府需要与市民进行对话问责并保持对话的透明性；
- 文化和休闲资本——提出醒目的城市品牌，为居住、业务搬迁、旅游、国际事件提供竞争力；
- 环境资本——关注城市消费和需要提供一个清洁、绿色、安全的环境；
- 技术资本——技术必须能够从宽带至运输，支持市民不断变化的需求；
- 金融资本——资源是如何获得支付服务。

重获信心和自我意识

让城市恢复的第一步是恢复自我，心理因素在其中起着重要作用。变更流程最初能够导致一些地方失去他们的自信，因为这些东西原本是他们独有的，而尝试和测验的做事方法又不起作用。这一范围包括工业衰退、服务或人才流失等。西班牙的希洪（Gijon）在失去其造船厂、煤炭行业及其作为港口城市的优势之后，花费了二十年的时间来恢复信心；英国格拉斯哥（Glasgow）从缓慢下降至再次崛起，花费了几十年，美国匹兹堡也是一样。

除非城市具有罕见的"主动性"态度或已经重整其定位，否则它们将会受到文化的限制。这是因为公共和私人机构及变化缓慢的组织形式将阻碍事情的进展。做事情之前需要征求许可的感觉将会压过那种"勇往向前"的态度，这意味着需要接受一些错误，并且意识到决定性失败（好的，努力，从错误中学习）和非决定性失败之间的区别。通常来说，缺乏自信的地方太过强烈地关注细节，而非更大的图景。影响必要的心理变化可以通过休克、诱惑或愿景而发生。冲击，如主要的雇主破产，可引起晕眩和泄气。显然，如考虑愿景或全球动态，这样的预防方法会更好。愿景需要能够从内心感动个体。放开愿景的这一策略需要确保城市有21世纪的软硬体基础设施。对硬体基础设施的担忧（机场、铁路、公路和IT）以及软体基础设施（使城市运行的协作和结缔组织，以及风格基调）都必须一一到位，但建立自信则是关键。这需要一个较小的策略，恰当的风险以及偶尔富有想象力的与投资相匹配的飞跃，这样才会从一步一步的成功形成趋势。

更新领导力

领导的想法随历史而改变。每个时代需要自己特定形式的领导和治理体系从而可与先决条件相匹配。每个城市都将评估自己是在巩固还是在改变模式。急剧变化的时刻需要的是变革型领导力而不是协调或管理的技能。本地领导者需要从单纯的战略家向构想者转变。战略家发号施令，构想者则鼓舞士气。战略家们将从城市、企业机构或文化团体的指挥者角色转至能够描绘宏伟蓝图的构想家，也就是从机构的工程师成为变革推动者。

这些城市的领导者应该解答市民关心的个人、工作、社会和道德选择问题。领导者所讲述的故事与他们所在机构的属性、其他人所能扮演的角色以及大家如何实现各自功能交织在一起。[25]领导者有平凡型、创新型和远见型。第一种仅反映了群体的欲望和领导他们群体的需求。创新型领导质疑现状并描绘出潜在需求，为新的领域带来崭新的见解。相比之下，富有远见的领导人则会利用全新的想法获得超越日常争论的结果。他们会复述令人信服的故事，每个人都会感觉到自己是有用之人，不管这作用是大还是小。

最重要的是，领导者需要在知识层面果断行动的勇气，承认需求是什么远超过安稳的政治周期，敢于创新和拥有灵感，而对这一点可能有些人会不同意；最后，需要极大的勇气承认的是，一个城市的转换和再生需要一代人的努力，彼此出谋献策，同时众人受益。仅有少数地方，比如巴塞罗那、毕尔巴鄂、瓦伦西亚，在这些地方，尤为重要的是，当地领导人的自主性发挥了重要作用，而且以这种方式彻底改造了自身。

现有的领导人需要以其权力来交换创新型影响力，这意味着放弃权力，从而提高影响力的影响领域。领导能力是市民能力，与硬体基础设施同等重要。它应该是一种可再生资源。文化属性和态度或心态能够使得某些地方在过去获得成功，例如作为工业生产中心，但在未来也可能对它们产生限制，例如说，它们需要变成服务中心。工业和服务经济以不同的方式起作用。如今世界各地的社区和公司用网络取代层次结构，用权力取代权利，用秩序取代灵活性，而用创新性和家长式制度取代自我责任制。

具有100万人口的城市究竟需要多少领导人？1个、10个、100个、1000个还是1万个？事实上，1万个领导人才占了人口的1%。一个拥有100万人口的城市，应该有一足球场的领导人，因为优秀和成功的城市是由成千上万的坚韧、团结和创造力构成的。所存在的挑战即为如何释放这个潜力。仅从政府要求领导力是不够的。领导人源自多种形式和不寻常的地方：社区、商业、文化领域、环境工作者以及各种活动家。大多数城市有许多隐藏的领导人以及那些存在但却不会跨界工作的领导人。

共享权力这一新现实不是一种不负责任的表现，而是唯一可行和负责的方式，通过这种方式领导人可以为自己的社区实现可能实现的一切。通过共享权力，城市可以为市民实现更多。拥有更强的影响力、影响范围更广，比拥有大量权力、但没有影响力、影响范围也小的情况要好得多。城市需要不同层面和领域的领导人，正如城市的成功是无数举措的结果。只要城市的故事可以基于一系列明确原则清晰展开，自激活型领导人即可汇集并集中精力，降低其复杂性。

重新调整规则，为愿景奋斗

在野心和规则间存在偏差。经常发生的是，规则决定政策，战略和愿景而非愿景当道，政策和战略决定规则。许多规则小到令人难以置信，使城市系统变得散乱，模糊了城市大局的可能性。我们已成为监管机构而非促进者。在巨大变化发生的时刻，必须重新评估规则体系。若规则仅有约束效力，则它们在想象力方面具有腐蚀性影响力。有了"风险和机会政策之后"，我们开始以不同的方式思考，不同的方式做事。最终，做了不同的事情。这是选择"玻璃杯有一半是满的"（乐观）而非"玻璃杯有一半是空的"（悲观）。

"每项基于规则的障碍均是对历史上灾难的一些应对"，[26]并且太多规则经常基于最坏场景而非可能场景。赔偿和个人责任立法使这一点变得根深蒂固。与通常谨慎的政府当局相比，个人责任立法鼓励个人传播风险。

每个学科都有其规则或立法保障特殊利益。以高速公路为例。高速公路工程师有规章、环境服务或计划。残疾法案也是一样，对其涵盖范围生效。然而每项规程对其规则的运用并不能建设好城市。这突显了准则制定者需要共同协作，为建设美好城市的整体目标而调整改善他们的规则。另外的例子是：阿德莱德市议会想要自己所在城市成为方便步行和方便自行车出行的城市。那由此给出的建议便是，提供免费的自行车，这是提供绿色环保象征的倡议。但这一倡议因法律原因而被阻止，因为人们考虑到责任事故的问题，因此需要使用自行车的用户提供证明。如果自行车可自由随意使用的话，这一点如何实现？因此该想法就此终止。许多国家有"先行停止线"，这使得自行车可在交通信号出现时停在汽车前面的一块区域，使得汽车可轻易看到骑车人，并让他们先行行驶。这提高了骑自行车的安全性。该设计没有涵盖在澳大利亚的"《澳大利亚公路交通工程实践指南》第14章——自行车"

中。很少有议会会愿意冒风险采取未被该指南涵盖的设计，墨尔本就是其中之一。类似的停止区出现的目的是鼓励行人先行；许多国家采用厚重的黑白条纹斑马线，可让行人过马路时无须按交通信号停止按钮就能让司机停下来。但无论在何种情况之下，当前行政法规禁止在南澳大利亚安装。这反映了阿德莱德要实现其"大胆、容量和活泼"这一口号是何等困难。

这些都会侵蚀想象力，影响着我们在公共、私人或社区部门所做的一切：当你买食物时，需要戴塑料手套；志愿者团体为筹集资金组织志愿者卖猪肉香肠但遭到举报，因为有人吃了后食物中毒；烹饪学徒不能观摩名厨工作，以防止他们在厨房里出错。

这将产生对文化的约束，这样会对常识产生排挤。两股力量会并驾齐驱。争论的可疑的环境将会生发偏执并导致人群互动的流失。另一种情况则是，尽管职业健康安全委员会正确地关注风险，但没有相当的委员会着眼于工作时的创新可能性。因此，我们会看重危险但不关注机会。许多规则很小，但累计起来他们也会侵蚀倡议。政府和城市应考虑富有想象力的监管，从而在其中发挥核心作用。态度和角度是其中的关键："是的，我们怎样才能实现这一点呢？"而不是，"但这可能是个问题"。我们至少需要更少的法律并更关心解决问题。我们需要明白说，"打开规则"不等于放松管制，而是在正确的情况下找到合适的规则。

数百名公务员在澳大利亚公共管理学院研讨会上所进行的一场活泼的会话引发出一连串容易实现的有趣想法，包括每次新制度产生时，就会存在对冗余监管的对抗；而比如对已知风险项的0.5%或1%预算的再分配；能够评估个人创新能力的新标准；作为年度绩效评估一部分的创造力指数；将创新条款纳入议程，如职业健康安全等。甚至可能会有像哈德斯菲尔德的创意城市倡议这样的项目，有商业领袖为该项目拨款75万欧元——该金额与城市相匹配——即在2000年年底，想出2000个创新想法。从以新方法运行托儿所至发展经营理念，这些想法遍布任何领域。

语义演变可用于监管，通过反思将其作为创造附加价值的来源。通常，我们将激励视为驱动力，然而创造性的规定也可以是驱动因素，从而可以使经济稳定增长而不是对其进行约束。Emsscher公园就是其中一例，它使用较高的环境标准以及"先发优势"推动其出口导向性环境修复产业的增长。对绿色法规的长期研究鼓励了公司创新，同时也为诸多可能性提供了进一步证据。[27]通过注意力调整将其关注度调整至资源生产力而非劳动生产力，任何城市都可以复制这种方法来生成超级便宜的、省油的、超轻型混合动力汽车，等等。

重新命名风险管理政策

当前正是变化的时候，当城市需要创新，而风险文化的崛起对潜力而言则是一种限制。每个风险管理政策均应更名为"风险和机会政策"，从而确保双方所探索的风险。这意味着环境从"不，因为……"变更为"是的，如果"。这一举措的同盟军应成为激励措施，从而可以对富有想象力的思考加以鼓励和验证。例如，在创新和创新性能力中嵌入标准，将其作为年度工作表现评估的一部分，同时作为申请工作的要求。发展需要关注大多数指南、规则或法律的精神，而不是关注于法律条文的内容，因为它们通常以约束居多。这要求自上而下、从左至右全方位的领导。顶层领导人需要象征性地给予许可，因此降低城市层次的他人受困的潜能会得以释放。同时也会有许多潜在的领导者伺机而动。

重新构想城市

重新考虑什么是城市。21世纪的城市间巧妙连接，他们可以集结整个社会团体的能量。法律、物理、经济和城市的感性结构将各自不同，其形象也将各有所异。大多数大型城市是属于城市或大都市地区，但被作为小实体进行监管，有时候甚至把它们仅当作是镇。这一设置可产生激烈的狭隘和地盘之争，很难连贯地处理诸如公共交通、住房或外来投资策略等问题。这是为什么存在全球城市大融合的原因。例如，加拿大多伦多1988年变为大都市管理，而主要的英国城市则将自己定义为城市地区。小镇思维和城市思维不同。局域化和更广泛区域间的平衡需要不断重新谈判，这其中没有任何铁律。随着时间的推移，城市之间重新安排边界，从而最大化本地细节的需求：从而进行重要的国际性决策或是细枝末节的决定。

核心沟通挑战是接近选民并找到使得个体市民能够充分参与的方式，利用结构内多种参与方式，允许处理更大的图景问题。然而，最后，该决定必须是对什么是维持财富创造能力和社会和谐所做出的判断。

考虑一个共同的全球现象，以孟菲斯为例，它将日耳曼敦和巴特利等城市融入外郊带城市群且保持其独立性，使其成为超越城市核心和郊区的存在，同时要求增加市内基础设施，以便于与城市接轨。从实体上来看，它打破了孟菲斯的完整性及其版图，使其成为漏斗状，沿着这一带的商店激增。这种建设可以吸引更好的报酬，但也榨干了孟菲斯的税务基础。这是三重打击。孟菲斯必须将其服务保持在相对低的收入基础上，于是贫富群体和平相处的现状被打破，同时外郊区居民对其所喜欢的孟菲斯部分进行利用，比如说使用文化设施，但对它们的维护却提供极少甚至没有财政贡献。仅有大都市化方法可以解决这个问题。

以芬兰的战略性规划问题为实例。埃斯波（Espoo）是高科技领域，那里早前是诺基亚总部，现在，从各层面而言，是赫尔辛基的一部分。当赫尔辛基在1982年完成了其地铁设施，它想要将版图延展至埃斯波。出于权力归属原因，埃斯波对其进行抵制，这在赫尔辛基造成了交通问题，他们争执了20年，仅在近期，埃斯波才有所收敛。

找到解决方案，下定决心将其运作好，这才是关键。英国的布里斯托尔（Bristol）是重要城市，人口达40万，且城市排水面积达到了60万公顷。当都市委员会首次于20世纪70年代来到该地，都市化变革并未影响到布里斯托尔，尽管它是一个突出的候选城市。相反，在1974年，布里斯托尔成为更大区域艾芬（Avon）下辖区域，虽然它曾是这一城市区域的驱动力，但地位就此降低。布里斯托尔之后的运作就像是油炸圈饼，身处在一个较大的较富裕的城市圈中，但却装了满满一口袋的不利因素。从组织架构上来说，它花了很长时间让艾芬（Avon）起作用，但1997年后，又再次被分离，然后布里斯托尔被划分入狭小边界中成为布里斯托尔巴斯、东北萨默塞特郡、北萨默塞特和南格洛斯特郡这4个当地行政区中的一个。事实上，一些边界正好从布里斯托尔城经过。由此就产生了紧张和糟糕的决策，从而导致近期的电车提议被中止。

伯明翰是欧洲最大的无地铁城市。它是英国西米德兰地区的驱动力，该地区人口约550万人。但有名的城市诸如沃尔萨尔、伍尔弗汉普顿、考文垂和一些较小的城市均畏惧它的实力。若他们一起合作，则有可能说服中央政府释放资源，或许更重要的是，集中化、控制化的英国体系不允许伯明翰从国际金融市场借用资源来建设自己的地铁。这意味着伯明翰要仍受困于交通堵塞问题，而其贫困人口将始终锁定在特定区域；且这个城市依旧会保持其弱连接性，同时存在诸如种族聚居的汉兹沃思（Handsworth）或斯巴克布鲁克（Sparkbrook）等弱势区域。如果不是这样，这些地方将更充满活力。

尽管存在障碍，也缺乏力量，但英国再生成功的故事也时有发生。目前集中化进程正阻碍着城市的发展。没有征税权，一个城市如何能有愿景？在欧洲范围内，英国是本地税收水平最低的国家之一。[28]与此相对照的是西班牙诸如瓦伦西亚、毕尔巴鄂、巴塞罗那、马拉加和塞维利亚等城市令人惊讶的复兴。他们对资源的当地控制以及征税能力是欧洲最高的国家之一，对他们的愿景而言，这是公认的发展驱动力。

大都市地区应被视为一个连锁资产中心，中心会滋养东、西、南、北，而反过来，这四方也会助力于中心。当你审视供应链和经济动态时，它们之间的相互依存关系明晰可见，正如它们之间的服务关系链一样。克服刻板状态是很重要的，因为这将影响投资潜力。刻板不会有助于好的策略。例如，在澳大利亚有一个最大的博士毕业生群体在北阿德莱德布雷福特附近工作。然而，因为形象问题，该地区被认为是问题地区，而不是全国最具有活力的知识密集型产业所在地。

仔细审视大多数城市的治理结构，我们会发现"决策式意大利面的存在"，你会将一个辖区叠加至另外一个之上：本地、地区、国家或联邦的政治和水，教育和医疗。他们并不一致。做决策时将大城市看作集成的整体并不合适。但中心区域的命运与外部领域息息相关。他们像连体婴一样绑在一起。有地方委员会是至关重要的，只要有机制可确保考虑更为广阔的图景。再次以阿德莱德为例：对巴黎人，洛克维尔（Walkerville）是什么呢，它是一个有8000位选民的议会吗？对罗马人而言，是伯恩赛德吗？对来自上海的人来说是马里昂吗？他们都只是阿德莱德。在国际的舞台上，阿德莱德是包罗万象的标志。

城市治理的安排尽管存在缺点，但依旧是有道理的。许多城市与困境做斗争。对爱尔兰来说，都柏林太大，所以政府抵制都柏林创新，以免都柏林政局扩大，但都柏林对欧洲而言又太小，无法作为主要的欧洲国家来有效运营。

然而，城市需要分界线。当城市有分界线、障碍和边界时，他们会运行得很好。当他们站在边界上时，很少有城市会提出这样的问题即"什么时候它会结束？"这种假设是在有边界的情况下，而且仅在极少数的情况下才会重新定义。辖区的向外扩张，从伊斯坦布尔至堪培拉，常来自开发行业，宣称"我们的孩子永远不能买自己的房子，因为廉价的土地一直是在边界上"。边界线，不同于无休止的扩张，能够有助于定义并让地方身份性更强；这是为什么在我们对理想城市的调研中，典型的有界的意大利城市通常会排名第一。它经常也会迫使城市有选择地进行简化，从而为公共交通枢纽或出现更有活力的活动创造引发变化的临界点。这反过来又会产生有益的下游效应。

重新规划

规划这个词让人混淆，因为它既描述了适用于所有活动的通用属性，同时又作为城市建构的核心词被接管，并成为它的同义词。它一般意味着预期未来和问题，探索其可能的影响，描述想要什么，如何解决问题，并从多个备选活动中选择策略，以及要达成目标所需的一系列步骤。"计划就像地图，当遵循计划后，你总是可以看到你的项目目标进展如何，你距离你的目的地有多远"。[29]

城市发展的步伐是如此之快，"规划师们"尝试进行有序发展，规划则日益受到批评。规划需处理两个核心问题："规划是什么？"以及"规划的目的是什么？"美国规划协会充满自信并颇有技巧地说：

> 规划是城市建设……城市和区域规划的目的是为了通过为现在和未来几代人建立方便、公平、健康、高效和有吸引力的环境而进一步造福于人民和他们所在社区……它是一个高度协作的过程。通过这个合作的过程，他们帮助社区定义其愿景……，在分析规划过程中，规划师考虑社区的物质、社会和经济各方面因素，同时检查他们之间的联系。[30]

至于规划活动范围，英国政府现在将规划定义为"可持续社区"的创建。所以规划的重点不再是土地利用而是更为专注调节和谈判差异。这就需要新的技能。对另一些人来说，这是一种改变，关注方向从仅关注物质和土地使用规划转向多面活动，其范围涵盖对动态经济学、社会和环境因素以及更进一步的、对文化和参与社区流程、展望居住环境的理解。在前一种情况下，技能基础是明确并有限制的。它认为城市本质上是一个工程上的人工制品，并帮助重点策划建筑环境专业。"规划"自我理解意义上的指挥即规划的领导者。

在后一种情况下，它的作用也不是很清楚——或者它需要对各种学科的高阶理解来证明其领导角色，或承认这仅仅是城市建构团队的一部分。或者是一个特殊的要求，即在建设城市的过程中，知识的形式更为重要。这些状态的竞争已经持续了很长一段时间。之前建筑师占据主导地位；现在则是城市设计群体声称他们处于核心地位，因为他们的多重关注点会接触"形态、知觉、社会、视觉、功能和时间"[31]。这些维度覆盖连接、运动模式、街道布局、位置和形象感、环境设计、社会使用和空间管理以及公共领域功能。[32]应该注意的是，所讨论的所有学科，包括城市设计，均是以物质为导向并受其启发。似乎只有组织空间重要，创建一个人类栖息地并不重要。将城市整合到一起的人类知识却看似具有偶然性。

我的观点是城市建构活动需用到各种学科，软硬设施，其中一个是规划而另一个是城市设计，但在诸多因素中，仅突出表现出这两点。大部分人需要在跨学科的团队中工作，一个人即能够把握整体的画面只是偶尔的情况。讲述关于城市的一个可能的故事以及如何能够到达那里，这只是一项练习。它激发并提供方向。它既是规范又具有说明性。在这一点上，它不是无价值的，因为城市建构是发挥力量的过程。在规范化的过程中，城市建设者们将批判性地分析他们如何达成自己的结论，为什么事情会起作用，又为什么不起作用。这不纯粹是投机的过程。城市故事讲述者需要了解城市运作的各种机制，既要精明务实，又要思想敏锐。这方面的城市建构应避免枯燥、传统规划的无生气并解释它的暗示内容，以及它为什么能够起作用。

行动计划将解决经典的规划困境，诸如"规划还是不规划"问题，以及提议的指导方针和水平刚度将是受环境驱动的。在这一情况下，将取决于谁领导这一过程，而且这一过程的领导者绝不总是一个物理专家。比如他有可能是一个历史学家，而也有可能是一个了解社会维度的人，或是第三种情况，他是具有文化素养的人。

这样就存在实现和评估协议、指导方针、规章、制度或各领域律法机制随发展控制和创造经济诱因的不同而变化的情况。然而，这些从本质上来说都是常规流程，不应与发展大局机会过程而混淆。

重新描绘城市

通过对城市进行再思考，一幅不同的画面便呈现出来。这需要衡量是否设置政策重点，是否进行正确投资。最好的制图人通常是规划师们。他们主要关注土地利用模式以及社会人口统计趋势。许多地图已经存在，例如关于城市价值轮廓的地图，但这些似乎没有从整体的角度来看，而规划专家、经济战略家和社会或文化学家们正是从这一角度出发共同解读政策的含义所在。到目前为止，这种解释还是过于坚定，局限在鼓励学科当中。这样目前来说还好。然而，当标记其他尺寸时，则出现了进一步的顿悟。简言之，当你通过集体视角来观看时，地图能够刺激洞察力，而且对我们所发展地图的类型，我们能够更有创造性。

地图很少追踪新兴问题，例如创意的流动、创新、决策、参与、利用空间和潜力等。地图也不是由工业动态制成，展示一个地方如何从内部与更广阔世界进行连接。但从地图中能够显现出来的是相关性，互相依赖以及反直觉的结论。我们在阿特莱德进行了广泛的重新制图和研究，例如，布雷福特博士集群。重新制图揭示了意面式的广泛决策图，因为地图层层叠加。这些图展示了创意人员们所居住的地方，是对直觉的确认。创意人员们搬迁至充满个性和独特性的区域，同时也搬迁至处于转换过程中的地区，在这些地方仍存在急躁因素。而且，在遗产登记地和现居地之间有很强的相关性，他们的住所既是工作的地方也是生活的地方。这些地图也有助于预测未来潜在区域或可能衰退的区域。

重新描绘城市角色

管理城市的官方机构有两个核心任务，这两个任务需要把完全不同的观点、态度和技能组合起来。然而同样的机构在完成这些任务时都会伴随着压力。第一个任务是提供例行服务，这些服务大部分都是重复性的，如街道清扫、道路维护以及学校和交通系统的管理。这从本质上而言是受规定约束的，是机械的。第二个任务是管理城市的发展性变化，重点在于识别未来的需求，如未来50年的软硬件基础设施需要。这可能和转移城市中心一样大胆，正如台北建了101大厦，而台北市的金融中心在新信义区。截至此时，这座508米高的摩天大楼是世界上最高的建筑。现在围绕着它的是百货商场和诚品书店，诚品书店是世界上最大的书店，销售3000种杂志和报纸。诚品书店被打造为台北人的文化舞台，八层的店铺包括一个儿童发现博物馆、专题教室以及一个设计类和生活类书籍楼层。对城市的管理变化可能会涉及新教育的投资，把基础从工业转移到服务业，进入新的经济领域，重新架设无线电视电缆或者开辟新的居住区。

推动城市变化各项日常工作的工具需要一个价值基础来引导思想和决策；这些工具需要以民主的方式确立，同时能够在责任原则之内像办企业一样去行动。这意味着要给必不可少的公众监督留出余地。鹿特丹开发公司就是一个典范，作为当地政府的裙带企业，它可以在一定程度上像企业一样运作并与私营部门合作。重要的是，它从城市中大量土地的租金中获得收入来源。因此，在吸引私人企业加入的时候，它能够把这些资源汇聚起来但是也能够降低风险，因此支持创新或者开展更为广泛或更有趣的后续工作。另一个典范是*Metropoli-30*（在第七章中有描述）。它作为一个驱动装置和构想容器而设立。它并没有把愿景的确立和实施混淆，其公路图的侧重点从对城市基础设施的重视转移到该地区的文化价值。它曾这样暗自思量："你的一生中只有一次机会来改变城市的基础设施，它至少应该是国际级的，最多要达到世界级水平。"

*Metropoli-30*在毕尔巴鄂重建的早期尤其有效，当时它帮助这个城市登上了世界舞台。但是，现在它在努力想要保持这个地位，而且尽管它当前的主题是"改变这个城市的文化价值"，使其更加开放和宽容，这非常重要，但是现在情景不像建设新的基础设施时那样紧迫了。此外，无形的基础设施看起来永远不像有形的那样令人激动。

同时，Bilbao Ría 2000这间公司在这个城市中发挥出自己重要的作用并且日渐举足轻重。该公司创建于1993年，是一家有公共资本的股份公司，之所以选择这样一个身份是为了赋予这个组织的道德观以弹性。起初，这家公司几乎没有什么资金来源，不得不面对私人投资者的过分谨慎。关键的一点是它以成本价格从港口铁路公司拿到了土地，把开发新的基础设施作为回报，这使得这家公司能够转售部分住房单元。首批收入被再次投资到古根海姆附近阿班多尔巴拿地区的高质量的公共领域的工作中。随着古根海姆效应之后，房地产业迅猛发展，同时其他资金从欧盟和公共机构撤回，私有部门最初的谨慎烟消云散，而市场动力也得以充分流动。然而，现在的危险是它排挤走了那些不怎么富有的人。

在研究经济复兴问题时，可得出以下结论：公共和私人之间的关系需要平衡，这样共同的利益才会清晰，不会受到其中一方的主导。认为涉及公共利益价值及目标的复杂的开发工作能够由几个文明的开发者独立完成，这样想太天真了。不管他们有多文明，他们也不会选择真正凋敝的地区来进行经济开发。私营投资者感兴趣的往往是较短的时间和风险最小化。公共投资者需要帮助降低风险，但是这样做也需要工具。需要收益流来帮助私营投资者。贸易的所有权和进行土地交易的能力是关键杠杆，因为它能以借贷抵消增长的土地价值。但是要记住，在复兴过程中获取土地价值的好机会很短，往往稍纵即逝。

收益流使得当地负有公共责任的机构能够起到带头作用，而不仅仅是被动执行国家政府分派的任务或者完全受私人市场的利益驱使。需要对城市的金融发展前景做出规划，欧洲大陆的城市对这一点有更深的理解，这就使得他们有可能比北美、澳大利亚或英国的城市制定出更有创造力的策略。

一些通过良好的公共策略创造的附加价值应该回到公众的钱包中去。这项收入能够帮助公共领域的倡议筹集资金。行业完全私人化的一种方式常常会使公共空间私有化，因此常常以购物中心的开发而告终，在这个过程中会损失掉街道。私有公共空间和公有公共空间之间的感觉差异很微妙，但意义重大。不管做得有多好，前者都会有商业优势，因为要适应消费，这可能会引起一些激动，但是从本质而言是没有效果的。如果后者做得好的话，正如在阿班多尔巴拿，能够引发诸如愉悦感、闲逛或反思的能力等此类公共价值。但是如果做得不好的话，也会有一种空虚感。

重申发展原则

深入复兴的速度是缓慢的，需要一代人长达20年之久的对价值的坚持。复兴太重要了，因此不能交给变幻莫测的政治界。一般来说，一个地区发展或复兴的轨迹从一个理念开始，然后是一个故事——一个关于可能性的故事。通常这是由一些暂时性行为预示出来的，例如市场、标新立异的艺术事件、一栋古老的建筑重新焕发生机或一种新型项目，通常这些是由城市工作人员引导的。举英国的两个例子，一个是埃里克雷诺兹，他对卡姆登水闸市集、加布里埃尔码头以及伦敦的集装箱城市长期进行跟踪记录。[33]另一个是生态建筑师比尔·邓斯特。他们轮流创造了拓荒者的装置，类似的例子有邓斯特的Bed-Zed工厂，[34]在默顿、伦敦或吉隆坡杨经文的生态气候摩天大厦中，这个零排放的项目有82个居住单元。当开始回归主流时，下一个团体将这些业界发明编写、复制成公式。最终，会有人受益于创新者的艰苦劳动。挑战在于要确保他们不会把其中所有价值都抽取殆尽。

目标是拥有这样一个体系，它可以加强关键行动者抱有长远的目标并鼓励普通人创造小美好和大惊喜。好的普通建筑物像马赛克一样建成，然而关于住房或公共建筑的争议往往受到建筑专业意见的控制，而这些意见侧重于噪声建筑物。鼓励小美好需要原则。

新城市主义宪章涉及三个层次：区域、都市和城镇；邻里、社区和交通走廊；街区、街道和建筑。每个层次都有9条原则。例如，在区域层面："都市区域是目前世界上的基本经济单位。政府合作，公共政策，实际规划和经济战略必须反映这一新的实际情况。"在邻里层面："邻里应该紧凑、方便步行者、具备多项功能"，或者在街区层面："单个建筑物应该与其周围环境无缝对接，这比建筑风格更为重要。"核心目标很难让人不赞成。

新城市主义大会认为，收回对城市中心区的投资、城区的无序扩张、人种和收入加剧的分裂、环境的恶化、耕地的流失和荒野化、城市建筑遗产的破坏是对相互关联的社区建筑的挑战。

我们支持在连贯的城市区域恢复现存的城市中心和城镇，将扩张后的郊区进行重新配置，使之成为具备真正邻里和多样化区域的社区，保护自然环境，保护我们的建筑遗产。

我们意识到具体的解决方式本身无法解决社会和经济问题，但是如果没有一个连贯的具体框架支持的话，经济活力、社区稳定以及环境健康也无法维持。[35]

新城市主义宪章非常有用，但是应该从其意图、目标和价值来评判，而不是仅仅是其美其名曰的口号。很多新城市主义的建设令人厌烦，因为没有惊喜，正如常常发生的那样，过分强调参考历史和背景，几乎不重新思考新事物，也不进行大的干预。

重新凝聚观点不同的伙伴：新城市主义和勒·柯布西耶

勒·柯布西耶和新城市主义看起来大相径庭，尽管两者的意图都是创造更好的城市。他们的概念有着不同的前提。对前者而言，城市形象是理智和机械的，房子是居住的机器，那里汽车为王。对后者而言，城市形象是有机的，社区是中心。

在美国，为了满足以小汽车为中心的需求，城镇被撕裂了。因此新城市主义的吸引力，也就是其触角现在正在扩展。新城市主义对于应该怎样生活自有其观点、宣言和一套原则，它寻求在城市的实际设计和诸如"社区感"等社会目标之间建立一种联系。尽管在那些保留了有历史意义的核心的城市情况要好一些，以汽车为中心的规划已经撕裂了大部分地区，新城市主义则提供另一种可能。这是对城市蔓延做出的反应，也是要创建人们步行可达区域的愿望。新城市主义的主要原则就是要创建紧凑的、步行可达的邻里或区域，有明确的中心和边缘，有公共空间，空间中心是广场或绿地，周围是图书馆、教堂或社区中心等公共建筑以及主要的零售企业。侧重点应该放在把各种不同的活动聚集在一起，包括居住、购物、学校、工作和公园等。邻里和社区应该鼓励步行，同时也不排除小汽车。应该将建筑物的入口朝向街道而不是停车场，以此实现街道的改造。街道应该形成互联互通的网络，公共交通应该将邻里及其周围区域相互连接起来。同时，广泛的住宅选择让不同收入、不同年龄和不同家庭类型的人们能够居住在一个区域。相比之下，用途单一或只满足单一细分市场的浩大开发项目应予以避免。市政建筑，例如政府机关、教堂和图书馆应该坐落于显著位置。新城市主义者认为：为避免折腾，通过把大量停车带转移到边缘区域可以把有大型办公室、轻工业甚至大型零售商业建筑的区域设计为步行可达。在美国，按照这一原则，有600多个新的开发项目正在规划或建设。此外，通过重建步行街道和街区，成百的小型新都市填充项目正在对城市结构进行恢复。

有些追求流行的设计人士讨厌新城市主义，他们讨厌他们看到的，比如装饰物、对旧日小城市的模仿等，并对此感到厌烦。庆典城靠近奥兰多迪士尼5000英亩的小镇，建立在上述原则之上，并且起用了其设计师，它让最负盛名的新城市主义社区——海滨城也黯然失色。迪士尼让新城市主义毁誉参半。虽然迪士尼避免了标签，但是它却是一个生动的目标，尤其考虑到其严格的规定和管理。迪士尼小镇的大厅，可能是它最不具备吸引力的建筑物，大厅里令人望而生畏的柱子强化了这一点。庆典城的道路除用于庆典之外，还有诸如阿卡恰、马尔伯里及霍桑这样的名字，暗示自然的田园风光。庆典城的传统城市设计一般品质优良，所有的房子都面向街道，汽车都被藏在了看不到的地方。在此生活的人大都喜欢这个地方，这个地方让人感觉很安全。正像有人说的那样："我们生活的全部中心都已经变了。不再是什么事都在离家远的地方做，我们现在可以在离自己家近的地方吃饭、出差、庆祝节日或者仅是四处走走。对我们的孩子而言，变化尤其显著，他们现在拥有的自由是我们过去在那种老旧的邻里生活时从未拥有过的。"

勒·柯布西耶同样意欲找到更好的生活方式，寻求有效处理城市住房危机和肮脏悲惨的贫民区的方法。作为国际现代建筑学会（CIAM）的创始成员，他很早就意识到汽车会给城市带来怎样的变化。他着迷于泰勒主义和福特主义逻辑严谨的创造策略，把这种理性（有人会说很枯燥）的精神运用于城市建筑并宣布"房子就是居住用的机器，在设计时应该目的明确，重点放在利用现代材料、技术和建筑形式形成的功能上，这样才能给城市生活提供新的解决方案，同时提高贫困人口的生活质量"。

他的核心理念体现在1922年做的300万大城市项目上。该项目的中心是一组用玻璃包围起来的十字形状的钢框架60层摩天大楼，大楼里是为富人提供的办公室和公寓。小一点的塔楼里是穷人住的地方。很多建筑物好像站在细细的高跷上。作为完美的都市规划，他在公园里建塔的理念成了欧洲及其他地方在大城市边缘建造中低价位房子的主要模式。城市中心也是交通中心，公共汽车和火车在不同的高度上奔跑，道路交汇处在上层，那里甚至还有一个机场。行人同道路分开来，汽车占据至高地位。装饰物很少，建筑物风格朴素，而且依据法律所有的建筑物都应该是白色的。巴西利亚是充分贯彻这一理念的典型例子，然而它的影响超出了城市规划的范围，虽然仍在使用但是却受到越来越多的人的批评，因为这样设计出来的城市堪称汽车的奴隶，汽车跑在宽阔但拥挤的马路上，两边是一模一样的塔楼，单调乏味。勒·柯布西耶遭到批评家们的冷眼，因为在他们看来，勒·柯布西耶所坚持的理性和效率少了人情味。

我们也是如此，正如雷姆·库哈斯所言：见鬼的背景。[36]库哈斯的追随者们能够创造出人们喜爱的空间吗？确实应该提出这样一个问题：建筑师们喜欢人吗？有些建筑师喜欢。以威廉·艾尔索普对多伦多的安大略艺术学院的扩建设计为例。他摒弃了在一个清理干净的场地上扩建的做法，因为那样太传统了。他建议让这块地方空着，将其进行景观美化并与后面的公园连为一体。他大胆地通过支撑物把扩建部分高悬在了空中，这样可供利用的空间就扩大了一倍。

这就好像一个建筑装置悬在学院上空，支柱外面是像素化的黑白和彩色。这个设计彻底改变了一条默默无闻的街道。虽然看上去没有考虑到背景，但是既实用又有创意。有些人批评其内部空间——那是学生们学习的地方，但是建筑外观非常引人注目。

重塑行为

奖励和规章制度决定和调整着我们的行为。规范和价值也起到同样的作用，更不用说法律了。市场选择决定了我们做什么。技术决定我们做什么和怎样做。这些塑造我们行为的很多因素都印到了操作说明书、规范或指南上。我们从来不会像我们想的那样自由。

改变的行为等同于社会工程学的膝跳反射，是欠考虑的。影响行为结果的成千上万种方式被用来使文明生效。例如，红灯告诉我们做什么，道路标志或安全符号也会告诉我们怎么做，但是我们不会不把这些措施看作社会工程学。激励制度的改革，例如伦敦的汽车拥堵费，改变了行为。收取汽车拥堵费鼓励步行和骑自行车的行为，不鼓励开车。

最好的方法是通过激励而不是约束性规定来鼓励行为，但有时候事情变化得不够快。生活的可持续性就是变化缓慢的领域：我们索取太多。大部分人都没有意识到自己的消费有什么深层意义。这需要更大的激励，例如对可持续性燃料实行退税，或者更为创造性的管理措施。在欧洲共同体，埃姆歇园有着最为严厉和最发达的环保规定。而且与欧共体其他几个环保法律也很严格的国家相比，埃姆歇园也很有效地执行了这些规定。[37]埃姆歇地区曾经是鲁尔区的采矿中心，它利用环境的恶化来刺激自身经济改造，在当地工业中采用了非常高的标准，为了达到这些标准，工业企业开展了创新。这有助于围绕着多特蒙德科技公园创建环境修复型工业，据估计有5万人在这个区域内工作。等到世界上其他地方也采用这些标准时，这个地区早已经作为"第一个吃螃蟹的人"而受益匪浅了。[38]

有讽刺意味的是，埃姆歇地区的城市诸如多特蒙德、波鸿、盖尔森基兴、埃森和翁纳与英国约克郡曾经的矿业城市利兹、谢菲尔德和布拉德福德处境相同，但两相对比却十分令人震惊。埃姆歇是结构更新的发电站，寻求在不抹去记忆的同时进行文化变革。亲眼看看杜伊斯堡梅德里希钢铁厂的变革吧。在夜里举起一个火炬照明，穿过仅有乔纳森公园的彩灯提供的微弱光亮的以前的工厂巨大的设备，这样走一趟会改变你的看法。埃姆歇园曾试图在保持一致性的同时进行革新，采用"有远景的渐进主义"方式以保证生态思想得以深化贯彻其中。为期10年的埃姆歇园区国际建筑展项目使河流系统重新焕发生机，建成了22个科技园区，按照高的生态和审美标准翻新及重建了60处房地产，为以前的矿井找到了全新的用途。[39]它的故事很简单——把矿区变成了景观公园。约克郡地区的观念和埃姆歇不在一个水平，部分是因为约克郡没有超越世俗愿景的动力。

英国的一些政治家清楚什么正处在险境之中，但是他们失去了道德制高点，没有起用这一质量标准。在英国，人们会发现，如果要采用其他更好的资源利用方式，仍得"去说服财政部的人"。他们关心的是生产力，而且发现很难在反馈渠道和副产品中思考。这种"宝库方式"阻止了对于投资的聪明的想法，而且因为特别讨厌风险，所以这就使得公共主题很难进行长期行动。通常在投资和花费之间看起来有些混淆。人们忘记了这一事实：对社会结构的投资只有在晚些时候才能得到金钱上的回报。

更糟糕的是，英国政府推行的激励奖励体系最近形成了一种行乞碗心态。拨款过程鼓励那些声称自己处境最糟糕的人，因此这些人就得到了奖励，付出代价的是那些改进最大的人。

进行税收改革势在必行。关于金融创新，我们可以学习美国，学习他们的证券系统、税收增额融资制度、商业改善区（BID）以及土地价值税。[40]关键的是，这些措施可以由城市发起。美国能够创新的原因是，它是联邦结构，中央政府无法掌控一切。从本质而言，这些机制允许用财产未来值的增长来证明政府当局现在借债来改善公共领域（从新的有轨电车到公共空间）是正当的，这些将来能够用增加的税收偿还。至于商业改善区（BID），私人企业的出资获得的回报是更高的房产值或商店营业额的增加。例如，基础设施一旦得到改善，土地价值就会实现预期增长，债券系统因此得到认购。对于私人投资者而言，这非常有吸引力，因为这种投资形式可以保值。证券吸引力巨大，因为投资者可以通过项目和借债人的能力来评估它的价值，而不是依赖政治家的判断。重要的是，美国要求发行债券要通过投票得到预先批准，这样是为了更加可靠。这些制度方面的机制提醒我们，尽管个人能做的事情有价值也重要，但与制度的变革和系统的创造力相比是有限的。

然而，尽管美国在其城市发展模式上进行了金融创新，但在其他方面也有瑕疵：比如城市蔓延还在继续、汽车主宰、地方性的种族隔离和不平等现象。这更像是一个警告而非灵感。对很多国家（包括英国）来说，关注美国还不如关注欧洲大陆的国家，如荷兰、德国和西班牙或者像中国香港这样的地方。

重新思考学习型城市

如今有很多口号宣扬城市的抱负，比如"好城市""知识城市"或"智能城市"。对我而言，学习型城市的概念最有意义。一个创造型、学习型的城市不仅仅是一个教育城市。学习型城市是自我反省的、从失败中学习的聪明的城市，能根据全局进行安排。城市就是一个学习的场所。而愚蠢的城市不断重复过去的错误。

学习资源到处都是，从显而易见的（例如学校资源），到不那么明显的（例如城市的街景），或者一般想不到的资源（例如监狱或商场）。正如教育型城市网络提到的那样：

> 因此，城市本身就能起到教育作用。无论是城市规划、文化、学校、体育运动、环境以及健康、经济和预算问题，还是和运输、交通、安全及服务相关的事情以及媒体，毫无疑问，所有这些都包括并生成市民教育的形式。当城市出现在市民面前时，身上带着这个印迹，意识到它的提案结果与态度相关联，而且会产生新的价值、知识和技能，这时它就能起到教育作用。[41]

大部分大城市制造出过剩的毕业生，因为他们从周围的地区吸收人才。因此可以将其定义为"教育型城市"。就目前而言这样也不错。但是，更为值得和令人激动的前景是成为学习型城市——鼓励人们接受教育的城市。这是什么意思？我们知道学习和教育需要放到重要位置以确保我们将来的幸福。只要把学习放到了我们日常经验的中心，个体就能继续发展技能；组织和机构就能发掘出潜在的劳动力；人们或者城市就能自我反省并且能够在面对机会、困难和新兴需求时做出有弹性而且有想象力的反应；社区之间的差异就能成为丰富、理解和潜力的来源。

政策制定者面临的挑战是提升学习型城市或社区可以展现的条件，这远远超出了在教室里学习的范围。学习型城市是这样的一个地方：在这里学习的念头无处不在，并在想象中做出计划；在这里个人和组织被鼓励了解他们生活的地方的动力以及这个地方正在发生的变化；这个地方以此为基础改变学习方式，不管是通过学校或任何其他能够培养理解和知识的机构；最后，或许也是最重要的是，在这里能够学到以民主的方式改变学习环境。

一个真正的学习型城市通过学习自己的以往经验和其他城市的经验获得发展，是一个能理解自身并能对此进行反思的地方——是一个自省型城市。因此学习型城市的关键特点是在迅速变化的社会经济环境中成功发展的能力。愚蠢的城市努力挣扎，试图复制过去的成功，而学习型城市在针对自身处境和更广泛的关系的理解以及采用新办法来解决新问题这些方面非常有创造力。这里最基本的一点是任何城市都可以是学习型城市，这与城市的大小、地理、资源、经济基础建设甚至教育投资都无关。学习型城市仅仅需要战略、创造力、想象力和智力。它从一个非常全面的角度来看待自身的潜力。它能在看起来毫不起眼的东西上看到竞争优势。它能化劣势为优势。它能从无中生出有。

这如何得到提升呢？撇开一个人期望从学习型城市获得的教育机会带来的财富不说，有必要找到把城市本身用作教育场所的方式。城市的学习资源无处不在，从明显的到不那么明显的到人们一般想不到的。明显的学习资源有学前教育、中小学、学院、综合型大学、成人学习中心、图书馆、电视以及互联网。不那么明显的有企业、社区中心、艺术中心、博物馆和名胜、健康中心、邮局、市民咨询局、城市街景、自然保护区、野外以及书店。人们一般想不到的有老人之家、流浪者救助站、收容所、监狱、购物中心、医院、教堂、火车、车站、足球场、加油站、餐厅、旅馆、咖啡馆、夜总会和地方公园。

挑战在于要更有自觉意识的交流装置，使得城市结构成为一种学习经验。学习信息必然会遭遇成堆的广告。这可能意味着有时足球场会用屏幕来解释屏幕的工作原理，火车站会成为讲解交通或通信的教室，公共标识会被用来解释街道名称的来源：布里克斯顿电力大街的名字是怎样来的？什么人住在布鲁姆斯伯里？总之，任何地方都可以成为学习的地点。

衡量教育型城市和学习型城市的指标是不一样的。前者包括政府的学校检查记录，学生的成就、升学率、大学研究成果的影响力以及工人接受培训的比例。要对学习型城市这一概念进行评估需要一套完全不同的指标，包括：正式的跨部门合作的数量及范围，使用不分级管理流程的大企业和机构或企业资助的辅导项目的数量，地方民主的活力（体现在投票方式或对咨询过程所做的反应或参与地方活动的人数等方面）以及致力于带来改变和提升的志愿者团体。[42]

重新点燃学习的热情

关于如何实现高效学习的知识增长应该对于教育政策、策略及机构建设起到促进作用；有着当前制度实践印迹的观点不能用来引导这些进步，因为当前的实践来自以前。学习需要集中在那些希望学习的人的眼睛里，并且可以通过这些人的眼睛看到。这意味着学校的运作方式、外观、教师的作用、教师的认定以及授课内容等方面要有一个大的概念上的转变。学生们应该学习高层次的技能，如学习怎样学习，怎样创造，怎样去发现，怎样创新，怎样解决问题以及怎样自我评价。这样可以在更大范围内激活聪明才智。这样可以培育开放、探索和适应能力，这就使得学生们在学习怎样理解辩论的本质时能够在不同的背景中进行知识的转换，而不是死记硬背背景知识。

创造型的学习环境具有这些特点，包括自然流露的信任、行动的自由、多样化（在这种环境中，知识可以跨语境、跨学科转移）、人掌握的各项技能之间的平衡、挑战（持续的反馈和评价让各种思想激荡）、与外界的直接联系、有条不紊的开明跨界领导文化。[43]

有意义的学习是反思性的、建设性的和自我管理性的。给孩子们提出问题并要求他们自己找出解决问题的办法，这样更为有效。让年轻人置身中心，可以再次点燃他们的激情，这是市民所需要的激情。如果学校内部和学校外的学习计划和学习进程是合作创建和联合资助（有各种不同的外部利益相关者）的话，尤其如此。

有很多教育家对这个问题重新进行了思考，但是他们的观点达不到引发变化的临界点。有很多教师有非常好的理念，而且几乎每所学校都有特别有趣的项目，但结果往往是"破格的事物被弃之一边"。教师们说很难对抗"体系"。这个体系无处不在却又难以确定——这儿一条规定，那儿一种做事的习惯。当教师们推进创新方法时，他们会碰到一堵立法之墙和来自关心孩子的父母的阻力。这些现在看起来是障碍，但是在最初出现时都是有正当的理由，例如关心的义务、安全问题或者责任框架。但是现在同样的问题正在产生限制、约束，甚至是有些婴儿化，把责任拿走，低估人们自己找到解决问题方法的能力。应该鼓励这样一种风气——"允许"在遇到障碍时绕开。我们经常讨论的失败常常与学生无关，而是他们受教育的方式以及怎样衡量成功。

教育无法解决教育本身的问题。毕竟，在学校的时间一天也就5~7个小时，虽然我们有时表现得好像是24小时都在学校一样，人们在剩下的19个小时里仍然可以学习。一些最有效的学习成果都产生在校外。我们知道很多人错过了这个机会，做了我们不愿意他们做的事情。文化机构的作用，从植物园、动物园到博物馆、图书馆和美术馆，都应该增加，因为在新的学习理论看来，在这些场所学习格外有效。参与到艺术中同样有效。证据表明，参与越多，整体表现就会越令人吃惊。[44]年轻人说因为学校与真实生活或年轻人的热情缺乏联系，因此他们没有兴趣。[45]整体重心的转移可以成为释放出热情的体系的断路器。

把学习计划转变为学习方式的学习会很难，考虑到历史的分量，体制的惰性，协会的规定以及周围的官方机构——他们更习惯的模式是控制而非放手。

对教师的重塑意味着他们的自我概念应该从知识专家转变为学习的辅助者和促进者。这意味着要和家长沟通，告诉他们：他们过去的学习方式不一定就是我们未来的学习方式。父母往往希望给孩子最好的，强化了无益的模式，并常常假定他们的学习方式是正确的。

如果教师在受到约束的环境中长大，他们就会为学生们提供一种被动的、无能为力的行为榜样——对年轻人而言是在他们成年过程中要忍受的一系列不幸的态度——这会影响这些孩子的一生。激情是关键。一旦学习者和教师被注入激情，就会有进步，然后学校可以被重新塑造为好奇心、想象力的中心和探索的团体而非填鸭式教育工厂。

居民和本地人才的再评估与再投资

　　重视人才已是老生常谈的话题。无论有才之士身处何方，城市都需要探寻识别、管理、培养、留存、吸引并提拔人才的方法。人才是一座城市最宝贵的资源。有效利用本地人才所具备的创造潜能对于任何一座城市的复兴都起着决定性的作用。有才之士能够运用其创造力为城市带来财富、提出推动城市发展的解决方案。无论是公共机关还是私人组织，它们都应有一套人才战略，以便使人人都能更好地展现其才能。在极端情况下，一个长期失业的人可以找到工作。一个在工作中碌碌无为的人也许会变得上进，业绩也蒸蒸日上。久而久之，他可能会成为老板，创建自己的企业。之后，在理想情况下，他会变成有创造力的老板，增强其创新能力，或成为领导。

　　每一个城市和地区都想吸引有才华有胆识的人。有人称其为"人才争夺战"。新加坡吸引外地人的人才战略一直是许多城市、地区和国家竞相效仿的典范。[46]另外两个范例是新西兰[47]和曼菲斯[48]，它们也都制定了有力的措施壮大本地人才基础。实际上，它们的策略是雇用人才——也许是一个研究带头人及其团队，或是鼓动一家公司搬迁至此。新加坡还提出了创新城市这一理念，借此，他们力求创造一个吸引人的工作环境。他们解释道：

> 　　未来会与过去完全不同。在知识时代，成功将取决于我们是否具备通过持续的价值革新来理解、处理和整合知识的能力。创造力将会成为我们经济生活的中心，因为创造力是一个国家保持竞争力的关键要素。对于先进发达的国家来说，经济的繁荣很大程度上并不取决于其制造能力，而更多的是依靠其提出创新想法并被世界接受的能力。这意味着人们将越来越看重原创性与创业精神。[49]

　　城市可以吸引外地人才为其注入新鲜血液，而这也是发展的必要手段，但最重要的仍是实现根本发展。我同意人口迁移在人才战略方面的巨大作用，但我更想重新强调将本地人才策略作为同等策略的重要性。凭我的经验，在任何一座你所研究的城市中都有许多发掘潜在人才的项目，但这些项目都只是昙花一现，缺乏有序组织。

比如在阿德莱德，我们曾计算过，在其超过一百万人口中有大约四分之一，即25万居民都未能完全发挥其潜力。其他城市的情况很可能相似。有些人拼命地干活，既耗尽了自己的体力也浪费了城市的资源；有些人可能错失了良机；而还有些人并未真正实现自己的理想，或者仅仅在等待取得更大成就的机会找上门来。如果这些人中只有百分之一的人做出改变，那这就等同于阿德莱德2500个有资历的移居者。在伦敦，这个数字会达到2万人。如果百分之一的人如此，那么百分之二或百分之三的人口为何不这样呢？如果我们所有人能够比现在所取得的成就多百分之五，那么这就相当于一个巨大的人才库。想想美国、巴西、南非的任何一个大城市或贫民区。一个严酷的现实是，大约有上百万的年轻人都已辍学，或怀才不遇。这一事实提醒了我们这是人才浪费。

理查德·弗罗里达在其著作《创意阶层的兴起》中提出了这样的问题："有才之士在某个地方寻求的是什么？"根据传统的经济理论，人们会选择在其行业内提供最高工资的城市定居。然而佛罗里达则认为，鉴于"创意阶层"的流动性和国际上对其才能的需求，他们会考虑更广泛的因素从而做出选择。"创意阶层"在选择一个好工作的同时，在选择城市时也会思量城市的氛围是否包容，人口构成是否多样。他们希望这个城市在其行业内有足够多的工作机会，却还得满足他们的生活品位，有各类远超普通"小康生活"水平的设施。他们寻求兼收并蓄的地方——能让初来乍到的人迅速融入各种社会、经济活动。他们想要有趣的音乐、美食、娱乐场所、美术馆、演出场馆以及剧院；此外还要有热闹丰富的夜生活、有当地特色的街头文化、热闹的咖啡馆、街头表演、小美术馆，小酒吧，等等。[50]

引进外来人才的策略同样适用于鼓励和留存本地人才——他们同样想要来到有助于激发灵感的地方。但如果人才引进没有与本地人才策略相结合，人们就会产生不满情绪，并对该城市失去信心。将心怀大志的新移民不断引入现存居民期望值不高的城市会加剧社会关系的紧张程度，因为个人成就大小的不同会产生贫富差距。

发掘本地人才也许是反传统而行。比如，重新将学校设想为一个具备不同功能的场所、一个充满求知欲和想象力的中心——一个由孩子、家长、教学人员和建筑师共同参与建立的中心。随着这些纽带与社区联系更加广泛，可能会出现一种全新的思想。也许我们需要重新构想学校的作用——不再将学校看作是一个学习的工厂，而更多地将学校与日常的城市生活紧密交织在一起。这可能意味着旅行社也许会在地理课上发挥作用，健康中心会成为生物课堂，或者孩子们可以教流浪汉语言技巧。这么做意味着我们需要重新思考哪些人能够成为我们的老师，传统的教师角色会怎样演变。并非每个人的才能都是相同的，但是每个人都可以更好地发掘并展现他们的才能。有些人，尤其是那些自我期望值比较低的人，往往不知道他们拥有才能，仅仅因为出于种种原因其才能未被发掘。

人才战略正试图解决这一问题。一个有效的策略是按照其是否有助于制定政策和定义项目，将才能孕育的过程分为6个组成部分。每个部分都有不同的要求和目标：

1. 有助于激发求知欲和兴趣的项目——这是先决条件，没有这样的项目，才能的发掘无从谈起。

2. 帮助人们做好就业准备的议题；显然，文化倡议或艺术课程大有裨益，只是目前仍未受到重视。

3. 有助于培养事业心的项目——指企业教育计划。

4. 有助于培养创业精神的措施，例如创办企业。

5. 有助于人们"实现自我"的项目，人们也许能从中发掘出意想不到的潜力，在此文化机构或者体育运动能再次发挥关键作用。

6. 创新性的创业议题也可能推动创新和发明。

值得指出的是，尽管教育应该处于中心地位，但人才策略不是教育策略。人才策略是一个综合体。经济与艺术如何发展、文化机构所举办的项目和活动如何培养人才、社会活动如何与其安排相关联——我们都应该对这些进行评估。人才策略不应该仅仅以制定法律条文为中心，还应该囊括私营企业和志愿团体所进行的活动。人才策略不仅要针对年轻人，还要关注中年人和老年人。

在这个过程中，一切活动都会重新点燃企业与企业家们的热情——这样的话谁都爱听，但是我们往往会狭义地理解这些话的含义，总是想当然地认为这只和商业领域的人有关。我们需要提升企业家的形象，鼓励学校邀请其他行业的人教授这些技能，鼓励公立机构在自己所在的领域和其他领域来领悟企业家式思维的优点，并制定出一系列为人认可的奖励机制——从竞争体制到奖品。具有企业家精神不仅仅意味着成为一名企业家，这种精神同样适用于社会、文化、管理和政治领域的人。这是一种思维模式，它的驱动力是着眼于创造机会并克服重重困难的能力。每座城市都不应该忘记其发展奋斗史，因为建立一座城市便是至高无上的创业行为。

通过改善城市环境来提高居民健康水平

在19世纪，人们曾将公共卫生制度与城市规划相结合，共同努力来改善过度拥挤、疾病丛生的城市居住环境，而在那之后，在城市规划过程中，人们逐渐忘记了公共卫生的重要性。仅仅在几十年后的今天，随着高血压、糖尿病等由于久坐不运动而导致的肥胖与其他慢性疾病不断引起人们的担忧，人们在规划城市的过程中才再次开始关注公共健康。美国肥胖人口的数量一直处于领跑的位置。其超重人口的比重最大（占64.5%），其中30.5%属于肥胖人群；墨西哥的超重人口占62.3%，肥胖人口占24%；紧随其后的是英国（超重人口占61%，肥胖人口占21%）和澳大利亚（超重人口占58.4%）。欧洲大陆国家肥胖人口的数据在40%边缘徘徊。据记载，肥胖人口所占比重最低的国家是日本（25.8%）和韩国（30.6%）；比重同样较低的国家还有乍得共和国和厄立特里亚，但是我们无法取得其数据。[51]肥胖意味着身高1.77米的人体重超过了95公斤。

2003年9月，美国两大主流公共健康杂志《美国公众健康杂志》和《美国健康促进杂志》发行了特刊，向人们介绍了城市环境对健康的影响，以及城市规划如何鼓励人们进行有助于健康的活动。这两本杂志的观点可以总结为：在那些以汽车为主导的城市、急剧扩张的城市以及不利于行人和自行车出行的城市中生活，会使人们变胖、变得不健康。"改变我们的生活环境、将城市设计为有助于身心健康的居住环境，这刻不容缓。"现在的形势十分严峻。在美国，只有2.9%的人选择步行，与1960年的10.3%相比有所下降。现在，步行与骑车在人们的出行方式中占6.3%。而相比之下，在欧洲大陆国家，其数据大约是35%至45%。这样的生活方式也在影响着我们的寿命。从世界范围内得到的一系列证据表明，在那些鼓励步行和骑车的城市中，人们的健康水平更高。城市的建筑形式与居民体重之间的关系是显而易见的——城市扩建得越大而人行道又越少，就越鼓励人们开车，肥胖人口也就越多。此外，社会关系越疏离，患抑郁症的人越多。这些结论均不出意料地将祸首指向了那些布局更加稠密紧凑的城市，其中，生活设施——从公交站到购物场所——之间的距离都很近。

从社会服务人员到建筑师——对关注城市发展的各行各业来说，从公共健康的各个角度来审视一座城市都是一个挑战。健康这一主题极为重要，仅仅将它交由健康专家负责远远不够。解决这一问题还应该吸纳其他外界力量。这也就是说，城市规划师、城市重建专家或经济发展专家应该思考这个问题："我的规划方案如何能够促进市民健康？"

扭转城市的衰退之势

城市盛衰兴废，却很少能够长盛不衰。一些首都，诸如伦敦、巴黎或马德里，也许是特例，因为其政治、经济、文化力量在不断地增强。但是也许反例比比皆是。柏林曾失去其世界地位，但也许会追赶上来。在东京成为日本首都之后，京都也失掉了其原有地位。罗马在公元1世纪曾有150万人口，而300年后，人口降到了3万人，在1970年才再次增长到300万。像利物浦、谢菲尔德和格拉斯哥这样一些英国城市也曾相应经历了地位上的下降，更不要提上百个如伯恩利、洛奇代尔和布莱克本这样的小城市了。在英国北部一些城镇，人们仍然能够以低于10万英镑的价格买下整条街道。如果政府不给这些城市提供补助，那么就可能出现混乱局面。在政府提供的福利性支持下，衰退得以控制。在有些城市，人们的生活相当舒适，然而，年轻人和有才之士在不断流失。富裕地区——甚至包括英国最富裕的一些教区——和贫穷地区相隔并不远。一个由收入颇高的治疗专家和城市重建专家组成的新兴阶层使这些地区变得富裕。从数据上看，较之其他地区，这样的地区往往有更多的社会工作者、更多的房地产专家和更多的经济发展专家。这样的社会福利行业给那些在经济上不富裕的人提供了生活保障。

再来看看原东德的情况。那里的多数大城市都有所衰退，更不用说小城市了。同样的状况也发生在底特律以及俄罗斯的制造中心，比如伊凡诺沃；还有澳大利亚的矿业城市，比如布罗肯希尔以及怀阿拉。城市会崛起并能够取得一时的辉煌，之后便会黯然衰落。若情况如此，则有些城市是由于资源已然耗尽——比如澳大利亚南部的波拉德；有些城市是由于地理位置不佳——比如利物浦和加尔各答；有些城市是由于战争而失去了原有的实力——比如柏林和维也纳；有些则是由于错失了发展良机，或者城市规划糟糕，领导无方；而还有一些城市，例如威尼斯和佛罗伦萨，成功地利用了自身引以为傲的历史遗产，从而转变成了旅游城市，但其真正的活力早已不复存在。城市衰败的过程通常很漫长，而且几乎无法预测。每一个细微的衰败本身并无大碍，但是累计在一起便会产生巨变。

城市的衰退往往难以掌控，但有时，如果该城市只停留在安逸的阶段，那么这就会加速其衰退的过程。这会滋生惰性，使得改变现存的状态和态度就像拯救泰坦尼克号一样困难。有时，城市的衰退并不是显而易见的，且常常被舒适的生活方式所掩盖。宜人的天气、美味的食物和香醇的美酒都能令人眼花缭乱，对过去美好事物的怀念之情也会蒙蔽人们对衰退的认识。

衰落之城项目已经监测到了这些现象。[52]值得关注的是，这个项目正在对可能的衰退动因进行评判。一夜之间我们已经完全不去关注城市的增长模式了。城市的衰退也许会成为一件好事，这样我们便会有更多的空间，远程办公会成为可能，会有更大的实验空间，也会为未来城市发展，比如建立生态城，创造典范。

重新衡量城市的优势

一位著名的美国民意调查专家丹尼尔·杨科洛维奇善意地提醒我们：

> 第一步是衡量任何容易衡量的优势。就目前状况来看，这一步没有问题。第二步是忽略那些无法衡量的优势，并给它定一个任意值。这一步是人为的，也会让人产生误解。第三步是要假定那些无法衡量的优势并不重要。这等于盲目行事。第四步是认为那些无法轻易衡量的优势根本不存在。这无异于自杀！[53]

从每位员工所创造的附加价值、失业人数等事实来看，城市也许正在退步。进行这样基本的比较是有益的，但我们还要关注于大局。我们需要为重新思考城市优势这一过程留出空间来让他们根据自身优势重新衡量自己的能力。比如，当我在评估阿德莱德市的经济指标时，我发现，那些成功和失败的衡量标准没有突出其优势，或往往迫使城市对其重点进行错误的排序。根据如GDP增长这些经济指数，我们会发现城市在逐渐衰退。然而，尽管我们需要认真看待这个现象，这些经济指数没有向我们展示全局。洛杉矶的交通堵塞问题会促进GDP的增长，而随之产生的环境污染也会威胁到居民的健康。犯罪率的上升会迅速提高保安设备的销售量。这样来看，GDP指数会误导我们做出错误的决策，进行错误的投资。或者，考虑一下在阿德莱德居住所获得的时间价值——与悉尼相比，阿德莱德被称为"20分钟的城市"。距离近有哪些好处？我们省下了多少时间呢？也许10万人一天能省下一小时。我计算过，这大概是一年250 000 000个工作日的时间。这又值多少钱呢？大概值250亿英镑。

如果城市发展的关键是居民以及他们为城市的未来发展做出了多少贡献的话，那么我们为什么不去衡量一下没有对人才进行投资的代价呢？例如，养活一个失业者一辈子大概要花费1百万澳元，而一个水管工一生为城市带来的利益大概是180万澳元，一个会计大概能产生140万澳元的利益。他们所缴纳的税总计为60万到140万澳元。仅为一条1公里的双车道高速公路铺沥青的成本是100万澳元。到底是什么能够为GDP做出更多的贡献呢？是铺设一条1公里长的路，还是10个改头换面、为当地经济做出贡献的人？而他们一生要缴纳的税不管怎样都会比铺设道路的费用多。

自从基准调查在20年前成为促进经济与其他行业发展的手段以来，它有着许多积极的影响。城市喜欢充满活力的想法，并不断地将自己与其他城市进行比较，效仿其他城市采取的有效措施，并推行最佳措施。这些做法都没错，但也随之产生了越来越多的负面影响。最重要的是，这样做会遏制创造力的发展和新事物的出现，因为很明显，进行基准调查是在效仿别人，而没有起到带头作用。通常，它没有制定出符合当地需求的发展策略，转移了城市的注意力，从而使城市无法发现当地独特的资源。

若鼓励与吸引人才是大多数城市未来发展的基础，且我们在担心人才流失，那么我们是否在跟踪掌握人才流失的动态呢？我们可以通过跟踪毕业生和处于职业发展中期的专业人士，或是通过在如艺术这样的行业内进行同行评估，来掌握人才的动态。反过来，我们是否在跟踪掌握人才涌入的动态呢？众多经济指标中最重要的经济指标也许是"人才流失"，因为我们知道人才与创造财富、解决社会凝聚力问题，或与进行发明与创造之间有着相互作用的关系。即使创造力看似复杂难以衡量，我们仍然有很多定性与定量的替代性指标。理查德·弗洛里达[54]列举出了这些指标，尽管这些指标引起了人们的争议，但他仍然凭借大量数据，制定出大量指数，然后运用这些指数做出了城市的相关矩阵模型和等级排序。这些指标包括：

- ◆ **创意阶层指数**——劳动人口中有创造力员工所占的百分比；
- ◆ **高科技指数**——软件、电子和工程部门的规模；

- **创新指数**——人均拥有专利的数量；
- **人才指数**——人口中拥有本科学历的人所占的百分比；
- **同性恋指数**——对在人口中同性伴侣的关注度（这是衡量社会多样性的一个替代性指标或是领先指标）；
- **波西米亚指数**——对人口中富于艺术创造力的人（如艺术家、作家或演员）的关注度。

制定这些指标是一个良好的开端，但这些指标无法突出（也并没有打算突出）细节。我们需要更详尽地去将这些细节描述清楚，将衡量国际间的连接度、通过评估电话通信、网络占用率、组织网络等级来测量交流频率囊括其中。最终，国际上各个领域内的同行评估才是最可靠的。

更全面地讲，我们也许可以通过每两年进行一次对创造力的评估来判断这座城市创造力的潜能。随着人们——没有数千人也有数百人——真正成为这个城市增添活力的推动者，这样的评估可以为我们提供一个增强自信心的基石。这些人很有可能代表着这个城市的成就与潜力。而他们当中有些人也很有可能在封闭的环境下工作，彼此不相识。

城市的再次亮相与重新定位

当我们抵达和离开一座城市时，此时的感受很重要。我们对一座城市的第一印象和最后的印象决定了整体印象，且消极的感受比积极的感受更容易影响整体感受。在讲述城市故事的过程中，机场、车站和进城道路都很重要。它们可以告诉我们城市如何看待与重视自己。比如费城这个极具特色（有着强烈认同感）的城市，在你抵达机场后，用一个巨大的垃圾处理厂欢迎你的到来，十分令人难忘。世界上有为数不多的几座城市能够理解并关注你抵达该城时各个方面的感受，新加坡便是其中之一。热情好客的服务人员帮你叫出租车，街道两旁绿树成荫，使你在驶向市中心的路程中倍感宁静，任何人在抵达时的不安都会因此消失。上海的磁悬浮列车是世界上唯一投入商业运行的磁悬浮列车，它连接浦东国际机场与浦东区的经济中心，全程30千米。在其通过的路途上有相似的排排绿树，也会带给旅客相似的宁静感受。这两个例子都在向旅客传递这样的信息："我们关注着您的需要""我们已安排妥当""您很安全""我们的城市很现代"。尽管这两座城市都没有制定出可持续发展的议程，但旅客抵达时感受到的还是"这座城市很绿色环保"。

香港机场在如何欢迎旅客这一方面也处在领先位置，其公共交通系统让人愉快，还有行李搬运工替你搬行李。显然，达到这些纷繁杂乱的目标很简单，比如设置一段长10千米的进城道路，前方有一片豁然开阔的公共区域，这样能从根本上抵消沿路与之冲突的东西。北欧城市也是这样规划的。奥斯陆机场大楼设计非常明智——可调节的动能百叶窗可以根据天气打开或关闭。你也可以通过机场大楼的设计感受到这座城市的环保意识——机场看起来基本不会感到混乱，商店也没有喧宾夺主。对公民价值的重视，如贴心的服务、安全问题和对人的尊重，都通过机场内的氛围渗透其中。进入城市也十分顺利。与之相对比的是华盛顿杜勒斯机场，其带给人的感受和传递出的信息是这样的：那里没有到达市中心的地铁，只有众多出租车等候着刚到达的旅客。华盛顿的地铁是北美最知名的轨道系统之一，但其现状令人担忧。

火车站同样也会让我们感受到一座城市所传递的信息。里尔市的里尔商业区呈现出一种现代感和未来感——开放式的暖气弥补了内部冷风嗖嗖的缺点——这也许是当时的一个设计失误。乌烟瘴气的布加勒斯特、混乱不堪的奥德赛，还有人群熙攘的加尔各答带给人们的是另一种感觉。阿德莱德是世界上唯一一个同时拥有世界上两条优质铁路的城市——印度太平洋铁路和汗铁路。人们对这两条标志性的铁路反响强烈。然而遗憾的是，这两条铁路的终点设在了凯斯维克的一个调车场。阿德莱德市正在改变这一现状。

恰当地设计这些航站楼是关键所在。这样看来，人们对毕尔巴鄂航站楼的评价十分中肯，认为其设计是"千载难逢的机会"。一旦设计不好，例如希斯罗机场四号航站楼，可能超过一代人都得忍受糟糕的建筑。至关重要的是，航站楼，而不仅仅是街上的广告牌，是一个能够吸引公众注意并带来标志性商机的机遇。这是一个能将城市的独特之处展示给旅客的巨大机会。不管是航站楼、车站还是高速公路入口，都应该体现该城市的主旋律，将这个与城市其他部分相联系的故事娓娓道来。

但是，将城市当作一个传递信息的工具来推动新视野和远大志向的产生，这样的做法还有待探索，且需要的远不止是人们到达和离开这座城市时的那些地方。从城市设计、公众艺术以及公共标识，到那些临时的、古怪的艺术等这些花哨的视觉设计和其所推广的文娱活动也有待进一步地探索。例如，绿色建筑应该代表环保，也许应该树立一个临时的标志来提醒人们旁边的建筑用了比方说两倍多的能源以及更多的资金。

城市常常低估其潜力，自我轻视通常是其中的原因。下面提到的也许会很琐碎，但是对于城市的自我认知有负面效应。对于阿德莱德，我们提议，不要将自身看作是"大城市（布里斯班、墨尔本、珀斯和悉尼都比它大）中最小的一个"，进而失去竞争力；为何不把自己看作是"小城市中最大的一个"呢？我们建议赫尔辛基不要担心自己处于外围、"边缘地带"，而可以将自己看作处在发展的最前沿。从前者的角度看也许无趣，但是从后者的角度看就有趣多了。这会改变一个城市讲述自我的方式，进而产生自信。这些转变有着实实在在的影响。

媒体在城市革新方面起着至关重要的作用。然而大多数城市的媒体很令人失望。它们更多的是抱怨而不是为创新提供帮助。城市往往反映出的是陈旧的观念，很少有人能体味到它的深度和丰富性。关于城市问题的论述颇多，然而对于其成就和前景却很少谈及。你首先听到的是各种担忧、犯罪问题、故意破坏公共财物以及混乱无序（尽管这些很重要）；你还听到过各种负面的影响，却很少听到有人究其原因。法院所在的地方总有缺点。在阿德莱德的伊丽莎白街区有数家法院，这些法院不仅处理本辖区的案件，还处理辖区以外更广范围内的案件。然而媒体报道的案件却仅限于伊丽莎白这片区域，媒体这样做极大地弱化了该地的形象。媒体为何不放下法院所在地这一地域之见呢？

大城市建立能够展示不同生活方式的不同社区十分有益，因此，一座成熟的城市的媒体界也应该是多元化的。阿德莱德拥有一家占主导地位的报社，而与之不同的是，墨尔本或悉尼的媒体能够为读者提供更丰富深刻的新闻报道和来自多方的不同看法。没有媒体之间的相互竞争，像阿德莱德这样地方的新闻报道会乏味许多。大多数城市能够朝着积极的方向发展，这离不开其媒体的多样性，或者尤其当城市规模还很小的时候，离不开本地媒体的支持，它们能够鼓舞城市向前发展。英国哈德斯菲尔德当地的报纸坚定地营造出一种氛围，在这种氛围中每位市民都认为自己应该为解决城市问题出谋划策。显然，在媒体发达的时代，城市政治会越来越多地回应来自媒体的声音，但这也会对政治产生恶劣的影响，因为这种影响在更大程度上有助于媒体，而不利于解决关于未来的重大问题。媒体宣称自己只是回应观点而不发表观点，然而这是关乎第四等级（新闻界的别称）角色的大讨论。

全世界只有少数城市，也许三十个，在一定范围内拥有足够的吸引力和辨识度。大部分人知道这些城市有哪些，它们包括纽约、东京、上海还有伦敦。而此外大量其他城市则需要在特定领域扩大自身声誉，提高自身地位，并以此在一定时间内维持自身创造财富的能力。一个城市所决定要凸显的优势很重要，因为如果城市以此吸引居民，那么他们便愿意留下来并做出贡献，同时吸引外来人口。树立声誉不仅是一种营销策略，更是一个在这些特定领域创设大量商业组织的过程。

在标榜城市自身有某些吸引人的优势时，比如创造力、活力、环保，城市不应该给自己贴上"在方方面面都极具创造力"的标签或类似的嘉奖。是否有创造力应该从富有创新精神和有想象力的行动中体现出来，而让别人称赞"这座城市很有创造力"。与以往任何时候一样，自吹自播或者枉然地汲汲于声名是危险的。

城市的定位取决于它是否能创造让城市得以在一定时期内保持财富创造能力的条件。对于许多小型城市，即指任何一个并不处在城市等级体系前列的城市，它们应该尝试从人口迁出地转变为人口迁入地。这意味着城市要增强自身的吸引力以吸引各类人群。首先要为自己的居民创造一个宜居的环境。这样，居民自会成为更有说服力的城市形象大使。

重述城市的故事

每座城市都有许多故事。城市向我们讲述的每一个故事都与其自我认识和无限的可能性紧紧系在一起。这些故事讲述着这座城市的由来、现在的自我定位、将来的发展方向以及它的特性和对生活的态度。以阿德莱德的城市故事为例：

- 欧洲殖民前的土地与人民。
- 它是一座自由开拓者之城，没有犯罪，因此人民都尊重法律。
- 它是一座规划完美的理想之城，这体现在其世界闻名的照明规划上；这使阿德莱德产生了自豪感和某种高尚的情操，以及一种秩序感和鲜明个性。
- 它是一座坚实的岩石之城，反映了一种深深植根其中的凝聚力和长久的传统。
- 它是一座教堂之城，彰显了其高尚、崇高以及超凡脱俗的精神，但仔细审视后，它所呈现出的画面也许并不是那么完美，因为圣经与饮酒总是紧密地连在一起。事实上，教堂的数量可能体现的是人们的某种乖戾情绪，而非拥有一致的目标。
- 它是一座颇受国家主导的城市，这体现在伊丽莎白新镇的创建以及在本州引进汽车工业等方面上。这么做也许会让人觉得能够有控制力和或多或少的约束力。
- 它是一座艺术之都，这告诉人们阿德莱德是一座开放的、敢于尝试、充满活力与创造力的城市。这都与阿德莱德艺术节联系在了一起。
- 它是一座过度扩展并丧失判断力的城市、一座野心爆棚、自不量力的城市。南澳州立银行的倒闭以及多功能城邦这个不切实际的日式想法的失败都是明证。
- 它是一座缺乏活力的城市，它过于谨慎、畏惧风险、承诺得好听但是不知道是否能说到做到。

◆ 这些小故事使阿德莱德好似成为底特律或南半球的雅典，也许上述两者的结合才是阿德莱德真正的面貌。之后，阿德莱德被人们贴上了"犯罪之都"的标签，但从更积极的方面来看，在这座城市中，女性能够活得多姿多彩，任何可能的幻想都能够在此实现。

从这个顺序来看——阿德莱德的故事也确实是按此时间顺序发展的——我们能够看出故事一个接着一个发生的原因。例如，在20世纪70年代，唐·邓斯坦总理对艺术特别感兴趣，因此在他的领导下，阿德莱德开始了"文化复兴"的政策；而之后，州立银行的倒闭使城市陷入停顿。

阿德莱德现在的目标是要谱写"富有创新精神、充满想象之城"的新篇章。它力求建立这样一种愿景："在这里，你可以成功，你可以实现你的梦想，而我们会帮助你。"而这也暗示着"我们允许你们继续奋斗"，允许你们去思考、去想象、去创造、去投资、去实现理想。这是这个城市实现新故事的关键。

我们再以曼菲斯为例。曼菲斯这个名字是以尼罗河畔的古埃及首都命名的，其城市故事包括蓝调与音乐剧的诞生。另一个值得一提的故事是，曼菲斯在20世纪50年代是美国最宁静、最干净以及最安全的城市。之后，猫王的成名为这座城市的音乐界带来了勃勃生机。而马丁·路德·金遇刺事件使曼菲斯陷入了长达 35 年的混乱状态，但这件事同样引起了我们对人权的关注。联邦快递这一大型物流公司正在重塑这座城市。最有趣的是，曼菲斯大学屡次被人们称作"第二次机会大学"。[55] 显然，这向我们传递了这样的信息："在这里，你可以成功。你可以实现梦想，而我们会帮助你。"总的来说，鉴于曼菲斯高创业率（且多数创业者都曾至少失败过一次）、多人种混合的人口结构（许多低收入人群急需第二次机会来成功）以及根深蒂固的软弱性，这是这个城市巧妙地在向我们讲述它的故事。如果一座城市将"第二次机会"这一想法纳入考虑范围，并将其深植于城市发展规划中，那么这将会改变人们的行为。想象一下，如果一座城市对第二次机会表示赞同，那么它将不会因你的失败或错失机会而责备你。

重述城市的故事并不意味着抹掉过去，而意味着以过去为基础，利用过去的事例来帮助我们向前进。这样，我们应该诚恳地审视那些支撑我们前进并给予我们认同感的不实之言。这些不实之言本身没有错，只要我们不时地对其表示质疑。此外，我们在日常生活中还应该去创造、去实现关于我们自己的新故事。如果我们的口号是"要成为激发想象力、鼓励人们创新的城市"的话，那么人们需要实实在在地看到这个口号的意义，并允许人们随意发挥。规章制度应该促进并实现发展，而不是去限制发展。

总之，依我看，一座城市的产业结构、商业开发、自然资源以及选址固然重要，但更重要的是该城市的文化、市民的心理状态和历史。这些塑造了居民的态度和自我认识，也塑造了城市自身的故事和与其紧密相连的不实之言。这些是一座城市独具一格的地方。尽管有某些可以依据的模式，但这种模式会变化，因为虽说个人的特性是固定的，但城市中的人却在不断变化。新一代人没有过去带来的历史包袱，新的移民人口则带着全新的思想涌入，这样，拥有全新眼光的领导层也便随之出现。领导者在制定城市变革议题中处于核心地位，而他们的职责不仅仅是执行命令、管理人员。

我们如何能够知道城市是否正在创造、重新发挥并做出改进？这需要我们有策略地进行沟通，把一些问题摆在台面上，而这也许让纯粹主义者乍一看是肤浅无关的事情。然而，这些问题带给他们的心理影响力却很大。如果一座城市想要告诉大家你的城市，比如阿德莱德，在生态环保方面很有经验，那么可以在机场航站楼周围修建葡萄园，或绿化空白墙壁，绿叶能够从建筑物楼顶倾泻垂落，看起来就像巴比伦空中花园。这些做法不需要多余的解释就可以告诉大家我们城市很环保（我们城市的葡萄酒也很有名）。绿色建筑会设有充满想象的标识，告诉人们节约了多少能源，以及运行周围建筑还需花费多少。为城市制定一个使用太阳能电池板的长期计划，城市便会产生巨大的能力来表现其雄心壮志，同样地，计划建立不被水淹的城市也有同样的效果。这需要人们稍微颠覆传统，或在潜意识层面出其不意，进而将这样的信息传递出去，并同时继续努力变得更加环保。

理清思路

要想推动城市向前发展，我们需要制订强有力的计划，围绕此计划，不同的利益团体才能够聚集在一起并联合起来。通过深入了解人们内心的热望、广泛认可的价值，甚至是对弊端的深究，都能够激发想象力，但前提是我们能够提出解决方案。为了传达清楚，这些解决方案需要简明扼要，但不能过于简单。

其结果不应该以杂乱的事实形式展示出来，而应该以能够被看到、被感知到的形式呈现，且应该展现城市在商业和城市景观方面所做出的成就。这就是为什么我们需要将态度的转变与各种活动、项目、倡议以及如城市设计和基础设施这样有形的表达形式相结合。所有的这一切都将会对人们的心理产生影响。做好这一点需要整个政府的参与，而不是零星的倡议。

实现这一转变所需的资源不会像变魔术般地凭空出现。这些资源只有在同样的资源基础上更有效地行事才能被发掘。其中很多事情并不需要花费资金，或者至少花费很少。但我们只有彻底想明白能够利用什么样的资金、合作、关系和交流，这一切才能实现。自信是一种有待发掘的资本。当我们利用这种资源的时候，动力和决心会随之出现。如果我们只关注其中一种资源而忽视了其他资源，那么这座城市就会运作得很糟糕。领导一座城市意味着整合城市各种形式的资源。

我们通过合作可以获得额外的资源，原因在于如果个人和组织共同追求一致的目标，那么就能创造出更多的价值，产生更大的影响，也不会在相互对抗中浪费时间和资源。这就是为何我们需要彻底理清全新的城市管理方案，并且应该强调将其看作一个相互关联的资源。

人脉、与他人的联系以及网络都是关键性资源。这些是一座城市、一个社会和一个经济体的软件系统。让人员和各部门一起商谈，找到方法促成这样的谈话，这些并不需要花费多少，但却能对相互理解、制定战略性决策以及策划项目产生巨大影响，最终促进财富的创造。然而没人愿意将这一重担扛在自己肩上。人们并不看重人际关系，因为他们关注的是有形的可交付成果。但是这样的人际关系才是使网络驱使下的经济运转起来的无形优势。而且，这应该是商业界与各级政府的共同责任。对于人际关系而言，应该有两个关注点，一个是内在的，一个是外在的。这被我们称为"掠夺领地"。

通过具有代表性的会议来交流彼此的战略意图和深谋远虑，能够产生资源，因为只要交流得好，就会引起反响、积累能量、激发斗志。

尽管每个城市都需要丰富的想象力，但是某些城市需要的则更多。它们必须通过运用创造力来自己创造，但是要想开始，它们必须冲破文化的束缚。这意味着思维模式的微妙改变，按照这样的规则，人们才能构建自己的世界，并且根据价值观、人生观、传统和理想来做出实际的和理想的选择。思维模式是我们习以为常的、便捷的思考方式，也是我们做出决策的向导。思维模式是对我们的偏见、优先顺序和事物合理性而进行的固有总结。

思维模式的改变意味着重新使一个人的行为趋于合理，因为至少对个人来讲，人们都希望自己的行为是协调一致的。但关键问题是，各个层面的人们如何系统地，而不是逐步地改变自己的行为方式。

如何找到与改变观念有关的事件、故事或者是有联系的组织是一个挑战。我们只有把大都市看作一个整合的资源，具有"尽量去做城市该做的事情"这样的观念，去重新评价那些隐藏的资源，这样才能获得成功。

强有力的想法或主题对人们如何看待事物、看待规则的作用、看待相互协作有着极大的影响。这样的想法或者主题包括：将一个地区看作是一个大都市，以及转变教育政策，一切以孩子为中心而不是以职业为中心，再或者是改变风险对策的意图。

什么是有创造力的想法？

什么样的好想法能够起到催化的作用，推动城市的发展，成为城市的发展蓝图？一个好创意必须简明扼要，但就其发展潜力而言还必须综合全面。一个好创意应该能立刻让人明白，让人产生共鸣，并形象地传递信息——人们一听就能明白。一个好创意必须有层次，有深度，能够让人用不同的方式有创造力地去理解并表现出来，还能使许多人参与其中，每个人都能感到自己能够做出贡献。一个好创意能够使相关事物连在一起。它是不断变化的、鲜活的，且暗含着无限的可能。一个好想法能够将创造力和实用性相结合。一个好创意不仅能解决经济问题，还能解决其他问题。它还必须能够体现经济领域之外的社会问题。如果它只涵盖经济领域，就会变得很机械。在理想情况下，好创意会激发人们对一个地区的认同感，进而会让人感受到文化上的相似性。而实际上，好创意应该支持、依靠并去创造这种认同感。这样看来，它应该触及更深层次的意义和目标。好创意的作用极其之大，我们可以用许多方式来实现它。

让我们来看看一些城市的创意点子。世界上许多城市都宣称要将自己建成"教育之城"。这一想法很狭隘，会让人们隐隐感到这座城市只有教育部门，这样就会将其他人拒之门外。一个"某某人才策略"的想法会更好：它很容易让人理解；显然，这样的人才策略需要许多人参与；他们可以看到，无论是艺术、教育还是商业领域都会为其专业发展提供良好的平台。我们可以逐步将重点放到识别人才、培养人才、吸引人才、留住人才或发掘人才上面。或者，我们可以关注个体才能发展的不同阶段，比如让人们充满好奇心、事业心、更有创业精神、更有创新精神。但其不足之处是，这种策略可用于其他任何地方。正如曼菲斯市最初宣扬的那样，将自己看做"第二次机会之城"这样的口号是很有分量的。这个口号反映了该市积极的精神面貌和开放性，以及愿意倾听且宽容的氛围。这也能让人们看出该城市并没有夸夸其谈。同样，这也承认了其创业成功率并不高。这座城市在向未来张开怀抱，理想情况下，十年之后，这一口号将不再符合曼菲斯市的状况，因为将有足够多的人能够抓住"第二次机会"并取得成功。阿德莱德要建立"不被水淹的城市"，这是他们的一个强有力的想法，但这一想法还未成为现实。这一想法暗含着经济上的议程，且有力地证明了该城市十分关注环保问题。如果其他任何一座城市都宣称要成为世界上第一个"零排放城市"或"太阳能之城"，并言出必行，那么情况也会和上述一样。这会为城市带来巨大的商机，并使该城市成为全球瞩目的焦点。然而有趣的是，对于一个知名的矿业城市或工业城市来说，这样做看似有些不搭界，因为直觉告诉我们这样的城市本应是刚强有力的。

拓展思维或"充分利用"的另一个例子是有人想要点亮一栋大楼或是一座大桥。这样的照明计划以及与其相关的活动和宣传不仅仅意味着点亮几座大楼这么简单——也许这意味着启发一片地区，而珀斯正是因此受到了这样的启发。简言之，点亮一栋大楼需要我们更加努力地为之奋斗。

最后的尾声：重新思考行业术语

语言很重要——它与我们的思维和行动有着本质的联系。一项由地方经济战略中心（英国一家城市发展联合会）所做的调查对牛津市的38家志愿者服务机构进行了考察，了解他们对人们经常使用的一些关于城市重建术语的理解，比如能力建设、社区赋权、项目成果、战略目标、协同效应、整体思维以及退出策略。在近90%的案例中，多数被调查者只是听说过上述某个术语，而并不理解其含义。这表明，人们常常误解了这些过度使用的词语。其中被误解频率最高的词语是"能力建设""协同效应"和"社区赋权"。由于许多积极分子并不理解这些术语，所以他们不知道许多城市重建项目想要达到什么样的目标。行业术语使我们脱离了城市发展事业的核心。

普通人说带孩子去"度假"，而专业人士把这叫作"体验户外生活"；"享受美好时光"现在被叫作"学习新技术"。

其他行业术语往往反映的是政治正确性。例如在英国，"多元文化"这一术语就饱受批评，因为它代表的是分隔的社区，也并没有促进文化间的交融。然而，任何涉及种族的词语都被视作是雷区，使用不当就等于搬起石头砸自己的脚，因为你并不知道这些新词所包含的文化上的细微差别，也就不敢轻易使用。在政府官员规划其服务职能时情况多是如此，而在社会和社区发展中却很少这样。因此，他们会回避一些重大问题，去重点关注那些需要强调的问题。

或者，"市议会承诺为市民提供完善的公共休闲区域，其关键是要开发一片可以长久使用的公共休闲区域并提供一系列的配套服务"，这样的观点如何？再或者，"政府在总结报告中承认，地方政府在现今和未来的文化设施和文化发展的成败中起着关键作用；他们还表示，地方政府应该带领人们建立文化规划伙伴关系，为其提供服务，并在政策框架内有所成就"，这样又如何？[57]行业术语掩盖了缺乏实质性内容的不足。

私营企业也并没有多好，比如，"美国清晰视频通讯公司宣称本公司令人激动的户外广告牌会极大地提高该地区房地产的价值。这样的广告会给我们带来欢乐与活力，而这正是时代广场在这一地区所拥有的特点。这样的广告牌所产生的独特效应可以与时代广场所处的三片建筑区相提并论，因此，在生气勃勃的市场环境下，这一备受瞩目的项目能够让我们带领客户们走入一个真正有特色的营销环境中。"这真是寡淡无味的废话。

任何一个专业领域都会创造出一门专业语言，来证明这一行业存在和运营的合理性，并让人们感受到其专业性和独特性。但这样的语言能够被当作烟幕弹来掩盖此处什么都没有，或此处没有什么实际的东西这样的事实。如果将这些行业术语翻译成通俗易懂的语言，就会显得俗不可耐。通常这样的语言要么非常冗赘，要么非常老套。

显然，"当你遇到新问题，想要赋予这些问题一个概念时，你就会创造一个新的语言……但仅仅为了迎合大众来摆脱词穷的困境，而没有人能够真正明白这样的语言，这么做值得吗？……而我们为何要摒弃社会公正呢？"[58]

第七章

世界创意城市

道德规范与创造性

　　能否为世界或者你所在的城市作出创意之举，这在鼓励市民、商业以及公共机构方面尤为重要，它强调了这座城市如何能够（或者说应该如何）反映其价值取向和道德基础的重要性。只有这样做，城市方可更好地运转起来，并最终树立榜样以激励他人。创造力本身也不一定全部都是有益的，尤其是当把创造力仅仅限定在自我表现上的时候。将创造力和更远大的目标结合起来会赋予创造力独特的力量和反响。这些价值观的体现很广泛。例如各种形式、更加平等的关怀；又如平衡各类政策的举措，如提升所有市民的生活质量，保持在世界范围内的竞争力，将经济、社会、环境诸方面统筹规划。成千上万的城市都宣称自己要坚持可持续发展，但是又有几个城市实实在在地实施了可持续发展的政策，并以此对抗我们天生的惰性以及小汽车，还有其他行业的游说呢？如今，敢于与别人背道而驰一定算得上是创意之举。

　　为世界或者城市作出创意之举益处颇多，因为正是创造力孕育了市民价值观和优雅的文化。例如，每座城市都有专门的公共休闲场所，这些场所通常都是慈善家永久赠予的。这些都是送给整个社会的礼物。另一种情况则是，一些年久失修的公共休闲场所被一些市民团体拯救了回来。其中一个经典例子就是纽约布莱恩特公园的彻底改变。这个曾经令人恐惧的"禁区"有着"针头公园"的别称，在20世纪70年代被贩毒者、性工作者和流浪汉占据着，而到20世纪80年代，它已变成了一个有着巴黎异域风情的休闲放松场所。这个公园的最初改造是由一群杰出的纽约人发起的，如今由布莱恩特公园改造公司管理。它在重新设计并改造之后，增加了许多相关设施，开展了一系列活动，这使公园获得了极大的成功，很快吸引了许多市民和游客来到这里。2002年夏天，在谷歌的赞助下，公园安装了免费的无线网络。你在公园里随处可以看到或专心读书或埋头工作的老老少少。从总体来看，这就像是赠予纽约和纽约市民的一个从天而降的礼物，而不仅是一个随意而为的善举。[1]这些文明之举将会增加全社会的资本。

　　为世界或城市所做的创意之举还可以有别的意义，比如促进社会创业、为创业初期的公司提供通向机遇的阶梯、重新思考教育的地位，正如之前提到的杰沙的例子。

一想到极具创造力的城市时，浮现在我们脑海中的便是巴黎、纽约、阿姆斯特丹和伦敦，当然，此外还有成千上万的城市有着不同程度的创造力。我们通常把城市看作是一个综合的整体，在脑中闪过的是一幅幅画面，而不是单个建筑物或是某个部分。也许巴黎有埃菲尔铁塔，纽约有帝国大厦，但这些都无法代替整个城市。

有创造力意味着接受无尽的可能性，而不是永远对某些先贤或标志性建筑所带来的荣耀沾沾自喜，进而故步自封。巴黎和伦敦既有历史的沧桑，又有现代的活力。它们历经帝国统治，从历代国王的统治中提炼出了财富和丰富的资源。它们的博物馆——卢浮宫和大英博物馆就是最好的例证。这里收藏着从世界各地掠夺来的无数珍宝，它们充分显示了其国家的强大，而这又巩固了其国家在当今世界的综合实力。强大的政治力量加之雄厚的经济实力通常会迫使这样的城市作出有创造力的改变，因为它们吸引着那些有胆识、有才能、想要或需要靠近权力中心的人。

这些城市曾经从以前的殖民地吸引了大批的人，而现在来到这里的人早已超出了从前。反过来，这些来到伦敦和巴黎的人们现在已加入了使城市更具生气的队伍中。巴黎被认为是20世纪艺术创意中心。任何一个想要出名的人都得来到巴黎，不管是毕加索还是斯特拉温斯基。巴黎不仅吸引着艺术创作者，还吸引着艺术品买家、拍卖商和收藏家，他们一同为艺术家提供了充满挑战的创作环境和展现才能的舞台。然而如今的巴黎，尽管在促进现代化方面做出了辉煌的成就，人们却斥责其国家层面的横加干涉、自上而下的经济体制以及闭关政策。相比之下，伦敦尽管一直以来被看作是古板、缺乏想象力的城市，但受益于自20世纪60年代起在各个领域（从荒谬的喜剧到时尚与音乐）实行的开放策略，她以此得到了人们的赞誉，从而吸引着来自世界各地的年轻人。其中，世界闻名的学位制艺术教育被认为是其成功的基础之一。比起欧洲及美国，伦敦的艺术教育一点儿也不死板。正是由于伦敦重视艺术的灵活性和自力更生，才巩固并推动了创造力对城市的影响。它也因此得到了诸如乔治·阿玛尼等许多人的赞誉。乔治·阿玛尼选择了伦敦作为他

2007年服装系列的展出地，而没有选在米兰或巴黎。他说："伦敦在许多方面都是世界上最具国际化和影响力的大都市，它已成为许多文化形式的交汇中心，比如当代美术、建筑、表演艺术、文学、美食、音乐、影视与时尚等等。"显然，对于伦敦自身而言，要想真正有创造力，还需要更多的努力。比如其收取拥堵费这一举措，人们迟早会发现这是勇敢而且有创意的措施。

在过去150年里最具创造力的城市中，我们不得不提到纽约。毫无疑问，作为欧洲移民以及之后的许多移民进入美国的必经港口，纽约代表着新视野，并吸引了那些野心勃勃的人和那些在世界各地寻找一个全新机遇的人。残酷的竞争和生存的本能让创造力异常充沛，正如人们常说，这种"不顾一切"的干劲儿源自布朗克斯区。这个地区既有非洲祖先的传统，又有现代科技的无限可能，这种精神最终让纽约在无限的领域上彰显其主导地位，从金融到媒体，甚至是嘻哈文化，甚至连乞丐向你讨钱的骗术都花样百出。纽约在城市构造方式上的创意之处也无处不在——曼哈顿这一现代标兵城市简直是出类拔萃。尽管艾滋病危机减少了该城市的许多发展可能，尽管市民们对居高不下的犯罪率以及遍布城市的紧张气氛感到害怕，但是之后曼哈顿在安全上的重大改变令人钦佩，这也反过来也吸引了更多的投资家和商人，这些人帮助城市提高了税基，以便来偿还那些用于改善城市安全和环境等公共服务所产生的债务。这是一种良性循环。然而，那些普通的投资家、开发商和商人们尽管对自己的领域很在行，却并不以富于创造力而著称。日常生活的品质，比如安全保障、优质的居住条件、做一个关注家庭的城市等这些都与城市的创造力保持了很好的平衡关系。有人说，自从"9·11"事件之后，纽约市像是变了样——它显示出了它的韧性，从前的那个纽约又回来了。然而，在有如此多的势力集团纠葛的纽约，想在一些重大纠纷中达成一致颇为不易。比如为"9·11"遇难者建造纪念碑这件事，就有很多有利益瓜葛的团体，诸如政客们、开发商们以及土地所有者们。也正因如此，世贸大厦遗址自2006年夏天以来就像一个敞开的伤疤一样被遗弃在那里。

对于这些创意之城，人们或反感或着迷，或者兼而有之。这些满载激情与创造力的城市带给了我们太多。生活中的问题——交通堵塞、污染、腐化、权钱交易——都压得人喘不过气来。而今城市的种种创意正逐渐弥补这些缺陷。

市民创造力

在所有的大城市中，人们富有公德心，对城市的大度显而易见。然而目前的问题在于，大家公认的创意城市，诸如纽约、巴黎、伦敦和其他许多地方，他们是否已具备足够的创造性或他们可能是更有创造性。从香港到新加坡，从温哥华到苏黎世，从旧金山到墨尔本以及其他城市等，许多小城市的出现对以前大中心提出了挑战。大家也不要忘了新时尚型城市，例如上海，那里充满巨大能量。（但是考虑到市民的操作受到约束，这座城市真的具有创造性吗？）当企业在任何地方均可运营时，就不应假设它们的位置是固定持久的。单记住这一点就行，1000年前所有的大城市中，目前仅有广州还仍在主要城市联盟之列。此外，他们的想象力是否仅集中在"只为我创新"或是致力于使城市变得更美好。我称这种类型的创造力为市民创造力。这一概念将这两个词放在一起看似并不合适。创造力看似松散并具有潜在的野性，而市民则给人以剥夺和控制的概念。在两者间存在一种张力。激发市民创造力的能力正是值得公共部门和私营部门学习的，在追求共同目标和愿意共享权力的过程中，公共部门学习变得私营化，而私营部门则变得更具有社会责任，两者的目标均是产生更大的影响力，获得更大的整体成功。

从遥远北方的一个小地方如斯瓦尔巴特群岛的朗伊尔城，至一个大型都市如东京，无论你去哪里，你都会发现具有反市场潮流、创造性的个人和组织，他们正探索自己所知道的边界，发明一些有用或无用的东西。一些人利用自己的能量和想象力使得体系正常运转，或是加强体系存在的趋势。这可能是一个广告公司的行事方式，有时候会很刺激，但通常会很沉闷，本意是试图引诱我们购买，但表现出来的是他们其实没有这样做。这就需要一点创造力，但具有创造力是为了世界吗？浮华可以令人激动，杰出技术可以创造奇迹，讽刺可以变得娱乐。但更大的目标是什么？让你消费更多或感觉到自己实际上更为独特和不同，因此需要特殊品牌吗？城市本身越来越被视为一种品牌零售体验，将品牌集成在都市的超品牌群中，它们因此成为"必看的目的地"。大约这是许多人所希望看到的。在这一过程中，零售和休闲开发人员真正成为城市的建设者。

具有创造力的城市拥有不同的品质。它在顺应自己所宣传的体验的同时也有与之相悖的情况。它颠覆理所当然。它考验传统。它先吸收经验，然后再寻求原创的经验，而不是只为了拥有经验。经验往往是被限制在一个预先规定好的模板或主题中，留给个人的想象空间非常少。相反的，拥有创造力的城市想要塑造自己的空间。它会放松自己，将自己转至模棱两可、不确定和不可预测性中。它已准备好要去适应这一切。

不是所有的创造力会终生表现出这些品质，但越有创造力的城市其整体氛围越会彰显出机缘巧合、可能性、乐观进取、出乎意料、未知、富有挑战性的事物以及美与丑的冲突的景象。更有创意的城市也会参与到稀松平常的事情当中（尽管会日益非凡）：保障性住房和不同价格范围内的住房选择；销售基本产品诸如面包和茶的便利店通常靠近城市核心；日益繁荣的地区具有很强的身份标识感；快速和频繁的公共交通；聚会地以及步行街。要使得这些可能性变成现实，则真的需要市民的创造力，因为这涉及使用规章制度和激励机制，从而调整市场逻辑进而符合更大的目标。巴黎仅能存在大量的小商店，是因为他们通过各种规章制度不时地鼓励这种做法。

我们可能会关心自己所在的城市，但这种关心往往被错放。鉴于世界的日益复杂化，我们可以经常忘记基础。说到有关城市的知识时，我们不免会集体失忆。因此，我们认为普通的传统城市建设，例如创造良好的公共空间或重组公共交通是创造之举，而事实上，我们只是在重温第一原则。乐意坚持创建良好城市的基础，需要我们日益提高市民的创造力。

有创造力的人形形色色，但过于频繁会使得我们混淆时髦和创造力，尽管许多举措无疑是富有想象力的。我们过分关注媒体创意人员和艺术家。然而，例如社会创造性可能确实不够优雅，他们可能会利用新式的重要方法来理解社会关系，他们也可能在一些城市建构背景下是无价的。技术创新人员和工程师可能会敏锐地关注一些模糊的电气问题或困境。这同样适用于组织中的研究人员，如化学家、生物学家或软件工程师，他们默默地努力，不为人所见，亦通常不为人所知，集中关注一些细节或是其他。许多人以轻视的态度将他们描述为"书呆子"、一根筋的疯子或太过关注技术性或科学性主题或活动的人。创意人员可以是建筑师——他们其中一些人的建筑可以令你眼花缭乱，为之感到震撼——或者建筑环境专家、画家、音乐家、企业家、开餐厅的老板、提供公共体验的电力公司甚至是官僚主义者。

这些团体具有不同的特点，虽然它们具有一些相近的核心品质，如相对的开放性、坚韧和专注等。许多主题可以是智能的，但从社会角度而言却是相当乏味和有限的。事实上，许多团体在企业界工作，具有太多的限制、公式性和群体心态，从狭义的计量经济学意义上而言可能是有效的，但并不一定是具有创造性的。研究或经营头脑并不一定需要富有创意的都市性、良好的对话和智慧。许多所谓的创意人员实际上可能想要熟悉的城市环境——一个包含急躁性或从一定程度上具有可靠的可预见性的环境，而且城市的生活方式可以通过品牌所链接的方式来定义，而不是他们自己来创造。他们所违反的边界是有限的。所以这样对突破边界的限定是否能够形成创造性城市呢？可能不会。

创意城市需要另类的火花；具有地方感，而不流于口号感；对"会是什么样子"的想象，以行动表示出来；年轻和年长的人从行为、态度甚至穿着上对传统进行挑战。

我已说过创意城市更像是自由爵士篇章而非结构化的交响曲。[2]爵士乐是一种民主形式——每个人均可在某种程度上负责，然而在做得好的情况下，个人表演可以无缝组合在一起。创意城市需要成千上万的创造性行为来构成这一马赛克般的整体。没有一个指挥家可以高高在上指导一切，尽管这希望能够广泛存在的领导力可传达出被认为是正确的价值观和原则信号。城市常常像卡拉OK，尽管很愉快，却是一种照本宣科的存在。[3]你阅读屏幕上的文字，感觉自己像是具有创造性的表演者，但实际上你只是一个模仿者。

以下几个部分将选择一些城市来看一下这些城市的创造力；希望这些

列举的例子和困境将代表其他城市，并如他们所宣称得那样，是想象力的范本。对这些城市，他们是否是创造性的，而其他城市又将在什么地方运用这些举措，读者可以自己做出决定。

最开始即是对迪拜、新加坡、较为熟悉的西班牙巴塞罗那和毕尔巴鄂以及巴西的库里蒂巴的冗长讨论（各种各样的极端）。这里列举了各式各样城市创新的企图。其他具有强烈创造力的城市还有阿姆斯特丹、温哥华、横滨、弗莱堡等，下文中对这些地方也将进行简要介绍。[4]当阅读本文时，我希望这些对您而言是足够的精神食粮，借此，您可以决定上述城市的创造力。

迪拜有创造力吗？

在鼓励您摒弃偏见之后，我必须承认，我自己对迪拜的观点并非像表现出来的那么善意。对这一争论的辩解是，迪拜的现代史是有许多地方是值得推崇的——比如说决心和勇气——我希望能够提供发人深省的内容，证明其在产出上的努力是如何伟大，而转换并非总是等同于创造力。需要记住的是，它在产出上的努力对世界的生态空间做出了贡献。

迪拜的地位在世界版图上日益攀升。它所采取的是它认为的最佳实践，呈现出迪拜式的曲折。勇敢、战略、愿景式的、决心、动力以及关注可能是人们会用来形容迪拜的词语，但创造力呢？这一点值得商榷。明确发展"棕榈岛"（The Palm，沿迪拜海岸的棕榈树形状的岛屿）是一大胆的举措。同期进行的世界岛工程也是如此，此岛是一个人造岛屿集群，每座岛屿分别代表了地球上的一个国家。另外，企图将迪拜海岸线从60公里增长到800公里的"迪拜滨海城"也是惊人之举。迪拜在全球寻访最佳实践，虚心求教美国各大商学院，做到了青出于蓝而胜于蓝。

迪拜提供了有关野心、大胆、品牌宣传、集中资源、潜在的生态灾难、人类的不可持续性和文化集中等方面的经验。这座国家城市是构成阿拉伯联合酋长国的7个城邦之一，由马克图姆家族执政监管，所以它并不需要考虑民主的变化莫测，因为这是对时间的浪费。它可以直接作出决定，并坚持下去，并不用担心存在异议。王储迪拜酋长——穆罕默德·本·拉希德想以一种轰动的方式把迪拜放在地图上，并将迪拜的社会和经济转变为以知识为基础。[5]迪拜的愿景是摆脱目前仅占其收入7%的石油的束缚，这是明智之举。迪拜一直是贸易转口港，在世界向东发展的早期时，该地被公认为可能变成介于欧洲和东方的全球中心——成为物流乃至基于知识和媒介行业的中心所在。

中东所发出的信息是混杂的。对许多人来说，这里是一个带有宗教狂热、似乎是想要脱离西方的不稳定的存在。然而，海湾是一个吸引西方的次级区域，它彰显出冷静、确定和安全。作为世界主要的石油生产国，该区域需要透明的金融中心和交易中心。这个中心在30年前是贝鲁特。贝鲁特闻名遐迩的大都市风貌、氛围和多样性吸引了来自中东和欧洲的银行家和游客们。然而，1975年至1991年是黎巴嫩内战的16年，实体和网络基础设施的崩坍让迪拜获得短暂的机会填补空缺，扮演贝鲁特的角色。迪拜有更好的环境，更加丰富的背景，以及更多遗产。正如广告所指出的："贝鲁特只是一个融合了文化、历史、商业和现代生活的地方。"[6]随着内战的平息和城市再生计划联合完成，企业家争相要将贝鲁特作为中东的透明中心重建。因此，迪拜不得不加快行动，推出其雄心勃勃的实体方案。

迪拜所推出的元素在世界的舞台上越来越广为人知，而且被旅游手册和机上杂志大肆宣传。发展阿联酋航空公司，将机场作为枢纽，这是总体战略的核心前提。阿里山港口机场目前正在建设当中，力求在2025年达到年接待1.2亿人次，使其超过亚特兰大成为世界上最大的机场。目前它是世界上最繁忙的机场，在2005年年接待人数为8840万人次。2009年预计完工的迪拜地铁项目是另一个因素。购物节始于1996年，它"改变了人们对阿联酋夏季的刻板印象，并让该地区的夏季从萎靡无力变得精彩纷呈，而这一切都源自阿联酋副总统兼总理和迪拜酋长的谢赫·穆罕默德·本·拉希德·阿勒马克图姆（HH Sheikh Mohammed bin Rashid Al Maktoum）的指令。"[7]土地复垦项目即棕榈岛、世界岛和迪拜滨海城项目是世界上最大的人造海上结构物、住宅别墅、酒店、商店和度假胜地。单是最后一个项目本身就包含440平方公里的水域和土地开发，相当于曼哈顿面积的7倍。迪拜物流城（Dubai Logistics City）是世界上第一个综合物流和多式联运平台。它位于海关保税和自由贸易区，占地面积为25平方公里，是世界中央城（World Central）大型项目的第一期，世界中央城最终把所有必需的运输方式和物流区结合在一起，为仓储和其他物流服务提供足够的空间。一马平川的地理优势有助于这一切有效实现。

列表上的项目还在继续。迪拜伯瓷酒店（Burj al-Arab）是世界上最高的酒店。迪拜媒体城（Dubai's Media City）由迪拜政府建造，其目的是提高阿联酋在媒体圈的地位。迪拜网络城（Dubai Internet City）、迪拜知识村（Dubaitech）等所有这些都是为了建立专业人士集群，从而可吸引各公司入驻。这些都是自由经济区，允许公司拥有所有权、税收和海关相关的大量福利，例如100%的外资所有权和零销售税、利润和个人收入有法律担保50年等。目的是使这些地方顺理成章成为中东贸易场所，为投资者们提供现金的业务基础设施和综合性平台，从而创造价值。

迪拜追求"极致"成风。迪拜塔是世界上最高的建筑，配备有世界上最快的电梯，其速度为18米/秒（40英里/小时），超过台北101办公大楼16.83米/秒（37.5英里/小时）的电梯速度。这一复合体的一部分与阿玛尼联名，可用来加强迪拜的时尚印象……同时，迪拜购物中心即将成为世界上最大的购物中心。迪拜其中一个城市口号就宣称"世界有了一个新的中心"。[8]

迪拜乐土（Dubailand）是一个娱乐中心。预计截至2010年，其接待的游客量为1500万人次，而至2015年，其接待人次将达到4000万人次。与2006年的预计600万人次相比，这是大幅度的上涨。迪拜乐土是一个建在沙漠之中的巨大的娱乐中心，宣称"非凡的视觉目的地"，同时具备"各种全天候活动"，能够吸引"世界上最大的旅游市场，无论其性别、年龄、地区和观光活动偏好如何"。[9]它是迪士尼乐园的两倍大，它的"大迪拜轮"将成为世界上最大的摩天轮。这座海湾版拉斯维加斯和奥兰多娱乐城将拥有6个主题区域：主题休闲和度假世界、景点和体验世界、零售和娱乐世界、运动城、生态世界以及市区城镇。复刻版埃菲尔铁塔（比原塔还高70英尺）和泰姬陵（是原建筑的一倍半大）都将包括其中。迪拜水城（Aqua Dubai）将拥有60处水景。与原景点相比，这种利用景点面积增加的趋势引人入胜，能够刺激游客前来参观——不过现实看来有太多需要应对的问题。住宅项目则反映了富有想象力的世界，它们被打造成一系列田园社区的集合，美其名曰湖泊、草地、小溪、酋长国、山脉。其中一个别墅项目的描述如下：

> 这是一个完全别具一格的概念，它为您提供了设计自己终极西班牙式家园的机会……您可以把宁静恬意的生活方式与西班牙乡村体验相结合……想象一下从自家阳台向外看去，视线掠过一片郁郁葱葱的绿色，波光粼粼的水景地中海风情一派，仿佛置身美不胜收的西班牙生活之中……无论您决定在哪（Haciendas、Ponderosa和Aldea）建造自己专属别墅，都必将会成为这独特社区的一部分。

此外，你可以和还胡里奥·伊格莱西亚斯做邻居！"胡里奥觉得别墅将有助于在该地区发扬西班牙文化，我们希望如此"。[10]其他开发项目则意指"托斯卡纳之美即在迪拜"。然而"迪拜已做好准备迎接极致生活方式"并且鼓励全球企业的员工"成为一个充满活力的社区的一部分，这里有志同道合的人群，他们可以共享成功的渴望"。未免有人怀疑这些意图，迪拜开发商伊玛尔地产集团（EMAAR）在2004年度报告中表明了对那股孜孜不倦追逐成功的渴求：

> 竞争是成功的伴侣……其他人复制EMAAR的可能性和概率是意料之中的事……竞争加剧和短期优势不再足以保证我们公司的生存。在这场激烈的利润战中，获胜需要战略执行，其重点仅仅是将竞争优势转化为决定性的优势，这将中和，排斥甚至惩罚对手……我们需要让自己变得不同而且更好的能力。品牌是确保创建额外价值的重要方式，它可被客户理解并创建。在EMAAR，"不可能"这

三个字是我们每天都碰到且藐视的词语，并且努力将之转化为可能……我们不断精益求精。我们的词典中没有妥协二字……我们相信我们最伟大的成不是成就最高的塔或建造最大的商场，而是发展最紧密的社区……我们寻访全球并博采众长。[11]

如果说这些是迪拜所能提供的最好的东西的话，那么有趣的是，其最终产物竟是一个主题受控的公园。

让我们再看看另一方面。20年后的迪拜会发展到什么程度？迪拜的人口超过100万，其中只有18%是本地人，65%是推动这个国家向前发展的亚洲人（主要是印度和巴基斯坦的低薪劳工），13%是移居国外的阿拉伯人，4%是移居此地的欧洲人。迪拜外地人口和当地人口的比值高居全球首位。许多亚洲人不止一代居住在这个城市，但却没有市民权。显然，"迪拜式无选举权下层阶级移民"[12]对阿联酋一点好处也没有。男性人口比例高达71%，难怪来自东欧的妓女成群了。

游客可能在迪拜待上好几周也不会遇到一个当地人。为你提供服务或为你驾车的都是移民，而当地正在兴建的实体建筑也主要是由移民完成，而这些大量的低薪工人主要来自南亚和东南亚的菲律宾。2006年媒体报道表明，熟练的木匠每天工资是4.34英镑（7.60美元），劳工每天工资是2.84英镑（4.00美元），然而在阿拉伯联合酋长国禁止工会存在。2006年，就在Buri Araq工地和新机场工地引发了骚乱，5个工人在一次事故中丧生。事实上骚乱蔓延到整个地区，从卡塔尔和阿曼至科威特。数以百万计的外国工人涌入海湾国家，人数超过原住人群。这些工人们被迫放弃他们的护照进入迪拜和其他地方，这使得他们很难回家。报告显示工人通常"8个人住在一个房间里，把一部分薪水寄回家，寄给他们多年未见的家里的亲人"。[13]其他报告则声称，他们的工资被拖欠，用以偿还贷款，这使得他们和那些契约仆人没什么差别。他们很有可能住在索纳普尔，这里肮脏破旧的公寓住房是15万多工人的容身之所。与迪拜光鲜夺目的摩天大楼形成鲜明对比。随着迪拜有意效仿西班牙，索纳普尔成为不为人知的外籍劳工聚集地，次大陆的城市生活并不是那么迷人。其中一个日益引起人们关注的传言说，整个索纳普尔大厦的部分资助源于洗钱。

另外，阿联酋的"生态足迹"问鼎全球国家恶劣之最。根据2001年开始使用的数据，阿联酋已经拥有最大的生态足迹，人均9.9公顷，这意味着如果全球都采用阿联酋的生活方式，需要5.5个行星才能够维持。单看迪拜的话，根据2006年的数据，如果全球都采用迪拜的生活方式，则需要10个行星才能够维持。[14]这一生态超载之所以会被忽略，是因为这里似乎不存在明显的短缺。水龙头中有水流出，超市中有食物，街头没有垃圾的身影，餐厅满是美味佳肴，人们周围有各种各样的新产品而且被诱导着无止境地购买更多东西。消费并不意味着没有节制。只是这些节制被蒙蔽、更广阔的图景不得见而已。在阿联酋和科威特背后，美国和澳大利亚是主要的足迹制造者。

耗资2.75亿美元的新滑雪穹顶就是一例，在一个每日气温均攀升至50°C的城市，这座"生态闹剧地标"仍可天天保持最佳状态。迪拜滑雪中心终年室温为零下1.4°C，为维持这一温度，需耗费数千瓦能源。6000多吨积雪覆盖面积达3个足球场大小，为使其高度保持在70cm，每天夜间都会增加30吨新雪。[15]

同样，自诩为七星级酒店的迪拜塔在旅游业专业人士看来是一种夸张的说法，不过是为了试图超越其他声称为"六星级"酒店的说辞。所有主要的旅游指南和酒店评级系统均以五星级酒店为最高标准。

迪拜获得了什么？迪拜，这个直至20世纪50年代末还是贸易港口和回水人工岛外侧村庄的地方，发现了重新定义自身中介角色的创新途径。这座城市的领导者巧妙利用城市复兴为口号，使尽浑身解数，推出了税收优惠、允许外国人购买房屋和公寓的2002年法令以及品牌建设等各种福利。比如firststeps@DIC是迪拜网络城中的一个设施，允许公司短期租赁办公空间，同时开拓业务和市场机会。迪拜邀请国际板球委员会在迪拜重建总部，使他们与驻守了95年的伦敦标志性总部分道扬镳。一些举措，如新建800公里的海滨，尽管对环境存在一定的破坏，但从物流方面看，可以说是鼓舞人心的。

至关重要的是，迪拜已经明白了自己想要吸引的企业高管们的内在不安和保守，以及他们对安全和确定的渴望，利用一种从容的忙碌感让他们在显著的陌生中寻找熟悉感。

然而根据我在本书中所定义创造力的条件，即集思广益发挥各种才能并具有伦理基础的世界性的创造力，迪拜并不具有创造性。拥有创新远见勇气和决心的领导者、金融资源、无与伦比的统治权威和无处不在的阳光，迪拜为什么不试图成为世界上生态最可持续的城市却反其道而行呢？迪拜为什么不成为一个创新使用新型节能材料、建筑技术和新生态设计的城市建构楷模呢？他们为什么不效仿生态摩天大楼界的佼佼者Ken Yeung那样减少空调的需求并创造自然通风呢？他们为什么要构建一个视劳工为二等公民的城市呢？迪拜为什么认为争取1500万游客必须是其定位的核心呢？他们会不会在并未缓解问题的情况下依然实现了成为中心的目标呢？既然已经咨询了"全球各领域顶级专家"，迪拜又怎么会最终建成为一个充斥着各种主题公园以及与阿拉伯完全无关且一点也反映不出阿拉伯人历史创造力的住宅小区的城市呢？也许正在给迪拜出谋划策的专家们几乎没有大局观、全球可持续价值观、地方特色观，也不懂建立创造性环境而非完全闭锁社区的意义？为什么迪拜宁可选择仿造而非真实的体验呢？它怎么能没有充分的信心或勇气去用一些当地人和移民所能共同创造的新迪拜身份来吸引慕名而来的企业，而非仅仅依靠这些企业的品牌名声？事实上一些当地人曾私下怀疑过这种马克图姆的奇迹可以维系多久——他所创造的这种独特的社会是否能经得起重大政治或经济冲击的影响。这种冲击可能来自许多方面，如宗教、反动的热情、需要保持对世界开放所释放的民主压力或全球经济下滑冲击所带来的旅游生态灾难。

让我们不要忘记创新时代的要求，沟通、辩论、共识、分歧和不可避免的争议，而民主进程则是这一切的催化剂，在这一时代中，所有人均有机会完全参与其中。迪拜允许异议吗？女性在迪拜可以获得平等对待吗？当这一切都实现的时候，才可以讨论一个地方的综合创造力。

模仿迪拜的做法

迪拜已经启发了许多地方，他们模仿迪拜的经验，并且走得更远。卡塔尔是其中之一，卡塔尔之珠（The Pearl-Qatar）。

> 将成为一个面向安全、面向家庭的环境。它在中东好像没有其他的目的地，最好的模仿对象就是地中海，它将成为阿拉伯的里维埃拉（Riviera Arabia），并且在阿拉伯海湾提供一种能让人想起法国和意大利的生活方式。珍珠—卡塔尔将开拓40公里的海岸线以及20公里的原始海滩。波尔图阿拉伯（Porto Arabia）是一个大陆码头，但却随着阿拉伯的节奏一起脉动。它捕捉的是维埃拉的活力成熟。波尔图阿拉伯的"活力中心"——阿拉伯广场色彩鲜艳、精致、代表了生活的最高标准。它是一个令人兴奋的包括零售、餐饮和文化体验的集合体，复杂得令人难以置信……这里混合了世界性的时尚和精致的美味——这是欣赏世界的地方或可以在此浏览世界上最受人尊重的一些品牌。[16]

正如人们所希望的，科威特丝绸之城将选址在科威特湾北岸。它需要25年才能完成，将容纳70万人，需耗费850亿美元的成本。这个城市将有4个主要地区。金融区的中心塔穆巴拉克塔高1001米，受到1001夜故事和沙漠植物的启发。塔将由7个垂直村庄构成，将包含酒店、办公室、住宅和娱乐设施。娱乐区将包含度假村、酒店和娱乐村。文化区将位于一座半岛上，它将成为古代文物研究中心、历史博物馆和艺术中心。环境区将位于市中心，将作为鸟类保护区以便鸟儿们从非洲向中亚迁移。这将包括一个环境研究中心和一个外延的网络大学及疗养胜地。整个城市将由翡翠带环绕，包含了池塘、湖泊和公园，这将确保人们距离翡翠带仅几步之遥。[17]

迪拜模式是自我复制。迪拜伊玛尔地产集团（EMAAR）正在建设阿卜杜拉国王经济城，它位于沙特阿拉伯，沿红海沿岸附近，靠近吉达，耗资260亿美元，这被认为是规模相对较小的建筑。它分为6个区，包括巨大的摩天大楼在内，这6个区分别为海港、度假胜地、生产和物流工业园区、教育区、金融岛和居民区。

这一城市的繁荣可以继续吗？这让人想起了20世纪80年代的日本大型项目，如大阪港区，它试图让日本在全球脱颖而出。虽然项目可以失败，但他们的成功也看似不可避免。

新加坡有创造力吗？

新加坡以洁净、准时和高素质市民而闻名。在你出关前，你的行李已经到达了机场带。进入新加坡的道路全部是林荫大道，这在世界上尚属首次，它散发出一种具有传染性的冷静气息。上海沿袭了这一模式。这些会构成人们对新加坡的积极印象，最初的和最后的印象。还有其他起作用的事情，比如地铁总是会准时，无线互联网连接几乎无处不在，当你进入收费区或停车场，车中的电子传感器无缝监控，且城市总是干净和安全。西方对其保守嗤之以鼻：长发男游客到达城市后需要理发，禁止嚼口香糖。你还听到很多关于乱穿马路、乱丢垃圾和随地吐痰的罚款。但日常现实是，你并不觉得这个政府是一个拙劣的存在。而同样这些嘲笑新加坡的人同时也渴望新加坡所提供的安全感。但对以文化建设、国家安全和社会学科建设而崛起的城市仍有困境，虽然新加坡是到目前为止"世界上最不寻常的的经济发展案例，它推出自己的深思熟虑的战略，仅用一代人的时间即走出贫困的后殖民时代，而进入一流世界富裕国家之列"。这本身就是一种创造、智力、决心、战略和重点。"到目前为止，新加坡没有经历过真正的危机，在其非凡的经济进步中没有根本性的突破……政府意识到新加坡是一个城邦，完全依靠其全球贸易功能，试图行动起来保持领先地位，使其经济从基础制造业转向高科技产业，最后到先进的服务业"。[18]然而在进入创意年代后，新加坡将如何应对？

新加坡、迪拜或香港是特殊例子，分别是一个国家—岛屿—城市—民族—州、港口城市和区域中心。新加坡没有腹地，或者相反地，"世界是其腹地"。新加坡相对缺乏总体的祖先文化和传统，一党制政府占主导地位，干预和强调政治稳定和经济发展。[19]

历史背景

在新加坡，我们的经济和国家发展已经发展到这样一个阶段，即我们应该在文化和艺术上投入更多的关注和资源。文化和艺术能够增强一个民族的生命力，提高人们的生活质量。

吴作栋总理（时任新加坡第一副总理和国防部长）于1989年4月在咨询委员会文化和艺术报告中如此回应。那份报告被广泛视为新加坡遗产、文化场景和艺术发展一个转折点。主要推力是肯定"文化和艺术塑造了生活方式、习俗和人们的心理"，因为它们"赋予这个国家独特的角色，拓宽我们的思维，深化我们的敏感性，改善总体生活质量，加强社会联系，而且有助于我们的旅游和娱乐行业。"[20]

以新加坡的方式来说，充满文化活力的社会应是"人们消息灵通，具有创造性，敏感的和亲切的"，而这一目标将在1999年实现。注意这里说话的语气，与迪拜不同：这一词语是"亲切的"，而在迪拜是"决定性优势……即将中和，排斥甚至惩罚对手"。它强调新加坡的多元文化遗产，它的"多语种和多元文化艺术形式的卓越应该得到推广"，使其独一无二。的确，随着世界重点转向东方，其汉英双语可能成为其关键优势。

将重心从先进制造业转移后，新加坡确认其国际集会地的定位，并与表演和展览空间联系起来，视之为映射世界级风格和魅力形式的关键。自1989年以来，最显著的成就为即将迁馆的新加坡美术馆（1996）、亚洲文明博物馆（1997）、新加坡电影委员会（1998）和新加坡滨海艺术中心（2002）——一个多用途的表演中心。

新加坡滨海艺术中心被视为"天空之星"，旨在成为可与悉尼歌剧院相媲美的新加坡坐标。事实是，它的号召力可能是区域性的，而非全球性的。经过30年规划和6年建设，它寻求"娱乐、参与、教育和激励"。世界上只有5个音乐厅拥有其最先进的声学特性。该艺术中心的两个外壳很像榴莲，这是新加坡人喜爱的一种多刺水果。夜晚"它的两个'灯笼的光'闪耀在新加坡的码头上"。该艺术中心内设有新加坡第一个表演艺术馆和一个以艺术为主的购物中心。它声称"预示着文艺复兴的到来"。[21]

这个阶段的文化发展专注于传统文化机构和方法，而不是将其与潜在的经济和社会动态相连接，这一点折射出新加坡的创造力和创新性。容器本身不能保证其内容的创造性，特别是如果他们集中于制度，而且不与非正式部门连接起来，而这些部门则是创造力起源的地方。此外，大型结构会以过高的速度吞噬资源。有人可能会问：开展50个小一点的项目，而不是一个大型建筑怎么样呢？这将产生更多创造性潜力吗？

"文艺复兴城市"计划[22]

截至1999年，许多评论家认为重点应从"硬件"转移至"软件"，或者是转移至他们所称的"心件"（"Heartware"）。在新加坡社会和经济的未来发展中，文化和艺术的增强作用可以预测。各种政府机构已经制订计划，以确保新加坡对教育、城市规划和技术等领域的战略性关注得以解决。但对新加坡而言，这不是对新加坡艺术和文化场景如何适应的一种整体性全面性的复审。

"文艺复兴城市"计划试图填补这一空白。它首先开始对设施、活动和艺术团体进行审查然后对观众资料进行评估。它指出这是一个蓬勃发展的活动。而新加坡一般被描述为无菌文化沙漠，《纽约时报》于1999年7月25日形容新加坡艺术舞台是"从无形到爆发"。1999年7月19日《时代》杂志的周封面故事以放松的新加坡为题——"新加坡熠熠生辉"。甚至指出新加坡正日益变得具有创造性甚至"前卫"，并伴随着社会转变，其转变方式直至现在还是看似不可能发生的。如今，机上杂志高度颂扬了新加坡自由奔放的先锋精神。[23]

这个城市型国家开始其有力的基准制定过程，目标直指像伦敦、纽约、东京、上海、香港、巴塞罗那、奥斯汀和墨尔本等世界型城市。这个过程强调了"人才争夺战"，打造时尚化无形价值的"传播和创造活力"概念，需要实质性的支持。这可能是世界级的高等研究院和研究实验室、生产力和行业，如果这目标不是一种炒作的话。这一基准制定指标倾向于以狭义量化的术语来定义人才，诸如数字艺术组织或"创意阶层、专业人士，而非包括与组织文化有关的社会创新和创造力"。相反，它指出，伦敦的艺术设施、活动、表演和支出是其两倍，而纽约则是其三倍。"虽然在经济指标方面，我们位列世界前列，但我们在文化方面不是。"

文化被视为城市增长的下一步，也是其竞争工具。借鉴世界各地思想家精髓，《文艺复兴城市报告》总结如下：

> 在知识时代，我们的成功将取决于不断的价值创新，依赖我们不断发展的吸收、处理和综合知识能力。创造力将成为我们经济生活的中心……先进、发达国家的繁荣将取决于创造力，更多的是取决于生发想法的能力，而这些想法可以向世界进行推广销售。这意味着创新和企业家精神将会越来越珍贵。

新加坡承认这纷扰现实的时间相对较早。1991年战略经济计划指出需要在新加坡培养创造力和创新，将新加坡的教育系统作为一个关键策略来实现其愿景。然而，直到20世纪90年代末，新加坡才与开发城市文化资本联系到一起。（时任）副总理李显龙于1996年指出，"创造力不能局限在一小群精英集团的新加坡人身上……在当今迅速变化的世界中，整个劳动力都需要解决问题的技能，这样才能使每个职工可以通过自己的努力不断增加价值"。《文艺复兴城市》报告在后来指出：

> 我们需要这种创造力的文化，从而可以渗透到每个新加坡人的生活中去。这种情况将发生在我们的学校和我们的日常生活当中。我们必须要小心，我们没有把创造力仅等同于狭义的解决问题的形式。艺术，尤其是强调学生们创作自己的作品以及欣赏别人的工作，均可视为促进创造能力的一种动态方法。

这种方法将鼓励艺术发展和商业形成良性循环，因而可以改善经济和艺术环境。商业友好的管理和设施是必要的但不是唯一吸引人才的保证。为此，一种文化"传播"还是需要的：通过呼吁一个复兴的新加坡来传播这种文化，但这并不是试图对中世纪后期欧洲复兴的一种复制。相反，它是我们正试图捕捉的创造力精神，创新、跨学科学习、社会经济和文化活力。

这一愿景是新加坡人风格、新加坡可能渴望的社会和国家类型的一种体现。这是一个人们对个人身份感到自在的社会，这个社会鼓励实验和创新，无论它们是发生在文化和艺术或技术、科学和教育领域。

从言论至现实

文艺复兴城市概念从理论上来说非常强大，会吸引大量的注意力。文艺复兴城市策略隐含着一个完全不同的操作方式，但这一情况尚未发生。适用于过去的历史心态至今尚未调整好。创意城市的概念意味着一定程度的开放性，这可能会对新加坡自上而下的行动传统造成潜在威胁。然而，这个问题至少得到了公开讨论。作为新加坡传统如何渗入意识形态的实例，副总理同意建立创造性岗位的举措，并简要阐明这些创造性的方向所在。当地的艺术社团不满意的是：强调引入世界明星在新加坡演出，却不同步关注本地文化创造力的提升。他们相信他们表演范围应包含在这些方向范围内。

现在看来，"创意文化"和"创造性的资本"这一想法得到了认真对待，甚至到了研究基本制度的程度，例如审查制度法等。然而，文化团体仍然担心创意资本将会由一个纯粹的经济模型驱动。他们将重点放在如何能更进一步发展新加坡的文化生态上——这一方法需要时间而不是采用"小题大做"的方法，仅解决硬件基础设施。"软基础设施"的概念也得到了认真对待。新加坡采用公认的文化和更新曲目——图标结构、全球品牌和人才议程——及其有效重点全部位于亚太地区范围之内。它继续扫描世界趋势，寻求全球节点，其当前目标是不要落后于上海，因为上海的全球共振度与日俱增，并保持与香港并驾齐驱，目标是成为亚洲的活动中心。它对首尔意图创建数字媒体城的野心以及迪拜的意图均有所意识。

新加坡在基础设施发展上一直很强势。为深化全球定位战略，其最新的举措是"纬壹科技城"（One-North），该项投资超过10亿美元。这个项目旨在通过结合软硬因素，学习如何建立一个创造性环境的全球经验，并将其应用至公园类环境内的一系列集群中。协同科学、技术和研究机构，这个200公顷的区域有2个重点：启奥生物医药园（Biopolis）、启汇园（Fusionopolis）和媒体中心（Media Hub）。除此外，还有一处恒温区域被称为"阶段Z.Ro"，它集中在8个集群上：电子、化工、工程、信息通信、医药、生物技术、医疗器械和医疗服务——所有集群共享研究设施，有超过1万人将会在那里工作。强烈的住宅元素与自信的新发展项目相互交织——段蜿蜒曲径或短途车程，会带着你经过42处较古老、规模较小的建筑以及文化遗产。这一地区，距离中心区域20分钟车程，通过地铁和其他公共交通工具可达。

绿色空间、成熟的树木和蜿蜒的道路已得到良好保存，用以允许"暂停下来，在纷繁的技术和商业中进行思考、安静的沉思"。其目的是提供对比、特征和连续性感觉。在高层办公空间中，酒店、会议设施、商务休闲区、餐饮和娱乐设施林立。他们称这为"DoBe"（生活—工作）和娱乐的生活方式和……为特殊人群而提供的特殊地方，用于生活和工作，放松和学习。在那里你可以激励和被激励，拓展知识的领域，把想法变成突破性创新。它被认为是一个想象力变成现实的地方：

> 想象一下，一个环境的边界仅来自于想象力本身。在那里你可以居住、工作并且从世界各地顶级的科学家、研究人员和科技企业家们那里获得灵感。在那里，创意可能来自于公园散步，而对传统的挑战可能出自于路边咖啡店的小憩。这是一个一切皆有可能的地方。欢迎来到纬壹科技城——一个充满活力的地方，一种新经济下，最有创造性头脑们的生活选择。[24]

启奥生物医药园集公共和私人研究机构和商业租赁于一体，包括生物信息学和基因组研究所、葛兰素史克、约翰·霍普金斯分子针灸有限公司或生物医学科学各相关部门，旨在成为亚洲和世界级的生物医学科学中心。它包括世界第一大规模生产干细胞的工厂。它与新加坡国立大学、新加坡国立大学医院和科学公园毗邻。Nanos、Proteos、Genome、Helios、Matrix 和 Centros这些办公楼的名称与古希腊神话有一定的渊源。它也有一个艺术项目叫作"软艺术与自然科学的碰撞"。

相比之下，启汇园致力于打造一个"充满活力的上流社区"：

> 在纬壹科技城的启汇园进入学习和发现之旅……启汇园将为信息通信和媒体行业提供一个充满活力和令人兴奋的所在，以便他们能够聚集在一起，汇集人才、专业知识和组织，集思广益从而创造创新并形成突破。[25]

这里有微型电子研究所、高性能计算、数据存储和数字媒体研究中心。这是借助媒介发展机构的帮助，将新加坡变成全球媒介城市、交易和融资节点计划的一部分。

阶段Z.Ro是价格最实惠的温床和公司启动区，有60个办公区，呈现出比较滑稽的感觉。明亮的乐高型集装箱建筑环绕一个集聚空间聚集在一起。与启奥生物医药园周围的公司结构相对比，阶段Z.Ro呈现出不完美、具有人情味的感觉，作为租户，你会有可以塑造它的未来的感觉。这里有一块标识，集中了过去的租户，非常有趣且日益增大，立在那里给人以公共艺术的感觉。不过遗憾的是，这块空间将会消失。新加坡土地价格太高，尤其是像阶段Z.Ro这种结构，尽管这些建筑，大多是手工搭建，给人以有机的感觉，但当一些死气沉沉的企业结构取而代之时，人们将怀念这种感觉。

然而，在这一当口上，可能会激发独特的设计口味，将建高与个性化机会相结合，同时不断改变生活和工作的空间，这也将引发出生态型设计问题。

新加坡成功的关键是人才吸引策略，借由这一策略，聪明的年轻人和久负盛名的专家将被奖学金和经济上的优惠以及有利的监管和商业环境所吸引，希望能够形成"口耳相传"。例如，新加坡奖学金提供给500多最佳学生和聪明头脑，为他们在美国和欧洲攻读顶级大学博士学位提供资金赞助。对个人的投资资金高达60万新币（21万英镑），以换取他们为公共机构服务6年的保证。也存在有其他方案可吸引外国人来新加坡。

> 我们教育和培养世界级的科学人才……和有抱负的科学家，他们敢于面对世界上最好的已知，挑战现代科学的极限性。与科学家们一起，我们将一起建立我们的智力之都和科学能力。这将提高新加坡的经济竞争力。[26]

他们认为这些正发生在"真实空间"——纬壹科技城的位置和资源之中；"虚拟空间"——兴趣社区通过先进连接而形成链接；以及"想象空间"——人类想象力和努力的无限可能性和机会之中。

新加坡的困境

新加坡的优势众所周知，包括：强大的支持因素；良好的IT和电信基础设施；多元文化社会施行双语政策；拥有一个世界性的、受过良好教育的人口；成熟的艺术和文化基础设施；与庞大亚洲市场关系密切以及它对"促进跨学科合作转化研究"的新关注。它的问题在于当地市场小，土地成本高，软基础设施投资相对薄弱，而且新加坡是一个高度管制的国家，不能容忍不同的观点，而后者可能会对吸引某些类型的人才造成影响。

让我们以新加坡对同性恋者的态度作为新加坡宽容困境的风向标展开探讨。自2001年以来，新加坡同意给予同性恋生活方式更多的自由政策，因为研究表明，例如理查德·佛罗里达的研究，表明有活跃同性恋群体的城市其社会将拥有更多的创造性和生产力。"粉红美元"的影响力也不容小觑。一年一度的公开同性恋国家聚会于每年8月8日举行，这是这种变化的象征。这些活动均由财富100强企业赞助，如摩托罗拉和斯巴鲁。然而2004年12月初，一场名为"雪球04"的活动许可被拒绝，对此同性恋群体感到很是震惊。

对之前舞会的观察……表明相同性别的参与者公开接吻，彼此亲密接触。而一些狂欢者还穿异性的衣服，比如，男性穿裙子，还能够看到一些参与者使用异性厕所。这些参与者的行为表明，他们中的大多数可能是男同性恋/女同性恋，因此这是一场仅限于男同性恋/女同性恋的活动……于是收到了其他一些参与者对舞会上公开同性恋行为的投诉。警方承认是有一些新加坡人具有同性恋倾向。然而警方并不歧视他们，这些警察还承认，从总体来说，新加坡依旧是一个保守和传统的社会。因此，警方不能同意任何此类活动的申请，因为这将违背大多数新加坡人的道德价值观。

2005年4月，授权许可部门发传真函拒绝第五次国家集会的申请——这一国家集会已经成为亚洲最著名的同性恋聚会——他们声称这一活动"违反了公共利益"。[27]

出于对学术自由和新加坡对同性恋群体立场的担忧，英国华威大学的一些合伙人决定放弃在新加坡设立校区的计划。

新加坡受损但泰国受益。活动的组织者Fridae.com，将年度国家集会更名为"国家V集会"，并将其举行地改至泰国的普吉岛。"新加坡社会仍需走向成熟，而泰国接受同性恋生活方式的历史文化悠久"，Fridae.com组织的负责人古志耀（Stuart Koe）指出。[28]

有些人担心这一问题将会阻碍这个国家吸引西方顶尖大学入驻，以成为"全球校舍"；阻止新加坡变为"东部波士顿"，以成为高等学府诸如哈佛和麻省理工学院和高等教育区域性枢纽。政府希望在下个十年间，教育服务占国内生产总值（GDP）的5%，高于目前的3.6%。

政策放宽的另外一个证据是延长许可时间，允许吧台跳舞，设置来自巴黎的疯马秀（Crazy Horse），创建克拉码头，在那里有装饰性感、俗气的1Nite Stand或Hooters酒吧招揽业务，吸引着那些外来客。

针对宽松货币政策争论的另一个维度是决定开发两个"综合度假胜地"，在滨南和圣淘沙岛，将赌场设立在休闲胜地内。旨在吸引游客，尤其是来自中国的游客，同时增加税收收入；然而，这还存在诸多限制。新加坡领导人承认这其中的不利因素，并承诺会有保障措施以限制赌场赌博对社会的不利影响，诸如限制当地居民进入赌场。例如，游客的家庭成员可能会被阻止进入赌场进行赌博。赌场的入场费（每次费用为100新币，或每年费用为2000新币）高的令人望而却步。除外责任制度包括不允许向当地居民提供信贷。因美国大型赌场和零售开发商盘踞新加坡，他们承诺：

> 将新加坡滨海湾创建成体验丰富、令人趋之若鹜的娱乐目的地。……这是一个独特的机会，可用来扩展我们的大众媒体品牌和资产至完全不同的领域。发展给我们提供了一个前所未有的机会来创建多个世界顶级奢侈品时尚品牌旗舰店，并使其处于一个统一的购物和娱乐环境之中。[29]

在这一过程中，其他的文化品牌，比如蓬皮杜中心被引入，发挥其等级作用。

综合度假胜地对新加坡的创造性潜力有贡献吗？人们提议的这种简化品牌经验极少，若任何事情对新加坡人来说均是为了由他们来做而不是由外国企业来塑造和创造公司，这种综合度假村（IRs）吸引创意人员吗？可能不会。事实上，他们可能会排斥。综合度假村的概念可能会降低这座城市国家的创造性潜力，因为前沿创意要在其他地方去探索和发现。事实上，对综合度假村说"不"这一举措对新加坡而言可能是具有创造力的，就如同香港对迪士尼乐园说"不"，或是大阪对环球影城说"不"一样。后者的结果和影响日益让人失望。新加坡目前站在风口浪尖上。它想成为"旅游城市""幻想城市"还是"创意城市"？虽然这几个目标并非完全相互排斥，但选择非常分明，因为它们发展道路的轨迹是各不相同的。

新加坡的优势也体现了它的弱点。它所擅长的先进工业模型意味着工具的理性、线性和收敛思维，且旨在复现性和清晰的流程。这使得这个城市国家擅长城市硬件、地铁、建筑和匹配的技术。最好是创建容器而不是内容，最好是硬件而不是软件。而且这比复制现有的创新更有竞争力。然而，关键是要不断地探索新的可能性而不是复制那些已经做过的。当然，这些不同的探索将用于检查物质、物流功能。它或者可能复制新的想法和项目，或者不可能。但创意的美德仅在它实现的情况下才能衡量出来。创造性思维将根据环境进行开放或关闭。不确定性在这种背景下是正面因素，但会在风险文化规避中被扼杀。

新加坡因此在约束和创造力之间震荡。与在未知领域中相比，在安逸区中操作会更轻松，且更有可控性。它渴望计划创造力，但却抗拒那些让创造力出现的条件。它接受它的繁杂多样，然而它也接受不同之处吗？它希望能够先发制人控制风险后果，关注安全性，而可预测性可缩减其可能性。也许会存在有焦虑的感觉，甚至是恐惧的洞察力，这使得"做一个快乐的机器人"更具有吸引力。这个城市的实用主义可能导致狭义的经济计算，比如在综合度假村的情况下。所以从深远的统计角度上来说，新加坡正日益失去其价值观和理想。

巴塞罗那和毕尔巴鄂有创造力吗?

巴塞罗那

与欧洲其他国家及其他地方的城市相比，也许巴塞罗那、毕尔巴鄂、马拉加、塞维利亚和瓦伦西亚等西班牙城市可以更好地教授我们创造性实体城市改造方面的知识。佛朗哥独裁统治期间被压抑的能量从20世纪80时代开始爆发，城市和地区试图重新确立自己的身份和存在性并再次成为欧洲的一部分，而不是边缘的贱民城市。巴塞罗那和毕尔巴鄂激发了彼此。从文化意义上讲，尤其对于这两个城市，独特方法是一种自豪感。作为港口城市从中起到了作用——港口的必要的开放性在传统上促进了思想交流和相互影响，尽管港口常常是对全世界开放但却对内陆封闭。作为加泰罗尼亚和巴斯克地区的一部分，其主要城市可以在更广泛的领域汇集不同利益，将它们联合起来以实现更大的区域目标。然而并不能保证这样会得到一个战略性、富有想象力的反应。历史可以帮助理解创造性潜力，可以帮助提供主干、能源和动力。但如果一个城市只停滞于自己的荣誉并聚焦于过去，那么历史就有可能阻碍它的发展。佛朗哥时代的西班牙社会极度保守，而随着这一时代的结束，西班牙在1975年开始进入一个过渡期。社会主义者——西班牙工人社会党在1982年10月的胜利标志着这个过渡期的结束。从佛朗哥解放、向民主过渡促进了自由价值观、思想和潜能。很明显，作为想要维护自己身份反抗卡斯蒂利亚的独裁的地区是关键。让自己变得独特，与众不同变成了一种生存问题。

在重获自由这一背景下，认识全球化的力量、意识到重建经济的需求、将城市重塑为符合21世纪城市的需要变得非常迫切。它们需要奋起直追。佛朗哥曾鄙视巴塞罗那和加泰罗尼亚，所以这两座城市需要大量投资，要从战略性思维、长远角度出发。巴塞罗那和毕尔巴鄂都有史可鉴。就城市建造而言，设计至关重要。

为什么巴塞罗那被认为是创意殿堂的一部分？我们要记住，讨论巴塞罗那30年前的整体风格似乎很奇怪。外国人对巴塞罗那的印象主要受让·吉尼特的《小偷日记》一书影响。书中描述了一个以男妓和小偷为职业的人物混迹于20世纪二三十年代的中国城大街并长期与妓女、异装癖者、皮条客、毒贩、吉卜赛人和小偷打交道。几乎没有游客觉得他们所游览的城市曾经是一个破败的工业中心。这确实是一个巨大的改变。

在巴塞罗那，我想强调三个要素：设计、公共空间及其与场所营造和文化管理的关系。

现在每个人都希望从生活的方方面面获得日常生活的审美体验，而资本主义也需要这一设计体验能持续宣传一种更好生活的梦想，这是巴塞罗那的优势。有人说我们生活在设计和风格的时代。但很少有城市能够成为设计中心，找到能体现出差异性从而看似真实的城市更是难上加难。巴塞罗那是其中之一。在巴塞罗那和加泰罗尼亚，设计不是在最近才成为时尚的。设计深植于产品和服务工业革命的需求，受到源于巴塞罗那港口的地位的文化影响。而对于建筑设计，这也只是起到了微弱的影响。安东尼·高迪发明了原始建筑颜料，是最著名的例子。其他包括多明尼克·蒙塔内和约瑟普·普伊格。最重要的事实是，这个城市能够重获其今天的设计地位，使得这个城市本身就是设计的代名词，如"巴塞罗那设计"（其中密斯·凡·德罗的巴塞罗那椅最广为人知）。而这些强化了巴塞罗那的反响。加泰罗尼亚的独特性是关键。例如，1992年奥运会吉祥物是一个叫科比的牧羊犬，它完全不同于米老鼠的设计美学。同样，开幕式为公众设置了一种完全不同的基准，奥运会由残奥射箭获奖选手安东尼奥·雷波洛射箭点燃奥运圣火拉开序幕，场景还包括巴塞罗那从海面神奇地诞生，以海怪和人类之间的海洋大战收尾。这类方式被其他国家模仿，沿用到其他大型开幕式。

作为设计中心，巴塞罗那与其他如米兰和蒙特利尔等城市相比，不同之处在于前者更想要将自己本身创造成一种经过设计的艺术品的形象，从建筑、街道设置到商店、酒吧和餐馆的室内设计。巴塞罗那自身已经成为一种文化图腾——为数不多的将自己变成活生生而非死气沉沉的艺术品的城市之一。像威尼斯和佛罗伦萨这样的城市，很多人都会觉得美则美矣，但却让人觉得不够鲜活。本质上"死气沉沉"的城市是那些过去主导现在，而现在只是用于为一些如游客这样的群体而维持过去的城市。这些城市也许很美，激发人的灵感，但也仅限于此了。而在"鲜活"的城市，当前的创造力占主导地位。

设计生态系统的融合从设计师的存在就已开始，横跨环境、产品、室内、图形、数字和时尚设计各个领域，强化了整个城市的协调性。它包括公共和私人研究中心，学校、高等学校、事件和节日、奖品、博物馆和协会的设计。设计生态系统的范畴很广，从交通设计（沃尔沃和大众具有很强的设计感）到日用品和城市设计，包罗万象。然而担忧也随之产生。有人说城市太过关注设计："每件事物都经过精心设计，即使是便笺纸或某个活动的邀请函，没有任何事情是未经过设计、平常的——也许瓦伦西亚只是一个用来观看的地方"。[30]

巴塞罗那的城市设计定位仍然有很强的历史根源。塞尔达的案例就是"理想的城市规划"的例子，尽管由于设计本身的严谨性和单调性，并不是每个人都喜欢，但仍为巴塞罗那的城市生活提供了一个框架，在这一框架上多样性也能发挥自如。

许多人认为巴塞罗那是拥有最好的街道生活的较大城市之一。这不是一个巧合。加泰罗尼亚（和地中海）文化和气候都起了重要的作用。虽然一个城市很少是由个人自己建成的，但两个人物在很大程度上塑造了我们当前对这一城市的看法。第一个是帕斯夸尔·马拉加尔，自1982年到1997年担任市长，他帮助巴塞罗那在国际上重新崛起。奥运会是在1992年（马德里的烦恼）举办，帮助巴塞罗那赢得在国际舞台上的地位。从1984年开始准备奥运会，他们投入的资源成为一个重塑城市的工具。战略本质上是受大型活动驱动的城市的实体改造。通过建设公路，海滨与内陆重新连接，从而创造了新海滩、社区和一系列的小型公园。奥里奥尔·波依加斯是另一个重要人物。1980年到1984年，他负责城市服务，在照顾市民、帮助市民重新夺回这座城市方面起到了主导作用。正如他所说，"我第一次与巴塞罗那的第一个民主市长会面。我们决定必须开创巴塞罗那的民主风格。他们认为："无论是开放的还是建筑物内部的公共空间都是城市，并坚信'市民应积极参与公共空间，与城市的节奏息息相关'。"他们觉得生活质量取决于实现四个条件：密度、集体生活、身份和沟通交流。[31]

因此，首要任务是从公共空间重建这座城市，而不是住房、道路或办公室项目。因此波依加斯发起了一项建设小型公园和广场的项目，分阶段进行，专注于城市废弃的空间和隐藏的历史性地区。艺术家被视为新设计团队中的重要成员，负责通过与居民协商评估和发展城市公共空间。这些新空间在日常社区环境及旧核心区域使用现代艺术，如拉瓦尔区，巴塞罗那现代艺术博物馆（MACBA）就在那里。后者是有争议的。它在一定程度上"清理"了兜售毒品和犯罪边缘等阴暗的区域，有人称之为"消毒"，类似纽约第42街的行动，公司搬进去，下层人士搬出。但始料未及的是，在巴塞罗那现代艺术博物馆前面，在拉瓦尔区密集社区下，一群滑板爱好者成为公共空间的新的占领者。很多人都会去看这个为期一天的每日秀，也许成为同类型中最佳的城市运动景观之一。

西班牙的传统为长期计划提供了一个重要的文化背景，而有机地发展成整个城市的总体规划，而不是事先就制订一个总体计划：

从规划的角度来看，这是非常重要的，因为我们是绝对反对总体规划的思想的。总体规划是一种分解城市国际化的方式，但未考虑每个区的个人。因此我们决定不制定巴塞罗那总体规划，但完成小型建筑项目，并理解为总体规划只是这些小方案的顶点。[32]

　　这是有原则、战略性的渐进主义，换句话说，是带有明确的目标的渐进主义。

　　为了欢乐和进行舞台表演创建沟通和聚集的空间其实就是尝试在自然和建筑环境之间找到平衡。波依加斯认为这一目标就是创建一个"随意元素：无须搜索就能找到事物的能力"。"在一个所有事物都进行逻辑定义的技术系统，这种随机信息是不可能实现的"。"通过信息技术我们可以进行搜索，但在城市我们能找到"。注意在这里与迪拜或新加坡进行对比。"成为巴塞罗那的市民就是步行在巴塞罗那的街道，参与公共生活的兴衰"。[33]

　　不仅公共空间被改造，而且如圣梅尔塞节等公共事件也改变了。圣梅尔塞节的起源可以追溯到1218年，圣母玛利亚穿着白色衣裙，被周围的灯光和天体的精神所环绕。霍尔迪·巴勃罗在1984年指出：

　　　　在70年代末，由于公共生活的重大变化，巴塞罗那的节日也开始改变。城市尝试建设一个不同的节日模式，一种可以维持传统与现代感平衡、维持少数人活动和使用城市公共空间现代感活动平衡、维持高品质公共景观及可几乎自由参与所有活动平衡的不同节日模式。[34]

　　圣梅尔塞节成为庆祝重生的大型节日活动，很多巴塞罗那的市民涌入街道参与这一活动。圣梅尔塞节代表着一种节日的新概念，成为城市一部分的同时保留传统加泰罗尼亚的元素：

　　　　巨人像队伍在巴塞罗那及其周边地区游行和舞蹈，叠罗汉比赛、踩高跷游行、烟火表演（很多年轻人装扮成魔鬼、恶龙等，燃放烟火，在火焰中穿行奔跑）。[35]

　　为了让这些条件自行发挥作用，另一个元素是必需的：承认文化的主导地位，为自己所在的区域骄傲，并将文化思维和管理技能相匹配。城市的文化部门——文化研究所比其他城市同类部门更有影响力，在权力、金融和工程部门的层次结构中享有最高地位。这是一种公私合作关系，提供更大的灵活性。目标在于提高文化对城市发展的影响力，使文化成为社会共融的关键因素。这意味着任何发展将倾向于透过文化视角进行评估。巴塞罗那高等院校设有很多文化规划课程，例如巴塞罗那大学和庞裴法布拉大学1989年设置的一些课程，这点很不寻常但却能反映他们对这方面的兴趣。

　　从20世纪80年代早期开始，巴塞罗那20年的轨迹都是有节奏、有目的的，聚焦于城市设计与大型事件的结合，例如奥运会或2004年全球文化论坛。这次论坛就是迈出了一大步。通过私营部门推动城市发展的新逻辑出现于20世纪90年代早期，产生了一些排他的影响，除了公园和开放空间外，社会效益不大。论坛的目标是开启一种新型的文化奥运会，这一活动得到联合国教科文组织的赞助，基于讨论和文化交流，同时加强圣卡塔兰那和圣米娜的生活质量，那两个地区是巴塞罗那都市核心最被边缘化的地区。然而，论坛的目标不够明确，也未引起大的共鸣，因此高估了游客人数。更重要的是，城市将由东向沿河发展变成房地产投机者的梦想。如何使当地最初的社区受益变得不再明确。这留下论坛的两个主要建筑物——赫尔佐格和德梅隆设计的参差不齐、让人无法原谅的论坛建筑并未成为城市最佳建筑物，约瑟普·路易斯·马特奥设计的巴塞罗那国际会议中心最后证明不过是个会议中心而已。时间会告诉我们填海土地和新的海滩如何发挥作用。而现在中产阶级化的感觉一直存在。

　　完成于1988年的巴塞罗那都市战略计划就像巴塞罗那"总在思考的大脑"，关注着城市的未来。这点对于突出今后发展的重点至关重要。巴塞罗那通过五个所谓的"战略模块"来监测自己，包括知识模块、创新与创造力模块、区域流动性模块、可持续性与生活质量模块和社会共融模块。在研究城市比较前景方面，泽维尔·维夫斯[36]指出：根据传统创新标准巴塞罗那未能排在欧洲各国的前列，真正排在前列的城市是赫尔辛基、斯德哥尔摩、慕尼黑和斯图加特。这些标准包括每十万市民的专利数和研发支出水平。对于一个自认是具有创新性和创造力的城市，这无疑是一个巨大打击。事实上，传统创新指标可能不利于创造力的发展，因为授予专利可能会妨碍创造可能性，毕竟创造可能性鼓励开源应用。

创新和创造力模块包括：评估公司在战略部门创造的动力；不同类型的业务会发生什么状况；大学、社会和企业之间发生的技术转让；申请的欧洲高科技专利数量；信息和通信技术的使用水平。为了跟上城市发展的战略，巴塞罗那已经聚焦于第五部门（见下文基于与自然资源距离排出的第一到第五部门）。第五部门的活动重视新旧思想和信息的创造、重新安排及解释，知识收集和数据解释的创新方法以及不同思想水平的重新概念化。核心就是创造力。有些人认为其囊括研究、文化、卫生和教育。

巴塞罗那转型的总体效果通过调查和统计数据可以反映出来。自1990年以来，每年高纬环球通过访谈全球500强企业评估出最适合企业设点的欧洲城市，得出排名[37]。巴塞罗那在这一评级中提升较快，从1990年的第11名到2005年的第5名，正在缩小与其他排名领先的城市的差距。鉴于伦敦、巴黎、布鲁塞尔和法兰克福是前四强，竞争就很明确了。巴塞罗那排在柏林、马德里和阿姆斯特丹等城市的前面[38]。它在"市场进入"方面排名最靠前，而这是企业的头等大事，而且在"员工整体生活质量"方面名列前茅。尤其在企业运营第三年时，巴塞罗那更能帮助企业发展。商界领袖们预计巴塞罗那在未来五年内将排到第三位，成为第三大最为熟知的城市，但还是远远排在伦敦和巴黎的后面。巴塞罗那已经巩固了其作为区域经济大国的地位，战略上靠近法国边境和欧洲中心地带。拥有4%西班牙人口的巴塞罗那带来14.29%的GDP，其重点行业包括制造、纺织品、电子产品和旅游。2003年，加泰罗尼亚总共接待1454万游客，而西班牙游客总数大概在5000万左右。奥运会也会带来酒店接待能力、游客人数、住宿过夜数百分之百的增长。价格低廉的航空旅行将巴塞罗那变成欧洲最受欢迎的短期度假胜地，人们喜欢到这里度过浪漫周末和单身派对。但这些是否会增加城市的创造潜力还是个值得讨论的问题。不断增长的游客数量确实应该被视为影响城市生活质量和未来前景的最大威胁，任何去高迪设计的标志性的建筑或新的公共海滩的人都能亲眼看到这些事物。但是除了给一点钱，他们还能回馈什么呢？他们会从这个城市获得什么呢？这个城市的挑战就在于减少游客——当然只是想象而已。

毕尔巴鄂

像巴塞罗那一样，毕尔巴鄂具有历史意义以及独特和不同寻常的文化，赋予它了力量和动力。除此之外，它还充满上进的力量。它担心会任人宰割。因此，它非常独立。为了防止我们忘记，它让我们想起了那些名人们：厄尔卡诺，他在麦哲伦在菲律宾被杀之后完成了全球第一个环游旅行；罗耀拉依纳爵，创立了耶稣会士；莫里斯·拉威尔，他的母亲是巴斯克人；自行车运动员米格尔·安杜兰，高尔夫球手何塞·玛法·奥拉沙宝，网球选手吉恩·博罗特拉和纳塔莉·托齐亚，政治家多洛雷斯·伊巴露丽，等等。

这个城市在创造力方面给我们提供了三条有用的经验教训：长期思考、战略原则性和灵活战术；设计标准；以及开放性价值观的需要。

从战略到执行：一个历史轨迹

毕尔巴鄂在城市振兴方面已成为国际焦点，主要是因为"古根海姆效应"。然而，古根海姆仅仅是毕尔巴鄂振兴过程的一个初步行动，其振兴所用时间要长得多。我强调这个轨迹是为了表明，本质上城市的改变与不断变化的观念，日益成熟的领导、管理和创业能力，愿望、意志和动力等有关，因此把重点放在了长远的战略思维和高品质的设计之上。反过来，这使得如古根海姆这样的事件发生。振兴过程并不以古根海姆为开始，尽管大型文化设施永远是项目计划的一部分。

地处欧洲的西部边缘，远至大西洋海岸，显得有点孤凄，在20世纪80年代初东部的欧洲和亚洲采取行动时，毕尔巴鄂和巴斯克地区就已经认识到世界经济的结构调整及其对当地经济潜在的破坏性影响。他们预测，这将影响其传统的港口和炼钢行业，以及内尔韦恩河沿岸闲置且需重建的广大地区。然后毕尔巴鄂开始寻找符合自身状况的发展模式，特别是来自世界各地的成功案例。其中包括匹兹堡（在其煤炭行业下滑后成功进行了自身改造）、德国鲁尔区、格拉斯哥、纽卡斯尔和伊比利亚——美洲地区的许多城市。特别是，毕尔巴鄂希望学习如何有效实施重建，并特别注意如何运用一个强劲的远景规划机制把愿望变成现实。从20世纪40年代开始，在匹兹堡举行的阿勒格尼社区发展会议发起的公私合作模式提供了重要的经验教训。事实上，毕尔巴鄂与匹兹堡非常相似。灵感还来自德国国际建筑展模式，它具有十年历史，可以追溯到100年前，包括埃姆歇公园（1990—1999年）、柏林（1980—1987年），并进一步追溯到达姆施塔特（1901—1914年）。

这导致了1989年的"德尔展望2005"，它是一个将毕尔巴鄂发展成为一个世界级大都市并使城市准备好迎接新经济的战略规划。研发计划及其随后的实施过程由一系列"诤友"和著名顾问进行协助，其中包括：菲利普·科特勒，城市营销概念的发明者之一；查尔斯·汉迪，管理学者和社会哲学家；詹姆斯·鲍曼，通用电气的公司董事；加里·S.贝克尔，诺贝尔经济学奖得主；来自约翰逊管理学研究生院的大卫·苯达尼尔；建筑师贝聿铭和西萨·佩里。对城市来说特别重要的是安德森咨询公司的工作，它强调了城市的"都市化混乱"。

为了迎接挑战，毕尔巴鄂一直试图发展"一个以人为本的创新，加强他们寻找新机会的能力并使他们有愿景和理想的社会架构"。创建一个人人都有想法的环境。将梦想变成现实。[39]毕尔巴鄂的一个指导方针指出："我们在一生中只有一次机会重新塑造市民面貌。最差它至少是国际一流的，最好则是世界级的。认真对待这件事就建立了规划的质量基准。

推动愿景的实现：Metropoli-30

和巴塞罗那一样，毕尔巴鄂也想要为城市好好规划一下。于是在1991年，Metropoli-30成立，成为将城市战略对话制度化的驱动者、构想者和手段。这个数字意味着展望未来30年。目前它有五个核心价值观：创新——在变化之前采取行动；专业精神——做正确的事情，并把它做好；身份——回答我们是谁的问题；社区——共同拥有一个长远的眼光；开放——接纳不同之处，而不只是特殊性。[40]原则上，该协会带动大都会毕尔巴鄂振兴的战略计划，其最新的版本是"毕尔巴鄂2010：战略，其核心在于培养国家领袖和专业人士，为高价值的商业活动提供基础设施和支持活动，保证"城市是一个重要的空间、一个居住空间……一个适宜居住的地方"。[41]

它不会混淆愿景的制定与执行。执行的使命留给了Bilbao Ría 2000，它是基础设施重建的关键机构。Metropoli-30的职权范围涵盖了大都市区的直辖市。它拥有128个已注资股东，包括公共机构、主导产业和大学人士以及重要的社会团体。它的作用是推动愿望和超前思考，提升都市区、领导能力和战略性思考的能力，将大都市区与各自领域最好的专家相结合，促进大都市毕尔巴鄂产生新的愿景。例如，它举办城市战略管理培训班，其最新的举措是"城市与价值观，与21世纪的城市价值观相关"。在早期，Metropoli-30参与了一系列与整体愿景有关的支持项目，如设立1993年巴斯克技术委员会，使得欧洲安全与卫生机构和欧洲软件学院入驻毕尔巴鄂。

其他作用包括提高该地区的外部和内部形象，并针对毕尔巴鄂大都市和其他值得毕尔巴鄂向其学习的尖端大都市开展相关的研究。这需要一个集中的战略系统。例如，它可以是典范借鉴中心协会的一个创始成员和世界未来社会的一个积极参与者。协会排除一切困难，促进公共和私营部门之间的合作，共同寻找双方所关心的影响大都市毕尔巴鄂的问题的解决方案。

从市民的基础设施到文化价值观的转变

战略计划可以看作有三个主要目标。第一个是关于基础设施的建设，因此为前进提供了物质前提；第二个是对具有吸引力的问题和对生活质量的广泛关注；第三个是在当前阶段改变大都市区的文化价值观。在最初的计划中，民用基础设施的关键部分得到解决：由诺曼·福斯特设计的一个地铁系统于1995年投入使用；由圣地亚哥·卡拉特拉瓦设计的新机场于1999年投入使用；由詹姆斯·斯特林设计和迈克尔·威尔福德实施的阿万多乘客转乘系统建成；一个主要面向国际的文化设施，由弗兰克·盖里设计的古根海姆博物馆，于1997年开业；一个全新的有轨电车系统建成；港口扩建；由卡拉特拉瓦设计的茹比茹里步行桥建成；由费德里科·索里亚诺和多洛雷斯·帕拉西奥斯设计的尤斯卡尔杜那音乐和会议中心建成；美术博物馆进行了扩建；阿尔翁迪加大楼被翻新，引入文化和体育设施以便为城市创造新的社交空间；毕尔巴鄂国际会展中心建成。

实施过程包括吸引世界知名的建筑明星来为毕尔巴鄂创建"一个新的核心"，最初是将毕尔巴鄂建为欧洲的厄尔尼诺大西洋港口。然而，现在东方和欧洲的扩大使他们强烈反思，试图重新定义毕尔巴鄂的新核心在未来的欧洲中的作用。

创建这个核心的标准包括高品质的设计标准、标志性建筑、文化设施、先进的环保设计和可持续发展，吸引了欧洲级组织的总部和发展中的全球性事件。

与此同时还重点关注那些帮助大都市区的软基础设施成熟化的项目，使用的关键术语包括：加强"多重创意"的能力；发展创业精神，例如，有关创业的研究生课程重点关注该地区30年后的需求；培养该地区的领导干部；激发愿望和理想，如希望毕尔巴鄂产生诺贝尔奖得主；并且，根据未来大都市的需求，适当更新该地区的文化价值观，如需要具有国际化视野和灵活性，同时拥护财富创造和社会平等的精神。

开放性文化价值观意味着文化一词具有更广泛的概念，它是基于共同的常识、规范和思维习惯的共同的价值观、共同的雄心和共同愿景的一种表达和结合——"我们在这里做事情的方式"。这些软硬举措相结合，目的是让越来越多的人将大都市的发展看作一个"共同的社会项目"，并通过认可城市竞争的新规则，注重文化的丰富性、网络动态和领导力的新型概念，增强该地区的活力。

未来十年的使命是寻找和吸引愿意带领并帮助他们的想法得到表达并转化为项目和真正的创新经验的人们，由此转化为毕尔巴鄂的社会和经济财富，同时尊重城市的"价值观、历史和特质"。[42]看似老套的口号，如"把你的梦想带到毕尔巴鄂。我们可以让它们成真"，实际上能够强化这一理念。在2006年5月举行的"价值观和城市发展世界论坛"，今后将定期举行，是实现这些目标的一个工具。

一些评论家认为，Metropoli-30大都市创想计划的鼎盛阶段在其早期，那时它构建了毕尔巴鄂未来的框架，而现在这些经验教训已被吸收。然而，Metropoli-30现在处理的问题与城市的软实力有关，则更加棘手，如改变市民和领袖的价值观。很难因为不得不改变自己而感到兴奋并获得很大的动力，这比建设有趣的物质项目要难得多。这把Metropoli-30大都市创想计划是否有效这一问题放在了一边。事实是，没有多少城市再生机制专注于价值的改变。

从思考到行动

Metropoli-30大都市创想计划进行构思，而Bilbao Ría 2000则付诸行动。后者是创业者公益的公私合作伙伴关系，建立时被廉价地给予了港口土地。从那时起，它几乎不需要任何公共资金，因为它将土地变卖给开发商，对古根海姆附近的班多巴拿区域进行改善。这些资本收益已被投入大量的社会需求最大的城市项目中，如南部连接项目、毕尔巴鄂拉别哈和巴拉卡尔多城市项目。其工作包括班多巴拿重建，以前的班多巴拿是工业城市和港口，现在是新毕尔巴鄂的象征和中心；原三好火车站艾美特左拉，现在是带有现代公园的住宅区；毕尔巴鄂拉别哈老城区的重建；巴拉卡尔多的"城乡加林多"，一个雄心勃勃的城市规划，旨在收回海滨供当地人民使用并在心理上使它与毕尔巴鄂在未来欧洲的中心更接近。

更广泛的影响

对结构、形象和大事件的投资值得吗？在过去的15年中，整体投资为42亿欧元左右。用各种方式衡量其有效性。Metropoli-30每年评估一系列的基准，如人力资源的质量，包括教育、培训和劳动力市场动态；在商业、交通、旅游、贸易交易会、互联网使用、经济增长指标、环境质量（现在内尔韦恩河里有鱼）、个人生活质量、安全意识、文化设施、能源消耗等方面的国际化水平。

很难得到外国直接投资的数据。有传言称这一数据增加了，尤其是在埃塔组织停火期间（埃塔组织是企业搬迁时考虑的关键问题）。从1991年起的10年间，新企业的数量大幅增加，从每年大约1700个增加至每年2850个。增加百分比最大的是服务行业（20.4％），其次是建筑业（15.4％）。房地产价格水平也上升了很多——实际上毕尔巴鄂是西班牙每平方米价格最贵的城市，其次是巴塞罗那和马德里。这是一把双刃剑。最昂贵的地区，昂撒什和班多巴拿，离古根海姆博物馆很近。然而，外围的新建住房的价格甚至比毕尔巴鄂涨得更快，尤其是在海岸上的哥特索。随着地铁系统的延伸，郊区的价格也在大幅上涨。

就商业而言，毕尔巴鄂未能跻身欧洲前30位的城市之列，但排名第35位的它与地理位置优越的都灵、瓦伦西亚、鹿特丹以及伯明翰不相伯仲，以此来看，毕尔巴鄂成就不俗。

古根海姆效应

许多城市专家现在说他们听够了毕尔巴鄂，但现实是，获得古根海姆是毕尔巴鄂一个巧妙的行为，一个特殊的建筑也增添了光彩。许多城市，如瓦伦西亚，都试图模仿毕尔巴鄂的发展模式，但很少有城市成功地维持质量水平并使得公共投资引发的高档化进程成为城市的一个优势。

一个简短的提醒。萨尔茨堡以前一直在讨论古根海姆，但汉斯·霍莱的大胆设计——将一个地下博物馆直接雕刻成僧侣山的岩石对于城市先辈来说太难以接受。西班牙被认定为欧洲的中心位置之后，马德里、巴塞罗那、塞维利亚、巴达霍斯、毕尔巴鄂和桑坦德北部海滨度假胜地之间立即就开始了竞争，桑坦德北部海滨度假胜地最初备受关注，直到资金雄厚的巴斯克重建财团耗尽了资金。此后，古根海姆效应成为一个城市革新者的陈词滥调，但实际上它很少能被模仿，尽管随后出现接踵而至的地标建筑热潮。尽管随着古根海姆寻求与世界各国政府、城市和企业建立关系，变得越来越混杂，其光环可能会慢慢消失，但世界上只有一个毕尔巴鄂。

Metropoli-30声称它能够吸引博物馆，因为前提条件——敢于承担金融风险的开放胸襟、抱负和愿意——在作出实际决定之前的十年里已经成熟了。正如他们所指出的，"运气只给那些做好准备的人"。[43]在一场国际设计大赛中，伊多拉奇、比罗·希梅尔布劳和弗兰克·盖里被列为获奖候选人——盖里在1991年赢得奖项。古根海姆博物馆于1997年开业，归毕尔巴鄂所有。它耗资约1亿美元，额外支付给古根海姆2000万美元，购买了其20年的名称使用权。在本合同中，古根海姆将其展览和艺术股票提供给毕尔巴鄂。3年后，巴斯克政府通过增加税收偿还其直接投资，并且该地区目前对博物馆的投资通过每年平均约2800万欧元的税收收入来弥补。到2005年，巴斯克国库从古根海姆得到的收益已经超过了2亿欧元，收益还有酒店行业中的4500个工作岗位。原来预计的游客人数为50万，但第一年的游客数量为120万。这从2001年9月11日之后开始下滑，目前为每年90万，每年的外国游客比例越来越大（2003年为59％）。对其他文化设施的影响非常大——例如，美术博物馆的参观量已经翻了一番。[44]

古根海姆的出现有效地促进了当地旅游业的发展，尽管基于该地区的经济实力，商务旅游已经非常发达。82％的参观者表示他们专门来毕尔巴鄂，仅仅是因为博物馆。随着全球酒店和商店品牌汇聚到这个城市，估计额外的入住人数有接近100万。

然而，古根海姆博物馆的建设不是没有争议。在20世纪90年代初，面对高失业率，建设一个标志性建筑的想法在一些领域引起非议，有些人认为追求包含城市营销和文化设施的国际化战略还不如建设新的工厂。最初艺术界是反对最为强烈的，因为他们认为古根海姆对当地的艺术团体没有多大价值。事实上，最初一些演艺节目被中断，人们担心其对现有设施的影响。当地雕塑家豪尔赫·奥泰萨曾提出在毕尔巴鄂中心的另一地点建一个艺术中心项目，他成了反对这个博物馆的领头人，该博物馆被许多当地的艺术家和知识分子视为"文化殖民的工具"。[45]

虽然某些领域仍然存在质疑，更多的人变得更加热情，因为现在对传统文化设施的投入不断增加，如美术博物馆以及其他设施的扩建，如礼堂和会议中心。结果是，似乎同时也出现了一个新兴的艺术家和基层运动，表现为，如另类的戏院和舞蹈中心，范迪西（La Fundici）、媒体协会（Mediaz association）和尤拉左如提（Urazurrutia）中心。

文化中的创造性

巴塞罗那和毕尔巴鄂（和蒙特利尔[46]）相信他们身份受到的威胁是对文化创造性和原创性的一种鞭策。但他们获得成功的另一个主要原因是预算控制和地方自治，以感知和信任长远愿景而非通过与国家政府的外部谈判来冲淡它。这可以与相对缺乏预算权力的英国城市进行对比。想象一下，如果他们没有被英国政府像婴儿一般对待的话，它们可能获得的成就。例如，巴斯克地区保留了90％以上区域产生的税款，并向国家预算支付6.2％用于外交事务和国防。巴塞罗那和毕尔巴鄂模式也已经被瓦伦西亚、塞维利亚和马拉加所采取。而马德里，作为国家的首都，吸引了越来越多的人才、技能和总部，有很强的对抗力量。例如，在音乐行业，巴塞罗那是历史上的中心，但随着佛朗哥之后西班牙的重新出现，很多重要演奏者觉得他们不得不搬迁到马德里，因为全球演奏者（如美国在线和时代华纳公司）已经立足于自己国家政治上的首都。然而，每个主要区域城市，像巴塞罗那和瓦伦西亚，现正在寻求强化其国际优势，企图超过马德里，例如通过作为设计中心。相关城市的竞争仍在继续，马德里试图累积尽可能多的权力和资源。这也是其他联邦国家所遇到的情况，如德国，其城市如慕尼黑、汉堡和法兰克福正努力成为重新出现的柏林的一个反作用力。

城市诊断和库里蒂巴的创造力

巴西的库里蒂巴，一个人口为170万的城市，在过去35年里，人口增加了两倍。这是城市的创造力和活力的一个代名词。库里蒂巴与德国的弗莱堡一样，是关注生态城市发展的先行者。库里蒂巴的公共交通和公园系统以及将劣势变成优势的创造性方法是其标志。Emblematic 是库里蒂巴的环境开放大学，在世界上尚属首例，设立于1992年，坐落在一个回收采石场之中。它开展与可持续发展经济、生态系统保护和环境教育相关的项目。坐落在3.7万平方米的原生森林中，其研究人员正在影响着城市的进步，它的经济基础是贸易、服务和加工行业。

在20世纪60年代中期，一批激进的建筑和设计专业学生开始使情况有利于提高城市的生活品质，这是促使库里蒂巴发展的一次革命。市政府官员认识到这可能导致产生一个总体规划。一个关键因素是交通和土地使用关系密切。因此，通过引导沿交通走廊的发展来抵消随意扩张非常关键。杰米·勒纳是其中一个学生，后来在1971年和1992年间三次被任命为市长，两次成为库里蒂巴所在的巴拉那州州长。勒纳负责创建和设置城市智库，在1965年建立库里蒂巴城市规划和研究所（IPPUC），这是计划的建议之一。像巴塞罗那和毕尔巴鄂一样，这是城市的一个前瞻性思维大脑。

近40年后，勒纳用"城市诊断"来形容自己实现城市振兴的方法，其取决于当地的政策制定者和反直觉思维的灵活性。[47]城市诊断包括识别和精确定位干预，通过释放能量和产生积极的连锁反应而变得可催化，从而得以迅速完成。勒纳指出：

> 请记住，城市是一个偶遇的场合。顾名思义，群居是指城市是所有关系的中心。当今世界巨大的意识形态冲突是全球化与群体团结并存。用马里奥·苏亚雷斯的话来说，有必要实现"全球化的群体团结"。
>
> 城市也是群体团结消失的最后一个地方。城市不是问题，它是解决办法。[48]

城市决策和诊断的目的是创造这种团结。通常这是通过勒纳所谓的"城市友好"行为实现的，就像针灸疗法一样。例子可以是小的、看似琐碎的或较大的。它们可以是个人的行为、市级或企业行为。举例来说，一个库里蒂巴牙医在完成他的日常工作后，常常走到他办公室的窗前，为经过的路人吹小号。它可以是一个城市种植了一批树，在后来不到20年里变成了100万棵树。起初它是城市友好的真实姿态。为了确保所有种植在街上的树苗会得到定期浇水，库里蒂巴请人帮忙。当地政府推出了一个活动："城市提供了荫凉，你提供水。"于是他们浇了水。它可以是勒纳的创新回收计划，即城市用食品和公交车票交换市民，特别是穷人收集的回收材料。流浪儿童被给予免费的食物，但为了得到它，他们不得不上一节课去学习一些东西。同样的，他使各个行业、商店和机构"收养几个孤儿或被遗弃的流浪儿童，让他们做简单的园艺维护或办公任务，为他们提供每日膳食和小份工资"。这在很大程度上可能听起来很混乱，有的业内人士还批评这种行为，但这个过程建立了社交资本。

　　快速诊断方法是有目的的："防止卖家、鸡毛蒜皮的小事和政治来阻碍重要的机会和公共项目。"[49]巴西的第一个步行街于1972年的一个周末建成，以避免商家的反对。成功之后，他们就嚷嚷着想要更多。参与壁画绘制课程的孩子至今已成为周六上午商场的一大特色。在2002年，奥斯卡·尼迈耶博物馆在5个月内就完成了。其复杂性很容易想象，但可以回收奥斯卡·尼迈耶设计的一个旧建筑——20世纪60年代一个大胆的项目，曾被用于容纳州政府机构。"修缮官僚空间，使其成为一个致力于倡导创意、身份、艺术、设计的建筑空间和城市是非常重要的。但再次，它必须快速完成。"[50]

　　聪明的办法可以作为诊断，促进有效的商业—政府合作伙伴关系。通过这种方式，积极行动由市民实践而加强。例如，如果开发商和建筑商的项目包括绿地，他们会得到减税。通过转让开发权，实现市中心附近的繁华商业区的历史保护。文物建筑的毁坏已经成为一个问题，因为开发商希望毁掉并最终拆掉它们。根据规定，如果你恢复前面的旧建筑，你可以在后面或在城市的另一部分进行建设。复原旧建筑还有税收优惠。因此，业主得到补偿，历史建筑也被保留了下来。在城市的指定区域，企业"最多可以在正常且合法的限制之外，额外买两个楼层，可以用现金或土地支付，城市将此收据用于低收入住房"。土地使用立法鼓励沿干道的高密度增长，以及一个"社会福利，采用一个公共交通收费系统，近距离居民和生活在边缘的低收入用户的票价相同"。

　　在更大的程度上，库里蒂巴的公交系统是如此的频繁，如勒纳说，"你不需要一个时间表。它具有组织缜密的公共汽车，可载300人，公交车站标示得很清楚，人们在上车前在那里付款，人们上下车这么快，它就像一个地铁。它是有效的、负担得起的和有偿付能力的。世界各地有80个城市都在使用类似的快速公交运输系统，其建造费用比轻轨或地铁系统便宜了20到100倍。

　　最后，长期的城市友好行为得到了回报。它产生了社会资本。市政府已经证明了它兑现了承诺，保护了绿地、行人和景观区域，现在那些曾经摘花和故意毁坏文物的市民变成了有责任心的人，保护这些公共空间。

　　城市和社区层面的决策制定有一些指导原则。优先考虑的是人和公共交通，设计应遵循自然，技术应适合现状。库里蒂巴的区域规划有三个指导思想：想法、可行性和实践。计划、执行和管理由库里蒂巴政府分别处理。这三方不断会面，市长和每个领域的关键负责人每周举行一次会议，确定每周的目标。城市管理者要牢记的是好的制度和激励机制要比好的计划更好。认识到环境的可持续性和每一个体的生活质量是每个库里蒂巴人所受教育的一部分。所有在校学生参与环境调查。47个学校图书馆允许公众进入。按照古代亚历山大图书馆的样子,它们都有一个灯塔和警卫室。虽然库里蒂巴已经是巴西人均汽车拥有量第二高的城市,75%的乘客乘坐公共汽车。这使得它成为巴西空气污染水平最低的城市之一。由于综合的运输体系,库里蒂巴人在交通方面只花其10%的收入。在人口出现惊人增长的时期,库里蒂巴将其绿色空间扩大了超过百倍——从人均0.5平方米服务绿色空间到人均52平方米——总共为2100万平方米。免费绿色的公共汽车和自行车道路充分将这些公共空间整合为当地和更大的社区的一部分。

库里蒂巴的例子表明,城市不一定需要昂贵的机械垃圾分选设备。通过一个成本不超过旧式垃圾填埋场的项目,居民循环了三分之二的垃圾。"垃圾不是垃圾和垃圾采购"计划是指在路旁拾取和处理家庭分好类的可回收物品,并在不可到达的地区,用食品和车票交换低收入居民收集的垃圾。"全面清洁"计划临时雇佣退休或失业的人,他们集中在收集量较少的区域工作。垃圾分为两类,有机和无机的,由两种不同类型的卡车收集。在汽车无法到达的地区,贫困居民把他们的垃圾带到社区中心,在那里他们用它换取车票或从偏僻的农场买来的鸡蛋和牛奶。垃圾在一个用可再生材料建成的厂房进行分离,由残疾人工人、最近的移民和酗酒者进行分类。回收的材料被卖给当地的产业。泡沫塑料被撕碎,用作被子的填充料。从1989年启动开始,回收废物计划分离了41.9万吨——足以填满1200栋二十层的建筑物。无机垃圾(塑料、玻璃、纸和铝)占所收集垃圾的13%。[51]

还有很多创意城市

无论是正在涌现的还是历史遗留的,具有创造力的城市还有很多。让我们回顾一座历史遗留下来的城市。位于克罗地亚的拉古萨(现为杜布罗夫尼克市)是知识型创意城市的经典案例[52]。或许从它的历史背景来看,它是世界的创意之城。举例而言，拉古萨的口号是"oblivi privatorum, publica curate"，意思是抛开个人问题，解决公共议题。拉古萨共和国的政府是自由主义政府，早期就对公正和人道主义原则表示关注。它除舰队外别无任何资源，所以它只能凭借自己的智慧生存，充当经纪人、外交官和中间人。它交易知识，建立精密的间谍网络；它以对话而非冲突为其理念的基础。"永远与最大的仇敌和平共处"（这句话现在仍在杜布罗夫尼克市广为流传）或"与友人保持密切关系，与敌人保持更加密切的关系"。拉古萨没有自己的军队。早在 1272 年，该共和国就制定自己的法规，结合本地风俗将罗马惯例编成法典。该法规包含城镇规划指导方针。在法律和制度方面，它富有创造性：1301 年开设医疗服务；1317 年开设第一家药房（目前仍在营业）；1347 年开设老年人避难所；1377 年开设第一家检疫医院（Lazarete）；1418 年废除奴隶贸易；1432 年开设孤儿院；1436 年建造供水系统（全长 20 公里）。

自7世纪上半叶建国起，拉古萨一直受到拜占庭帝国、威尼斯、匈牙利–克罗地亚王国和奥斯曼帝国的保护，但它总是能够通过交涉获得相对独立性，让自己成为其他更强大国家的有用之友，从而让这些国家反过来保护它免受侵略。作为自由邦，拉古萨在15和16世纪达到鼎盛高峰，但航运危机和1667 年的灾难性地震夺去了 5000 多人的生命，将大部分公共建筑夷为平地。此次地震摧毁了该共和国安居乐业的盛景，虽然它奋力复苏，但无法重现昔日辉煌，而 1806 年拿破仑攻陷这座城市则成为它灭亡的最后一根稻草。

虽然贵族掌握了所有统治权力，但他们以激进的方式治理拉古萨。城邦的首脑是公爵或总督，经选举任期一个月，两年后可再次竞选。政务委员会的每个席位均由贵族担任，议会是政治协商机构，由 45 名40 岁以上的特邀成员构成。历任总督均在总督府居住和工作，但他们的家人仍住在他们自己的宅邸内。

对杜布罗夫尼克这座都市珍宝的自豪之情深入人心，人们谈到它就像谈到一个刻入心灵的人而非一种超然存在的事物。当人们被问到他们来自哪里时，比如说在萨格勒布市，他们会说"那座城市啊"。

那么，直到最近才找到贸易与旅游之间良好平衡的这块珍宝如今面临怎样的遭遇？游客纷至沓来，令它不堪重负，几乎不可能保持其城市特色；不时有超过2000~3000名的游客乘坐邮轮涌入这座弹丸小城。他们闲逛两个小时，几乎没有留下任何东西就离开了。正如 1998 年至 2001 年任杜布罗夫尼克市长的维多·博达诺维克（Vido Bodanovic）所言："从本质上来说，旅游就是一种卖淫。有些深受这座城市之美吸引的游客在此购房置产，但他们难得来此居住，从而导致该市的常住人口在过去十年内从1万人锐减到5000人，而且到处充斥着纪念品。"

阿姆斯特丹是另一座深具创造力的城市，它必须不断地用想象力彻底改造它的宗旨。有趣的是，阿姆斯特丹市政厅正在将该市打造成出类拔萃的创意城市，支持举办各种会议，例如，"创造力与城市"和"创意资本"[53]。历史上作为创意中心的阿姆斯特丹不得不以平凡的方式宣告其创造力，在目前塑造自己为创意城市的其他城市的喧嚣中夺得一声之席，这真是种残酷的讽刺。

《2006 年阿姆斯特丹索引：进入创意阿姆斯特丹的捷径》[54]是一本大有助益的指南，它提供了对当代情况的概述。这本索引就像个人指南，它"为你提供建议，带你游览这个城市的特别之处，吸引你去了解组成这种创新资本的人们"。

始终潜藏的问题不在于"阿姆斯特丹是否会成为创意城市"，而在于"最重要的是，这座城市的目标群体是谁：它是属于受过良好教育和富裕成功的上层阶级的创意城市，还是属于这个城市所有居民的创意城市"[55]。

阿姆斯特丹几个世纪以来都是港口重镇和枢纽城市，它的开放性吸引着外来者，他们当中的许多人思想前卫。荷兰人能够讲多种语言，这点也令这座城市更易于融入。让我们来思考一下旧元素、新元素和另类元素。许多人被阿姆斯特丹紧密的城市结构和分割城市的运河迷住，但有些人则认为它的"旧世界"之美过于忸怩作态。然而，恰恰是它那老旧的亲密本质中的规划约束常常设计时尚的小店得以幸存，它促成激烈的互动和刺激，这点在九街（Nine Streets）等区域得到印证。看不到麦当劳、汉堡王或赛百味真是令人欣慰。

这座城市能在其诸如荷兰效仿巴黎拉·德芳斯、柏林波茨坦广场或伦敦金丝雀码头建造的泽伊达斯（南轴）等新开发区域重新营造这种激发想象响应的地方感吗？这个住宅楼日益增多的商业中心就像许多吸引银行家和会计师的地方一样，现在已经深具国际风范。它实施城市缔造项目——文化活动、绿化和公共广场——的目标能够打造一种引人注目的迫切生机吗？据说，"文化在整个泽伊达斯发挥着重要作用，特别是博物馆区这个区域，几乎完全成为文化专区"[56]。一个区域能作为文化专区吗？将区域取名为格什温、马勒第四交响曲或维瓦尔第虽然有趣，但这样能创造生机吗？世贸中心（世界上有多少处世贸中心？）底层的祖德布雷在午餐时间上演街头生活，但这就是富有创意吗？有些建筑远观充满玩趣，如迈耶·恩凡·舒登（Meyer en van Shooten）的Ing集团总部（Ing House），但从街上看能有多少生气？

阿姆斯特丹的地下创造力温床与其寮屋运动密不可分，因为活动家和艺术家占据废弃的构筑物和建筑物。它们被贴上Silo 或 Vrieshuis Amerika等名称，通常作为实验区。关键在于，与世界上大部分城市截然不同的是，阿姆斯特丹认可这些替代选择的重要性。1999 年，阿姆斯特丹设立温床基金，旨在为艺术家和文化创业者提供经济实惠的小型基础设施，以应对阿姆斯特丹文化景观的剧烈变化。阿姆斯特丹的人气和城市绅士化令该市的文化生态受到威胁，但自那时起，35 个项目约提供 1000 个空间，涵盖引人注目的老旧造船厂NDSM到普兰塔格·多克兰（Plantage Doklaan） 和厄勒克特朗斯塔特 （Elektronstraat）。其他空间包括现代化公园韦斯特加斯法布里克文化公园 （Westergasfabriek），这座文化综合体由旧加油站景观改造而成，实现了创新需求与经济可持续性之间的良好平衡，成为平衡创新和经济可持续性的成功案例之一[57]。然而，为了提醒我们自己这种地方脆弱性的案例，我们以艺术家工作室和表演建筑群OT301为例：

OT301的租约将在本月底到期，传言说可能出现租金大幅涨价，第三方投资者可能介入，各种关于亚文化未来的问题甚嚣尘上……所以赶紧去逛逛 OT，可能再过不久它就不在那里了。[58]

有许多其他城市夺回其公共空间，例如，哥本哈根、波特兰、温哥华和墨尔本。每座这样的城市均可提供创造力维度。许多这样的城市都在扬·盖尔和拉尔斯·吉姆松的《新城市空间》中有据可查[59]。作者们描述哥本哈根赋予这座城市人性化的十步计划：将关键大街变为步行街；逐步减少交通和停车；将停车场变为公共广场；保持较密和较低的规模；尊重人性化尺度；核心地区实现人口居住；鼓励学生生活；城市景观随四季更迭变化；提倡自行车作为主要交通工具，以及提供免费自行车。

然后是温哥华，它被称为最宜居的北美城市之一。大温哥华地区因多年来的各种创新规划举措而蜚声国际。健康发展的经济、就业机会、迅速增加的人口和令人向往的西海岸生活方式促成了该地区的都市设计、居住区的建筑特色及其普遍繁荣。该地区被群山、美国边境和大海环抱，土地基础有限，发展压力倍增，对公共部门和私营部门均产生挑战。成功的规划举措包括拒绝大范围建设高速公路体系；福溪区南岸再开发和20世纪70年代中期将旧工业用地改造为城市住宅和公寓，以及打造8个地区城镇中心，例如，本拿比的铁道镇、北温哥华的朗斯代尔和枫树岭的哈尼城镇中心。这些城镇中心提供较高密度居住区的中心点，以及通过地区交通系统能够轻松获得的商务和商业机会。它们既是到达温哥华市中心的常见郊区通勤的替代手段，也是适应城市发展和分散地区内就业机会的有效方式。[60]

居住区规划的重点工作在20世纪70年代始于设立市民和规划委员会。每个居住区需要不同的方法。温哥华通过让市民参与的计划起着带路的作用，从而制定针对各种不同社区的具体政策——例如，斯特拉斯科纳、西区、格兰德维尤和桑纳斯。从一开始的工作重点就处于有社区参与的双向规划过程中。

约翰·庞特（John Punter）认为[61]，自20世纪70年代初期起，温哥华就制定和实施了与众不同和眼光独到的城市规划和设计方法，这种方法为它提供了城市建设和重点打造综合用途（居住、办公和购物）的城市核心地区的框架。这赋予城市自己的生机。它基于酌情决定的分区、合作性大型项目方案、开发征税，以及受到管理的居住区变化和建筑集约化。这些策略的成功成就了温哥华在国际规划界的显赫声誉。

脆弱性管理：创造力与城市

创意生态

对我来说，打造魅力城市的目标是想象你的城市是一件活生生的艺术作品，在那里，市民能够参与和从事改造一个地方的创造，它需要来自不同人的创造力：工程师、社会工作者、规划师、商务人士、活动组织者、建筑师、住房专家、信息技术专家、心理学家、历史学家、人类学家、自然科学家、环保人士、各类艺术家，以及最重要的，身为市民过着自己生活的普通民众的创造力。这种一种综合创造性。它涉及不同形式，不仅涉及发现新技术发明的推进型创造力，还涉及促成城市流中互动作用的软性创造力。发挥创造力多样性的作用，涉及脆弱性管理。

每段历史时期都需要有自己的创造力形式。现在的创造力形式不同于过去和未来的创造力形式。现在，我们需要将我们的创造力重点放在"为世界而发挥创意"上。要做到这点，我们需要在一个相互联系的整体内跨领域工作，以便我们能够全面地看待问题和解决方案。我们需要横向和纵向地思考问题，同时看到战略和细节、部分和整体，以及局部和全局。我们需要关心我们的世界。举例而言，我们应考虑恢复性开发而不是重点关注可持续发展：我们的城市能够如何恢复环境和它们能够如何回报环境。少数住房开发项目已经回报社会。

创造力并非解决我们所有城市问题的万能丹，但是它创造了可能开启找到解决方案的机会的前提条件。城市创造力需要推动城市向前发展的道德框架而非规定的道理。从其核心意义上来说，这种道德在于赋予生命、持续发展和开放而非抑制事物。这点要求我们重点关注软性创造力，即培育我们的城市及其文化生态的能力。

创新热潮

创造力就像一种热潮，它遍及各个方面。每个人都身处创意游戏中。创造力是我们时代的神咒，无论我们指的是创意个人、公司、城市、国家还是创意街道、建筑物和项目。

根据我最后一次的统计，全世界有 60 座城市自称为创意城市，其中 20 座位于英国，包括创意曼彻斯特、创意布里斯托尔、创意普利茅斯、创意诺维奇，当然还有创意伦敦。加拿大也是如此：多伦多及其打造创意城市的文化计划；温哥华及其创意城市特别工作小组；安大略省伦敦市也有相似的特别工作小组，以及渥太华成为创意城市的计划。美国有创意辛辛那提、创意坦帕湾以及众多创意地区，例如，创意新英格兰。华盛顿特区宜居社区合作伙伴于 2001 年启动了"创意城市举措"。在澳大利亚，我们发现"布里斯班创意城市"战略，而且有创意奥克兰。大阪于 2003 年设立创意城市研究生院，并于 2005 年启动"日本创意城市网"。甚至有点动作迟缓的联合国教科文组织也通过其"全球文化多样性联盟"，于 2004 年启动其"创意城市网"，爱丁堡因其文学创造力而第一个被评为创意城市。通过进一步检查发现，实际上大部分战略和计划在于加强艺术和文化结构，例如，给予艺术和艺术家的支持以及与之匹配的制度性基础设施。此外，他们重点培育创业产业，包含"源自于个人创造力、技术和才能"以及拥有通过产生和利用知识财产创造财富和就业的潜力产业。[62]

理念或行动

今天，我们甚至能够谈论"创意城市运动"[63]，但在大部分构成理念正在形成的20世纪80年代晚期，人们讨论的关键词汇是文化、艺术、文化规划、文化资源和文化产业。作为一种基础广泛的特性，创造力在20世纪90年代中期才形成统一用语，以有别于专业用语。澳大利亚总理保罗·基廷1992年发起的早期"创意国度"，详细说明该国以创造力为重点的文化政策。与此相反，在英国，1995年发布的第一个简短版本的《创意城市》在小众受众中几乎没有引起任何反响，[64]反而是肯·罗宾森（Ken Robinson）为英国政府领导的国家创意、教育和经济委员会撰写的出版物《我们未来的一切：创意、文化和教育》在1999年出版数年后更坚定地将创造力列入政治议程。[65]在此之后，有些措辞发生变化，但是人们所提及的通常是狭隘关注的创造力，从本质上来说是指文化产业，而文化产业已经成为创意产业和创意经济。然后在2002年出现创意阶层的概念。理查德·佛罗里达（Richard Florida）的力作《创意阶层的崛起》的出版大大提升了这种"运动"，概念炒作有致其不受欢迎的危险。[66]

为什么城市希望富有创造力？对"创造力"的痴迷从何而来？核心之处在于，创造力始终存在于城市之中，只不过我们用其他名称称呼它：独创性、技能或发明的才能。威尼斯并非通过一切照旧的途径在其时代中脱颖而出，君士坦丁堡或杜布罗夫尼克亦非如此。它成为拉丁和斯拉夫两个文明的纽带，也成为强大的商业共和国。它连续成为保护国，担任知识经纪人，作为庇护所和避难所，发明各项服务，从而保持其独立性。这需要聪明才智和精明的定位。或许，今天新加坡正努力成为这样的国家。

此外，自20世纪80年代起，对世界瞬息万变的认识日益普遍。发达国家自20世纪70年代中期起就已经不得不调整结构。这项运动完全展开需要时间，但其势头随着目前明朗的全球贸易条件的变化而迅速变动。在西方，它的影响被基于互联网的"新经济"冲淡，伴随着重点从体力劳动到脑力劳动的转变和这样的认识，即转变成创新、发明和版权的创意产生增值。

然而，这些过程让许多国家和城市无助地挣扎，因为它们为他们自己设立的目的和角色寻找新答案，而城市实实在在地受困于自己的过去。这促使自我反省，许多人得出这样的结论，即陈旧的做事情方式并不充分有效。教育似乎没有让学生做好满足"新世界"需求的准备。以理念控制和等级制度为重点的组织、管理和领导并未提供在新兴的竞争环境中应对自如的灵活性、适应性和应变力。城市、气氛、外观和感觉被视为产生于工业化工厂时代，在那里，设计品质被视为一种附加部分，而不是让城市变得富有吸引力和竞争力的核心所在。

　　应对这些变化需要重新评估城市、资源和潜能，以及在各个方面进行必要的彻底改造的过程。这需要发挥想象力和创造力。城市认为"创造力"能够提供解决其问题的答案和机会，让它们摆脱受困于过去的处境，无论是因为物质基础设施或是因为它们的思维模式。这些调整需要改变态度和组织运作的方式。然而，虽然许多组织声称已经通过"减少层次""分权"或"分离"等方式改变，但事实上，它们依然如故。虽然如此，出于不同的原因，不同的人认为创造本身含有针对他们的东西——它似乎就是答案。首先，教育制度及其更加僵硬的课程设置和死记硬背般地学习的倾向并未令青少年做好充分准备，他们被要求学习更多课程，但或许理解得更少。批评家们反而认为，学生应习得高阶技能，例如，学会如何学习、创造、发现、创新、解决问题和自我评估。这会激发和激活更广范围的智力、培养开放性、探索力和适应性，使知识能够在不同背景之间转移，因为学生会学习如何理解各项论证的精髓，而非会断章取义地回想起事实。其次，自上而下的组织结构中越来越无法利用动机、才能和技能。有趣的人（通常是标新立异的人）越来越不愿意在传统结构中工作。这种情况催生了新的管理和治理形式，以及"矩阵管理"和"利益相关者民主"等名称，它们的目的在于释放创造力，取得更大的成就。创新的推动力需要人们愿意互利分享以及协作的工作环境。这点在工作场所以外的地方是必不可少的，而创意环境的观点越来越起作用，即人们感觉被鼓励参与、沟通和分享的实际城市环境。通常情况下，这些原本多余的环境已经转变成新公司的孵化中心。

　　"创意城市"概念的首份详细研究称为"格拉斯哥：创意之城及其文化经济"，是我在 1990 年撰写的。在此之后，1994 年，5个德国城市和5个英国城市（科隆、德累斯顿、翁纳、埃森、卡尔斯鲁厄，以及布里斯托尔、格拉斯哥、哈德斯菲尔德、莱斯特和米尔顿凯恩斯）的代表在格拉斯哥召开会议，探索城市创造力，《英国和德国的创意城市》一书由此诞生[67]，随后还有 1995 年的简短版本《创意城市》和 2000 年篇幅较长的版本，书名是《创意城市：城市创新者的工具箱》，该书普及了创造力概念。作者当时不知道的是，实际上，第一次提到"创意城市"这个概念是在澳大利亚研究委员会、墨尔本市、维多利亚规划和环境部以及许多其他合作伙伴于 1988 年 9 月 5-7 日期间共同举办的创意城市研讨会上。研讨会的讨论重点是艺术和文化关注如何更好地融入城市开发的规划流程。虽然多位演讲者是艺术从业人员，但演讲者涵盖的范围更广，包括规划师和建筑师。然而，维多利亚前规划和环境部部长 David Yencken 做的主题演讲提出更加广泛的议程，该演讲宣称，我们在坚定关注城市效率并将部分重点放在公平上时，我们还应强调城市的意义不止于此。"它应有情感上的满足感，还应激发市民中的创造力。"[68]考虑到城市具有复杂性和多样性，尤其是在城市被视为相互联系的整体和从历史上审视城市时，城市能够触发这点。Yencken在此之后被任命为澳大利亚保护基金会主席正是这种生态观点的反映。这预示着《创意城市》的部分关键主题以及城市如何充分利用其可能性。后者提到"创意规划的基础是文化资源的理念和这样的历史观念，即每个问题都不过是伪装的机遇；每种弱点都有潜在的优点，以及就连表面上'无形'的东西也能做成积极的东西——意思就是能从无中创造出来。这些词语可能听起来就像陈词滥调的标语口号，但当有人充满信心地相信它们时，它们就能成为强大的规划和点子激发工具。"[69]

创造力：组成部分

创造力和应变力

　　富有创造力的首要目标是产生城市应变力和形成整体城市承载力，它不在于充满想象。应变力是指吸收变化、破裂和冲击，而且足以灵活地调整的能力。应变力是强大的适应力。它意味着一座城市具有在其工业基础遭到破坏或新竞争对手（比如说印度或中国）夺取其市场的情况下，迅速恢复活力的合适的创造性和开放性特性。这点要求城市须逐步形成怀抱期望、警惕变化且不笃信现有优势会永远存在的精神。这有助于城市避免意志消沉——无法理解然后应付变化的心态。城市冲击能够令城市低迷萧条，就像冲击能令个人抑郁沮丧一样。让城市摆脱这种状态并非易事，因为它需要恢复自己的自信心。培养应变力的一个方面是学习基础设施，这些基础设施须采用将重点学科教学（例如，工程设计和防范犯罪）与了解学科核心，以及跨越和超越学科的能力相结合的方式。公司从概念角度而非产品角度思考问题的能力拓展了可能性。举例说明，Camper鞋商开发了巴塞罗那Casa Camper酒店，因为正如他们所言，他们追求的是舒适，而不是鞋子。舒适平台给予Camper发明超越鞋子的产品的更多可能性（显然有品牌名称大有助益）。最具创新力的公司将其技能与其他方面配合，而不是希望控制整个链条。在评估城市的生产可能性时，同样的情况应适用于城市。正如 Camper，它们可能问它们自己"我们知道的事情的本质是什么"而不是将重点放在它们有的具体应用上，这种具体应用可能是采矿或纺织品。例如，采矿可以不被看作是矿物提取作业，而更多地是开发接近难以到达地方软条件的机会。

惧怕创造力

许多人都会说："既然还需要调整和改变，那为什么人还要创造？"创造很痛苦，但也会留下美好的东西。开放和创造的愿望取决于我们的所作所为。对艺术家来说创造就是要探索存在的理由，许多科学家也是如此。对交通工程师来说，连续性和可预测性得到优先考虑，因为他们在为房地产开发商服务。最理想的状态则是确定性较为平衡。律师会在多如牛毛的规则中精挑细选，以实现清晰明了。规划师可以明确指导未来的项目；他们愿意不那么求稳。事实上，大多数人都喜欢井井有条。不过，作为个人，我们或许会想要去探索，去发现自己，让我们的生活更有趣。我们可能会想要刺激。

创新不是生活中必不可少的东西。但为何大家普遍都在讨论创新，这是因为我们处于过渡期，缺乏稳定。没有解决的问题太多了。只要新的解决方案没有出现，例如个人的价值观和经济目标没有趋于一致，人人就都能参与创新。创造与再创造以及再想象的能力仍然极受重视。因此，创新在本质上即为后退一步，重新估算的能力。

源于竞争

创新崛起主要是因为人们已经认识到现在竞争优势源自不同方面，他们需要重新学习如何去竞争，而不仅仅是低成本或高生产率。它涵盖了一个城市的文化深度和丰富性，这就可能指的是传统遗产或当代艺术设施的可用性；全球网络的力量及随时了解最先进的技术；缔造富有想象力的伙伴关系的能力，这样项目的影响力就会扩大，从而达到1＋1＝3的效果；将设计意识和质量不仅视为附加性的东西，而且把它们当作发展本质的一部分；通过媒体了解城市设想的作品；生态意识也要进入人们的需求愿望中；开发语言能力，使交流更容易；疏通互动中的障碍，无论这些障碍涉及官僚主义还是与创建聚会场所有关。

创造力和五元域

根据与自然环境的距离把经济分成若干部门。首先是提取资源，其次则是生产成品，第三或第三元提供服务并常常使用这些成品，第四或第四元包括与政府有关的智力活动、文化、科研、教育和信息技术。有些人认为第五，或者说第五元实际上隶属于第四元的一部分，包含了在社会或经济体中决策的最高水平。该部门包括一流的高管或战略官员，涵盖了各个领域，包括政府、科学、高校、商业、非营利领域、医疗保健、文化和媒体。其他人则将服务部门，特别是与信息化有关的商业服务归入了第四元的活动中，并声明这些活动涉及信息的收集、记录、整理、储存、检索、交流和传播。第五元活动则强调创新、重组并解释新旧观念和信息，以及在认识、收集和解读数据中新方法的创造。因此，它们与思维、概念、及不同层次的产品和服务的概念重建有关。它属于创造性城市思维的战略领域。

生活质量、竞争力和创造力

人们都说创造繁荣于混乱，再加上一点障碍或者混沌的因素。未完成的必定会完成。但是太多混乱就无法吸引所有类型的人，当然不包括律师、银行家、房地产开发商、多数媒体或者他们的家人。正是这些人在多数情况下能够推动城市转型的日程、建立信心和营造积极的投资氛围。他们并不因自身的创新和不确定性而知名。事实上他们想的可能恰恰相反。混乱的状态也会让许多人觉得不舒服：普通的医院工作人员、教师和店主等等。他们想要的只是生活力，或者说生活质量，这两个都是现在的流行语。该日程强调安全、清洁和良好的交通。在新竞争模式下，创新和宜居的议程需要并行不悖。而这些议程也确实可以如此操作。减少变态犯罪的计划就是一个例子，为的是把城市的中心建成避风港，比如纽约的布莱恩特公园，或者像香港一样想到将半山自动扶梯当作公共交通方式。现在，城市的总体综合竞争力不能只靠着将创意经济装进整修过的仓库中或是在理想中的绿色地带建造商务花园。城市中需要公共空间、良好的运输环节以及相对安全的感觉——只需要一点点"前卫"。

创造开放的条件

创意城市的目标就是创造足够开放的条件，让城市的决策者可以重新考虑城市的潜力，比如将废物变成商业资源；重新评估隐藏的资产，比如发现可以转变成新产品的历史传统；重新考虑和重新检测资产，比如了解到社会资本发展的同时也会产生财富；点燃城市的激情，比如开发项目，让人们学会热爱自己的城市；重新燃起人们学习和创业的欲望，比如创建学习模块，满足更多年轻人的需要；在人才方面重新投资，不仅引进外部人才，还要培养地方人才；重新评估你所在城市实际的创新力，诚实地面对所遇的障碍，重新看待你的文化资源；根据自己新的视角重新调整规则和激励机制，而不是将自己的视野被现存的规则束缚；重新配置、重新定位和重新展示你所在的城市，将各细枝编织在一起，重新讲述城市的故事，激励市民们行动起来。为了详细说明学习的意思，就要重新配置高阶技能的课程，比如学会学习和思考，而不是组织更多的话题；或者学会跨学科地思考，而不是去学习事实。弹性的生存需要新的教育课程。澳大利亚的课程设置就是朝这个方向发展的一个实例。

创意环境

现在的人们有更多的选择和流动性，他们可以去自己想要去的地方，而其中物质环境、周边环境和氛围是最重要的。正是这一阶段为活动的举办和发展提供了容纳之地或平台。它启动了背景或环境。该环境融合了硬性和软性的基础设施。硬性的基础设施包括道路、建筑物和真实的东西，而软性的基础设施则指人与人之间的互动，人们对一个地方无形的感情。

一个创意环境可以是一个房间、一间办公室、一座大楼、一组建筑，可以是翻新的仓库、校园、街道、小区、邻里或偶尔会是一座城市。这些地方同样也可能会缺乏创造性。赋予这些环境创意的是它给用户一种他们可以自己塑造、创建并制造所在地的感觉，在这里他们是积极的参与者而不是被动的消费者，他们是变化的代表而不是牺牲品。这些环境是开放的，但其中也有参与的潜规则。他们并未为了野性而野性，因此事物融于混沌中，但如有需要，它们也可以延展。事物有人尝试和实验。这就意味着可能有人正藏在一间办公室里，尝试新的软件，而在公共领域则可能意味着一间新类型的餐厅开业了，创新的可能是食物或者是装饰品和风格。也就是说，当地的产品和服务就在当地销售并使用。人们关注的焦点可能会是真实这一点，不过这也意味着依赖环境而一直变化。

警示条件：这样的环境也会吸引外人，这些人可能只消费而不会有所回报。他们借来风景、品味风景、消化并吐出来。我们应该注意到，游客的数量如果超过当地人，他们就可能会抽干当地的身份认同。

大众创新

创意环境概念的延伸是指如何鼓励大量的人群更加富有想象力。对软件的开放源代码的修改则属于更多限制的领域。一个城市的多样性是什么？也许并不需要这么戏剧化。

如果成千上万的人都在创造，那可能就太多了。增量创新或许可以解决这一问题，即领导集团或媒体将开放的心态合法化。例如，哥本哈根从以汽车为主的城市变为步行和骑行的城市，其初始阶段必须要由上千名骑自行车的人去反对当时的思维方式。而再循环的模式同样如此。这种创新的氛围会诱发无数小事随之发生，而这些小事情本身只显示出一丁点的创造性。

民主与创新

创新依赖于开放，在政治上和它对应的是民主——而这也是它真正起作用的地方。但是无论条件如何，创造力也可以通过想象而挤压出来，所以创新在北京和迪拜等不够民主的地方也存在。但是，它还是会受到限制。一个繁荣的城市必将繁荣起来。纯粹的炒作、宣传和活动带有创造性，但快速、繁荣和歇斯底里式的建筑热潮并不一定能保证真的有创新。在上述两个城市中，企业家们抓住赚钱的机遇，但还是不能保证就能创造出富有想象力的解决方案或产品。狂热快速的发展不可避免会引发一定的反应，特别是在艺术或环境领域内，从全球角度来看，我们必须更加严肃地看待这些问题。但是它们能经得起时间的考验吗？而且，更重要的是，在迪拜我们不知道女人能做些什么来帮助该市变得更好。在上海，如果更加公开地讨论城市的发展，我们就不知道将会有什么事发生。

然而，他们很快就做成了，让人印象深刻。不过民主国家却让人觉得节奏迟缓、呆板、缺乏神韵。所以民主和创造力之间的关系并不能简单地认为民主=创造力。但我们同样也知道自由被压迫过紧就没有太多想象力的空间。极权主义并不能提供创造性的环境。

硬性与软性

要创造环境就需要突破硬性基础设施——楼房、道路和排水系统的范畴。软性基础设施包括精神、心理态度，甚至是进取的核心——精神基础设施。它包括非正式和正式的知识基础设施。软性的还包括允许发泄情绪和更加发自肺腑的感情氛围。我们要记住，基本上所有城市的规划一开始都不会带有"幸福或美丽"的字眼。有的只是技术上的驱使与设想。难怪广大群众兴趣并不大。软环境需要提供允许特立独行的空间，打破界限，因为这种人往往会以新的眼光来看待问题或机会。环境也促进其内、外部世界的联系，否则就不足以让人了解其他人在做什么。这些因素汇总起来形成了企业的文化。

但创新的地方会让人感到不舒服，[70]那些不断增加的优势持续转变成既得利益，无论是在他们自己的公司内还是在外面的大城市，新与旧不断碰撞。此时，良好的城市建造的目标就在微观和宏观层次上迷失在权力斗争中。绝妙的想法被扼杀在或许只是一件非常小的事情上：负责的人不喜欢聪明的新贵，想要保护他们自己的权力、影响或控制的范围，而这些在当前毫无意义，但有些人却仍在坚持。只需记住转型中的城市要创新就会涉及权力斗争，比如以前的佛罗伦萨、魏玛共和国时期的柏林以及现在的上海。创新的地方会有创意的摩擦，他们常处于紧张而不断变化的平衡中。

多样性促进创新

就像生物多样性保证了自然环境的健康和灵活性，文化的多样性对于城市也是如此。有创意的地方好像需要外人的涌入，带来新的理念、产品和服务，同时也带来了新的挑战，挑战现有的安排并将内部和外部交汇在一起。但在某个水平上，城市可以吸收新的东西——如果吸收过多会被同化。这主要是太过于依赖周围环境。过去成功的城市表明吸收、汇集不同的文化能促进成功，比如君士坦丁堡、杭州和佛罗伦萨。这并不是说文化就能够完全包容——人的身份认同仍由其出生地决定。然而，如果相互影响和相互对抗够多，那么随着时间推移就会凝聚并混合产生一种新的特殊身份，融合了旧市民和新市民的身份认同。现在多元文化的大城市也是如此，比如伦敦（自称一座城市，一个世界）、纽约、悉尼和多伦多。

如前所述，创意性挑战源自多元文化的城市，此类城市的人们承认其多元的文化并为不同的文化而称庆。我们在共享的空间内更进一步，专注于融合不同的文化。后者或许会产生更大的幸福和繁荣。

规划师和城市设计师在城市文化建设中发挥着关键作用，他们为创新制造了条件。他们的决策会深深地影响我们的生活方式，表现出我们的集体和个人文化价值观。正如简·雅各布斯[71]所称，公共空间内的多样性是关键。雅各布斯确定了四个明显的条件：活动的多样性、一个好的城市形态、建筑区域的多样性，以及最关键的——大量的人。在此，我们应该再加上第五条：房屋的历史，虽饱经风霜却被岁月蚀刻而生成了丝绸般亮丽的光泽。这种多种多样的复杂网络更像环境的多样性。与生态条件相同，如果一个城市或地区变得过于同化就会变得脆弱。如果某种活动或业务占主要形式，那它就无法适应新的环境，整个地区可能会有危险。因此，过于新的大型开发项目很少鼓励创造性。

城市往往远离公共场所的物理形式，将重大的责任交付给城市设计师，通过铺设道路、优雅的街道设施及改善照明来改变一个地方。现实情况却是，由于公共设施设计得不够好，许多地区已经消亡，或正在消亡，比如公司倒闭或交通控制。大城市或港口的改建重点通常都是作为王牌的标志性建筑，但却无法将多样性和都市生活打造得更精细。[72]

多样性在多种形式下都是一个充满活力的地方基础性的元素——多种多样的商业活动、丰富多彩的活动和多样的建筑形式造成了视觉上的刺激。以街头市场为例，最成功的商家是那些提供多种多样产品的人，每个摊位都有一个不同的势力范围，在某处埋有宝藏等待被发掘。他们还提供了跨文化交流的背景，许多不同文化的人借此来了解他们的业务。

当代规划师、建筑师和城市设计师的任务就是从过去中汲取经验，生动形象地表达出当代的生活。然而，并不总是城市规划师和设计师会对建筑环境的外观和感觉有重大的影响，而是那些制定城市基础设施的法律框架和标准的决策人的影响越来越大。此外，公共领域的基础设施大多不是由城市创造，而是由单个的开发商所控制。对政府官员来说这是挑战，他们必须清晰地了解一个城市，并制定出强有力的规划标准，从而影响他人的工作。

现代性带来了职业分工，使不同职业之间的界限和责任不同。理想的建筑环境下，专业人士应深入本土文化，而这些文化会对他们的专业实践产生巨大的影响。他们应具备一定的文化修养。因此，要尽量从多种渠道寻找资源，然后在形成一个暂时的规划之前需要获得相关知识。

创新由文化和环境所确定

创新能力由文化决定。如果一个城市、地区或国家的文化是专制和腐败的，那么就很难出现新的思想，创新的潜力受到遏制，而自由的流动才会带来创新。僵化的等级制度也会使创新更加困难，因为创新依赖于宽容、倾听和平等的程度。不过很显然，创新也可以在受到遏制的情况下发生。例如，战时武器和航天设备的开发都是秘密进行，其环境受到严格控制，即使如今硅谷要开发新的计算系统，也会在封闭的校园内，校园内同事之间的思想可以自由交流。科学发现也同样如此，尤其是在知识产权岌岌可危的情况下。即使如此，在限定的范围内也有一定程度的开放，以便能够发挥个人想象力。但许多创新与服务、贸易和展览有关，而这些则要求各层次人才上下自由地交流，还要跨学科、跨机构。在民主文化内，多提问很受重视，这有利于发展想象力。

创新意味着不同的文化中不同的东西。例如，某些文化认为好的模仿也是极好的创造。那么想象力就会转向生产与完善。而完善也是一个相对的词。对日本人来说，缺乏对称就会产生完美。对西方人来说，对称和谐则具有很高的价值。西方文化中也有新的困扰。全球性文化也带有类似的困扰，因此西方的创新观念往往占主导地位，特别是当压倒一切的资本主义经济本身要通过不断创新的需要来驱动时。其面临的挑战则是要确立创新的定义，从而解决传统和未来，以及培养现有事物的素质，并推入新的界限。

例如，在日本你可能要问："日本人的创新之处是什么？"亚洲其他国家也是如此，欧洲或美洲也一样吗？其具体和独特之处是什么，有什么不同？挪威、智利或其他所有国家也是如此。问题的答案应该是超越了琐碎的平凡问题，比如菜系、衣着或传统上的差异。日本、智利和挪威是否会在不同的学科进行创新？城市景观中可以见到这些吗？

创造力受到环境的驱动。虽然现在仍很有必要，但在过去很长的一段时间内，哪些具有创新性的事物现在则没有了？比如19世纪公共卫生上的进步。什么在英国具有创新性而在马来西亚则不可能，反之，什么在马来西亚被视为创意而可能在英国则非常普通？

创造性的开发

房地产的价格是创新战略开发的一个核心。年轻的创新者和初创企业需要较低的价格才能生存。为了不断寻找低廉的租金或物业，人们就会在城市里流动。艺术家们尤其需要较大的工作空间，这一点现在同样吸引创意产业部门的工人。这不可避免地迫使他们去探索较为破旧的老工厂，这些旧厂房未来做什么尚未确定，不过却可以提供大片的工作空间。然而，在过去的25年里，正是这些地方一直吸引着一批追求嬉皮生活方式的非艺术家们。无论他们是否喜欢，这些创造性的行动成为中产阶级的先锋，使这些地区变得比较安全，受到不爱冒险人士的追随。在大城市的中心地区几乎所有这种类型的建筑都得以重新利用。而相对的，当今的工业类建筑则比较短寿。如前所述，很难想象那些潮流先锋人士在20年的时间内一直都在找寻一种简陋的生活方式。将该过程提高档次则是一把双刃剑，会提高房价，可能会提高开发的档次，也会推动那些第一批感兴趣的人们。艺术家们就会搬走，寻找新的地方。也许不受人青睐的市郊地产会成为他们下一个目标？

个人创造力与城市创造力

我们知道创造力在个体环境中有何含义，比如跨界思考的能力，超越学科、思想和观念的界限，把握问题的实质，并将看似无关的东西联系在一起；或者在团队或组织中，能让个人的多元化才能发挥出来的能力，并揭示人与人之间的壁垒，减少障碍和程序步骤，让更多的人做出贡献和发挥潜力，融合成一个连贯的整体。但是，创意城市议程的构想与实施不是一回事，因为它涉及不同群体利益和力量的联合，这些群体之间可能截然相对，它们的目标可能相互矛盾。它包含某些特质：在共同商定的议程内，协调利益集团的能力，学会在不同部门之间进行合作，相互尊重，而且最重要的是培养市民的创新性。

创造性与历史

如果一个城市的整体文化对建立创造潜能极为重要，那么文化遗产会怎么样呢？创造性的触发机制可能是对立的。举例来说，遗产能因为过去的成就激发灵感，它能给人以能量，因为深思熟虑已经深入其创造过程；它能节约时间，因为很多东西都已被考虑透彻；它能触发模仿的欲望并给予洞察力和产生自豪情绪，因为它经受了时间的考验——它仍然在那里。但是，同样地，遗产和传统能使人们承担重负，它能束缚、牵制、制服、强迫思维沿着熟悉的模式和思考轨迹前进，降低人们的开放性和灵活性。硬币的哪一面朝上取决于环境。

如果新一代认为自己的角色仅仅是保护他们并未参与的过去，那么这可能意味着遗产和传统正在淹没充满生气的新兴身份。只有当我们意识到我们自己是不断创造遗产的一分子时，遗产才最有用。这就是为什么鼓励参观者提出新问题，而不仅仅是赞美博物馆和美术馆更为成功的原因。它们鼓励它们的观众实际参与、共同创造和共同解读历史。与此相比，那些只会呈现给定事物的博物馆和美术馆必然失败，这是永恒不变的准则。当人们允许遗产及其解读僵化时，过去和现在就互相脱离了。

文化难免涉及过去，因为一个地方的文化是经历了关于有价值的传承的此消彼长的争论、追捧和协商后的重要遗存。文化得到认可（这也许也意味着排斥文化的能力）后，能提供前进的力量。文化会成为创造顺应力的中流砥柱，而这顺应力会让改变和转型更容易。自信是创造力的关键。当文化感到威胁或衰弱，或当其他文化不断叠加在它们之上时，它们会躲进壳里。之后文化就变成防御盾牌，不愿迎接改变、想象和创造力。

文化机制、精神支柱和创造力

博物馆、美术馆和图书馆能提供自信，通常让城市拥有自己的身份。确实，当你让人们辨别一个城市时，他们通常提到文化设施或具有代表性的标志。

这些事物以最好的姿态告诉我们：我们是谁，我们来自哪里，以及我们将去往何方。在这个过程中，它们向我们展示了回溯本源的路径。它们通过讲故事来达到目的，这些故事将我们、我们的社区、我们的城市、我们的国家、我们的文化，甚至整个世界融为一个更大的人与自然的历史，向我们展示能丰富我们认知的联系、桥梁和思路。博物馆和美术馆让我们看到一些熟悉和令人欣慰的东西，但更多的时候是激励我们重新审视，以新的方式看待世界，或体验一些需要想象才能理解的事物。

　　某些博物馆还允许我们在共同创造的过程中加入我们的个人体验。博物馆通过触发想象力诱使我们去探索，因此它提供试验、偶遇、发现和创造新事物的机会。博物馆和美术馆的核心是观念的交流，而我们以参观者的身份参与展品讨论。实际上，我们与自己或更多的人谈论我们的文化是什么，或其他人的文化是什么，从而思考我们珍视什么以及我们的价值是什么。这样的例子不胜枚举，比如伦敦国家美术馆的"蓬巴杜夫人女性画像展"（Madame de Pompadour – Images of Mistress）或在非博物馆场所利用人体局部展示的人体彩绘展。

　　博物馆、图书馆和美术馆通过事情的结果和其他人的想法将参观者置于历史的十字路口，成为对话、演说和争论的平台，提示构成社会的多层结构。在创造、质疑和确定身份的过程中，在想象、重新塑造和发现的过程中，理论上真实的物件或手工制品充当了催化剂。

　　事实上，文化体制与其本质的方方面面进行着交流，不光是它们的手工制品，还包括它们的环境及投射至外部世界的方式。它们的感觉和外观发送出数不清的消息，尤其是它们的价值铭刻在物理结构和规划中。因此历史较长的博物馆通常比过去的时代（尊重的时代）传达出更多信息，专家会告诉新手了解什么，如何去了解，低层市民会因为哪些博物馆体验而获得提升。而崇高的建筑实体本身会以更为恢弘的方式表现出来，它们通常会回归采用科林斯柱的经典时代，彰显出别样的自信和态度。但是好的当代设计经常帮助博物馆将旧的结构与吸引参观者的新方式结合起来。今天，我们尝试将生活的环境打造得更透明和民主。因此，更多的建筑在使用的材料上更多地反映触感的轻盈——玻璃、轻质钢和帐篷形结构，或采用吸引参观者的方式。新旧的最好形态再一次能够形象地交流，让我们立即明白整个文化体制。

当我们用敏锐的眼光观看时，我们会看到博物馆有特殊的"博物馆性质"，图书馆有特殊的"图书馆性质"。它们是：

◆ 精神寄托之所，这就是为什么在发展速度较快的世界中，我们将博物馆看作避难所或反思的地方；

◆ 连接之所，让我们能够了解过去和预期未来；

◆ 可能性之所，让我们涤荡历史和记忆的资源，并激励我们将它们编织到当前的环境中；

◆ 灵感之所，提醒我们为自己许下的愿景和抱负，并继续许愿；

◆ 学习之所。

当这些事物聚集在一起时，我们便能了解我们自己、我们的环境、什么有效什么无效，以及如何让事情变得更好。

城市的艺术、科学和创造力

大多数关于创造力的著作关注艺术和科学。问题是涉及城市发展这一点时，艺术是否有一些比较特殊的类别，例如歌唱、演戏、写作、舞蹈、演奏音乐和绘画。同样地，生物、化学、物理又有哪些特殊的地方呢？科学和科技非常重要。例如，我们对于气候变化、生态平衡、污染的认知，以及克服这些问题的方法都离不开科学。

重要的是，一个生气勃勃的城市既需要旧的艺术也需要新的艺术。将二者并置在一起会创造出对话、争论，有时甚至是冲突。什么是有意义的讨论是创造动态文化的过程。静态的城市文化仅仅关注过去的成就。这样的情况已出现在了许多美丽的地方，例如佛罗伦萨，它的美已成为一座监狱。

艺术帮助城市形成美学焦点，然后引导我们对我们的城市、我们的希望、害怕和偏见提出质疑。并且艺术能创造喜悦。

艺术家可能是现实的解读者、引导者和展望者。也许最重要的是，正是艺术作品中的打破常规、横向思维和想象力的运用才是它们给予规划、工程和社会服务等学科最为可贵的馈赠，尤其是联系到其他侧重点时，比如着眼本地差异性，它们的重要性尤为明显。

仔细审视一下，大多数城市自诩"创造性的"策略和规划实际仅关注了增加艺术和文化结构，它们确实很重要。此外，它们关注培养创意产业，例如广告、建筑、艺术、手工业、设计、时尚设计、电视、收音机、电影和视频、互动休闲软件、音乐、表演艺术、出版和软件创建。

就它的发展而言这是好的。但是，这不是"创造性城市"议程应唯一关注的点，它仅仅是一个重要方面。确实，如果将艺术思维融入交通工程师、规划师和其他人对于城市的想法会是件很棒的事情。但是很明显，艺术创造力有它自己的特殊形式，正如之前提到的一样。

创造力被艺术合法化，并被视为艺术家的核心属性，艺术社区非常狭隘地将自己置于争论的中心。想想关于创造力的所有书籍。过去十年的很多书都将关注点放在了艺术创造力（这包括创意产业涵盖的许多方面）上，而忽略了大多数其他形式，例如社会、公共部门或政府创造力。此外还有大量著作重点关注企业创造力。很少有著作关注解决城市问题或城市发展的创造力，或思考科学和科技的创造性方法。

创造性城市理念的兼容并蓄

很遗憾，创意城市的理念是兼容并包的。它是动人的号召，鼓励思想开放和来自各种来源的想象力。它还意味着对容忍的尊重，这是城市培养创造性的前提条件。它的设想和哲理是城市的潜能总是比我们一开始想象得多。它假定应创造条件，让人们以充满想象的方式思考、规划和行动。这意味着一个大规模对外开放的过程，并且会对城市的组织文化产生巨大影响。这样一个地方的风格和风气更有可能"认同"多过"否定"，让人们觉得这里有机会。可以将公路放到地下。可以用公共资金资助一个创新孵化器。可以发展充满热情的参与式文化。

创意城市理念主张如果条件适合，普通人在被给予机会时能创造出非凡的事物。看一看社工、商人、科学家、社会企业家或公务员在解决问题时的创造性就能突显潜能，这些活动大多数被认为了无生趣。我关注这类创造力的原因在于，它也许比我们通常关注的创造力（例如新音乐、制图法或时尚趋势）更有意义。

这些创意能驾驭机会并处理看起来棘手的问题，例如露宿者、交通拥堵、污染和优化视觉环境。成为许多创造力基础的原则是为受你的行为影响的事物提供力量。

创造力、原创作者和本地特殊性

许多创意城市争论的基础是本地特殊性，因为大多数创造力是对本地环境的响应。创造力争论本身是在振兴全球化和同质化趋势的背景下出现的。这使重点不再是持续关注新事物。而是询问一个地方什么是独一无二的、特殊的或不同的。谁是城市体验的作者？总部设在很远地方的公司决定了一个适合你城市的主题，这是因为你有正确的人口统计资料吗？"真实"仍是难以理解的词语，但无论它的定义如何变幻无常，它更多地是在于控制体验的创造而非相反的方面。这些是城市可以用来投射其身份和在更广阔世界找到自己位置的一些主要资源。这些资源可能包括我们持有的改造传统的理念，它可能是一个旧的工业部门，例如可以重新改造的纺织业或制陶业。它可能包括大学里传达的学习传统，或一种可能成为新创意产业基础的科技。

创意城市的敌人

有创造力是件脆弱的事情，它所需要的条件看起来截然相反，例如兴奋和冷静。伟大的城市能够给人类丰富的感情提供机会。活力有助于创意，但是只是在某个范围内。太多的活力会导致噪声和烦躁，会让人无法集中精力沉思。信息过量是另外一个问题，支离破碎、杂乱无章的无关信息会导致混乱而非清晰的思考，媒介过多的世界并没有任何帮助，那里毫无关联的信息大爆炸，面对这些信息一个人连一个完整的故事都无法理解。将今天的城市中的可视街景和30年前的做一下对比。实际空间、电视广播、运动、文化事件以及演出：都在广告商的广告画面中。广告大泛滥，无处不在。城市空间中几乎所有的地方都在某种程度上得到了广告商赞助，打上了品牌标志或者被指定公司专用。这些也是肤浅的方式，社会以此"衡量"创意——因为自身的缘故将其看作是风格、时尚、激动不安、富有争议：缺乏实质的属性。速度是另外一个问题。持续保持高速不利于反思，事情会变得模糊不清。反思的能力是想象和创新的核心。

创造力是积极的吗？

"创造力"这个词几乎总是在灌输积极的内涵。但是事情应该如此吗？创造冲动可能是消极的，它能创造疗伤的机器，也能创造出杀人的武器。创意的目标和创造的过程一样重要。同样重要的是，微不足道的小事和意义重要的大事一样被认为有创意。一个模仿他人的刻板创意可能被称为有创意，仅仅是因为它看起来很时髦，同样一个对人性有深刻新颖洞察的创意也可能被认为有创意。

"有创意"作为一个词、一个概念、一种令人满意的状态或渴望，来源于"有教养"这个词。"有教养"似乎有些过时和落后，并不需要这样认为。最有教养的人在设法理解当前的同时也在关注未来。有创意是面向未来的，看上去是关于新的和独出心裁的东西，是关于速度的——看起来要很有魅力。在"天才之战"中，企业也在束缚着自己以吸引创意。公司们常常声称自己多么有创意。

有这么多创意城市应该令人激动，但是我们在大部分街道、市中心或邻里看到的并非如此。太多情况下千篇一律、单调乏味，假装出个性和激动：全球3万家麦当劳每天有5000万名顾客，[73]5000家沃尔玛卖场总面积达50多平方公里，是阿姆斯特丹面积的三分之一，[74]这实在令人作呕。

定义创造力

创造力被应用于想象，一直利用智力及各种脑力特征以促进持续学习。

这意味着对失败的态度更加开明，而且能够分辨失败是由有能力还是无能力造成的。如果一个人努力想成功但是失败了，就会学到很多东西，这就为将来可能的成功奠定了基础。

它是"在能力的边缘而非中心思考"。在错综复杂的城市问题中，解决办法常常来自于我们认知的边缘和每个专家合规的做法的边缘。原因在于，当我们越来越清楚事情的错综复杂时，一个狭窄的学科内有限的重点往往揭示的东西越来越少，越来越缺乏洞见。这不是要贬低专家，而是让他们换种方式行事。

创意型城市的概念是一个持续的过程，而非一个最终结果。它是动态的，不是静止的。它关注一个城市中何种心态占主导地位，建议应该把一种创意文化植入城市运作方式之中，也就是要深入到社区成员、组织机构和权力结构中去。

对想象力在城市运作方式中的使用合法化可以生成"点子银行"。允许在专家和那些发现这种方式更自然的人们当中出现不一样的想法，这一过程会生成多种选择和"点子银行"。需要把不一样的想法汇总到一起，这样可以缩小可能性范围，一旦通过现实的检验，创新就会由此产生。

有创意的地方在哪里？

很多地方，例如纽约、伦敦、香港以及悉尼，都是港口城市。即便在空中运输如此发达的年代（今天），这些城市仍然是枢纽，因为他们保持了作为运输节点的地位。今天我们认为有趣的很多城市都是像中国香港和新加坡这样的。或许它们的小才有可能让一个地方产生更大影响，因为它没有内地贸易区需要关心。但是世界上那些以创新为特色的内陆城市，例如慕尼黑、柏林、奥斯汀、马德里和库里蒂巴怎么样呢？这些能够充分利用自己的机场枢纽的城市很快就会成为21世纪的交流中心。

在城市中，我们经常把城市中心看作创意中心，但是事实却越来越并非如此。城市中心可能仅仅是一个无生命的人为设立的区域。然而，在一个城市中，可能是一片内城生活区、一个轻工业圈、一个科技园或村庄以创造力而闻名。想想纽约的格林威治村（曾经是一个非常有创造力的地方）或慕尼黑的施瓦宾区。

郊区创造力

郊区可以有创造力吗？郊区一般被认为枯燥无趣，据说那里的环境不会激发创造力，但是适合孩子成长。但是，尽管郊区的实际环境在设置上可能会注重舒服和方便而非启发创造力，但是对这种环境做出的反应却常常激发创造力。一个例子就是很多明星都出生在平凡的地方。约翰·列侬在利物浦的弗拉曼大街251号的曼迪普斯和他的姨母咪咪生活了20年；米克·贾格尔住在达特福德；布鲁斯·斯普林斯汀住在新泽西州的费里霍尔德。这很好地证明了朋克起源于郊区。实际上，佩内洛普斯皮瑞斯在电影《郊区》中探索了郊区青少年与世隔绝的生活，因此被认为是"朋克摇滚电影"。

全方位的创意

几乎没有地方拥有全方位的创意，但是每个城市都可以比现在更有创造力。在很长一段时间——150年或200年内，单纯靠全球知名创意人员的力量持续支配了城市风貌的城市很少，用一只手就能数得过来。目前，这包括纽约、伦敦、阿姆斯特丹和东京。在接下来的几十年中，孟买、上海和布宜诺斯艾利斯可能也会加入这个行列。在稍低些的层次上，一些地方生态环境很棒，可以在50年到100年间持续发展。例如米兰的时尚、洛杉矶的媒体产业、斯德哥尔摩的公共基础设施、慕尼黑的银行业。所有这些城市都很吸引人，要保持创造力，他们需要经济、技术、文化甚至政治上的地位和影响力。正是这些因素的组合才能驱动城市的牵引力，组合起来就好比增强剂，可以引进人才并同时刺激本地出现人才。要保持这种地位，这些城市需要吸引或开发一流的研究机构，往往建立在现有大学或前沿公司的基础之上。今天，他们还需要设置一个公共部门和能够进行长远思考的机构，并使之把重心放在推动未来财富创造的关键因素上，而且能够以开明的态度公正地从战略意义评估其所在城市的相对定位和潜在资产。

今天，判断一个城市的创造力通常是通过艺术和文化领域的事件，例如音乐或电影，或者其他类似的事件，而不是在科学、工程或技术以及其他需要较长时间才能获得声誉的领域。后者依赖于教育、研究和商业的基础设施，而且其结果看上去没有那么富有魅力。媒体对文化事件的报道令人激动，然而这是浮躁的，受时尚的支配。即使是有实质内容的博物馆和教育基础设施对于未来创造力的产生都有帮助作用。例如，伦敦的维多利亚与艾伯特博物馆中成千上万的纺织品样品在几十年间已经给很多年轻的设计师提供了灵感。媒体的本质就是追求流行，这种本质在我们评判哪些城市有创造力时发挥了重要作用，城市们在新闻中出现或消失的速度之快，令人眼花缭乱。一时孟买是创意中心，一时又是台北突然充满了创造力，接下来是首尔或布宜诺斯艾利斯或阿克拉，现在变成了莫斯科。在欧洲，巴塞罗那长期以来被认为有创造力，然后是布拉格和布达佩斯，再往后是赫尔辛基和卢布尔雅那。这是时尚的轮回，掩盖了对任何一个以上所述城市的潜在真实本质的深层评估。

创造力的爆发

回顾历史，城市中曾经有过创造力大爆发，可能仅仅持续了很短的时间，但仍在公众的想象中引起了共鸣。以旧金山为例，它在1906年的地震之后出现的创造力在1967年的电影《爱的盛夏》中达到了某种顶峰，在海特阿希伯力嬉皮士区可以看到其化身。这个城市长期以来享受着波西米亚式的声誉，因此在20世纪后半叶成为反文化的磁铁。在20世纪50年代，城市之光是垮掉的一代文学的重要出版社。而且旧金山还是嬉皮士和其他类似文化的中心。"旧金山之声"（San Francisco Sound）作为一支富有影响力的摇滚乐力量应运而生，相关的乐队还有杰斐逊飞机（Jefferson Airplane）和感恩而死（Grateful Dead）。他们模糊了民谣、摇滚和爵士之间的界限，使摇滚乐更加感情丰富。在20世纪八九十年代，旧金山成为北美乃至国际的朋克、重金属和锐舞界的中心所在。这个城市早在20世纪初就已经因为是同性恋渴望之地而闻名，这在"二战"期间得到了进一步强化，当时这个城市有几千名男同性恋士兵。20世纪60年代后期，受其"激进、左翼中心"的名声的吸引，一批更为激进的女同性恋和男同性恋涌进了这个城市。这些人是同性恋解放运动的发起者，他们把卡斯楚区变成了全世界同性恋心中的圣地。但是在20世纪80年代，艾滋病毒对同性恋群体造成了严重破坏。在20世纪90年代，旧金山还是互联网经济发展和增长的中心。这些运动影响了世界，并且推动了发展，一路引发了生活方式、产品和服务方面的创新。然而互联网经济的冲击掏空了这个在美国南部市场中发展起来的产业，大部分创造力也随之消失了。很多以前工厂的时髦仓库现在从创意中心变成了高档商场。实际上，互联网先行者们使这个地区躲过了下一轮的旧房改造。

海特阿希伯力区与其回忆尴尬地共存，现在不过是一个好像纪念品一样的阴影。嬉皮商店坐落在一片越来越中产阶级化的地区，显得格格不入。残留下来的老嬉皮士和偶尔才有的新嬉皮士看上去很茫然。卡斯楚区不可避免地衰败了，它的自信大大受挫。吉尔德利广场在1964年被看作对工业建筑改造再利用的第一个成功案例，现在是游客们心中的麦加圣地，它的创造力荡然无存。确实，新的地区出现了，例如南市场，但是新的媒体中心转移到了别处，到了洛杉矶和其他地方。失去了留住内部人才和吸引外部人才的经济、政治或文化的向心性，很难保住在创造力方面的全球位置。毕竟，这个城市有巨大的吸引力和创造积极性，到处都有项目，尽管存在一种风险，就是旅游业正在从这个城市带走创造力。因此这个城市的美丽、记忆和过往越来越成为一种回响。

兴衰

旧金山的故事在其他地方无数次上演。创造冲动如潮水般有起有落，这取决于环境的机缘巧合，在这种环境中，有创造力的个人、开放的制度背景以及各种政治掮客对接良好。个人的创意行为没有合适的环境也能发生，但是对于创造力而言，要实现自我发展和自我强化，需要一种环境，在这种环境中人、资源和激励能聚合到一起。通常城市某些部分是开放的，另外一些却并非如此，这种情况会随着时间而变化，但是全部都开放更为罕见，而在全部开放的情况下城市才会让人感觉充满各种可能性。但是总有领先和滞后的情况。在某个阶段大学可能会向城市关上大门，而市政当局是开放的，或者其他商业部门是中立的，对城市的战略高度的未来几乎漠不关心。而在另外一个阶段，这种情况可能会反转。有时一些个人会冲破束缚，设定城市的基调，远远超出自身的专业领域，正如赫尔辛基的滑稽组合"列宁格勒牛仔"。从一开始，关于他们的笑话就是"世界上最糟糕的乐队"，他们像独角兽一样的发型和长长的尖头鞋引人注目，这是对西方摇滚乐的东欧式蹩脚演绎。1993年他们在赫尔辛基的议会广场著名的"牛仔撞红军超级演唱会"上和红军合唱团一起表演，讽刺芬兰过去与苏联的关系，这场突破性的演唱会由诺基亚赞助，他们就这样跟这个城市的科技创新发生了联系。他们后来把活动延伸到电影、餐厅和购物广场。他们最初的笑话随着他们本身被认可也越来越不可笑，变得谦逊而又自信，因此投射出的感觉是赫尔辛基想怎样就怎样。

权力与创造力

当政治、经济和文化三股力量聚合在一个地方时，就会发挥像麻醉剂一样的作用，而且会降低某些创造力的潜力。这是因为权力之争会淹没创造力。高房价也一样，会让人们很难踏上幸运之梯的第一级台阶。不管在什么领域，现存的主流都会十分强大，而且会倾向于鼓励自己能培育和控制的创造力，而且让人感觉很可靠。或许媒体的太过关注危及了创造力脆弱的平衡。另外，在这样的权力中心，一些最新的点子会在最大的博物馆、美术馆、购物中心、娱乐中心、大学和公司总部出现，因为权力掮客和有雄心之人会感觉这是他们的权力。这些反过来会吸引最有抱负、最成功和最富有的人，从而从周边地区吸引人才，使这些地区失去身份特征和潜力。关键是，首都城市最有能力在全球的竞技场上占据一席之地，最为明显的是一开始可以通过政治机构，例如大使馆、贸易代表团及其他代表机构这些途径来实现。当与城市的经济和外交政策相联系时，这就是一个强有力的混合体。

一旦这些资源、人才和权力聚合到了一起，就会加速发展，发生群聚效应，这就使得其他城市很难插手，尤其是一些小国家，那里中心城市的人口可能会占到总人口的25%。一旦到达临界点，城市就会借此占据主导地位，这会逐步增强。例如，首尔的人口超过全国总人口的20%，在很大程度上决定了这个国家在全球的身份。对釜山、大邱、仁川以及光州这些城市来说，要想加入国际圈子并得到认可难度会加倍，更不用说全州或平泽了。在国家或地区内部它们可能很重要，但是如果认为获得国际性认可很重要，那么至关重要的是要有独特而又受到国际认可的东西或者是非常有特色的地区。

远离聚光灯

但是远离聚光灯也有好处。确实正如彼得·霍尔所指出的，[75]很多在历史上很有创造力的城市，例如洛杉矶（至少开始如此）、孟菲斯和格拉斯哥，在远离公众焦点的地方培育出了自己的人才，进行了各种试验。从今天的标准来看，第一批当代艺术馆出现在波兰的罗兹市，随后是在德国的汉诺威，而不是在华沙或柏林。小一点的城市可以试验那些中心城市认为不重要的事情。另外，中心城市会发现很难在每个领域运作。对于较小的新兴城市而言，一旦初有成效，面临的困难就是要挤进国际圈子，满足国际圈子中创意人员的愿望。

问题在于，每个城市都能够比现在更有创造力，一个城市要想有创造力，任务就是要辨识、培养、管理、提升、吸引并留住人才，使创意、资源和组织机构流动起来。

创意城市的特征

富有创造力的城市能够克服任何障碍，因为弹性是其主要特征之一。他们知道自己的目标，有主要成员大部分都认可的愿景。他们会冒险（谨慎而有分寸），扩大疆域。他们承认一个有创意的城市需要很多领袖。可能会有一些超级领袖，但是他们的基本角色是要为其他人的工作铺平道路，并且用他们的权力来换取影响力。

我对创意城市的定义是，应该有道德目标来指引大部分地方存在的大量活力。这些道德目标可能既可以生成财富，还可以减少不平等，在促进经济增长的同时关注可持续性，或者关注本地特色。伦理规章更有可能基于世俗的规则，这些规则保证了质疑和容忍的自由以及国家和宗教的分界线。原教旨主义在想象力的开发方面不会起到帮助作用，因为一切都已经被想象出来了。这意味着要把目标从市场转向公共利益。没有这个框架的地方也能产生创造性活动，但是我不会将其称为"创意城市"。例如，硅谷在一系列狭窄的工程学领域都有密集的创造，但是他们从硅谷创造的物质环境没有吸引力，没有灵魂，这就是为什么距此不远的旧金山作为感官刺激的场所而如此重要。

软创意

　　软创意可能会是我们要考虑的下一个浪潮。软创意是创意的太极，它像芦苇一样在风中弯曲并随风而动，而不是像棍棒一样僵硬。它理解人的个性、心理和本性的流动。它是一种想象，和文化及自然资源共生（而不是与之相悖）。它不把科技看作是对任何复杂问题的下意识的解决方法。它是一种心态，退缩、倾听、沉思并审视。它试图找到顺应本地文化及其态度的解决方法。例如，如果有一个独一无二的本地交通项目，如悉尼的合租车，就是出租车和在固定线路上的公交车之间的一个交叉，不会在国家机构之上再添加一个系统。同样，如果某地有关心老人的传统，例如在地中海国家，城市会对这一传统加以支持，使得工作在现存习惯中就很容易进行，而不是将其转包给私人公司。

创造力指标

　　我们生活在一个处处要衡量的时代，但是创造力常常要违反规则，用不同的方式做事或重新考虑可能性，有很强的不可预测性。因此最好是评测那些大体上使城市有创造力的特征和先决条件。如果没有足够的指标的话，这些是必需的。要寻找充分条件可能会是妄想。创意城市的中心特色就是其开放性和活力，这会使它们具备生存能力。活力是通过评估一系列因素包括经济、社会、文化及环境领域来衡量的。这些因素包括群聚效应、多元化、可及性、安全性、同一性和特殊性、创新性、连接和协同、竞争以及组织能力。[76]开放性指标已在第五章讨论过，包括对组织机构的评估、商业环境、市民社会和公共空间。[77]

创新共识和开放的资源

我们需要注意到创新性和创造力的一些合并的指标。对创新性而言，创造力是一种创新投入，它使得创新更有可能发生。创造力是一个发散的、探索的、开放的过程，它源自一个在现实中接近目标、收窄范围、深思熟虑、办成事情的过程。然而重要的是，创新性需要韧性和对最初的创造性工作产生灵感。一个地方没有创造力是不可能有创新性的。实际上，创新性力量的传统指标可能会阻碍创造力。[78]这些包括一个城市中专利注册的百分比——对版权及知识产权的坚持或注册很多小的专利，如在科技领域，会使他人的选择和可能性减少。这就是为什么"知识共享"组织和开源运动[79]认为，基于多样开发的目的，对创造性工作来说应该有灵活的版权许可证并可以获得软件的源代码。这样会使得居民社区或兴趣社团可以灵活地开发创意或产品，而在一个专利世界中，这都是受保护的。知识共享许可允许版权持有人向公众授予部分权利，同时保留一部分，其用意是避开当今的版权法给信息分享带来的问题。

"开源"背后的理念是，如果程序员能够读、重新发布并修改一个软件的源代码，那么这个软件就得到了进化，因为人们对它进行了改进、改编和修正了它。与传统的封闭模式和方法（只有几个程序员能看到来源）相比，这可以让软件发展得更快。

显示出更多创新性迹象的国家更为富有，发展得也更快。显示出更多创新性迹象的公司公布的财务业绩更好，股价也更高。但是：

> 在知识经济中，主要的竞争首先是创新性的竞争，而不是像标准经济学所

假设的那样削减价格。因为对创新的独有权授予了垄断的权力，完美竞争的经济规律不会控制创新者。他们的垄断是对在创新上的投资的报酬。与标准经济理论中的垄断不同，基于创新的垄断是暂时的，因为它们只会持续到另一个创新者让昨日的创新被淘汰。知识产权延长了创新者的垄断。[80]

在过去，经济学家们已经假定，通过不断增长的经济回报，知识产权应该鼓励更多的创新，现在有一种观点是它们会拖慢创新的速度，因此高的专利数量不一定意味着高的创新水平。

未来何去何从

"创意城市"现在已经成为一个泛称，正在面临失去自身实际意义以及湮灭创意之所以先行的理由的危险。城市常常会限制其意义。过度使用、大肆宣传和未经仔细思考其真实后果就接受这一术语的倾向，可能意味着这个概念变得空洞，被破坏和抛弃，直到下一个大口号的出现。"创意城市"的含义是关于一个发生之旅，不是事情的固定状态。认真来说，就是对现有的制度结构、权力分配和习惯做法的挑战。创意城市的创造力是关于横向思考以及同时看到部分和整体的能力。

下面我要描述一种可以让创意绽放的步骤。在这一部分里，我给出了一些恐惧，因为本书大部分篇幅都在讲述脱离官僚程序，挑战过时的思维模式。不过，请把下文看作是一个建议，你可以先思考，然后部分采纳或全部接受，也可以部分拒绝或全盘否定。

可能的首要步骤

要运作一个创意平台的话需要在城市里有一群有影响力的同伴，能认识到这个平台的重要性。和这些同伴一起进行一个初步审查，你们会发现在该地区存在大量创造活动，机构和个人已经在行动了。

通过以下行为澄清创造力对这个城市意味着什么：

◆ 就什么是创造力达成一致；

◆ 向主要参与者总结其重要性；

◆ 从其他地方找一些榜样当作灵感。

着手创意和障碍审查：

◆ 在城区的公共、私人及非营利实体内描述创造性活动的本质和范围，这可能是知名公司、研究机构、教育机构中的专项课程或个人从事的新方案；

◆ 如实评估要在该地区发展创造性活动的障碍；

◆ 讲清楚从自然优势（来自于有权使用更加丰富和廉价的自然资源及劳动力）向一个依赖创造优势获得繁荣的世界的转移（来自能够利用创造力并从知识获取价值）。

创意重心最近已经转移到了艺术和技术治国论上，由此引起了对技术信息驱使的创新和商业集群的关注。对今天的运动的重要认可是，要发展有创意的经济也需要社会和组织的创造力，这可以促使想象发生，而且这种创造力应该渗透到整个体系中。这样的话，创造力才会成为解决问题和创造机会的一般能力。其本质是多层面的智慧。创造力既是通用的——一种思考方式，一种心态——也是具体的，是以任务为导向的，涉及特定领域的应用。一次创意审查能够横跨多个范围来评估创造力：

◆ 空间上从本地向外扩展；

◆ 部门风格，从私人和公共的到面向社区的；

◆ 工业部门，从先进的生产到服务；

◆ 人口统计，评估从年轻人到老年人不同年龄群体的创造力；

◆ 多元化和种族划分。

审查需要全方位地审视创造力，从个人、公司、工业部门和集群，到城市中的网络，城市本身（看作是一个不同组织文化的混合体）以及所在地区。需要评估私人、社区以及公共领域与创造力的相关性，以及在促进一个地区的繁荣和幸福方面与诸如教育、特殊工业部门，科学及组织机构等领域的关系。

审查的结果将会有助于：

◆ 确定成为创意大使的组织和个人，与这些组织和个人以及其他指定机构一起从事的项目工作。

◆ 在来自完全不同的地区的有意思的项目之间开发综合效应。例如，通过分享关于创意的理解，一个流浪汉项目和一个电子媒体活动可能会发现彼此有很多共性。

◆ 创造空间、地点和场所，依据图像投影标志该地区的抱负，激发创造力。

◆ 创建这样一种环境，在这种环境中有创造力被看作是令人渴求的这一种东西。

◆ 给试验和探索新想法以及利用合适资源提供机会，不论是鼓励、指导、培训或资金。

◆ 评估教学方式的改变如何发生，给不同年龄阶段的人提供专用的培训课程，开发项目以及对创造性思维的指导。这些应覆盖整个领域，不仅在商业活动还要在管理和社会经济活动中注入创造力。

◆ 为人员和组织的创造活动开发支持项目，包括支持学习和发展的工具包，对避免公式化培训和允许弹性和开放的需要要牢记在心。

◆ 可以评估机会之梯怎样在特定领域孵化创意，以便创意能转化为发展机会。

◆ 确定城市可以产生重大影响的定位。审查将提供战略机会的标志。之后要评估一个创造性的转折能怎样给经济中新的和旧的部分带来附加价值。

- 确定启动资源以在创意平台内给活动提供资金，并帮助游说现有的投资者和资助人将创造力标准应用于其投资活动。
- 为投资设立标准。这些标准应该不仅仅为那些创造出新的最终产品的项目而设定，也为那些显示出了影响力而且有能力拓宽以下领域界限的项目而设定，包括：技术、技巧、程序、过程、实施机制、问题再定义、目标受众、行为影响和专业环境等。

一旦审查被消化，项目被创立，就应该建立一个下面这样的评价体系：

- 建立一个经过协商同意的基线起点，以便能够对城市的创造力进行评估并追踪其活动。
- 开发一个坚固的评估体系和起辅助作用的方法论，以通过定量和定性的方法来评估成功和失败。这有可能会开发出新的举措，如人才跟踪和人才流动，监督创造性产品和服务、该地区创新人员、正在采用的创新过程以及各个组织或该地区内部创新环境的开发方式。
- 公布城市的创造力的年度报告，不是基于热烈拥护的——也就是说缺乏实质的大肆宣扬——并将其与一系列的公共事件相联系并讨论这一报告的结论。

精心策划动力，开发群聚效应并将城市的创意目标传达出去：

- 创意平台本身是一个配器装置。应该给它加上一个交流平台，作为一个想象力中心与城市本身以及外部世界进行交流。
- 确定诸如展览、展示以及旅行巡演的设备以培养关于创造力的讨论并庆祝成就。
- 开发以创造力为主题的一系列各种关键事件——一些引人注目，与影响的策略相关；另一些对小众或更为广泛的公众有吸引力。这对相互学习和批评性评价而言很重要。

◆ 建立并调动创意人员网络成为创意平台和城市的大使。

　　一个节奏固定、目标明确、有时间表的项目计划会涉及一个整体的展望型项目，这个项目应该混合了容易、短期、低成本的项目以及较困难的和昂贵的长期项目。这就更容易创造切实可行的阶段性目标并确立早期的成功者，他们树立的信心和动力，并生成完成更为困难的任务的能量。一个创意审查将会揭示很多已经存在但还没有广泛传播出去的项目。这意味着通过推动有趣的例子来展示行动已经开始了，在一开始就已经有可能把城市设计得非常有创造力。最终目标是重新讲述这个城市的故事，以便居民和外地人感觉他们能与之发生联系并且想成为其中的组成部分。

　　第一年的整体目标就是要发展对创意日程的整体性了解，这可以通过下面几个途径来做到：和主要成员及组织（他们作为榜样和伙伴出现）一起促进创意审查的结果；启动与创意的重要性及改变教育方案的可能的需要相关的促进活动，确定教练、导师和课程开始对主动性进行培训，在第一年年底高调举行一个发布会，通过想象的方式展示创造性成果。最后，创意日程需要自下而上和自上而下双向设立。招兵买马的环节需要从核心团队出发，扩大到超过100人的一个较大型的利益相关者集团，其中大部分人可以通过创意审查来确定。

　　之后，活力就会喷薄而出，牵涉其中并受到启发的人数可能会达到1000人，从那之后规模会更大。

　　要开展这样一个项目需要专用的创意平台负责协调推动议程的发展，协调调查研究并推动方案，组织沟通和联系。

良好的判断与模式

　　成为创意城市不能使用现成的范式，也不能从教科书中学到。它是一门艺术。艺术，从广义上来说意味着做某种事、有某种能力以及通过学习和实践能够得到某种技能的良好感觉。有一些核心原则既可以跨文化应用，也可以应用在创意城市建构的大多数情形之中：乐于学习和倾听；谦虚；鼓励询问；减少自我意识；更多地关注影响而非权力；抓住各种学科的本质；跨学科思考；想象一下目前出现的暗示对长远的影响；分别从浅层次和深层次理解变化的动态性。

本文涉及了根据经验形成的良好的判断和分辨创新时机的能力。城市建构者掌握了复杂城市建构的所有艺术，是最高层次的艺术家。

迫切性和创新性

如何在某些地方创造出紧迫感和情况改变时需要的警惕性？这些地方目前一切运行良好，潜在危机似乎还很远或者还没被感觉到。例如，珀斯和卡尔加里，两个地方都因为石油而繁荣，但也有隐约可见的危机——无法将人才留在本地。一部分原因是，人们觉得自己城市的环境质量应该更好。很多地方如果有温暖的阳光、上好的佳酿和放松的生活方式，人的野心就会被削弱，所以不要再考虑"什么才是真正重要的"，也不要再关注引起改变的潜在原因或潜在危险了。

一个策略是制造"理想危机"。通常来说，这是为了迎合人们更高层次的理想，而这种理想来自于思考更大范围的问题，比如世界的未来怎样，或者你会给下一代留下什么。这种情形可能发生在一个战略集体内部，像城市委员会或公私合营企业。

产生危机意识

在一个城市开始工作之前，我经常会询问相关的利益团体，从公共领导人、当地的小店老板到城市的居民，先询问他们喜欢的外地城市，然后再问他们喜欢当地的什么地方。无论在哪里做调查，人们喜欢的地方经常都是一样的——这些地方的生活质量在全球排名稳居前列，如美世咨询公司排出的全球生活质量最高的城市依次是：温哥华、西雅图、波特兰、蒙特利尔、旧金山、波士顿、圣安东尼奥，之后还包括一些小城市，如查尔斯顿和萨勒姆。欧洲上榜的城市有巴黎、伦敦、巴塞罗那以及意大利的锡耶纳、维罗纳和佛罗伦萨等。另外，香港、墨尔本和悉尼也有提及。再往下看，还有慕尼黑、柏林、阿姆斯特丹以及荷兰的代尔夫特这样的小地方。然后往东，还有克拉科夫、卢布尔雅那和布拉格。他们喜欢的地方，不论是本地的还是其他地方的，通常都有不同的住房环境、独特的购物中心，以及一些知名品牌，街头气氛活泼，任何奇遇都有可能发生。这并非科学，但十年中不断地问不同的人相似的问题，一定会有它自身的价值。

接下来我使用简单的"是或否的分析"。我们收集了不同地方的图片，然后询问某个建筑或环境是否能够唤起人们"是"或"否"的感觉。这很快显示了人们追求的东西。在本能的"是"和"否"背后隐含的通常是深层次知识。一些人可以准确地描述自己的情感触发点。这就回到了核心问题："需要什么样的行动才能得到'是'？"著名的城市规划专家和普通民众都认同最重要的是城市质量，但这看似与他们选择的答案相矛盾。然而，城市是一个大容器，各种极端可以共存，既可以享受平静，也可以喜欢疯狂。城市是可爱的、宜居的、活泼的、快乐的、动态的、有活力的、前卫的、简单的、方便的、可步行的、宁静的、和平的。城市是你可以探索、发现、创造和创业的地方。城市是难忘的、有特色的、独一无二的、设计精良的，也是安全的、可靠的、无所畏惧的、能迅速恢复原状的地方。

下一步是对比他们的理想和面临的现实，通常利益相关者会首先表明什么是他们不想要的。

另一个技巧是不断以发展性的问题来询问利益相关者，比如"……是否足够好？"或者引导他们："……是否不够好？"，甚至可以说："你喜欢开发或者你喜欢这个城市吗？"然后，我就有了一个关于如何获得人们喜欢地方的讨论，主要讨论城市的计划，以及谁操控了规划流程，如开发、道路建设和工程师协会。这就涉及了原则问题，比如一个地方的规划应该由汽车的需要决定还是由环境问题决定？什么是城市设计的指导方针？城市规划是否应该首先考虑街道？

这次讨论基于矛盾和悖论，例如，要求修建更多的道路以求便利，却恰恰摧毁了人们喜欢的地方。通过阐明这些可能的影响,人们就如何建立社区结构展开了对话。通常都会有一些呆板的选择,例如,以车为中心的选择,会导致某些社区的所有构造都会基于人们去某个地方的需要而建立;而以公共交通为中心的选择,会优先考虑城市中心的便利,这样的系统速度更快、效率更高、票价更低、服务时间更长。对二中择一的分析引发了是什么和可能是什么的危机。

十个开启创意城市规划的构想

如果一个城市想要努力成为创意城市,它应该怎么做?

1. 形成一种危机文化。危机在这种情况下不一定是负面的。危机让人们有机会重新思考,重新评估。危机可能由一个衰落行业引起,却可以推动创建高期望值的城市,所以要有危机意识。当前的现实和理想之间的差距可以让人自发产生危机,从而积极行动。

2. 让一大群来自不同行业并且对大范围的创新议程感兴趣的项目拥护者参与。如果这个不可能实现,那就在小群体中进行下面列出的一些工作,但要经常考虑建立更大的团队。

3. 审查创造潜能和障碍。这将评估整个城市所有的创意项目、鼓励措施和监管制度。有什么鼓励措施或政策举措能够激发创造性?什么人或者什么事制造了障碍?

4. 在自己的城市中确立一些重点项目作为良好实践的范例。访问一些混合型团队,研究他们的工作模式。同样地,在其他城市也确定一些重点项目,可能的话去访问他们。这样产生的影响被认为最具改革能力。

5. 用发展趋势证明文化联系、广义创造力、艺术、以及创造性使用技术的影响和价值。强调世界不同城市的发展事例,特别是那些你认为是竞争对手的地方。

6. 努力影响城市"最重要的"策略。这通常由空间和经济驱动。试图加进文化和创造性的议程。如果失败，就使用大范围宣传的替代策略。欣赏传统计划涵盖的所有议题，但要远远超过这些。通过示例展示跨学科跨边界团队的工作效力。

7. 创建一系列可以当作实验的试点项目。这也许需要一个大事件的掩护，比如世博会、节日活动或大型的物质重生型项目。

8. 评估城市的来历在城市内部如何讲述，在城市之外又是如何讲述。这个来历是否正确？是否关系着你想要达到的效果？如果必要，创造一个新的来历。

9. 组建一个拥护和游说团体，它的行为方式，比如举办会议或安排研讨会，都要体现你想要的创造力。

10. 不要说自己的城市是创意城市——让别人了解你的成就后再这样说。讽刺的是，一直寻找方法建立创意品牌的城市实际上在做无用功。

从某些方面来说，第10点是最重要的。当大家都在建造创意城市时，你将自己城市标榜为创意品牌，这就像在宣布自己是人类的一员——有点模仿。但如果有人认可了你的创造力，其他人也会注意到。这并不是阻碍城市品牌的发展。事实上，一些原创的、与创意相关的品牌也许很有创造性。但是，由别人建立的好声誉才是检验你的努力的试金石。

因此，首先应该自省。如果有必要，就尝试改变人才结构以产生好的想法。然后从态度上和制度上促进文化学习，时刻注意创造性活跃或错乱的情况，最后制定宏伟目标。

在社会领域要有企业家的思维，在企业家中间要有社会思维。从风险中抓住机会。与他人互换角色。也许对你的领导能力的最大考验就是与其他具有才能和领导能力的人分享权力。关于城市规划的经验，没有人能比市民更重要，所以利用众多市民的潜在影响力会远远超过自上而下的"启发"。这样广泛、热情参与、参与者共享收益的方式会获得自发的动力，因为坦率地说，人们往往不会在自家后院撒尿。

我已经根据审查、共识、创意平台等预设了一个较为透明的创意方案。但是该方案可能到达了一个操作已经受限的框架。现在你得敢作敢当。就如同巴塞罗那放弃总体规划想法一样，城市应该遵循成为更好、更幸福之地这样的有机发展之路。

尾声 |

本书呼唤我们走入一个新时代，一个具有新思潮的时代。这样的时代精神引领我们全面立体地看待事物，既见树木又见森林；这样的时代精神能够让我们以个人、集体和整个城市的视角理解这个充满创造力和想象力的生态环境所带来的地区活力；它能掌控自身对一个地区文化的影响；它让我们明白鼓舞我们前进的动力、渴望和决心；它力求重拾城市的魅力，并改变我们心中对其产生的共鸣，而这不会让我们对"城市"这个词产生消极的感受（不知为何，"城市犯罪"这个词听起来比"犯罪"还可怕）。

这是一个有着新道德基础的世界。在这个世界里，以不同的方式评价和看待事物意味着以不同的方式做事、做不同的事；这个世界能用与以往不同的方式排列事物的优先顺序，因为它能以更广的视角看大局；这个世界能够掌控人际间的关系；这个世界会让环境付出彻底的代价，它也能让经济来偿还。这样来看，这个世界大规模地消耗着资源，而只关注资源生产率。[1]

世界改变了创造力在我们心中的形象，并且力图重新提出创造力的着眼点。我们曾把天生就是焦点的娱乐圈看作创造力的驱动力，然后把目光转向有待出现的大批发明，因为它们会成为我们的城市、乡村等地方的给养。我们还关注了减少犯罪所需的创造力和勇气，并且将错置的精力、才能、抱负转移到更有价值的目标和培养市民文化上。

通过全方位的考量知觉、情感、感悟对于个人和集体心理的影响，从而使这个世界能够从更宽广的角度重新定位价值。因此，它能够感知一些无形之物的力量，比如期望、历史、身份、欲望、幸福、恐惧、自信，及其他更多的感情。新的观念并不仅仅被你认为重要的东西所蒙蔽，因此也不会关注于物质。新的观念也注重精神的价值、长远效益以及潜在影响。这样的观念很好地处理了城市物质和精神的平衡，并给予那些能够理解市民如何才能真正满足的人以更高的社会地位。在这样的观念之下，做物质建设的人，比如交通工程师、建筑师、房地产开发商，将重新思考并精进所能。

随着新观念重新审视何为重点，规章制度和激励措施将迫使市场改变价值取向。市场的力量能做市场最擅长的：寻找机会，填补空白，但是在城市重建、修补的名义之下。它们将被朝着符合新价值观的角度引入推进。市场无形的手不是无所不能的。竟有如此奇怪的想法存在。市场并无价值，但市场却有惊人的能量。另一只无形的价值之手才是发展的动力。

这个世界有许多新出现的英雄们。这些英雄也许是拳击手、规划师、音乐家、建筑师、星探、知识分子或是当地的历史学者。名流的定义，或者什么是酷，还是潮，无论最流行的词如何形容，这一切都变了。仅关注自己、闭门造车的媒体人会越来越少。新的楷模会更鲜明有趣，因为他们理解运用新的道德基础来做事所能带来的快感。

我的思想来源

我自1978年以来一直在研究城市，去思考它们的活力、它们的成功之处、它们的失败案例，以及它们实现其目标的方式，以上你读到的观点和看法均来自这些经历。得到这些经历需要去回答城市中存在的问题，通常是有关其未来发展的问题，它们包括："我们如何才能更具创造性？""这样的城市能为我们提供什么样的未来？""如何提高我们文化部门的职能？""我们的城市怎样才能受到公众的关注？""如何重新看待我们城市的优点？""我们如何能够更具竞争力？"除此之外更重要的是，城市发展顾问通常想要得到以下这些具体问题的答案，如"卡尔加里市的奥运广场怎样才能更具活力，怎样才能得到更好地利用？""阿德莱德市能否提升其城市等级？如果能，该怎样提升？""我们如何最大限度地利用城市的多元化优势？"

要回答以上这些问题，我们需要与各个层面的决策者进行沟通。从核心决策者到那些想要改变城市发展优先项目的非核心决策者。而后者常常是文化领域的工作者，他们希望城市的发展能够带有文化的视角。另一群人也许是科学家，他们知道我们的高耗能项目必须得到改变。通常，我的观点来自于对失败案例的反思，同时探索先例和那些有可能实现但风险很高的计划之间的临界点。

我研究过的很多城市都很大，比如：伦敦、多伦多、大阪、阿德莱德、德里的戈温德普里贫民区、里尔、莱斯特、格拉斯哥，以及罗马尼亚的雅西。也有一些城市略小，比如：阿尔巴尼亚的斯库台，以及安德沃。我还研究过网状城市关系，比如欧盟的Urbact计划，这是一个有关文化活动、创意产业以及城市改造的计划[2]，涉及的城市有那不勒斯、希洪、阿姆斯特丹、马里博尔和布达佩斯。我也作了许多演讲，在许多地方甚至有250个主题演讲，这些演讲的主题涵盖各个领域，比如"风险与创造力""复杂性和城市建设""多元化的优势与创造力"，等等。我也曾在许多城市居住过，比如阿德莱德、堪培拉、塞勒姆，以及马萨诸塞州的伍斯特，在那期间我就像这座城市的老友一样对其指指点点。我还曾受命去往一些城市进行实地考察。尤其与这篇论文相关的一次研究是与建筑与建筑环境委员会（CABE）合作，我们采访了30位建筑环境专家，了解了他们对风险的看法。这些都发表在了《我们害怕什么？》（*What Are We Scared of?*）[3]上面。此外，我曾与归属于伦敦发展署的"未来伦敦"项目合作，采访过40位大型公司的合伙人，看看他们对以下问题有何看法——专业人士的想法如何达成一致，他们如何看待其他城市建设行业以及他们如何看待他们自己。这份360度全方位的分析报告得出了一系列模式化结论，并出版成书，名为《调整职业思维模式》（*Aligning Professional Mindsets*）[4]。最后，Urban Futures团队采访了25名富有远见卓识的思想家，请他们就自己所认为的影响城市生活的关键问题谈谈看法。这次访谈以《与时俱进：复杂时代的都市生活》（*Riding the Rapids: Urban Life in an Age of Complexity*）[5]为题出版。萨拉热窝和斯科普里市评估了欧洲东南地区城市的12项法案，这些关于瑞士政府运用文化力量进行发展的法案帮助了许多与奥德萨市同样多元化的城市，对萨拉热窝和斯科普里来说极为有用。上述案例也以《位于变革中心的文化》（*Culture at the Heart of Transformation*）[6]为题出版。

多年以来，我采访了大约2000个形形色色的人。所有这一切形成了我对"城市"这一概念的独特认识，这些认识是通过近距离观察城市人试图做出改变并参与城市发展进程而获得的，它们便是前文的基础。

第一章：序曲

1. 感谢来自Kaos Pilots的乌费·埃尔贝克（Uffe Elbaek），他为所在机构的教育宗旨提出了"为（wèi）"和"为（wéi）"的精辟论述。

2. 在本书的结尾，"我的思想来源"一章对有关城市和背景的研究进行了描述；或请参见www.charleslandry.com 或 www.comedia.org.uk。

3. 若要回顾这些观点，请参见Amin（2007）。

4. 请参见 www.mercerhr.com/pressrelease/details.jhtml?idContent=1173105。

5. 这些结论来自于一系列向城市领导者、重要专家等汇报的研究项目。篇幅更长的公开内容详见兰德利已出版的著作（2004b）。

6. 约翰·梅纳德·凯恩斯提出了这一著名的论断。

7. 卡普拉（1982）。

8. *Gesunder Menschenverstan*是德语"常识"的意思。

9. 维基百科德语版。

10. 亚当斯（2005）。

11. 另请参见雷和安德森的著作（2000）。

12. 兰德利（2000）。

13. 请参见http://en.wikipedia.org/wiki/world_population。

14. 全球城市观测站和统计智库（Global Urban Observatory and Statistics Unit）。

15. 亚当斯（2005）。

16. 请参见www.eci.ox.ac.uk/pdfdownload/energy/40house/chapter03.pdf。

17. 经济学人智库，日本熊本（EIU Autopolis）。

18. 引自 www.env.leeds.ac.uk/~hubacek/leeds04/6.5final-gdb-march%20 conference.pdf。

19. 多种数据来源。

20. 引自 www.freightonrail.org.uk/PDF/GoodsBooklet.pdf。

21. 引自 www.transport2000.org.uk/factsandfigures/Facts.asp。

22. 欧米拉（1999）。

23. 肯沃斯和罗比（2001）。

24. 约瑟夫·莫尼耶1849年发明，1867年申请专利。

25. 科特金，J. Building up the burbs.《新闻周刊》（*Newsweek*），2006（6），3—10。

26. 瓦斯切尔（2006）。

27. 科特金，J.Building up the burbs.《新闻周刊》（*Newsweek*），2006（6），3—10。

28. 科特金，J.Building up the burbs.《新闻周刊》（*Newsweek*），2006（6），3—10。

29. 请参见《美国公共卫生杂志》（*American Journal of Public Health*）。

30. 请参见www.newurbanism.org。

31. 大卫·布莱切，请参见www.urbanity.50megs.com/Author.htm。

第二章：城市的感觉景观

1. "伤害感受"的专业术语。

2. 平衡感受。

3. 我们的"形而上学感觉"包括：千里眼就是"感知"能量和非物质的能力；神听，就是"心理听觉"，指一个人能够"听到"人耳范围以外的振动；心灵感应，就是心灵之间除了感官知觉以外，通过某种方法进行的交流。

4. 请参见www.powerwatch.org.uk。

5. 加德纳（1983）。

6. 里昂和赫尔辛基，例如：著名的光线策略。

7. 许多意大利城市使用了色彩策略，包括那不勒斯、博洛尼亚和热那亚（兰开斯特，1996）。

8. 请参见www.gbarto.com/languages/animasounds.html。

9. 请参见www.eveilauxlangues.be expressions.php。

10. 阿帕杜莱 （1996）。

11. 可参考《阿特拉斯的网络空间》（*The Atlas of Cyberspace*）和《世界地理》（*Mappa Mundi*）杂志，其中的地图可以直接看到或用图表显示通信流或电信地理、网络的拓扑结构和地理网络空间，以域名的方式。请参见www.cybergeography.org/atlas/atlas.html 和w.personal.umich.edu/~mejn/networks/或http://mappa.mundi.net/。

12. 请参见www.defra.gov.uk/environment/noise/research/crtn/index.htm。

13. 感谢马丁·埃文斯，他是一名电影音响工程师，与他的谈话帮助我写了这部分。

14. 请参见www.deanclough.com。

15. 弗鲁姆（1997）。

16. 维特鲁威（公元前23年—公元27年）。

17. 美国政府关于身体对过度噪声或意外噪声反应的一个小册子中描述了这种不愉快的反应，请参见www.tenant.net/Rights/Noise/noise1.html。

18. 请参见www.tenant.net/Rights/Noise/noise1.html。

19. 来自www.sfu.ca/~westerka/writings/bauhaus.html。

20. 谢弗（1984）。

21. 谢弗（1976）。

22. 来自www.sfu.ca/~westerka/writings/bauhaus.html。

23. 来自 www.sfu.ca/~westerka/writings/bauhaus.html。

24. 谢弗（1966）；希翁（1983）。

25. 瑞文伯格，R.Familiar sounds go by the way of dinosaurs.《日本时报》（*Japan Times*），2005-01-04。

26. 来自www.sfu.ca/~westerka/writings/bauhaus.html。

27. 来自www.sfu.ca/~westerka/writings/bauhaus.html。

28. 请参见www.sfu.ca/~westerka/writings/bauhaus.html。

29. 请参见www.citymayors.com/environment/nyc_noise.html。

30. 请参见www.citymayors.com/environment/nyc_noise.html。

31. 请参见 http://en.wikipedia.org/wiki/Olfactory。

32. 弗鲁姆（1997）。

33. 弗鲁姆（1997）。

34. 里特（2002）。

35. 来自www.aroma54.com。

36. 来自www.fpinva.org/Education/beyond_the_scent.htm。

37. 请参见莎朗·林恩"Do members of different cultures have characteristic body odors?"，来自www.zebra.biol.sc.edu/smell/ann/myth6.html。

38. 詹姆斯·霍华德·孔斯特勒是《无处不在的地理》（*The Geography of Nowhere*）（1993）的作者，他还著有其他许多书。

第三章：错乱与失衡

1. 联合国环境规划署（2005）。

2. 吉拉德特（2004，第115页）。

3. 奶业委员会（2003）。

4. 奶业委员会（2003）。

5. 来自www.lenntech.com/domestic-waterconsumption.htm，"一个美国人平均每天需要500升水，一个西欧人需要150升水，而一个非洲人只需要50升水"。

6. 请参见www.thewaterpage.com/ecosan_main.htm。

7. 来自www.igd.com。

8. 请参见www.newdream.org，戴夫·蒂尔福德写的"生物多样性：牛肉消费的隐性成本"。

9. 请参见http://risingtide.org.uk/pages/resources/lifestyl.htm。

10. 琼斯（2001）。

11. 琼斯（2001）。

12. 《众星拱月》（*Best Foot Forward*）（2002）。

13. 请参见www.sustainweb.org/pdf/eatoil_sumary.pdf。

14. 2003年交通运输业2000个"明智之举"项目。

15. 米尔莫，C. What a waste!,《独立报》（*The Independent*），2005-04-15。

16. 请参见www.bbc.co.uk insideout / yorkslincs / series7 /supermarket_ landfills.shtml。

17. INCPEN（2001）。

18. 来自www.york.ac.uk。

19. 数据来源于Brita Water。

20. 数据来源于Recycle for London。

21. 来自英国环境、食品和农村事务部2005年9月14日发布的新闻。

22. 请访问www.Londonremade.com关注进一步的细节。

23.《众星拱月》（*Best Foot Forward*）（2002）。

24.《海豚》（*Dolphin*）（2001）。

25. 威廉姆斯，D. Breathing London's air is as bad as smoking,《伦敦晚报》（*Evening Standard*），2003-11-10。

26. 数据来源于www.eia.doe.gov/emeu/cabs/chinaenv.html。

27. 班尼迪克特，L.Gum crime,《卫报》（*The Guardian*），2005-02-23。

28. 交通部（2004）。

29.《伦敦的交通速度》（*Traffic speeds in Inner London*）（1998）。注意，这是收取拥堵费之前的介绍。

30. 数据来源于www.london.gov.uk / view_press_release.jsp ? releaseid = 402。

31. 客运联合会（2003）。

32. 数据来源于www.dft.gov.uk/stellent/groups/dft_transstats/documents/page/ dft_ transstats_508290.pdf。

33. 数据来源于www.udrzatelnemesta.sk/uploads/streets_people.pdf。

34. 数据来源于www.urtp.ro/engl/proiecte/tapestry.html。

35. 数字来源于英国工业联合会。

36. 数据来源于www.cogsci.ed.ac.uk/~ira/ illich/facts/social_effects.html。

37. 数据来源于伦敦市政府。

38. 数据来源于www.alternet.org/story/27948/。

39. 欧洲汽车制造商协会（2004）。

40. 数据来源于www.transport2000.org.uk / factsandfigures / Facts.asp。

41. 数据来源于www.transport2000.org.uk/news/maintainNewsArticles.asp? NewsArticleID=168。

42. 数据来源于www.ecosmartconcrete.com/enviro_statistics.cfm。

43. 根据加拿大水泥协会的统计数字。

44. 数据来源于www.populationconnection.org/Factoids/ 。

45. 数据来源于www.map21ltd.com/COSTC11/sb-mun.htm。

46. 数据来源于www.citylimitslondon.com/downloads/Complete%20report.pdf。

47. 数据来源于www.swedetrack.com/eflwa22.htm。

48. 数据来源于www.newcolonist.com/paveplanet.html。

49. 数据来源于 www.pbs.org/wgbh/buildingbig/wonder/structure/sears_ tower.html。

50. 数据来源于 www.creativille.org/groundfloor/geometry/skyscraper/ intermstudent.htm。

51. 数据来源于www.brick.org.uk/publications/PDFs/reclaimed_clay_ bricks.pdf。

52. 赫伯特·吉拉德的估计是125倍（请参见http://makingthe modernworld.org/learning_modules/geography/04.TU.01/?section=4）；城市限制报告估计是293倍（请参见注释46）。

53. 请参见www.worldchanging.com/archives/002924.html。

54. 数据来源于www.careersinlogistics.co.uk/industry/1090318577.html。

55. 根据美国商务部的统计数字。

56. 根据密歇根州立大学的唐纳德·鲍尔博克斯和罗杰·卡兰透恩。

57. 来自www.transport2000.org.uk。

58. 来自《人民日报》（*People's daily*），http://english.people.com.cn/，2004年5月18日上网在线查阅。

59. 数据来源于 www.proinversion.gob.pe/oportunidades/SIT/docs/Puertos/PNDP %20Final.pdf。

60. 请参见www.kansas.sierraclub.org/Planet/Planet-03-1011.pdf。

61. 蒂尔尼和戈尔茨（1997）。

62. 根据 E. L. 夸兰泰利，特拉华大学灾害研究中心的创始人之一，灾害研究的先驱之一。

63. 国家警察局（1989）。

64. 奥法雷尔，J.《新政治家》（*New Statesman*），2005-11-28。

65. NI统计和研究机构（2005）。

66. 请参见www.guardian.co.uk/brazil/story/0,1692752,00.html。

67. 引用自www.telegraph.co.uk/travel/main.
jhtml?xml=/travel/2003/09/13/etsextr.xml&sSheet=/travel/2003/09/16/ixtrvh ome.htm网站的美国"客户"。

68. 经济学家困难单位评级，年度调查。

69. 温迪班克，S. 和曼宁，M.《澳大利亚周报》（*The Australian*），2003-03-12。

70.《孤独星球》（*Lonely Planet*）（2005a）中国指南。

71. 高夫，P.《星期日电讯报》（*Sunday Telegraph*），2005-02-20。

72. 经济（2004）。

73. 引用自http://english.people.com.cn/200509/09/eng20050909_207472.html。

74. 福勒森（2001）。福勒森是一个德国医生，1999—2000年住在平壤，后因抱怨滥用人权而被开除。

75. 参见www.ariontheweb.blogspot.com。

76. 巴达母汗，L.《独立报》（*The Independent*），2003-12-16。

77. 参见www.minesandcommunities.org/Action/press900.html。

78. 沃尔什，N.P.Hell on Earth，《卫报》（*The Guardian*），2003-04-18。

79. 信息来自www.aljazeerah.info。

80. 赫希（2004）。

81. 来自杰沙网站（www.katha.org/CommunityMatters/she2.htm）：

    [SHE]²是以下三点英文首字母的缩写：

    • 安全用水和卫生设施（*Safe water and Sanitation/hygiene*）

    • 住房和健康，尤其是生殖健康（*Housing and Health, especially reproductive health*）

    • 教育和经济复苏（*Education and Economic resurgence*）

      让女性的力量翻倍!

82. 布莱恩，L.《财富》（*Fortune*），2005-11-28。布莱恩是麦肯锡公司高级合伙人。

83. 施瓦兹（2004）。

84. 请参见www.ontherun.cc / aboutus.asp和http://gourmetonthego.net/。

85. 吉布森，O.《卫报》（*The Guardian*），2005-11-19。更多眼神交流信息，请参见www.guardian.co.uk/uk_news/story/0,,1646240,00.html#article_ continue。

86. 凯利，D. Cures of the rushahaho-lics，《标准晚报》（*Evening Standard*），2002-04-30。

87. 格兰特，L.《卫报》（*The Guardian*），2004-09-21。

88. 罗杰斯（1999）。

89. 报价来自www.keeplouisvilleweird.com的主页。

90. 索尔·卡林，Big boxes and shoppertainment:More lessons for web design from mall and retaildesign，来自www.boxesandarrows.com/view/。

91. 英国NEF鬼城请参见www.neweconomics.org/gen/ local_ghost.aspx。

92. 《在黑暗中》（*Dans le Noir*），2004年在巴黎成立，2006年在伦敦成立。

93. 罗斯勒森（2005）。

94. 奥拉姆等（2003）。

95. 布莱曼（2005）。

96. 议会跨党派委员会关于"英国高街"的报告（2005）。

97. 请参见www.neweconomics.org/，新经济基金会的"世界经济展望（real world economic outlook）"。

98. 希姆斯等（2005）。

99. 塞奇（2005）；希姆斯等（2005）。

100. 统计数字来源于http://news.bbc.co.uk/1/hi/business/4694974.stm。

101. 马克思，S.《卫报》（*The Guardian*），2005-04-30。

102. 来自www.odpm.gov.uk/pub/821/PlanningPolicyStatement6 PlanningforTownCentresPDF342Kb_id1143821.pdf。

103. 来自www.rural-shops-alliance.co.uk / stalham.htm。

104. 参见www.ufcw.org/issues_and_actions/walmart_workers_campaign_info/ facts_and_figures/walmartgeneralinfo.cfm。

105. 参见www.msnbc.msn.com/id/5069992。

106. 请参见www.cbc.ca/bc/story/bc_walmart20050629.html。

107. 大胆电影公司（Brave New Films）发布。

108. 访问reclaimdemocracy.org/walmart/links.php。

109. 请参见www.tescopoly.org/。

110. 请参见 http://community.foe.co.uk/resource/marketing_material/tesco_ takeover_leaflet.pdf。

111. 请参见www.tescopoly.org/。

112.《食品商》（The Grocer），2004-05-15。

113. 请参见www.libdems.org.uk story.html？id = 6271。

114. 便利店协会（2005）。

115. 沙比，S. The price isn't right: Supermarkets don't sell cheap food, we just think they do,《卫报》
（The Guardian），2004-01-26。

116. 来自www.bitc.org.uk / docs / Market_Towns_2004.pdf。

117. 来自www.corporatewatch.org.uk ?lid= 2369。

118. 请参见www.foe.co.uk/resource/briefings/good_neighbours_community.pdf。

第四章：文化配套和阻力

1. 我向埃文斯借了这个标题（2003）。

2. 鲍勃·麦克纳尔蒂关于宜居社区伙伴的对话。

3. 我很感谢汤姆·伯克强调了这些区别。

4. 来自www.tepapa.govt.nz。

5. 请参见，例如，www.whitehutchinson.com/news/lenews/2003_03.shtml。

6. 请参见www.wynnlasvegas.com/。

7. 吉尔摩和派因（1999）。

8. 请参见，例如，www.hobartcorp.com/hobartg6/sa/sage.nsf/articles/f12_ c？opendocument&s = 1。

9. 请参见www.commercialalert.org/index.php/category_id/1/subcategory_id/14/ article_id / 99。

10. 来自www.cbc.ca/consumers/market/files/money/science_shopping/。

11. 来自lists.essential.org/pipermail/commercialalert/2004/000165.html。

12. 请访问www.commercialalert.org。

13. 库哈斯等（2001）。

14. 帕默/ 瑞伊协会，European Cities/Capitals of Culture and Cultural Months from 1995 to 2004，可
从www.palmer-rae.com/下载。

15. 请参见www.teatropovero.it /english/ Poor_Theatre / poor_theatre.html。

16. 请参见www.waterfire.org/。

17. 请参见www.montefeltro.info CMDirector.aspx？id = 2153。

18. 请访问www.burningman.com。

19. 来自www.cnfashion.net/english/famous09.htm。

20. 门克斯，S.《东方快车杂志》（*Orient Express Magazine*），2001-09-04。

21. 杰弗里·马丁，The Coming Art Renaissance in Taipei（？），参见http://en.pots.com.tw/article.pl?sid=05/6/10/1458200&mode=thread。

22.《孤独星球》（*Lonely Planet*）（2001）台湾指南。

23. 请参见www.lboro.ac.uk/gawc/。

24. 佛罗里达州（2002）。

25. 本节是对兰德利观点的改造（2000）。

26. 穆雷（2001）。

27. *Scanorama*（斯堪的纳维亚航空公司飞机上杂志），2005-04。

28. 参照基督教历史研究所的网站www.chi.gospelcom.net。

29. 伊恩·威洛比2005年9月7日写的Prague: A cheap paradise for British stag tourists，请参见www.radio.cz / en / / 70388。

30. 彼得·霍尔专栏，《再生和更新》（*Regeneration and Renewal*），2003-06-20。

31. 来自www.praguepissup.com/v2/stag/1_holidays/9_press_coverage/press_ From coverage2.asp?story= 27。

32. 世界旅行和旅游理事会，www.wttc.org。

33.《卫报》（*The Guardian*），2006-06-03（海尔·麦克莱恩的文章）。

34. 数据来自www.wttc.org。

35. 数据来自www.wttc.org。

36. 请参见 www.wttc.org。

37. 数据来自www.ppionline.org/ppi_ci.cfm?knlgAreaID=108&subsecID= 900003&contentID=253904。

38. 数据来自www.ppionline.org/ppi_ci.cfm?knlgAreaID=108&subsecID= 900003&contentID=253904。

39. 摘自迈克·麦肯齐的The Oriental Express，《周日独立报》（*The Independent on Sunday*），2006-06-11。

40. 来自www.economist.com，2006年6月22日。

41. 请参见www.latourex.org/latourex_en.html 和孤独星球实验旅游指南（孤独星球2005b）。

42. 来自 www.latourex.org/latourex_en.html。

43. 来自 www.latourex.org/latourex_en.html。

44. 所有内容来自http://travel.guardian.co.uk。

45. 请参见www.fingalcoco.ie/minutes/2003/ff/1124/FF20030570.htm。

46. 摘自http://archives.tcm.ie/irishexaminer/2003/11/25/story855140 507.asp。

47. 请参见www.citysafari.nl。

48. 该段信息来自www.uneptie.org/pc/tourism/ sust-tourism/economic.htm。

49. 索罗斯（1997）。

第五章：难懂与复杂

1. 感谢科林·杰克逊推荐艾瑞克·杨于2003年6月5日关于Policy learning and distributed governance: Lessons from Canada and the UK的演讲，引自布伦达·齐默尔曼。

2. 亨廷顿（1998）。

3. Musagetes基金会乔·罗伯特的个人沟通。

4. 简·雅各布斯（1916年5月4日—2006年4月25日）是一位出生在美国的加拿大作家，是一位积极分子。她以《美国大城市的死与生》（*The Death and Life of Great American Cities*）（1961）出名，书中严厉批评了美国20世纪50年代的城市改造政策（信息来自http://en.wikipedia org/wiki/Jane_Jacobs）。

5. 本节出自英国建筑与建筑环境委员会（CABE）2004年的研究。30位高层建筑环境专业人士或公开或私下被采访，以讨论风险如何影响他们的专业生涯。请参见CABE（2005）。

6. 请参见www.wfcs.org.uk BulletinApril05.PDF。

7. 兰德利（2005a）。

8. 弗吕夫布耶格、布鲁塞柳斯和罗森加特尔（2003）。

9. 贝克（1992）；吉登斯（1991）；卢曼（1993）。

10. 本节的"风险意识的轨迹"来自富里迪（1997）。

11. 福山（1995）。

12. 弗兰迪（1997）。

13. 兰德利（2005）。

14. 请访问www.rics.org。

15. 本节最初是要写给未来的伦敦，以及伦敦的一部分发展中介。它是一项基于38位建筑环境领域的优秀专家而做的调查。感谢查普曼和格雷格·克拉克为此做出的贡献。

16. 请参见www.odpm.gov.uk /index。

17. 基于与弗朗索瓦·马塔拉索的对话。

18. 这个列表基于与佛朗哥·比安基尼的讨论。

19. 约翰·奥古斯·罗柏林（和他的儿子华盛顿）：布鲁克林大桥的建造者和工程师；金门大桥的结构工程师约瑟夫·施特劳斯；结构工程师威廉姆勒·巴伦·詹尼，现代摩天大楼之父；结构工程师法兹勒·拉赫曼·卡恩，摩天大楼"tube-framing"概念的开发人员，这个概念预示着20世纪60年代和70年代高层建筑的重生。

20. 哈里斯（1998）。

21. 所有的引用都来关于未来伦敦调查的个人访谈。

22. 摘自http://gestalttheory.net/gtax1.html。

23. 《创意城市》（*Creative City*）中对"Mindset、mindflow和mindshift"作了更充分的讨论（兰德利，2000）。

24. 感谢雅尼尔·巴尔·杨对还原论的描述。

25. 引用来自职业调查。

26. 柯林斯（2001）。

27. 引自职业调查。

28. 参阅www.cnu.com. 新城市主义大会（CNU）由一群建筑师于1993年在美国成立。在全球范围内，其成员已经扩增至2300人。他们声称自己的宗旨是"将四周郊区重新改造成真正的居民区以及多元街区，保护自然环境和我们筑造的遗产"。在美国，约200个新城市主义规划发展项目正在实施之中，或者已经完成。

29. 引自职业调查。

30. 戈尔曼（1995）。

31. 戈尔曼等人（2002）。

32. 获取目前更多的传统设计比现代设计更受欢迎的证据，请参阅www.mori.com/ polls/2002/cabe2.shtml上，由国际市场研究公司发起的建筑与建筑委员会调查。

33. 本节引自兰德利（2006b）。

34. 想一想德国语源学：Denkmal（纪念碑）提醒我们考虑或回想其词根是来源于denken（思考）。

35. 本段引自布雷克诺克（2006）和奥格布（1995）。

36. 本节取自Musagetes基金会议。

37. 本节引自可米迪亚从事的为期两年的国际调查（伍德等人，2006）。本调查涉及包括英国4个场所及澳大利亚、新西兰、挪威和美国在内的以城市为本的个案研究。主题式研究通过跨文化视角分析12个公共政策和都市政策。这些研究由33位个体跨文化创新者在8个城市进行。具体的内容参见2007年伦敦地球瞭望出版社出版的《跨文化城市》（*The Intercultural City*）。想了解更多出版物，请参阅www.inter culturalcity.com。

38. 统计源于www.guardian.co.uk/britain/article/0,,1395548,00.html。

39. 阿里布海-布朗（2001）。

40. 请参阅伍德（2004）。

41. 请参阅伍德（2004）。

42. 本部分引自布鲁姆菲尔德和比安基尼。

43. 桑德柯克（1998，2004）。

44. 罗杰斯和斯汀范特（1999）。

45. 安塔尔和弗里德曼（2004）。

46. 请参阅www.interculturalcity.com。

47. 布鲁姆·菲尔德和比安基尼（2004）。

48. 请参阅www.interculturalcity.com。

49. 详情请参阅www.interculturalcity.com 网页的"跨文化城市：多元最大化"内容。

50. 霍尔（1969）。

51. 埃德加，D."我与前方交锋"，《卫报》（*The Guardian*），2005-09-14。

52. 认知关于我们如何感知、思考和记忆以及知识如何获得的意识的学科。

第六章：作为鲜活艺术品的城市

1. 本章基于于我在阿德莱德担任人居思考者时的工作（兰德利，2004a）。我非常感谢南澳行政长官迈克·兰恩委任我，允许我成为这座城市的友人，并且感谢他在公开接受阿德莱德所讨论的话题的外部批评意见方面所表现出的勇气。也非常感谢阿德莱德的团队，尤其是玛姬·克斯特、偌丁·杰尔夫、理查德布·雷克诺克、特瑞·泰瑟和安·克兰西。

2. 感谢珍·于斯太尔写的《欧洲郊区》（*Outskirts of Europe*），感谢她让我集中注意研究魅力重生。请参阅www.banlieues-europe.com。

3. 阿敏（2006）。

4. 吉尔与吉泽（2000）。

5. 请参阅at www.fastcompany.com/magazine/26/one.html.网站上《巧妙的艺术》（*Ingenious Art*）的内容。

6. 兰德利（1998）。

7. 引自弗莱尔（1996）。

8. 阿德莱德创意职业映像分析，也是住所中的思想者项目的一部分。

9. 2005年国家统计办公室数据。

10. 请参阅www.nycfuture.org/content/home/index.cfm?CFID=23040787& CFTOKEN=79757806。

11. 吕滕（2006）。

12. 请参阅www.sciart.org/site/。

13. 兰德利（2006a）。

14. 巴顿与克莱纳（2000）。

15. 巴顿（2000）。

16. 本地环境方案国际理事会。

17. 与玛姬·克斯特交谈时萌生这一想法。

18. 麦克比（2004）。

19. 请参阅www.info.gov.hk/cpu.，例如，德斯蒙德·辉对香港创意产业基线研究得出的结论。

20. 弗洛里达（2002）。

21. 王（1998）。

22. 兰德利与伍德（2003）。

23. 这些思想在《兰德利与伍德》（*Landry and Wood*）中第一次得到阐述。

24. 普华永道（2006）；或者参阅www. pwc.com网上"未来城市"内容。

25. 请参阅加德纳（1995）领导能力交流区，这里取自其中的一些观点。

26. 阿德莱德规划师的面谈。

27. 波特与林德（2006）。

28. 公共政策研究所（2006）。

29. 来自www.time-management-guide.com。

30. 来自www.planning.org/careers。

31. 卡尔摩纳等（2003）。

32. 科兹洛夫斯基（2006）。

33. 请参阅www.containercity.com和www.urbanspace.com/index.asp。

34. 请访问www.zedfactory.com。

35. 来自www.newurbanism.org/pages/532096/。

36. 请参阅库哈斯与麻生（1995）。

37. 请参阅www.epa.gov/brownfields/partners/emscher.html。

38. 想获取作者关于埃姆舍更细致的个案研究，请参阅"非创新环境中的创新：埃姆舍公园"，可于www. comedia.org.uk.免费下载。

39. 该项目属于德国国际建筑展Internationale Bauausstellung（因此缩写为IBA-国际建筑展览会）项目其中之一，在这些项目中当地、区域政府和公私合伙企业规划和改善了老的工业采矿区。德国国际建筑展埃姆舍公园具体信息请参阅www.eaue.de/winuwd/137.htm。

40. 福克（2005）。感谢尼克也参与更广泛的城市问题讨论之中。

41. 来自www.bcn.es/edcities/aice/estatiques/angles/sec_tematiques.html。

42. 兰德利与马塔拉索（2001）。

43. 贾普，费尔力和宾利（2001）。

44. 请参阅www.aep-arts.org/PDF%20Files/Champs Report.pdf上"变革捍卫者"内容。

45. 例如阿德莱德人居思考者对年轻人的调查。

46. 获取新西兰人才计划的更多信息，请参阅www.executive.govt.nz/MINISTER/clark/innovate。

47. 请参阅www.mica.gov.sg/renaissance/FinalRen.pdf。

48. 请访问www.memphismanifesto.com。

49. 来自www.a-star.edu.sg/astar/attach/speech/ASTAR_Scholarship_Awards_（22_Jul_2005）_-_V2.pdf。同样请参阅www.mica.gov.sg/renaissance/Final Ren.pdf。

50. 请参阅弗洛里达（2002）对待创造性环境的做法。

51. 请参阅www.who.int/dietphysicalactivity/ publications/facts/obesity/en/。

52. 请参阅www.shrinkingcities.com/, ww-iurd.ced.berkeley.edu/scg/case-studysummaries.htm和www. bauhaus-dessau.de/de/projects.asp?p=iba。

53. 引自格瑞（1993）。

54. 杰夫·卡尔金斯，《商业吸引力》（*Commercial Attraction*）运动专栏作家。

55. 弗洛里达（2002）。

56. 麦克艾尼（2002）；参见www.cles.org.uk。

57. 出于礼貌，我不能披露这一信息来源。

58. 麦克艾尼（2002）。

第七章：世界创意城市

1. 了解更宽泛的构想，请参阅，例如，www.actsofkindness.org/。

2. 兰德利与比安基尼（1995），参见《创意城市》（*The Creative City*）第一版。

3. 感谢齐恩·五恩·郭教授的卡拉OK对比。

4. 兰德利（2000）包括埃姆舍公园和赫尔辛基的案例研究。

5. 请参阅www.latimes.com/news/nationworld/world/la-fg-dubai13oct 13,0,5107518. story?page=2&coll=la-home-headlines。

6. 请参阅www.libanmall.com/main/beirut.htm。

7. 来自www.mydsf.com/dsf/eng/dsf_pressrelease.asp?pressid=4392。

8. 请参阅www.latimes.com/news/nationworld/world/la-fg-dubai13oct13,0,5107 518.story?coll=la-home-headlines。

9. 请参阅www.tijanre.ae/dubai_land.html。

10. 请参阅http://skyscrapercity.com/archive/index.php/t-178639.html。

11. 艾马尔是迪拜主要的开发商，负责迪拜塔和越来越多的全球建筑的开发。迪拜政府已经购买该公司32%的股份，因此有效地控制了该公司。

12. 来自www.motherjones.com/mojoblog/archives/2006/ 04/should_immigran.html上的《母亲琼斯》。

13. 伊凡·沃森，美国公共电视台，2006年5月8日。

14. www.panda.org网上的《生命行星报道》（*Life Planet Report*）。

15. 福里特，M. In the middle of the desert: A monument to ecoligical folly，《独立报》（*The Independent*），2005-12-03。

16. 来自www.thepearlqatar.com/SubTemplate1.aspx?ID=165&MID=115。

17. 请参阅www.skyscrapercity.com/showthread.php?referrerid=39159&t=339039。

18. 与彼得·霍尔的私人谈话（1999）。

19. 2005年12月11日齐恩·五恩·郭在大阪的演讲：《城市的年龄》。

20. 来自www.mica.gov.sg/renaissance/FinalRen.pdf。

21. 请参阅www.mica.gov.sg/renaissance/FinalRen.pdf。

22. 请参阅www.mica.gov.sg/renaissance/FinalRen.pdf。

23. 例如，英国航空公司2006年6月杂志。

24. 来自www.phasez.ro/Default.asp?SID=42。

25. 来自www.a-star.edu.sg/astar/fusionopolis/index.do。

26. 来自www.firefly.gov.sg/html/EtsHome.html。

27. 这段的所有引用来自http://en.wikipedia.org/wiki/ Singapore_public_gay_parties。

28. 请参阅www.smh.com.au/news/world/thailand-wins-as-singapores-brief-gayfling-grinds-to-a-halt/2005/11/03/1130823343452.html。

29. 来自www.taubman.com/pressrelease/163.html。

30. 2006年5月与发展项目文化广播台城市代表的私人谈话。

31. 引自www.boston.com/beyond_bigdig/cases/barcelona/index.shtml。

32. 2002年11月30日伦敦经济学院，博艺霍斯的《城市再生设计》演讲。

33. 坎贝尔，R. Barcelona，《波士顿环球报》（*Boston Gloke*）（2002）；请访问www.boston.com。

34. 引自舒斯特（1995）。

35. 舒斯特（1995）。

36. 请参阅www.bcn2000.es/en/2_plan_estrategico/antecedentes.aspx。

37. 请参阅，例如，www.cushmanwakefieldcom/cwglobal/docviewer/European%20Cities%20Monitor.pdf?id=ca150000 6&repositoryKey=CoreRepository&itemDesc=document上2005年报告。

38. 格拉斯哥评论员称：本市所享有的高级别称号部分归因于其永久欧洲文化城市称号所产生的"光环效应"，而其地位有所下降，其国际地位也有所下降，库什曼和韦克菲尔德欧洲城市观察中格拉斯哥的排名已经从第10位跌至第22位。

39. 来自http://bilbao.bm30.es/plan/Bilbao2010-StrategicReflection.pdf。

40. 与 *Metropoli-30* 主任阿方索·马丁内斯·希瑞的谈话。

41. 请参阅www.bm30.es/plan/estrategia_uk.html。

42. 与 *Metropoli-30* 主任阿方索·希瑞的谈话（2005）。

43. 与阿方索·希瑞的谈话（2005）。

44. 请参阅，例如，毕马威会计事务所的调查，详见www.guggenheim-bilbao.es/ingles/ home.htm。

45. 请参阅www.comedia.org.uk/downloads/Cultural%20Policy%20Melbourne.doc。

46. 魁北克"岛"中的蒙特伊尔法语区受到英语区多方面的威胁，并且觉得其文化创造力源于对其身份的维护。

47. 莱内尔（2003）。我非常荣幸2003年在阿德莱德与莱内尔一起度过4天，近距离地了解其犀利的横向思维。

48. 莱内尔（2003）。

49. 莱内尔（2003），并且请参阅www.brazilmax.com/news1.cfm/tborigem/pl_south/ id/10 和www.metropolismag.com/cda/story.php?artid=1700。

50. 莱内尔（2003）。

51. 了解库里蒂巴更多消息，请登录www.curitiba.pr.gov.br。

52. 感谢列夫·艾德文森挑出拉古萨。请参阅www.entovation.com/entovatn/edvinsson.htm。

53. 请参阅www.creatievestad.nl or creativecapital.nl/programme.php。

54. 卡纳本丹姆（2006）。

55. 埃里克·德文伍登和弗洛里斯·格拉德；请参阅www.precairforum.nl/Library/ MakewayENG.rtf。

56. 请参阅www.zuidas.nl/smartsite.dws?id=179&curindex=1。

57. 请参阅www.westergasfabriek.com/./ engels_routebeschrijving_kopie.php。

58. 请参阅http://squat.net/overtoom301/pages/home.html。

59. 格尔与格泽（2000）。

60. 奥勃朗特（1996）。

61. 庞特尔（2004）。

62. 由英国媒体文化和运动部定义。

63. "创意城市"概念的历史，请参阅兰德利（2005b）。

64. 兰德利与比安基尼（1995）。

65. 罗宾逊（1999）。

66. 佛罗里达（2002）。

67. 兰德利等（1996）。

68. Yencken出版的会议记录（1988）。

69. 兰德利（2000）。

70. 霍尔（1998）。

71. 请参阅雅各布斯（1961）。

72. 引自理查德·布雷克诺克·雷伊舍姆的跨文化总体规划研究。请参阅www.interculturalcity.com上的科姆蒂亚跨文化城项目。

73. 请参阅www.washingtonpost.com/wp-srv/business/post200/2005/MACD.html。

74. 请参阅http://irogaland.no/ir/file_public/download/Noku/Final%20Creativity% 20and%20the%20city.pdf。

75. 霍尔（1998）。

76. 获取更多关于指标重要性的描述，请参阅弗朗哥·比安基尼和查尔斯·兰德利的"工作文件3：创新城市的指标：评估城市生存能力和重要性的方法论"（1994），可于www.comedia.org.uk.下载。获取更多阐述，请参阅兰德利（2000），221-229页。

77. 获取更多关于开放度指标的信息，参阅www.interculturalcity.com科姆蒂亚跨文化城市最终报告。

78. 计算机科学与电信会（2003）。请参阅www.charleslandry.com for further suggestions。

79. 请访问www.creativecommons.org。

80. 默克和杨（2001）。

尾声

1. 霍肯等（1999）。所有这些材料可从www.charles landry.com获得。

2. 请参阅www.urbact.eu。

3. 兰德利（2005a）。

4. 兰德利（2005c）。

5. 兰德利（2004b）。

6. 兰德利（2006b）。

| 参考文献 |

参考书目

· Adams, J. (2005)'Hypermobility:A challenge to governance',in C.Lyall and J.Tait(eds)*New Modes of Governance: Developing an Integrated Policy Approach to Science,Technology, Risk and the Environment*, Ashgate, Aldershot

· Alibhai-Brown(2001)*Who Do We Think We Are*? Imagining the New Britain,Penguin, London

· *American Journal of Public health*(2003) 'The impact of the built environment on health: An emerging field', Special issue guest-edited by Richard R. Jackson,September

· Amin, A. (2007) 'Cultural economy and cities', *Progress in Human Geography*(forthcoming)

· Amin, A.(2006) The good city, *Urban Studies*(forthcoming)

· Antal, A.B. and Friedman,V.(2003) 'Negotiating reality as an approach to intercultural competence' ,discussion paper SPⅢ 2003-101, Wissenschaftszentrum Berlin für Sozialforschung,available at www.wz-berlin.de/publikation/discussion_paper_neu/discussion_papers_ow.de. htm

· Appadurai,A.(1996)*Modernity at Large: Cultural Dimensions of Globalization*,University of Minnesota Press, Minneapolis, MN

· Association of Convenience Stores(2005) *Response to Office of Fair Trading Audit*,report consultation, available at www.foeco.uk/resource/evidence/oft_consultation_response.pdf

· Barton, H. (2000)*Sustainable Communities*, Earthscan, London

· Barton, H. and Kleiner, D.(2000) 'Innovative eco-neighbourhood projects', in H.

· Barton(ed) Sustainable Communities, Earthscan, London

· Beck, U. (1992) *The Risk Society: Towards a New Modernity*, Sage, London

· Best Foot Forward(2002) City Limits: *A Resource Flow and Ecological Footprint Analysis of london*, Best Foot Forward, London

· Bloomfield, J. and Bianchini, F.(2004)*Planning for the Intercultural City*, Comedia, Bournes Green

· Blythman, J. (2005) Shopped: *The Shocking Power of British Supermarkets*,HarperPerennial, London

· Brecknock, R. (2006) *More than Just a Bridge: Planning and Designing Culturally*, Comedia, Bournes Green

· CABE (2005) *What are We Scared of ? The value of risk in Designing Public space*, CABE, London

· Capra, F. (1982) *The Turning Point*, Wildwood House, London

· Carmona, M., Heath, T., Oc, T. and Tiesdell, S.(2003)*Urban Spaces, Public Places:The Dimensions of Urban Design*, Oxford Architectural Press, Oxford

· Chion, M.(1983)*Guide des Objets Sonores*, Editions du Seuil, Paris

· Collins, J.(2001)Good to Great: *Why Some Companies Make the Leap...and Others Don't*, Harper Business, New York

· Confederation of Passenger Transport(2003)*The Passenger Transport Industry in Great Britain: Facts 2003*, Confederation of Passenger Transport, London

· The Dairy Council(2003)*Dairy Facts and Figures: 2002 Edition*, The Dairy Council, London

· Department for Transport (2004)*Great Britain Transport Trends*: 2004, Department for Transport, London

· Dolphin, G.(2001) *Memorandum for the Select Committee on Environment,Transport and Regional Affairs*, 21 March, Greater London Authority, London

· Economy, E. C. (2004)The River Runs Black: *The Environmental Challenge to China's Future*, Cornell University press

· Evans,G.(2003)'Hard-branding the cultural city: From Prado to Prada', *International Journal of Urban and Regional Research*, vol 27.no 2

· Falk, N. (2005) *Funding Sustainable Communities: Smart Growth and Intelligent Local Finance*, Town and Country Planning Association, London

· Florida, R. (2002)*The Rise of the Creative Class-And How it is Transforming Leisure, Community and Everyday Life*, Basic Books, New York

· Flyvbjerg, B., Bruzelius, N. and Rothengatter, W. (2003) *Megaprojects and Risk: An Anatomy of Ambition*, Cambridge University Press, Cambridge

· Fryer, M. (1996)*Creative Teaching and Learning*, Paul Chapman, London

· Fukuyama, F. (1992) *The End of History and the Last Man*, The Free Press, New York

· Fukuyama, F. (1995) Trust: *The Social Virtues and the Creation of Prosperity*,Fress Press, New York

· Furedi, F.(1997)*A Culture of Fear: Risk Taking and the Morality of Low Expectation*, Cassell, London

· Gardner, H. (1995) Leading Minds: *An Anatomy of leadership*, collaboration with Emma Laskin, Harper Collins, New York

· Gardner, H. (1983)*Frames of Mind: The Theory of Multiple Intelligences*, Basic Books, New York

· Gehl, J. and GemzØe, L. (2000) *New City Spaces*, The Danish Architectural Press, Copenhagen

· Giddens, A. (1991) *Modernity and Self Identity: Self and Society in a Modern Age*, Polity Press, Cambridge

· Gilmore, J. H. and Pine,B. J. Ⅱ (1999)*The Experience Economy*, Harvard Business School Press, Boston, MA

· Girardet, H. (2004)Cities People Planet: *Liveable Cities for a Sustainable World*, John Wiley, Chichester

· Goleman, D. (1995)*Emotional Intelligence*, Bantam Books, London

· Goleman, D., McKee, A. and Boyatzis, R. E. (2002) *Primal Leadership: Realizing the Power of Emotional Intelligence*, Harvard Business School Press, Boston,MA

· Gray, R. (1993)*Accounting for the Environment*, Chapman, London

· Hall, E. T. (1969) *The Hidden Dimension*, Anchor Books, New York

· Hall, P. (1998)*Cities in Civilization*, Weidenfield and Nicholson, London

· Harris, J. H. (1998)*The Nurture Assumption*, The Free Press, New York

· Hawken. P., Lovins, A. B. and Lovins, L. H. (1999)*Natural Capitalism*, Earthscan, London

· Hirsch, D. (2004) *Strategies Against Poverty: A Shared Road Map*, report, Joseph Rowntree Foundation, York

· Huntington, S. P. (1998) *The Clash of Civilization and the Remaking of the World Order*. Simon and Schuster, New York

· INCPEN(The Industry Council for Packaging and the Environment)(2001)*Towards Greener Households: Products, Packaging and Energy*, INCPEN Reading

· Institute for Public Policy Research(2006) *City Leadership*, Institute for Public Policy Research, London

· Jacobs, J. (1961)*The Death and Life of Great American Cities*, Random House, New York

· Jones, A.(2001)*Eating Oil: Food Supply in a Changing Climate*, Sustain and Elm Farm Research Centre(EFRC), London

· Jupp, R., Fairly, C. and Bentley, T.(2001) *What Learning Needs*, Design Council/Demos, London

· Kenworthy, J. and Laube, F. B. (2001) *The Millennium Cities Database for Sustainable Transport*, CD-ROM, International Union(Association)of Public Transport, Brussels/ISTP, Perth

· Koolhaas, R., Boeri, S., Kwinter, S., Tazi, N. and Fabricius, D.(2001) *Mutations*, Harvard project on the city, Actar, Barcelona

· Koolhaas, R. and Mau, B. (1995) S, M, L, XL: *small, medium, large, extra-large*, Monacelli Press, New York

· Kozlowski, M. (2006) 'The emergence of urban design in regional and metropolitan planning: The Australian context, *Australian Planner*, vol 43, no 1

· Krabbendam, D. (editor-in-chief)(2006)*Amsterdam Index 2006: A Shortcut to Creative amsterdam*, BIS Publishers, Amsterdam

· Kunstler, J. H. (1993) The Geography of Nowhere: *The Rise and Decline of America's Man-Made Landscape*, Simon and Shuster, New York

· Lancaster, M. (1996)*Colourscape*, Academy Editions, London

· Landry, C.(1998)*Helsinki: Towards a Creative City: Seizing the Opportunity and Maximizing Potential*, Comedia, Bournes Green

· Landry, C.(2000) The Creative City: *A Toolkit for Urban Innovators*, Earthscan, London

· Landry, C.(2004a) *Rethinking Adelaide: Capturing Imagination*, Comedia, Bourne Green

· Landry, Charles(2004b) *Riding the Rapids: Urban Life in an Age of Complexity*, CABE/RIBA, London

· Landry, C.(2005a) 'Risk consciousness and the creation of liveable cities', in C.Landry, D. Rowe, I. Borden and J. Adams(eds) *What are We Scared of*? The value of risk in Designing Public Space, CABE, London

· Landry, C. (2005b) 'Lineages of the creative city', in S. Franke and E. Verhhagen (eds) *Creativity and the City: How the Creative Economy is Changing the City*, NAI Publishers, Rotterdam

· Landry, C.(2005c)*Aligning Professional Mindsets*, private report for Future London, London

· Landry, C. (2006a) 'Being innovative against the odds', in J. Velasquez, M. Yashiro, S. Yoshimura and I. Ono(eds) *Innovative Communities: People-Centred Approaches to Environmental Management in the Asia-Pacific Region*, United Nations University Press, Tokyo

· Landry, C. (2006b) *Culture at the Heart of Transformation*, study commissioned by the Swiss Agency for Development and Cooperation (SDC) and the Arts Council of Switzerland, Pro Helvetia,available at http://162.23.39.120/dezaweb/ressources/resource_en_65267. pdf

· Landry, C. and Bianchini, F. (1995)*The Creative City*, Comedia, Bournes Green

· Landry, C., Bianchini, F., Ebert,R., Gnad, F. and Kunzmann, K. (1996) *The Creative City in Britain and Germany*, Anglo-German Foundation, London

· Landry, C. and Matarasso, F.(2001) *The Learning City-Region: Approaching Problems of Concept, Measurement, Evaluation,* discussion document, OECD, Paris

· Landry, C. and Wood, P. (2002)*From Ordinary to Extraordinary: Transforming South Tyneside's future,* report for South Tyneside Local Strategic Partnership, Comedia, Bournes Green

· Landry, C. and Wood, P. (2003) *Harnessing and Exploiting the Power of culture for Competitive Advantage*, for Liverpool City Council and the Core Cities Group

· Lerner, J.(2003) *Acupuntura Urbana*, Editora Record, Rio de Janeiro, Brazil

· Lonely Planet (2001) *The Lonely Planet Guide to Taiwan*, 5th Edition, Lonely Planet. Melbourne. Australia

· Lonely Planet(2005a) *The Lonely Planet Guide to China,* 9th Edition, Lonely Planet Melbourne. Australia

· Lonely Planet(2005b) *The Lonely Planet Guide to Experimental Tourism,* Melbourne. Australia

· Luhmann, N.(1993)Risk: *A Sociological Theory,* de Gruyter, New York

· Maccoby, M.(2004) 'Only the brainiest succeed', *Research Technology Management*, vol 44, no 5, pp61-62

· McInroy, N.(2002) Language of regeneration: Research, Centre for Local Economic Strategies, Manchester

· Mitchell, W.J. Inouye, A. S. and Blumenthal, M. S. (eds)(2003)*Beyond Productivity: Information, Technology, Innovation and Creativity*, Computer Science and Telecommunications Board, National Research Council, National Academies Press, Washington, DC

· Morck, R. and Yeung, B.(2001)*The Economic Determinants of Innovation*, Industry Canada Research Publication Program, Ottowa

· Murray, C. (2001)*Making Sense of place*, Comedia, Bournes Green

· National Police Agency (1989)*Organized Crime Control Today and Its Future Tasks*, White Paper, National Police Agency, Tokyo

· NI Statistics and Research Agency(2005)*The Northern Ireland Multiple Deprivation Measure*, NI Statistics and Research Agency, Belfast

· Oberlander, J.(1996) 'The history of planning in greater Vancouver', in C.Davis (ed) *The Greater Vancouver Book: An Urban Encyclopedia*, Discover Vancouver, Vancouver

· Ogbu J. (1995) 'Cultural patterns in minority education: Their interpretations and consequences', *Urban Review,* vol 27

· O'Meara, M.(1999) *Reinventing Cities for People and the Planet*, Worldwatch Paper 147, Worldwatch Institute, Washington, DC

· Oram,J., Connisbee, M. and Simms, A.(2003)*Ghost Town Britain,* New Economic Foundation, London

· Porter, M. and van der Linde, C.(1995) 'Green and competitive: Ending the stalemate', *Harvard Business Review,* September-October

· PricewaterhouseCoopers (2006) *Cities of the Future,* report

· PricewaterhouseCoopers, London

· Punter, J. (2004)*The Vancouver Achievement,* UBC Press, Vancouver

· Ray, P. H. and Anderson, S. R. (2000)*The Cultural Creatives: How 5O Million People Are Changing the World,* Harmony Books, New York

· Ritter, S. (2002)'New car smell', *Chemical and Engineering News,* vol 80, no 20, 20 May

· Robinson, K. (1999) *All Our Future: Creativity, Culture and Education,* DFES, London

· Rogers, E. M. and Steinfatt, T. M. (1999) *Intercultural Communication,* Waveland, Prospect Heights, IL

· Rogers, R. (1999) *Towards an Urban Renaissance,* report of the Urban Task Force, Department of Environment, Transport and Regions, Office of the Deputy Prime Minister, London

· Rosselson, R.(2005) 'Stopping the one stop shop', *Ethical Consumer,* November-December

· Rutten, P. (2006)*Creative Industries and Urban Regeneration: Findings and conclusions on the economic perspective,* Urbact Network on Culture,www.urbact.eu

· Sandercock, L. (1998) *Towards Cosmopolis,* John Wiley, Chichester

· Sandercock, L.(2004) Cosmopolis 2: *Mongrel Cities of the 21st Century,* Continuum. New York

· Schafer, R. M.(1976) *The Tuning of the World,* Alfred Knopf, New York

· Schafer,R. M.(1984)*R. Murray Schafer on Canadian Music,* Arcana Editions, Indian River. Ontario

· Schaeffer, P. (1966)*Traite? des Objets Musicau,* Le Seuil, Paris

· Schuster, J. M. (1995) 'Two urban festivals: La Merce and First Night?', *Planning Practice and Research,* May

· Schwartz, B. (2004) *The Paradox of Choice: Why More Is Less,* Harper Collins, London

· Simms, A. Kjell, P. and Potts, R.(2005)*Clone Town Britain,* New Economics Foundation, London

· Soros, G.(1997) 'The capitalist threat', *Atlantic Monthly,* vol 279, no 2, February

· Taylor, C. (1991) *The Malaise of Modernity,* Anansa, Toronto

· Tierney, K. and Goltz, J. D. (1997) *Emergency Response: Lessons Learned from the Kobe Earthquake,* Disaster Research Center, University of Delaware, Newark DE

· UNEP (United Nations Environment Programme)(2005) *One Planet Many People: Atlas of our Changing Environment,* UNEP, Nairobi

· Velasquez, J. Yashiro, M., Yoshimura, S. and Ono, I. (eds)(2006)*Innovative Communities: People-Centred Approaches to Environmental Management in the Asia-Pacific Region,* United Nations University Press, Tokyo

· Vitruvius(Marcus Vitruvius Pollio)(c. 27-23BC)*De Architectura,* often known in English as The Ten Books of Architecture; see http://penelope.uchicago.edu/Thayer/E/Roman/Texts/Vitruvius/home.html for a good online overview of available translations in English

· Vollertsen, N. (2001) 'A rrison country: A report from inside North Korea', *Wall Street Journal* (Opinion Journal), 17 Apri

· Vroon, P. (1997)*Smell the Secret Seducer,* Farrar, Strauss and Giroux. New york

· Ward's(2004) *Motor Vehicle Facts and Figures 2004,* Ward's, Southfield, MI

· Wascher, M.(2006) 'Imagine impacts', NZPIA conference, Gold Coast, 3 April

· Wong,C.(1998) 'Determining factors for local economic development', *Regional Studies,* vol 32, no 8, pp707-720

· Wood, P. (ed)(2004) *The Intercultural City: A Reader,* Comedia, Bournes Green

· Wood, P., Landry, C. and Bloomfield, J. (2006) *The Intercultural City: Making the Most of Diversity*, Joseph Rowntree Foundation, York

· WWF(2004)*Living Planet Report 2004,* World Wide Fund For Nature, Gland, Switzerland

· Yencken, D.(1988) 'The creative city', *Meanjin,* vol 47, no 4, Summer, pp597-608

推荐阅读

· Barzun,J. (2000)*From Dawn to Decadence: 1500 to the Present: 500 years of Cultural Life,* Harper Collins, New York

· Battram, A. (1998) *Navigating Complexity: The Essential Guide to Complexity Theory in Business and Management,* The Industrial Society, London

· Bell, D. and Jayne, M.(eds)(2004) *City of Quarters: Urban Villages in the Contemporary City,* Ashgate, Aldershot

· Blowers, A. and Evans, B. (eds)(1997) *Town Planning into the 21st Century,* Routledge, London

· Bonnes, M., Lee, T. and Bonaiuto, M.(eds)(2003)*Psychological Theories For Environmental Issues,* Ashgate, Aldershot

· Boyle, D. (2003) *Authenticity: Brands, Fakes, Spin and the Lust for Real Life,*Harper Perennial(Harper Collins), London

· Buchwald, E. (ed)(2003) *Toward the Livable City,* Milkweed, Minneapolis, MN

· Day, C. (2004) *Places of the Soul: Architecture and Environmental Design as a Healing Art,* 2nd Edition, Architectural Press, Oxford

· de la Torre, M.(ed)(2002)*Assessing the values of Cultural Heritage.* The Getty Institute, Los angeles CA

· Dewdney, C. (2004)*Acquainted with the Night: Excursions Through the World After Dark,* Harper Collins, Toronto

· Diamond, J. (2005)Collapse: *How Societies Choose to Fail or Succeed,* Penguin, New York

· Driskell, D. (2002) *Creating Better Cities with Children and Youth: A Manual For Participation.* UNESCO, Paris/Earthscan, London

· Florida,R. (2005a)*Cities and the Creative Class,* Routledge, New York

· Florida, R.(2005b) *The Flight of the Creative Class: The New Global Competition for Talent,* Harper Collins, New York

· Flyvbjerg, B. Bruzelius, N. and Rothengatter, W. (2003) *Megaprojects and Risk: An Anatomy of Ambition,* Cambridge University Press, Cambridge, UK

· Foglesong, R. E. (2001) *Married to the Mouse: Walt Disney World and Orlando,* Yale University Press, New

Haven, CT

· Friedman, T. L. (2005) *The World Is Flat: A Brief History of the Twenty-First Century,* Farrar, Straus and Giroux, New York

· Furedi, F.(2002) *Culture of Fear: Risk-taking and the Morality of Low expectation,*revised edition, Continuum, London

· Gehl, J. and GemzØe, L.(2003) *New City Spaces,* 3rd edition, The Danish Architectural Press, Copenhagen

· Girardet, H. (2004)*Cities, People, Planet,* John Wiley and Sons, Chichester

· Gladwell, M.(2000)*The Tipping Point; How Little Things Make a Big Difference,*Little Brown, London

· Gladwell, M.(2005)*Blink: The Power of Thinking without Thinking,* Penguin London

· Hannigan, J.(1998)*Fantasy City: Pleasure and Profit in the Postmodern Metropolis,* Routledge, London

· Harrison, L. E. and Huntington, S. P. (eds)(2000) *Culture Matters: How values Shape Human Progress,* Basic Books, New York

· Harvard Business Review(2001) *What Makes a Leader,* Harvard Business School Publishing Corporation, Boston, MA. Individual chapters are:

  · Goleman, D.-'What makes a leader?'

  · Maccoby, M.-'Narcissistic leaders: The incredible pros the inevitable cons'

  · Goleman,D.-'Leadership that gets results'

  · Davenport, T. H. and Beck, J. -'Getting the attention you need?'

  · Ciampa, D. and Watkins, M. -'The successor's dilemma'

  · Peterman, J. -'The rise and fall of the J. Peterman Company'

  · Goffe, R. and Jones, G. -'Why should anyone be led by you?'

   · Fryer, B. -'Leasing through rough times: An interview with Novell,'s Eric Schmidt'

· Honoré, C.(2004)*In Praise of Slow: How a Worldwide Movement is challenging the Cult of Speed,* Vintage, Canada

· Howkins, J. (2002) *The Creative Economy: How People Make Money from Ideas,* Penguin, London

· Inglehart, R.(1990) *Culture Shift in Advanced Industrial Society,* Princeton University Press, Princeton, NJ

· INURA (1998)*Possible Urban Worlds: Urban Strategies at the End of the 20th Century,*Birkhäuser Verlag, Zurich

· Kopomaa, T.(2000). *The City in Your Pocket: Birth of the Mobile Information Society,* Guadeamus Kirja, Helsinki

· Kunstler, J. H.(1993)*The Geography of Nowhere: The Rise and Decline of America's Man-Made landscape.* Touchstone, New York

· Kunstler, J. H. (2001)*The City in Mind: Notes on the Urban Condition,* The Free Press. New York

· Levine,R. (1997) *A Geography of Time: The Temporal Misadventures of a Social Psychologist,* Basic Books, New York

· Lynch, K.(1981)*Good City Form,* Massachusetts Institute of Technology Cambridge, MA

· National Endowment for the Arts(2002) *Excellence in City Design,* The Mayor's Institute, Princeton Architectural Press. New York

· Peters, T. (2003)*Re-Imagine! Business Excellence in a Disruptive Age,* Dorling Kindersley, London

· Pierce, N.R. with Johnson, C. and Hall, J. S.(1993)*City States: How Urban America Can Prosper in a Competitive World,* Seven Locks Press, Washington DC

· Pine,J. B. and Gilmore, J.(1999) *The Experience Economy: Work is Theatre and Every Business a Stage,* Harvard Business School Press, Boston, MA

· Puglisi, L. P.(1999) *Hyper Architecture: Spaces in the Electronic Age,* Birkhäuser, Basel

· Rakodi, C. with Lloyd Jones, T. (eds)(2002) *Urban Livelihoods: A People-Centred Approach to Reducing Poverty,* Earthscan, London

· Robinson, K.(2001)*Out of Our Minds: Learning To Be Creative,* Capstone Publishing, Oxford

· Sabate, J., Frenchman, D. and Schuster, J. M.(eds)(2004)*Llocs amb Esdeveniments-Event Places,* Laboratori Internacional sobre els Paisatges Culturals, Universitat Politecnica de Calalunya, Barcelona

· Sandercock, L.(2003) *Cosmopolis II: Mongrel Cities in the 21st Century,*Continuum. London

· Sassen, S. (1991) *The Global City: New York, London, Tokyo,* Princeton University Press, Princeton, NJ

· Schlosser, E. (2002) *Fast Food Nation,* Penguin, London

· Seabrook, J. (1993)*Pioneers of Change: Experiments in Creating a Humane Society,*New Society Publishers, Philadelphia, PA

· Seabrook, J. (1996)*In the Cities of the South: Scenes from a Developing World,* Verso. London

· Sehlinger, B. (2003) *The Unofficial Guide to Walt Disney World 2004,* John Wiley and Sons, Hoboken, NJ

· Sennett, R. (1994)*Flesh and Stone: The Body and the City in Western Civilization,* Faber and Faber. London

· Sim, S. (2004) *Fundamentalist World: The New Dark Age of Dogma,* Icon Books, Cambridge, UK

· Tarnas, R. (1991) *The Passion of the Western Mind: Understanding the Ideas that have Shaped Our World View,* Ballantine, New York

· Temple, N., Darach, J. and Rösch, V. (eds)(2004)*The Global Ideas Book: Social Inventions to Inspire and inform,* The Institute for Social Inventions. London

· Temple, N., Wienrich, S. and Bowen, R. (eds)(2002) *Future Perfect: A Compendium of the World's Greatest Ideas,* The Institute for Social Inventions. London

· Thompson, T. (2004) *Gangs: A Journey into the Heart of the British Underworld,* Hodder and Stoughton. London

· TransEuropeHalles(2002) *The Factories: Conversions for Urban Culture,* Birkhäuser. Basel

· Urban Affairs and Patteeuw, V. (eds)(2002)*City Branding: Image Building and Building Images,* Nai Publishers, Rotterdam

· Watson, D. (2003)Death Sentence: *The Decay of Public Language,* Knopf, Milsons Point, Australia

· World Commission on Culture and Development (1995)*Our Creative Diversity,* Report of the World Commission on Culture and Development, UNESCO, Paris

附录：中英文对照

Aberdeen	亚伯丁	Amin Ash	阿什·阿敏
Academy for Sustainable Communities	可持续社区学院	Amsterdam	阿姆斯特丹
accessibility	可进入性	Amsterdam creative city	阿姆斯特丹创意城市
Accra	阿克拉	Amsterdam cultural institutions	阿姆斯特丹文化机构
acoustic ecology	声音生态	Amsterdam diversity	阿姆斯特丹多样性
Adelaide	阿德莱德	Amsterdam tourism	阿姆斯特丹旅游业
Adelaide creative qualities	阿德莱德创造性品质	Anderson Consulting	安盛咨询公司
Adelaide developing centrality	阿德莱德发展集中性	Antwerp	安特卫普
Adelaide festivals	阿德莱德节庆	Appadurai Arjun	阿君·阿帕度莱
Adelaide indicators	阿德莱德参照	arational approaches	非理性方式
Adelaide media	阿德莱德媒体	architects	建筑师
Adelaide presentation	阿德莱德展示	architecture	建筑
Adelaide rules and regulations	阿德莱德规章制度	iconic buildings	地标式建筑
Adelaide stories	阿德莱德故事	architecture and language	建筑和语言
Adelaide talent	阿德莱德人才	architecture and the look of the city	建筑和城市视觉景观
advertisements	广告	architecture and soundscape	建筑和城市声觉景观
Eastern Europe	东欧	arrival at the city	抵达城市
advertisements hoardings	广告牌	arts and artists	艺术和艺术家
advertisements lighting	广告照明	arts and artists role in city making	艺术和艺术家在城市建筑中的作用
Agra	阿格拉	Sci-Art	科学—艺术
Ahmadabad	阿默达巴德	Arzignano	阿尔齐尼亚诺
airports	机场	asphalt currency	沥青货币
Akihabara	秋叶原	aspiration	志向
Algiers	阿尔及尔	Atlanta	亚特兰大
Alicante	阿里坎特	Atlantic City	大西洋城
Almeria	阿尔梅里亚	audit of current creative activity	当前创意活动审查
Alsop Will	威尔·艾尔索普	Auroville	奥罗维尔
alternative culture	非主流文化	Avoiding Dangerous Climate Change report	《避免危险的气候变化的报告》
alternative culture Burning Man festival	火人节		
alternative energy	替代能源		

Baden Baden	巴登·巴登	Birmingham architecture	伯明翰建筑
Bangkok	曼谷	Birmingham public space	伯明翰公共空间
Banja Luka	巴尼亚卢卡	Bitola	比托拉
Barcelona	巴塞罗那	Blackburn	布莱克本
Barcelona cultural management	巴塞罗那文化管理	Bloomberg Michael	迈克尔·布隆伯格
Barcelona design	巴塞罗那设计	Bochum	波鸿
Barcelona regeneration	巴塞罗那改造	Bohigas Oriol	奥里奥尔·博依霍斯
Barcelona tourism	巴塞罗那旅游业	Bologna	博洛尼亚
basic needs	基本需求	Bombay see Mumbai	孟买（Bombay）请参见"孟买"（Mumbai，旧称 Bombay）
Bath	巴斯		
Baughman James	詹姆斯·鲍曼	borders	边界
beauty	美丽	Boston	波士顿
Becker Gary S.	加里·S.贝克尔	boundaries of cities	城市分界
behaviour changing	行为变化	Bournemouth	伯恩茅斯
Beijing	北京	Bradford	布拉德福德
Beirut	贝鲁特	branding the city	城市品牌推广
Belfast organized crime	贝尔法斯特有组织犯罪	Brasilia	巴西利亚
		Brighton	布赖顿
Belgrade	贝尔格莱德	Bristol	布里斯托尔
benchmarking	基准	Broadway Gloucestershire	格洛斯特郡的布劳德维尔小镇
Bendaniel David	戴维·本丹尼尔		
Berlin	柏林	Broken Hill	布罗肯希尔
Berlin decline	柏林衰退	Brunelleschi	布鲁内莱斯基
Berlin festivals	柏林节庆	Bucharest	布加勒斯特
Berlin sensory landscape	柏林感官景观	Budapest	布达佩斯
Berlin tourism	柏林旅游业	Buenos Aires	布宜诺斯艾利斯
Berne	伯尔尼	building materials	建筑材料
Bilbao	毕尔巴鄂	burials	棺地
Bilbao iconic architecture	毕尔巴鄂地标式建筑	Burning Man festival	火人节
Bilbao regeneration	毕尔巴鄂改造	Burnley	伯恩利
Bilbao Ria	毕尔巴鄂Bilbao Ria公司	Burra	布拉
		bus travel	巴士观光
binge-drinking	豪饮	Cairo	开罗
bin Rashid Al Maktoum Sheikh Mohammed	穆罕默德·本·拉希德·阿勒马克图姆	Calatrava Santiago	圣地亚哥·卡拉特拉瓦
		Calcutta see Kolkata	加尔各答（Calcutta）请参见"加尔各答"（旧称 Kolkata）
Birmingham	伯明翰		

Constantinople see Istanbul (Constantinople)	君士坦丁堡请参见"伊斯坦布尔"（旧称君士坦丁堡）	creativity talent	创意人才
consultation	咨询	creativity to address misery	创意解决不幸，另请参见"创意城市"
consumption	消费	creativity platform search	创意平台搜索
building materials consultation	建材消费	crime	犯罪
domestic consultation	国内消费	Crystal Waters, Queensland	昆士兰水晶般的海水
shoppertainment	消费者娱乐	Cuidad Juarez/El Paso	华瑞兹/埃尔帕索
transport	交通	cultural capital	文化资本
controlled environments	受控环境	cultural developers	文化培育者
Cook Thomas	托马斯·库克	cultural institutions	文化机构
Copenhagen	哥本哈根	cultural institutions and creativity	文化机构和创造力
Cortona	科尔托纳	cultural institutions and education	文化机构和教育
cosmopolis	国际大都会	Singapore	新加坡，另请参见"古根汉姆"
counter-urbanization	逆城市化		
creative cities	创意城市	cultural literacy	文化素养，另请参见"文化城市"
agenda for creative cities	创意城市议程		
Barcelona	巴塞罗那	culture	文化
Bilbao	毕尔巴鄂	arts festivals	艺术节
Curitiba	库里蒂巴	culture and the market economy	文化和市场经济
Dubai	迪拜		
Singapore	新加坡	culture of place	地方文化
creative industries	创意产业	culture response to poverty	文化对贫困的响应
creativity	创造力		
artistic creativity	艺术创造力	culture and sensory landscapes	文化和感官景观，另请参见"艺术和艺术家""种族多样性"
civic creativity	市民创造力		
creativity concept	创造力理念		
conditions for and against creativity	对创造力有利和不利的环境		
creativity and culture	创造力和文化	Curitiba	库里蒂巴
creativity and diversity	创造力和多样性	Darmstadt	达姆施塔特
fear of creativity	对创造力的恐惧	Dartford	达特福德
creativity ideas	创新想法	Datong	大同
creativity and innovation	创造力和创新	Davao	达沃
creativity reassessing	创造力的重新评估	Davis California	加利福利亚州戴维斯市
creativity and resilience	创造力和顺应力	decivilization	文明倒退
creativity and risk	创意和风险	decline	衰落
soft creativity	软创造力	Delft	代尔夫特
		Delhi	德里
		Katha	杰沙

experimental tourism	体验旅游	Gestalt theory and the professions	格式塔理论及学派
factories	工厂	Gijon	希洪
Faliraki	法利拉奇	Glasgow	格拉斯哥
fashion	时尚	cultural response to poverty	文化对贫困的响应
cities	城市时尚	festivals	节庆
fear	焦虑	globalization	全球化
festivals	节庆	globalization and the arts	全球化和艺术
Fez	费斯	globalization brands	全球化品牌
Florence	佛罗伦萨	globalization effect on cities	全球化对城市的影响
Florida Richard	理查德·佛罗里达	globalization and IT	全球化和IT
food and drink	食品和饮料	globalization v.authenticity	全球化和真实性
consumption	消费	global network of cities	全球城市网络
retailing	零售业	global property market	全球物业市场
smells	气味	Global and World Cities（GaWC）	全球化和世界级城市
waste	废弃物	project	项目
Foster Norman	诺曼·福斯特	Goa	果阿
Frankfurt	法兰克福	Goleman Daniel, *Emotional Intelligence*	丹尼尔·戈尔曼，《情商》
free economic zones	自由经济区	governance	管理
Freiburg	弗莱堡	budgetary control	预算控制
Fukuyama Francis	弗朗西斯·福山	managing urban change	管理城市变化
Future Systems	未来系统	Graz	格拉茨
galleries see cultural institutions	画廊，另请参见"文化机构"	green economy	绿色经济
Gardner Howard Theory of Multiple Intelligences	霍华德·加德纳的多元智能理论	greenhouse gas emissions	温室气体排放
Gary Indiana	印第安纳州盖瑞市	food chain	食物链，另请参见"汽车依赖性""可持续性"
Gateshead branding	盖茨黑德城市品牌推广	sustainability	可持续性
gay communities	同性恋社区	Guangzhou（Canton）	广州
San Francisco	旧金山	Guggenheim	古根海姆
Singapore	新加坡	Hamburg	汉堡
Gaziantep	加齐安泰普	Hamelin	哈梅林
Gdansk	格丹斯克	Handy Charles	查尔斯·汉迪
Gehry Frank	弗兰克·盖里	Hannover	汉诺威
Gelsenkirchen	盖尔森基兴	Harbin	哈尔滨
Geneva	日内瓦		
Genoa	热那亚		
gentrification	高尚化		

Ithaca Eco-Village New York State	纽约州伊萨卡生态村	land reclamation projects	土地开垦项目
Ivanovo	伊凡诺沃	language	语言
Izamal	伊萨马尔	language of efficiency	效率语言
Jacobs Jane	简·雅各布斯	jargon	行话
Japan urbanization	日本城市化	language of the senses	感官语言
jargon	行话	Las Vegas	拉斯维加斯
Jodphur	焦特布尔	shoppertainment	消费者娱乐
Johannesburg	约翰内斯堡	leadership	领导力
Joseph Rowntree Foundation	约瑟夫·朗特里基金会	leadership and emotions	领导力和情感
journeys to work	上班路程	leadership and resources	领导力和资源
Kampala	坎帕拉	learning cities	学习型城市
Kandy festivals	康提节	Le Corbusier	勒·柯布西耶
Karachi	卡拉奇	Leeds	利兹
Karlsbad	卡尔斯巴德	Leicester	莱斯特郡
Katha	杰沙	Lerner Jaime, *Urban Acupuncture*	杰米·雷勒《城市针灸法》
Katowice	卡托维兹	Letchworth	莱奇沃思
Kiev	基辅	Liebeskind Daniel	丹尼尔·李伯斯金
King Abdullah Economic City	阿卜杜拉国王经济城项目	lighting	照明
Kishinev	基什尼奥夫	Lijiang	丽江
knowledge creation	知识创造	Lille	里尔
Kobe	神户	Little River Christchurch	克赖斯特彻奇小河村
Kolding	科灵	Liverpool	利物浦
Kolkata	加尔各答	Ljubljana	卢布尔雅那
Koolhaas Rem	雷姆·库哈斯	local distinctiveness	当地特色
Koprivshtitsa	科布里夫什提察	Lodz	罗兹市
Kosice	科希策	logistics	物流
Kotkin Joel	约尔·柯特金	London	伦敦
Kotler Phillip	菲利普·科特勒	consumption	消费
Krakow	克拉科夫	creativity	创造力
Kraljevo	克拉列沃	cultural response to poverty	文化对贫困的响应
Kuala Lumpur	吉隆坡	diversity	多样性
Kunstler James Howard	詹姆士·霍得华·库斯勒	gentrification	高尚化
Kuwait City of Silk	科威特丝绸城	historic city	历史城市
Kyoto	京都	iconic architecture	地标式建筑
Lagos	拉各斯		

image	映像	Marrakech	马拉喀什市
logistics	物流	Marseille	马赛市
look of the city	市容	measurement and calculation	测算
people-trafficking	人口贩卖	assets	资产
pollution	污染	diversity and interculturalism	多样性和文化多元主义
shopping	购物	and intangibles	有形资产和无形资产
transport	交通	media	媒体
waste disposal	废弃物处理	media and branding	媒体和品牌推广
look of the city	市容	media and risk consciousness	媒体和风险意识
Los Angeles	洛杉矶	media and self-perception	媒体和自我认知
consumption	消费	megacities	大城市
iconic architecture	地标式建筑	megaprojects	大型项目
roads	道路	Melbourne	墨尔本
sensescape	感觉景观	Melnikov Victor	维克托·梅尔尼科夫
Lucca	卢卡	Memphis	孟菲斯
Luton	卢顿	Mercer quality of life rankings	美世生活质量排名
Lvov	利沃夫	Merseyside	默西赛德郡
Lyons	里昂	Metropoli-	自治区一
Macau	澳门	Metzingen	麦琴根
Madrid	马德里	Mexico City	墨西哥城
Mafia	黑手党	Miami	迈阿密
Malaga	马拉加	Middle East	中东
Manchester	曼彻斯特	migration to cities	向城市移民
Manila	马尼拉	Milan	米兰
Manzano	曼扎诺	mindflow and mindset	意识流和认知模式
mapping the city	绘制城市地图	mindscapes	认知景观
Maragall　Pasqual	帕斯卡尔·马拉加尔	misery	不幸
market economy	市场经济	crime	犯罪
market economy and cultural choice	市场经济和文化选择	cultural responses	文化响应
market economy limitations	市场经济的局限性	people trafficking and the sex trade	贩卖人口和性交易
market economy v. environmental ethics	市场经济和环境道德，另请参见"零售业"	prisons and borders	监狱和边境
		misery and rapid change	苦难和快速变化
marketing the city	城市营销	misery and repression	苦难和抑郁
tourism	旅游业，另请参见"城市品牌推广""时尚""艺术"图像式交流	mobility, car dependency	移动性，汽车依赖

Monte Carlo	蒙特卡洛	past sensescapes	曾经的感觉景观
Monticchiello	蒙蒂基耶洛	port	港口
Montreal	蒙特利尔	reach and impact	范围和影响
monuments	古迹	rubbish	垃圾
Moscow	莫斯科	shopping	购物
multiculturalism	多元文化主义	tourism	旅游业
Mumbai	孟买	Nice	尼斯
festivals	节庆	niches and drawing power	小众群体和吸引力
image	映像	Nickel	尼科
Mumford Lewis	刘易斯·芒福德	night life	夜生活
Munich	慕尼黑	noise	噪声
murder rates	谋杀率	Noise Mapping England project	噪声描绘英格兰项目
Murmansk	摩尔曼斯克	Norilsk	诺里尔斯克
museums see cultural institutions	博物馆请参见"文化机构"	Northern Ireland Statistics and Research Agency 2005 report	《北爱尔兰统计和调查机构报告》
music	音乐	Norwich	诺威奇
myths	神话	Nottingham	诺丁汉
Nampo	南浦	Nouvel Jean	让·努维尔
Nanjing	南京	Novi Sad	诺维萨德
Naples	那不勒斯	Odessa	敖德萨
narrative communication	叙述性交流	Olympic Games	奥运会
National Planning Forum（NPF）	国家规划论坛	Oman	阿曼
networks	网络	One-North Singapore	新加坡纬壹科技城
neuromarketing	神经营销	openness	开放性
Newcastle upon Tyne	泰恩河畔的纽卡斯尔	organic v. artificial	有机和人工
New Economics Foundation	新经济基金会	organized crime	有组织犯罪
New Jersey	新泽西	Orlando	奥兰多
New Orleans	新奥尔良	Orvieto	奥尔维托
New Urbanism	新城市主义	Osaka	大阪
New York	纽约	Oslo	奥斯陆
creativity	创造力	Oxford	牛津
crime	犯罪	Palacios Dolores	多洛雷斯·帕拉西奥斯
diversity	多样性	Paris	巴黎
gentrification	高尚化	architecture	建筑
iconic architecture	地标式建筑	fashion	时尚
noise control	噪声控制		

Qalqilya	盖勒吉利耶	relocalizing the economy	经济再本地化
Qatar, Pearl-Qatar	卡塔尔，卡塔尔之珠	shoppertainment	消费者娱乐
quality of life	生活质量	shopping malls	购物中心
quinary domain	第五领域	supermarkets	超市
Ragusa （Dubrovnik）	拉古萨（杜布罗夫尼克）	Reynolds Eric	艾瑞克·雷诺兹
railways	铁路	Rio de Janeiro	里约热内卢
Rama Edi	埃迪·拉马	image	映像
Ranchi	兰契	risk	风险
rational and arational approaches	理性和非理性途径	risk onsciousness	风险意识
recycling	循环利用	risk and creativity	风险和创造力
reductionism	简化论	risk management	风险管理
regeneration	改造	risk and urban professions	风险和城市职业，另请参见"规章制度"
regeneration in Britain	在英国的改造	rituals	仪式
regeneration in Britain and Spain	在英国和西班牙的改造	roads	道路
Emscher Park	埃姆舍公园	Rochdale	洛奇代尔
Rio de Janeiro	里约热内卢	Rogers Richard, *Towards a Strong Urban Renaissance*	理查德·罗杰斯，《强大的城市复兴》
regeneration through festivals	通过节庆的改造	role models	角色模型
Reims	兰斯	Rome	罗马
religion	宗教	festivals	节庆
festivals	节庆	Rothenberg	罗滕伯格
fundamentalism	原教旨主义	Rotterdam	鹿特丹
resonance, see also branding the city; drawing power; fashion	共鸣，另请参见"城市品牌推广""吸引力""时尚"	rubbish	垃圾
responsibility	责任	rules and regulations	规章制度，另请参见"风险"
responsibility for cities	对城市的责任	rural areas, movement to	迁往乡村
responsibility and perception of powerlessness	责任和无能为力的感觉。	St Petersburg	圣彼得堡
restaurants	餐厅	Salford	索尔福德
retailing	零售业	Salzburg	萨尔茨保
corporate blandness	集体平庸	San Francisco	旧金山
decline of small specialist shops	小型专卖店的衰落	San Luis	圣路易斯
impact on cities	零售业对城市的影响	Sao Paulo	圣保罗
		Sarajevo	萨拉热窝
		Sassuolo	萨索罗
		Schafer R. Murray	R.默里·谢弗
		schools see education	学校，请参见"教育"

Sci-Art	科学—艺术	Siena	锡耶纳
scientific approach	科学的方法	silence	安静
seaborne freight	海运运费	Singapore	新加坡
secular humanism	现世人文主义	branding	品牌推广
segregation	隔离	creativity	创造力
sensescapes	感觉景观	diversity	多样性
cars	汽车	Renaissance City project	复兴城项目
linguistic shortcomings	语言的不足	single person households	单身家庭
look of the city	市容	Skopje	斯科普耶
in the past	曾经的感觉景观	Slow Cities movement	慢城运动
smells	气味	slums	贫民窟
sounds	声音	complex social structure of slums	贫民窟复杂的社会结构
sensory intelligences	智能感应器	Delhi slums	德里贫民窟
sensory landscapes	感知景观	Rio de Janeiro slums	里约热内卢贫民窟
sensory landscapes and culture	感知景观和文化	smellscapes	嗅觉景观
sensory landscapes mapping	绘制感知景观地图	social capital	社会资本
perceptual geography	认知地理	Curitiba	库里蒂巴
		developing social capital	发展社会资本
sensory landscapes unrecognized	无法辨识的感知景观，另请参见"感觉景观".	social equity	社会公平
		social workers	社工
Seoul	首尔	Sofia	索菲亚
Seville	塞维利亚	soft creativity	软创造力
sex trade	性交易	soft infrastructure	软基础设施
Shanghai	上海	Bilbao soft infrastructure	毕尔巴鄂软基础设施
creativity	创造力	soft infrastructure and professionals	软基础设施和专业人士
fashion	时尚	Soriano Federico	索里亚诺·佩拉斯
resonance	共鸣	sound classification	声音分类
shedland	设得兰	soundscapes	声音景观
Sheffield	谢菲尔德	Southsea	南海城
Shenzhen	深圳	space and density	空间和密度
Shibam	希巴姆	specialism and integration professions	专业性和整合性职业
Shkodra	斯库台	speed and slowness	加速与放缓
Sholapur	肖拉普尔	spirituality	灵感
shopping malls	购物中心	sports events	体育活动
shops	商店，另请参见"零售业"	Olympic Games	奥运会

sprawl	激增	fashion	时尚
Stavanger	斯塔万格	noise levels	噪声水平
stereotypes	刻板成见	organized crime	有组织犯罪
Stirling James	詹姆斯·斯特林	reach and impact	范围和影响
Stockholm	斯德哥尔摩	tourism	旅游业
Stockport	斯托克波特	Toronto	多伦多
stories	故事	architecture	建筑
street markets	街边市场	diversity	多样性
Stuttgart	斯图加特	murder rate	谋杀率
suburbia	郊区	tourism	旅游业
supermarkets	超市	Barcelona	巴塞罗纳
surveillance	监控	Bilbao	毕尔巴鄂
surveyors	测量员	Dubai	迪拜
sustainability	可持续性	marketing	旅游营销
changing behaviour	变化的行为，另请参见"温室气体排放""循环利用"	negative effects	负面影响
		Tower Hamlets	陶尔哈姆莱茨
sustainable communities	可持续社区	traditions	传统
professions	职业	collective memory	集体记忆，另请参见"文化"
Sydney	悉尼	traffic congestion	交通拥堵
Taipei	台北	transport	交通
fashion and art	时尚和艺术	basic needs	基本需求
noise levels	噪声水平	Curitiba	库里蒂巴
talent	人才	Dubai	迪拜
Tallinn	塔林	Hong Kong	香港
Tanjungkarang	丹戎加兰	hypercars	超级车
taxation systems	税收制度	London	伦敦
Taylor Charles, *The Malaise of Modernity*	查尔斯·泰勒，《现代性的诟病》	sustainability	可持续性，另请参见"汽车"
technology and age	技术和时代	Trinidad	特立尼达
Tel Aviv	特拉维夫	Turin	都灵
Tetovo	泰托沃	24-hour city	24小时城市
theme parks	主题公园	Ucize	尤塞慈
Timisoara	蒂米什瓦拉	ugliness	丑陋
Tirana	地拉那	Ulan Bator	乌兰巴托
Tokyo	东京	UNESCO	联合国教科文组织
advertising	广告	United States（US）urbanization	美国城市化

| 专栏目录 |

| 图片目录 |

| 缩略语 |

· 3PL 第三方物流（third party logistics）

· BID 商业改善区（business improvement district）

· BME 黑人和少数族裔（black and minority ethnic）

· CABE 建筑与房屋环境委员会（Commission on Architecture and the Built Environment）

· CDM 建筑、设计与管理（Construction, Design and Management）

· CIAM 国际现代建筑学会（Congres Internationaux d'Architecture Moderne）

· CLES 地方经济战略中心（Centre for Local Economic Strategy）

· CNU 新城市主义大会（Congress of New Urbanism）

· GaWC 全球化与世界级城市（Global and World Cities）

· IBA 德国国际建筑展（International Bauaustellung）

· ICLEI 国际地方环境倡议理事会（International Council for Local Environmental Initiatives）

· IPPUC 巴西库里蒂巴城市规划和研究所（Institute of Urban Planning and Research of Curitiba）

· IR 综合度假村（integrated resort）

· KVI 价值已知商品（known value item）

· MACBA 巴塞罗那现代艺术博物馆（Museum of Modern Art of Barcelona）

· MFP 多功能整合型园区（Multifunction Polis）

· NPF 国家规划论坛（National Planning Forum）

· PPS 规划政策声明（Planning Policy Statement）

· RFID 射频识别（Radio Frequency Identification）

· TEU 20英尺标准货柜（twenty foot equivalent unit）

· UDA 城市设计联盟（Urban Design Alliance）

· UNESCO 联合国教科文组织（United Nations Educational, Scientific and Cultural Organization）

| 致谢 |

　　写书历来都不是闭门造车。作者要向他人求教，要集思广益，反之，他人的妙语点醒和加油鼓励也会让作者受益良多。在此，我要对很多人道一声谢谢：帮我将书稿整理得更加清晰并为"野兽般贪婪的城市"一章进行研究的艾德·比尔博姆（Ed Beerbohm）、负责谈话工作的嘉柏丽尔·碧昂斯（Gabrielle Boyle）、吉姆·贝格（Jim Bage）及我当时的很多同事。特别值得一提的是马吉·考斯特（Margie Caust）与理查德·布雷克诺克（Richard Brecknock），他们二人将我的"阿德莱德人居思想者"项目（Adelaide Thinkers in Residence）整合在一起；而南澳行政长官迈克·兰恩（Mike Rann）先生则授予我"思想者"这一殊荣。2003年在阿德莱德的时光让我有机会透彻思考一些事情，"作为鲜活艺术品的城市"一章便出自这一时期。DEGW战略咨询公司的约翰·沃辛顿（John Worthington），同时兼任"建筑未来协会"（Building Futures）主席，他让我有机会写出"与时俱进：复杂时代的都市生活"（*Riding the Rapids: Urban Life in an Age of Complexity*），而"有序的复杂"也得益于那次合作。Honor Chapman（前身为Future London）和格雷格·克拉克（Greg Clark）让我有机会研究"调整职业心态"和"城市打造的盲点"的背景。克里斯·穆雷（Chris Murray）承担了有关创造力和风险的工作，这是贯穿全书的一个主题。我的瑞士伙伴托尼·林德（Toni Linder）、佩特拉·比绍夫（Petra Bischoff）和伊莉莎·福克斯（Elisa Fuchs）让我有机会在阿尔巴尼亚尝试书中的想法以及在整个东南欧进行调研，从乌克兰到波斯尼亚，并最终呈现为"位于改革中心的文化"（*Culture at the Heart of Transformation*）。贝斯敏·彼得雷拉（Besim Petrela）帮我安排了在阿尔巴尼亚的很多行程，而且他的医生兄弟曾在午夜的地拉那为我医治出现败血症的手臂。"智能城市项

目"（Smart Cities）的卡罗·克雷塔（Carol Coletta）不仅是我的好友，而且还邀请我撰写一系列《致城市领导者的信》，寄给美国"智能城市项目"网络中的首席执行官们，她本人是其中的董事。来自他们的重要观点贯穿全书。其他需要感谢的人包括：菲尔·伍德（Phil Wood）和朱迪·布隆菲尔德（Jude Bloomfield），他们的贡献与跨文化城市项目有关；马克·帕赫特（Marc Pachter）；梅格·冯·罗森达尔（Meg van Rosendaal）；西蒙·布劳尔特（Simon Brault）；乔纳森·海厄姆斯（Jonathan Hyams）；尼克·福尔克（Nick Falk）；迪肯·罗宾森（Dickon Robinson）；彼得·影山（Peter Kageyama）；安迪·霍威尔（Andy Howell）；佐佐木·雅幸（Masayuki Sasaki）；来自韩国Metaa建筑设计公司的朋友们；保罗·布朗（Paul Brown）；蒂埃里·贝尔特（Thierry Baert）；克里斯汀·沙利文（Christine Sullivan）；帕特丽夏·彩多（Patricia Zaido）；艾林·威廉姆斯（Erin Williams）；埃弗特·韦尔哈根（Evert Verhagen）；苏珊·赛朗（Susan Serran）；提姆琼斯（Tim Jones）；道格·比格（Doug Pigg）；特蕾莎·麦当娜（Theresa McDonagh）；理查德·贝斯特（Richard Best）；理查德·杰克森（Richard Jackson）；马丁·伊凡斯（Martin Evans）；安德鲁·凯里（Andrew Kelly）；Earthscan出版社的哈米什·埃隆赛德（Hamish Ironside）；罗伯特·帕尔默（Robert Palmer）；莱奥妮·桑德考克（Leonie Sandercock）……当然还有我窗外那不断壮大的灰鸭家族，它们是写作之余很好的调节剂。

作者简介

查尔斯·兰德利（Charles Landry）出生于1948年，先后在英国、德国、意大利接受教育。他在1978年创立的"传通媒体"（Comedia），被誉为欧洲最具权威的文化创意规划咨询机构。多年来，兰德利及其团队的足迹遍布全球多个城市，推展了无数的项目；他在全球45个国家发表过演讲。近几年，则专注于辅导亚洲国家推动城市的创意发展。

其著作有：《创意城市：如何打造都市创意生活圈》（The Creative City：A Toolkit for Urban Innovators，2000）、《打造魅力城市的艺术》（The Art of City Making，2006）、《掌握先机：复杂年代的都市生活》（Riding the Rapids：Urban Life in an Age of Complexity，2004)，以及与菲尔·伍德合著的《跨文化城市：多元文化的优势》（The Intercultural City：Planning for Diversity Advantage，2007）、与马克·帕克特合著的《文化十字路口》（Culture of the Crossroads，2001）等书。其中《打造魅力城市的艺术》自2006年出版至今，一直持续再版，是西方城市创新和再造领域的经典读本。

译者简介

金琦，西安外国语大学外国语言学及应用语言学硕士，美国翻译协会（ATA）会员。译有《绘出世界闻名的地图》《图绘名著：文学地图集》《你不可不知的50个地球知识》《找到真北：个人领导力培养指南》《想把所有美好都给你》等多部人文社科类图书。